Conrad Gessner

Fossilienbuch

Übersetzt und herausgegeben von Petra Schierl
mit Beiträgen zur Einleitung von Urs B. Leu und Walter Etter

Erstellung der Register unter Mitarbeit
von Alessandra Geiger

Schwabe Verlag

Die Druckvorstufe dieser Publikation wurde vom Schweizerischen Nationalfonds zur Förderung der wissenschaftlichen Forschung unterstützt.

MIX
Papier | Fördert gute Waldnutzung
FSC® C089473

Bibliografische Information der Deutschen Nationalbibliothek
Die Deutsche Nationalbibliothek verzeichnet diese Publikation in der Deutschen Nationalbibliografie; detaillierte bibliografische Daten sind im Internet über http://dnb.dnb.de abrufbar.

Abbildungen Umschlag: Vorzeichnungen zu Holzschnitten in Gessners Fossilienbuch aus:
Gessner, Conrad; Platter, Felix; Kentmann, Johannes: Abbildungen von Mineralien, Corallen usw.
Zürich, vor 1565. Universitätsbibliothek Basel, K I 2, https://doi.org/10.7891/e-manuscripta-12850, fol. 41r, 53r, 56r, 68r
Korrektorat: Ricarda Berthold, Freiburg i. Br.
Cover: icona basel gmbh, Basel
Layout: icona basel gmbh, Basel
Satz: Daniela Weiland, textformart, Göttingen
Druck: Beltz Grafische Betriebe GmbH, Bad Langensalza
Printed in Germany
Herstellerinformation: Schwabe Verlag, Schwabe Verlagsgruppe AG, St. Alban-Vorstadt 76, CH-4052 Basel, info@schwabeverlag.ch
Verantwortliche Person gem. Art. 16 GPSR: Schwabe Verlag GmbH, Marienstraße 28, D-10117 Berlin, info@schwabeverlag.de
ISBN Printausgabe 978-3-7965-4610-5
ISBN eBook (PDF) 978-3-7965-4690-7
DOI 10.24894/978-3-7965-4690-7
Das eBook ist seitenidentisch mit der gedruckten Ausgabe und erlaubt Volltextsuche.
Zudem sind Inhaltsverzeichnis und Überschriften verlinkt.

rights@schwabe.ch
www.schwabe.ch

Inhalt

Vorwort

Zur Entstehung dieses Buches haben mehrere Personen und Institutionen beigetragen. Die Anregung zu einer Übersetzung der von Gessner verfassten Schrift *De rerum fossilium, lapidum et gemmarum maxime, figuris et similitudinibus* – der ersten Übersetzung aus dem Lateinischen – hat vor mehr als zehn Jahren Dr. Walter Etter gegeben, damals Kurator für Paläontologie/Wirbellose am Naturhistorischen Museum Basel. Er kontaktierte diesbezüglich die Professorin für Latinistik der Universität Basel, Henriette Harich-Schwarzbauer, die mich fragte, ob ich die Aufgabe der Übersetzung übernehmen wolle. Als Gessner-Experte konnte für das Projekt zudem Dr. Urs B. Leu, Leiter der Abteilung Alte Drucke und Rara an der Zentralbibliothek Zürich, gewonnen werden. Das Übersetzungsprojekt wurde vom Schweizerischen Nationalfonds gefördert, der auch die Publikation finanzierte. Zusätzlich wurde es von der Freiwilligen Akademischen Gesellschaft Basel und von der Max Geldner-Stiftung finanziell unterstützt. Die Erschliessung der Schrift durch Stellenangaben zu den Texten, die Gessner zitiert oder paraphrasiert, sowie die Erstellung aufwendiger Register haben dazu geführt, dass die Arbeit an diesem Projekt länger dauerte als ursprünglich geplant.

Mein Dank dafür, dass das Buch in der vorliegenden Form fertiggestellt werden konnte, gilt zuerst Prof. em. Dr. Henriette Harich-Schwarzbauer, die das Projekt durch die Beantragung von Drittmitteln überhaupt ermöglichte und durch die Anstellung von Alessandra Geiger als wissenschaftlicher Mitarbeiterin wesentlich unterstützte. Ich danke Dr. Urs B. Leu und Dr. Walter Etter für ihre Beiträge zur Einleitung, die deutlich machen, wie sehr die Forschung zu Gessner von einem interdisziplinären Zugriff profitiert. Meinem Partner Dr. Valéry Berlincourt gilt mein Dank für die technische Unterstützung, für die Lektüre von Texten in der letzten Phase der Publikationsvorbereitungen sowie für die Begleitung in allen Phasen des Projekts. Alessandra Geiger bin ich dankbar für die engagierte und überaus sorgfältige Mitarbeit an der Erstellung der Register und für die Lektüre der Übersetzung. Dr. Arlette Neumann-Hartmann vom Schwabe Verlag hat das Buchprojekt in verschiedenen Phasen der Publikationsvorbereitungen ebenso kompetent wie geduldig betreut; ich danke ihr für den immer sehr angenehmen Austausch. In der Abschlussphase der Publikation unterstützte mich Ruth Vachek vom Schwabe Verlag mit hilfreichen Empfehlungen zur Gestaltung des Buchs. Wertvolle Ratschläge habe ich ausserdem von PD Dr. David Amherdt erhalten. Dr. Michiel de Vaan hat dankenswerterweise das Sachregister durchgesehen. Für ihre Bereitschaft zum

Austausch danke ich ferner PhD Danae Thivaiou, Olivier Schmidt und Dr. André Puschnig vom Naturhistorischen Museum Basel. PhD Danae Thivaiou hat mir Informationen für das Abbildungsverzeichnis zur Verfügung gestellt. Dr. André Puschnig verdanke ich den Einblick in ein aktuelles Projekt zu den Objekten aus der naturkundlichen Sammlung von Felix Platter im Naturhistorischen Museum Basel.

Mein besonderer Dank gebührt schliesslich Dr. Veronika Lukas. Sie hat den ersten Entwurf der Übersetzung und auch die Einleitung kritisch gelesen, durch ihre Rückfragen zur Verbesserung der Übersetzung beigetragen und stand mir als verlässliche Diskussionspartnerin während der gesamten Laufzeit des Projekts zur Seite.

Petra Schierl
Basel, im August 2025

Einleitung

Als «Fossilienbuch» wird hier die von Conrad Gessner im Jahr 1565 fertiggestellte Schrift *De rerum fossilium, lapidum et gemmarum maxime, figuris et similitudinibus* bezeichnet. Die Schrift befasst sich mit «Gestalten und Ähnlichkeiten der ausgegrabenen Dinge, vor allem der Steine und Edelsteine». Sie ist Teil des Sammelbandes *De omni rerum fossilium genere*, der Beiträge mehrerer Autoren enthält und den Gessner in der Offizin seines Vetters Jakob Gessner drucken liess.[1] Unter *res fossiles* verstand Gessner neben Steinen und Edelsteinen alles, was sich aus der Erde ausgraben lässt. Unter den *res fossiles* sind daher auch viele Fossilien im heutigen Sinne, die zwar teilweise als Überreste von Organismen erkannt wurden, über deren Entstehung man aber nur spekulieren konnte. Weshalb Steine Abbilder von Fischen oder anderen Meerestieren zeigen, liess sich im 16. Jahrhundert noch nicht erklären.

Gessner zog auf dem Gebiet der Erdwissenschaften erstmals in grossem Stil Holzschnitte zur Illustration heran. Die 73 Holzschnitte bilden 190 einzelne Objekte aus Gessners eigener Sammlung oder denen von Korrespondenzpartnern ab. Einige Objekte aus Gessners Naturaliensammlung werden heute im Naturhistorischen Museum Basel aufbewahrt. Ein Album mit den Zeichnungen, die als Vorlagen für die Holzschnitte dienten, befindet sich im Besitz der Universitätsbibliothek Basel.[2] Das «Fossilienbuch» bettet die erhaltenen Sammlungsobjekte und Zeichnungen in einen weiteren Kontext ein und gibt so einen Einblick in Gessners Vorgehen als Naturforscher. Die Holzschnitte zeigen aus den genannten Gründen neben Mineralien und Gesteinen zahlreiche Fossilien, aber auch archäologische Funde. Ferner stellen einige Holzschnitte Schmuck oder Alltagsgegenstände dar, die aus Mineralien, Gesteinen oder Metallen gefertigt sind, wie einen Bleistift oder eine Schiefertafel. Die Abbildungen von Gegenständen aus unterschiedlichen Bereichen erklären, weshalb Gessners «Fossilienbuch» nicht nur für die Mineralogie, die Geologie und die Paläontologie bzw. die Geschichte dieser Disziplinen und die Wissenschaftsgeschichte allgemein, sondern auch für die Kunstgeschichte und die Bildwissenschaft sowie für die Archäologie von Interesse ist.

1 Vgl. unten 2.2.

2 Vgl. unten 3.1–3.3.

Die hier vorgelegte Übersetzung soll Gessners Studie der Forschung verschiedener Disziplinen und einer breiteren Öffentlichkeit zugänglich machen. Sie bietet eine Grundlage für die Auseinandersetzung mit Gessners Überlegungen zu den in Gestalten und Namen der *res fossiles* begründeten Ähnlichkeitsbeziehungen und lenkt den Blick auch auf die philologische Dimension des Textes. Eine Einführung zu Gessner als Naturforscher, zu seinem Fossilienbuch und zu den erhaltenen Objekten und Zeichnungen aus Gessners Naturaliensammlung bieten die einleitenden Beiträge von Urs Leu, Petra Schierl und Walter Etter.[3] Zur Erschliessung der Schrift tragen ferner die verschiedenen Register bei, die u. a. einen Überblick über die von Gessner zitierten und erwähnten Autoren und über seine Korrespondenzpartner bieten. Das Sachregister führt die von Gessner genannten *res fossiles* an und erklärt die meist auf das Griechische zurückgehenden Bezeichnungen. Es ergänzt auf diese Weise die Übersetzung, in der ein Grossteil der Namen beibehalten oder mit geringen Änderungen ins Deutsche übernommen wird. Das Ziel ist nicht die Bestimmung der von Gessner besprochenen Mineralien oder Gesteine. Vielmehr soll untersucht werden, wie Gessner die *res fossiles* bezeichnet, über sie spricht und sie zu anderen Bereichen der Natur und zu Artefakten in Beziehung setzt. Allein die Fossilien im heutigen Sinn werden im Beitrag von Walter Etter, soweit das möglich ist, anhand der Holzschnitte bestimmt.

1. Conrad Gessner als Naturforscher

Urs B. Leu

Gessners Fossilienbuch ist mit mehr als 70 Holzschnitten, die fast 200 Objekte zeigen, das am reichsten bebilderte Werk zum Thema im 16. Jahrhundert. Unter «Fossilien» – im Lateinischen: *res fossiles* oder *fossilia* – verstand man damals alles aus der Erde Gegrabene.[4] In Gessners Fossilienbuch finden sich neben Mineralien auch Fossilien im heutigen Sinn, wobei Gessner und seine Zeitgenossen vor allem Versteinerungen von Tieren noch nicht als solche erkannten. Einzelne Abbildungen solcher «Fossilien», darunter auch versteinerte Tiere, wurden bereits von Christoph Entzelt[5] und Sebastian Münster[6] publiziert, aber Gessner folgte der Idee, alles verfügbare Material zum Thema zu veröffentlichen. Dieser universale An-

3 Einen grundlegenden Einblick in das Leben Gessners und seine Leistungen auf verschiedenen Gebieten geben die Gessner-Biographie von Leu 2016a und der Sammelband von Leu/Ruoss 2016.

4 Der Begriff «Fossil» geht auf das lat. Adjektiv *fossilis, e* (ausgegraben) zurück, das zu *fodere* (graben) gebildet ist.

5 Christoph Entzelt, *De re metallica*, Frankfurt 1551, 227, 229, 232.

6 Sebastian Münster, *Cosmographia*, Basel 1550, 432.

spruch findet sich erstmals in der *Bibliotheca universalis* von 1545, in der Gessner alle hebräischen, griechischen und lateinischen Werke aufzuführen suchte, die in Europa handschriftlich oder gedruckt vorlagen. Gessners Tier-Enzyklopädie (*Historia animalium*), die von 1551 bis 1587 in fünf Bänden erschien, verfolgte einen universalen Anspruch in doppelter Hinsicht. Zum einen sollten möglichst alle Tiere beschrieben werden, die auf der Erde leben, schwimmen oder fliegen.[7] Zum anderen sollte das schriftlich und mündlich verfügbare Wissen zu den Tieren möglichst vollständig zusammengestellt und nach verschiedenen Rubriken geordnet werden.[8] Während seine geistigen Vorgänger Aristoteles und Plinius vor allem Pflanzen und Tiere rund um das Mittelmeer kannten, korrespondierte Gessner mit Gelehrten aus ganz Europa, die ihm Texte, Bilder und Naturalien zukommen liessen. Universalität verfolgte er auch bei seinem sprachvergleichenden Werk mit dem Titel *Mithridates*, in dem er 1555 dem Ursprung und den Verwandtschaften der Sprachen nachspürte. Im Anhang publizierte er auf einer berühmten Tafel das «Vaterunser» in 22 verschiedenen Idiomen. Sein grosses Pflanzenwerk blieb ein Torso, doch zeigen die erhaltenen drei Bände eindrücklich, dass er auch hier einen universalen Überblick über das Pflanzenreich geben wollte.[9]

Das Buch über die Fossilien entstand eigentlich aus einer Notlage heraus, denn Gessners Neffe, der Drucker Jakob Gessner, suchte immer wieder nach Aufträgen, weshalb ihm der Universalgelehrte mit seinen Arbeiten wiederholt aus der Patsche half.[10] Dem in Eile niedergeschriebenen Werk sollte bald ein umfangreicheres, sorgfältiger erarbeitetes folgen, in dem er verschiedene offene und weiterführende Fragen klären wollte. Doch verstarb Gessner bereits am 13. Dezember 1565, nur etwa fünf Monate nach Erscheinen seiner Schrift.[11] Gessners Beitrag macht nur einen Teil des von ihm herausgegebenen voluminösen Sammelbandes im Oktavformat aus, der insgesamt acht verschiedene Abhandlungen zu «steinwissenschaftlichen» Themen im weitesten Sinn enthält. Der Titel des Sammelbandes lautet: *De omni rerum fossilium genere, gemmis, lapidibus, metallis et huiusmodi, libri aliquot, plerique nunc primum editi*. Das Buch, von dem schätzungsweise 1'000 bis

7 Leu 2016a, 175–203; die Bände widmen sich lebend gebärenden Vierfüssern (Bd. 1), Eier legenden Vierfüssern (Bd. 2), Vögeln (Bd. 3), Wasserlebewesen (Bd. 4) sowie Schlangen und Skorpionen (Bd. 5).

8 Innerhalb eines Bandes werden die Tiere in alphabetischer Reihenfolge angeführt; jedes Kapitel ist in acht Unterkapitel untergliedert; die *Historia animalium* kann, wie Gessner es wünscht, als Nachschlagewerk benutzt werden; vgl. Friedrich 1995, 34, 58–60, 72; Leu 2016a, 196, 202 f. Zum universalen Anspruch im Umgang mit der Literatur vgl. Friedrich 1995, 53 f. mit Anm. 94, 77–80.

9 Leu 2016a, 294–307.

10 Leu 2016a, 149 f.

11 Zur Publikation des Sammelbandes, die wohl erst 1566 abgeschlossen war, vgl. unten 2.2.

2’000 Exemplare hergestellt worden waren,[12] verkaufte sich nicht schlecht, so dass es spätestens 1571 vergriffen war.[13]

1.1 Die Renaissance der Wissenschaften

Die erdwissenschaftlichen Studien des Zürcher Universalgelehrten, Naturforschers und Arztes Gessner wie überhaupt seine oft geradezu modern anmutenden Methoden zur Erforschung der Natur sind das Resultat eines wissenschaftsgeschichtlichen Prozesses, der einleitend kurz skizziert werden soll. In der jüngeren historiographischen Forschung wird wieder vermehrt die Frage nach dem Ursprung der europäischen Moderne gestellt.[14] Ein wichtiges Moment dafür ist sicher in den beiden geistesgeschichtlichen Strömungen zu finden, die gemeinhin als Renaissance und Humanismus bezeichnet werden. Beide Bewegungen haben mit traditionellen Autoritäten gebrochen, sich neu an der Antike orientiert und dem Quellenstudium sowie der Naturbetrachtung grosse Aufmerksamkeit geschenkt und damit den Beginn der modernen Naturwissenschaften mit dem darauffolgenden technischen Fortschritt eingeläutet.

Ein erstes Aufflackern von Renaissance[15] und Humanismus zeichnete sich im 12. Jahrhundert ab, als eine wissenschaftliche Diskurs-Kultur Einzug hielt, die «man sinnvollerweise als humanistisch bezeichnen kann».[16] Mit Peter Abaelard (1079–1142) wurde der Zweifel ein Stück weit zum Ausgangspunkt wissenschaftlicher Methode,[17] was auch an den Naturwissenschaften nicht spurlos vorüberging. Spätestens das Falkenbuch von Friedrich II. (1194–1250) *De arte venandi cum avibus* beweist, dass das Hinterfragen und die Kritik an althergebrachten Autoritäten wie Aristoteles salonfähig wurden. Der Stauferkaiser zieht eigene Beobachtungen dem überlieferten Schrifttum vor, wie er das im Prolog eindrücklich festhielt. Er wolle der Nachwelt keine erdichteten Traditionen über diesen Gegenstand hinterlassen,[18] sondern er berichte über die Falkenjagd aufgrund von 30 Jahren Erfahrung. In vielem habe Aristoteles recht. In verschiedener Hinsicht aber habe sich der grosse Grieche geirrt und die Erfahrung habe ihn eines Besseren belehrt.

12 Diese Zahl basiert auf den in Zürich im 16. Jahrhundert üblichen Auflagen. Vgl. Leu 2018, 16–24.

13 Leu 2016a, 367–378.

14 Vgl. Pollack/Pohling 2020.

15 Vgl. zur «ersten Renaissance»: Roeck 2017, 277–316.

16 Rexroth 2018, 267.

17 Rexroth 2018, 183.

18 Vgl. die Ausgabe von Trombetti Budriesi 2009, 2: … *ut removeremus errorem plurium circa presens negotium, qui sine arte hiis, que artis erant, in eodem negotio abutebantur, imitando quorundam libros mendaces et insufficienter compositos de ipso, et ut relinqueremus posteris artificiosam traditionem de materia huius libri.*

Daher, so fährt Friedrich II. fort, sei er nicht in allem Aristoteles, dem Fürsten der Wissenschaft, gefolgt, der selten oder nie selbst eine Falkenjagd durchgeführt habe. Zudem habe dieser etliches von anderen übernommen und nie selbst gesehen. Sicherheit in einer Sache erhalte man aber nicht vom Hörensagen.[19] Friedrich II. gewichtete somit Erfahrung oder Empirie und das eigene Sehen und Beobachten eines Sachverhalts höher als Bücherwissen. Dementsprechend korrigierte er Aristoteles, wenn ihm eigene Beobachtungen widersprachen. Dieser behauptete etwa fälschlich, dass bei Eulen immer das gleiche Tier der Anführer der anderen sei, dass Geier keine Nester hätten oder dass alle Hakenkrallenvögel Raubvögel seien. Allen drei Aussagen hielt der Staufer eigene Beobachtungen entgegen.[20]

Es dauerte nicht lange, bis der auf Sizilien entzündete Funke auf die Künste übersprang:

> Das Prinzip der möglichst objektiven Naturnachahmung wurde im Trecento [14. Jh.] weiter vorangebracht: bei Architekturwiedergaben, die sich gelegentlich schon zur Form der Vedute steigerten, am menschlichen Bildnis, das sich vereinzelt bereits zum lebensechten Porträt zu entwickeln begann – nicht nur in der Malerei, sondern etwa auch in der Grabplastik Paduas –, in der Landschaftsmalerei, bei der Herstellung von Landkarten, bei Pflanzendarstellungen in Herbarien, bei Vogelbüchern und Ähnlichem.[21]

Verschiedene frühneuzeitliche Quellen sehen im Maler Giotto (1267–1337) den Wendepunkt hin zur naturalistischen Malerei in Italien, oder, um es mit den Worten Giovanni Boccaccios (1313–1375) auszudrücken:

> [U]nd mit so vorzüglichen Anlagen war er begabt, dass die Natur, welche die Mutter aller Dinge ist und deren fortwährendes Gedeihen durch das unablässige Kreisen der Himmel vermittelt, nichts hervorbringt, was er [Giotto] mit Griffel, Feder oder Pinsel nicht dem Urbilde so ähnlich darzustellen gewusst hätte, dass es nicht als Abbild, sondern als die Sache selbst erschienen wäre.[22]

---

19 Vgl. die Ausgabe von Trombetti Budriesi 2009, 2, 4: *In scribendo etiam Aristotelem, ubi oportuit, secuti sumus. In pluribus enim, sicut experientia didicimus, maxime in naturis quarundam avium, discrepare a veritate videtur. Propter hoc non sequimur principem philosophorum in omnibus, raro namque aut nunquam venationes avium exercuit, set [sic!] nos semper dileximus et exercuimus. De multis vero, que narrat in Libro animalium, dicit quosdam sic dixisse, set id, quod quidam sic dixerunt, nec ipse forsan vidit, nec dicentes viderunt, fidesque certa non provenit ex auditu.*

20 Vgl. die Ausgabe von Trombetti Budriesi 2009, 90, 124, 196.

21 Wolf 2002, 19 f.

22 Das Zitat stammt aus der fünften Geschichte des sechsten Tages im *Decamerone*: «[…] ebbe uno ingegno di tanta eccellenza, che niuna cosa dá la natura, madre di tutte le cose ed operatrice col continuo girar de' cieli, che egli con lo stile e con la penna o col pennello non dipignesse sí simile a quella, che non simile, anzi piú tosto dessa paresse», vgl. das Zitat der Übersetzung bei Wolf 2002, 195 nach Karl Witte 1924, II, 233 f.

Was Giotto in Italien, war der Künstler Jan van Eyck (ca. 1390–1441) in Flandern, der die naturalistische Malerei nördlich der Alpen einführte. Zwischen Italien und den Niederlanden existierten intensive Handelsbeziehungen, die auch für den künstlerischen Austausch förderlich waren. Van Eyck malte beispielsweise Fels-Landschaften naturgetreuer als seine italienischen Kollegen, stellte auf seinem berühmten Genter Altar 75 verschiedene Pflanzenarten dar, berücksichtigte artspezifische Flugformationen von Zugvögeln im Hintergrund von religiösen Gemälden und war möglicherweise der Erste, der beschneite Bergketten auf die Leinwand brachte.[23]

Verschiedene andere Künstler führten die Naturmalerei zu immer neuer Blüte, wobei hier exemplarisch nur an Leonardo da Vinci (1452–1519) und Albrecht Dürer (1471–1528) erinnert werden soll, die sich beide intensiv der detailgenauen Abbildung des menschlichen Körpers widmeten und verschiedene hervorragende Naturstudien schufen. Auch Leonardo betonte die Wichtigkeit der eigenen empirischen Anschauung eines Gegenstandes, wenn er im *Trattato della pittura* schrieb:

> Sagst du, die Wissenschaften, die von Anfang bis zum Ende im Geist bleiben, hätten Wahrheit, so wird dies nicht zugestanden, sondern verneint aus vielen Gründen, und vornehmlich deshalb, weil bei solchem reingeistigen Abhandeln die Erfahrung (oder das Experiment) nicht vorkommt; ohne dies aber gibt sich kein Ding mit Sicherheit zu erkennen.[24]

Über die Nähe von Natur und Malerei lässt er verlauten:

> Willst du die Malerei geringschätzen, welche einzig Nachahmerin aller sichtbaren Naturwerke ist, so wirst du sicher eine feine Erfindung missachten, die mit philosophischer und subtiler Speculation alle Eigenschaften und Arten der Formen in Betrachtung zieht, Meere, Gegenden, Bäume, Gethier, Kräuter und Blumen, und was nur von Schatten und Licht umschlossen ist. Und wahrlich, die [Malerei] ist eine Wissenschaft und ist rechtmässige Tochter der Natur, oder wir wollen, um es richtiger auszudrücken, sagen: Enkelin derselben; denn alle sichtbaren Dinge sind von der Natur geboren, und aus ihnen ist die Malerei hervorgegangen. So werden wir sie demnach richtig Enkelin der Natur nennen und mit Gott verwandt.[25]

---

23 Depoorter 2020, 205–235.

24 Text und Übersetzung: Ludwig 1882, I, 4 f. (§ 1): «e se tu dirai, che le scientie, che principiano e finiscono nella mente habbiano verità, questo non si concede, ma si niega, per molti raggioni. et prima, che in tali discorsi mentali non accade esperientia, senza la quale nulla da di se certezza.»

25 Text und Übersetzung: Ludwig 1882, I, 16–19 (§ 12): «Se tu sprezzarai la pittura, la quale è sola imitatrice di tutte l'opere evidenti di natura, per certo tu sprezzarai una sottile inventione, la quale con filosofica e sottile speculatione considera tutte le qualità delle forme: mare, siti, piante, animali, erbe, fiori, le quali sono cinte d'ombra e lume. e veramente questa è scientia e legittima figlia di natura, perchè la pittura è partorita d'essa natura; ma per dir più corretto, diremo nipote di natura, perchè tutte le cose evidenti sonno state partorite dalla natura, delle quali cose è nata la pittura. Adonque rettamente la chiameremo nipote d'essa natura et parente d'Iddio.»

Ebenso unterstrich Dürer das eigene genaue Beobachten, wenn er einleitend zu seinen *Vier Büchern von menschlicher Proportion* schrieb: «Aber ohne richtige Proportion kann kein Bild je vollkommen sein.»[26] Sein 1503 entstandenes Aquarell *Das grosse Rasenstück*, das sich heute in der Albertina in Wien befindet, ist eine Meisterleistung naturgetreuer Malerei und gilt neben seinem *Feldhasen* als bekannteste Naturstudie des 16. Jahrhunderts.[27] Es sind darauf problemlos Breitwegerich, Ehrenpreis, Gänseblümchen, Löwenzahn, Schafgarbe und verschiedene Gräser zu erkennen.

Zu Humanismus und Renaissance gesellte sich im 16. Jahrhundert eine weitere Bewegung, die das Studium der Natur förderte, nämlich die Reformation. So versuchte Martin Luther (1483–1546) etwa bei seiner Auslegung von Psalm 111 den Zeitgenossen neu den Blick für die Schöpfung zu öffnen:

> Die meisten sehen nichts von diesen Werken Gottes, sondern sind derselbigen gewohnt und durchgangen wie ein altes Haus von Rauch, brauchen derselbigen und wühlen darin wie eine Sau im Habersack. O (sprechen wir), ist das so gross Ding, dass die Sonne scheinet? Feuer wärmet? Wasser Fische gibt? Erde Getreide gibt? Kuh Kälber trägt? Weib Kinder gebiert? Huhn Eier legt? Geschiehts doch täglich. Du lieber Tölpel Hans, muss es darum gering sein, dass es täglich geschieht? Wenn aber die Sonne einmal zehn Tage nicht leuchtete, so sollte sie wohl ein gross Werk werden. Wenn kein Feuer auf Erden wäre denn an einem Ort, ich meine, es sollt köstlicher werden als alles Gold und Silber. Wenn allein ein Brunnen in aller Welt wäre, ich acht wohl, ein Tröpflein Wasser sollte mehr denn hunderttausend Gulden gelten und dagegen Wein und Bier eitel Unflat sein.[28]

Huldrych Zwingli (1484–1531) wiederum zeigte in *De providentia Dei*, wie aus der Betrachtung der Natur auf die Weisheit und Fürsorge des Schöpfers geschlossen werden kann:

> Oder verkündet nicht auch das Geschlecht der Mäuse die Weisheit und Vorsehung der Gottheit? Oder wenn der Igel mit seinen Stacheln eine nicht geringe Menge von Obst so kunstvoll in sein Lager schleppt, indem er sich darüber wälzt und die Stacheln einbohrt? Oder das Murmeltier, wenn es einen Artgenossen als Posten auf der Höhe aufstellt, damit die umherschweifenden und arbeitenden Tiere nicht unversehens überrascht werden? Der Posten meldet die Gefahr rechtzeitig mit einem Pfiff, wenn die übrige Schar überall weiches Heu einsammelt. […] Das Eichhörnchen zieht ein grösseres Holzstück mit dem Mund ans Ufer und gebraucht es zum Überqueren, indem es dabei den buschigen Schwanz emporrichtet; wenn der Wind hineinbläst, braucht es kein anderes Segel. Welches Wort, welche Rede könnte die göttliche Weisheit gleicherweise preisen wie diese doch ganz geringen Tiere?[29]

---

26 Vgl. Albrecht Dürer, Hierin(n) sind begriffen vier bücher von menschlicher Proportion, Nürnberg 1528, fol. A2r; zitiert wird die Übertragung von Hinz 2011, 21.

27 Vgl. Hess 2012, 117–131.

28 Zitiert nach Büsser 1990, 61 f. Vgl. für Wittenberg Dannenfeldt 1972, 223–248; Helm 1999, 22–41.

29 Büsser 1990, 67.

Das Studium der Schöpfung führt somit auch zur Erkenntnis des Schöpfers und gibt Aufschluss über seinen Charakter. Diese Einstellung vertrat auch der Zürcher Naturforscher Conrad Gessner, wie er an verschiedenen Stellen seiner Tierbücher ausführt.[30]

Die Reformation schärfte aber nicht nur den Blick für Tun und Wesen des Allmächtigen, sondern erkannte auch aufgrund verschiedener biblischer Aussagen, dass gewisse, in der Volksfrömmigkeit verwurzelte religiöse Praktiken als Aberglaube, Okkultismus und Zauberei angesprochen werden müssen, was zu einer Entzauberung verschiedener Aspekte des täglichen Lebens führte. Zwingli tat es als Fabel und Lüge ab, als erzählt wurde, dass im Kloster Oetenbach eine Marien-Statue stehe, die sich nicht verschieben lasse. Jedes Mal, wenn man ihren Standort verändert habe, habe sie am nächsten Tag wieder am alten Ort gestanden.[31] Zwinglis Nachfolger, Heinrich Bullinger (1504–1575), tadelte seinen Sohn, als dieser sich ein Horoskop anfertigen lassen wollte.[32] In seiner nur handschriftlich überlieferten Abhandlung *Wider die schwarzen Künste* führte der Zürcher Antistes zudem aus:

> Es sind aber der verbottnen künsten vilerleyn: magia, mathematica [Astrologie], veneficia [Hexerei], divinatio [Wahrsagen], incantatio [Beschwörungen], augurium [Deuten von Vorzeichen], aruspicia [Opferschau], goëtia [Geisterbeschwörung], geomantia [Wahrsagen aus der Erde], necromantia [Befragung von Toten], hydromantia [Wahrsagen aus dem Wasser], pyromantia [Wahrsagen aus dem Feuer] und noch vil dess tüfels mer. Von denen allen und yeden insonders ich hie nütt sagen, sonder nun von ettlichen abergleubigen und verbottnen stuken zur warnung reden wil, so vil gott gnad gipt, und werdent alle genempt schwarze künst, id est von gott verbottne, unrächte und tüfels künst, der der schwarz gmeinlich genempt wirt, und ist doch eine böser dan die ander, doch keine guot.[33]

Der Zürcher Stadtarzt Conrad Gessner wiederum äusserte sich gegen den Aderlass, den man in Verbindung mit astrologischen Himmelskonstellationen vornahm, und wandte sich in aller Schärfe gegen okkulte Praktiken.[34] Auch gegen dubiose Kurpfuscher in der Stadt ging er energisch vor, die Heilung mittels esoterischer Methoden versprachen, was einzelne Patienten sogar mit ihrem Leben bezahlen mussten.[35]

Hand in Hand mit der Absage an abergläubische Elemente und der neuen Wertschätzung von Schöpfer und Schöpfung hielt eine Art humanistische Aufklärung Einzug, die zwar die antike Überlieferung hochhielt, sich aber nicht scheute, sie zu korrigieren, wo Empirie und Autopsie das Gegenteil bewiesen. Gessner war sich bewusst, dass er in einer neuen Zeit lebte, einer Zeit der Renaissance, der Wie-

30 Leu 2016a, 176–181.
31 Farner 1954, 489 f.
32 Leu/Weidmann 2004, 174.
33 Heinrich Bullinger, Wider die schwarzen Künste, Zentralbibliothek Zürich, Ms F 63, fol. 357r.
34 Leu 2016a, 313–317, 364 f.
35 Leu 2019, 311–322.

dergeburt der Wissenschaften. So schreibt er etwa in seinem Tierbuch im Artikel über die Gämse, dass Isidor von Sevilla († 636) zu seiner Zeit als gelehrtester Mann angesehen worden sei und nach Gessners Meinung keiner gebildeter gewesen sei bis ins gegenwärtige Zeitalter, in dem die Wiedergeburt (Renaissance) der Wissenschaften begonnen habe.[36]

1.2 Gessners wissenschaftliche Methode

In diesem neuen Zeitalter wurde danach getrachtet, die Dinge selbst zu erforschen, selbst zu überprüfen, selbst zu sehen: Die Autopsie gewann an Bedeutung. Ein schönes Beispiel dafür ist der Chronist Johannes Stumpf (1500–1577/1578), der im Sommer 1544 eine dreiwöchige Reise ins Wallis unternahm, um Geographie und Geschichte vor Ort in Augenschein zu nehmen, Archive zu besuchen und sich eine Dokumentation im Hinblick auf seine 1547/1548 gedruckte *Eidgenössische Chronik* zusammenzustellen. Bullinger schrieb am 28. August 1544 an den St. Galler Reformator Vadian über diese Forschungsreise, Stumpf werde sich aus dem Wallis hinab zum Genfer See begeben, von dort nach Lausanne und über den Jura ins Üechtland, um alles kennenzulernen, was es irgendwo an Altertümern gebe, und um die Orte mit seinen eigenen Augen zu besehen.[37] Für unsere Thematik ist die Schlussbemerkung von Interesse: *loca suis inspecturus oculis* («um die Orte mit seinen eigenen Augen zu besehen»). Stumpf wollte also nicht auf irgendwelche Geschichten, Erzählungen und Überlieferungen angewiesen sein, sondern sich vor Ort ein Bild der Situation machen.

Dieses empirische Forschen und das Bemühen um Autopsie erinnert an die Aussage des lutherischen Tübinger Botanikers Leonhart Fuchs (1501–1566) von 1543:

> So doch wissentlich ist, wie die alten artzet, in sonderheyt Theophrastus, Dioskorides unnd Galenus, nichts eerlicher noch noetiger zuo sein geacht haben, dann diese vleissige erkündigung der kreüter. Darumb seind dieselbigen vil lender mit grossem kosten, leibs und lebens geferligkeyt durchzogen, damit sie die kreüter gentzlich moechten erkennen, und wie und wo sie wuechsen, mit ihren eygnen augen besichtigen und anschawen.[38]

---

36 Conrad Gessner, *Historiae animalium liber I. De quadrupedibus viviparis*, Zürich 1551, 319: *Haec Isidorus: qui suo tempore doctissimus habitus est, nec ullus opinor eo eruditior ab eius aetate ad nostri usque saeculi tempus, quo bonae literae renasci coepere.* Vgl. zwei ähnliche Äusserungen Gessners über die Renaissance der Wissenschaften im 16. Jahrhundert: Leu 2016a, 160, 252.

37 Arbenz/Wartmann 1906, 334, Nr. 1356: *Ex ea* [*Valesia*] *descendet rursus ad lacum Lemanum, proficiscetur Losannam ac per Iurassem transibit ad Nuithones, cogniturus quicquid uspiam est vetustatis, tum et loca suis inspecturus oculis.*

38 Leonhart Fuchs, New Kreüterbuch, Basel 1543, fol. 2r.

Abb. 1.1 Am Ende des wichtigsten Werkes des berühmten Tübinger Botanikers Leonhart Fuchs werden die beiden Künstler Heinrich Füllmaurer und Albert Meyer gezeigt, wie sie die Pflanzen von originalen Vorlagen abzeichnen, aus: Leonhart Fuchs: New Kreüterbuoch, Basel, Michael Isengrin, 1543.

Der Holzschnitt am Ende seines Kräuterbuches kann geradezu als Programm angesehen werden, denn er zeigt, wie die beiden Maler Heinrich Füllmaurer (ca. 1497–1547) und Albert Meyer (ca. 1510–1561) die Pflanzen originalgetreu abzeichnen (Abb. 1.1). Der darunter abgebildete berühmte Holzschneider Veit Rudolph Speckle, der auch an der Stumpf'schen Chronik[39] und an Gessners Tierbüchern[40] mitarbeitete, war ein weiterer Garant für qualitativ hochstehende Abbildungen.

Auch der Botaniker Leonhart Rauwolf (1535–1596) griff in der Vorrede zur Beschreibung seiner Reise in den Nahen Osten das Thema der Autopsie auf, indem er darauf hinwies, dass er diese beschwerliche Reise gemacht habe, um die Pflanzen in ihrem natürlichen Habitat zu studieren:

> Bekame ich demnach lenger ihe [je] groessere begürde / die auch an den orten / da sie fürnemlich wachsen / zůbesůchen unnd zůerlangen / mit dem fürnemmen / darneben auch derselbigen Laender / Jnnwohner leben / sitten / gebreüche / Ordnungen / Religionen etc. zů observieren und warzůnemmen.[41]

Die empirische Methode hielt nicht nur Einzug in die Geographie und die Botanik, sondern auch in alle Gebiete der Zoologie, d. h. in die Säugetier-, Fisch-, Vogel- und Reptilienkunde. Die empirische Erforschung der Natur war auch Conrad Gessner ein grosses Anliegen. In Verbindung damit stand bei ihm immer auch die möglichst vollständige Erfassung des schriftlich und mündlich verfügbaren Wissens.[42] In den Bänden seiner *Historia animalium* unternahm es Gessner als Erster, alle Tiere der damals vier bekannten Kontinente zu beschreiben. Er sammelte und ordnete das Wissen aus Büchern, vertraute darauf aber nur, soweit es ihn vernünftig dünkte oder soweit sich seine eigenen Beobachtungen eines Sachverhalts damit deckten. Ähnlich wie Aristoteles ging er am liebsten selbst in die Natur und beschaffte sich seine Datengrundlage dort. Er betont immer wieder, dass er verschiedene Lebewesen eigenständig erforscht, untersucht und gezeichnet habe. In der Vorrede an den Leser zum Buch über die Wassertiere lobt er die drei Ichthyologen Pierre Belon, Guillaume Rondelet und Ippolito Salviani, die ihre Resultate mittels *observare* (beobachten), *scribere* (beschreiben), *peregrinari* (reisen) und *dissecare* (sezieren) gewonnen hätten. Aus verschiedenen Stellen der Tierbücher geht hervor, dass Gessner sich auch dieser Methoden bediente, die unter dem Begriff

39 Muller 1997, 57.

40 Leeman-van Elck 1935.

41 Leonhart Rauwolf, Aigentliche beschreibung der Raiβ / so er vor diser zeit gegen Auffgang inn die Morgenlaender / fürnemlich in Syriam, Iudaeam, Arabiam … volbracht, Laugingen 1583, fol.)($_{iiii}$r/v.

42 Leu 2016a, 184 f. und oben 1.1 Anm. 8; etwas zu einseitig ist die Betonung der Buchgelehrsamkeit bei Friedrich 1995, 53 f.

«Autopsie» zusammengefasst werden können.[43] Aufgrund seiner umfangreichen anatomischen und physiologischen Kenntnisse gelang es ihm bekanntlich, etliche aus Antike und Mittelalter überlieferte Tiere als Fabelwesen zu taxieren.[44]

Was Stumpf für die Geographie sowie Fuchs und Rauwolf für die Botanik propagierten, praktizierte Gessner als einer der Ersten auf dem gesamten Fachgebiet der Zoologie. Als Beispiel mag an dieser Stelle seine Erforschung der Alpenfauna dienen, wo dieses Streben nach empirischen Daten und dem eigenen Beobachten eines Gegenstandes immer wieder deutlich wird.[45] Entsprechend betonte Gessner etwa beim Murmeltier, dass er seine Aussagen über dieses sympathische alpine Nagetier zu einem guten Teil aus eigener Anschauung gewonnen habe, denn, wie der Chronist Johannes Stumpf, hielt auch er eines als Haustier; die Abbildung im ersten Band der *Historia animalium* gibt nach seinen eigenen Worten dieses Exemplar wieder.[46] Offenbar misslang die Überwinterung des Nagers, weil Gessner ihn in ein hölzernes Gefäss ohne Luftzufuhr einschloss. Er dachte nicht daran, dass das Tier auch im Winter genügend Luft benötigte, denn er war der Ansicht, dass sie ja auch in der Natur eingeschlossen unter der Erde überwintern würden.[47]

Gessner selbst scheint kein Murmeltier seziert zu haben, doch verschaffte er sich bei verschiedenen anderen Tieren mittels Sektion einen Einblick in die Innereien und entlarvte durch Autopsie verschiedene Meinungen, die kursierten, als Märchen. So widerlegte er etwa die Behauptung von Aelian und Plinius, dass sich die Grösse der Mäuseleber gemäss den Mondphasen verändere.[48] Im Artikel über den Biber, dessen Innereien er ebenfalls aus eigener Anschauung kannte,[49] widersprach er der Ansicht, dass der Biber sich bei Gefahr seiner Hoden entledige. Diese Legende nimmt der Zürcher Naturforscher zum Anlass, eine deutliche Warnung vor Mythen in Religion und Wissenschaft zu formulieren. Das Ziel der Wissenschaft sei die Wahrheit. Fabeln sollen gemeinhin zurückgewiesen werden.[50]

---

43 Conrad Gessner, *Historiae animalium liber IIII. Qui est de piscium et aquatilium animantium natura*, Zürich 1558, fol. b1r.

44 Riedl-Dorn 1989, 71–101.

45 Vgl. zu Gessners Alpenliebe und Alpenreisen: Boscani Leoni 2019, 119–128.

46 Gessner 1551, 841; Johannes Stumpf, Gemeiner loblicher Eydgnoschafft … Chronick, Bd. 2, Zürich 1548, fol. 288v.

47 Gessner 1551, 842.

48 Gessner 1551, 808 f.

49 Gessner 1551, 340.

50 Gessner 1551, 338: *Ego contra ut bono viro et sapientiae studioso, cum philosophiae finis sit veritas, fabulas ubique fugiendas existimo, illas inquam quae pro veris credendae obtruduntur, sic in religione potissimum noxias et pestilentes eas existimo: eamque ob causam cum Platonem et caeteros gentilium damnaverim, qui tale quid in suis superstitionibus ausi sunt: tum omnes qui in nostra religione, quae purissima et syncerissima esse debebat, idem moliuntur aut olim moliti sunt, qua de re pro dignitate dicturo maximus se campus aperiret.*

Vor diesem Hintergrund erstaunt es nicht, dass Gessner bei der Behandlung des Wolfes, von dem es in Graubünden und in Tirol viele Exemplare gebe, die in der Antike wurzelnde Auffassung ablehnte, dass sich Menschen in Wölfe verwandeln könnten; er schloss sich hier der Kritik des Plinius an.[51] Bei der Erklärung des Winterschlafs der Bären war Gessner etwas unsicher und gab eine Geschichte wieder, die er zwar selbst nicht uneingeschränkt glaubte, aber an der vielleicht ein Stück Wahrheit sein könnte. In der deutschen Fassung des Tierbuches lautet sie:

> So nun soeliche jr [der Bären] natürliche zeyt haerzů kumpt / essen sy ein kraut das schlaaffend macht / wie dann die gmein sag ist / aber niemants zeigt des krauts namen an. Doch wil man reden / das auff ein zeyt im Schweytzer gebirg ein Senn / oder Schwytzer / aus dem Sennhof gangen / und auff dem kopff ein grossen kaesnapff getragen / habe also ein Baeren gesehen / von vernen / der selbig hab ein kraut ausgerupfft / und das selbig gefraessen. Do nun der Baer hinweg kommen / seye der Senn auch zůhin gangen / der wurtzen und krauts geessen / so sey in zů stund der schlaaff ankommen / das er sich schlaaffens nimmer überheben moegen / hab sein haupt mit dem kaesnapff bedeckt / unnd sich gleych am waeg zeschlaaffen nidergelegt. Und wiewol es angender winter zeyt sich zůgetragen / hab doch der Senn den Winter durchaus in aller keltin unverseert bis in angenden frueling gschlaaffen / do sey er erst erwachet. Ob das ein tantmaer [leeres Gerede] / weiss ich nit / aber es ist die gmein sag.[52]

Natürlich gab es in den Alpen auch Drachen, denn Gessner lagen zuverlässige Berichte von glaubwürdigen Zeugen vor wie etwa vom Buchdrucker Christoph Froschauer (ca. 1490–1564).[53] Johannes Stumpf gab in der *Eidgenössischen Chronik* zu bedenken, dass sie infolge der Besiedlung der Alpen durch den Menschen immer seltener würden.[54]

Eine systematische Auswertung von Gessners Vogelbuch hat gezeigt, dass er von den 215 abgebildeten Arten mindestens 65 aus eigener Anschauung kannte, von denen er etwa zwanzig sezierte wie Baumfalke, Bekassine, Eisvogel, Grosser Brachvogel, Grosstrappe, Kranich, Krauskopfpelikan, Krickente, Löffler, Mäusebussard, Rotdrossel, Schwarzstorch, Wacholderdrossel, Waldrapp, Zwergsäger und Zwergtaucher. Aufgrund seiner Vogel-Sektionen vermochte Gessner auch hier den einen oder anderen Fehler zu korrigieren. Sein englischer Kollege William Turner behauptete etwa, dass der Goldregenpfeifer (*Pluvialis apricaria*) von der Luft lebe. Gessner bestritt dies mit Hinweis auf seine Sektion des Vogels.[55]

---

51 Gessner 1551, 759: *Homines (inquit Plinius) in lupos verti, rursumque restitui sibi, falsum esse confidenter existimare debemus, aut credere omnia quae fabulosa tot seculis comperimus.*

52 Conrad Gessner, Thierbůch, Zürich 1563, XVI.

53 Froschauer erzählte Gessner von einer geflügelten Schlange, von der ihm ein Buchhändler aus der Steiermark berichtet habe. Conrad Gessner, *Historiae animalium liber V. Qui est de serpentium natura*, Zürich 1587, fol. 55r/v.

54 Stumpf 1548, fol. 286r.

55 Springer/Kinzelbach 2009, 211 f.

In ähnlich «aufgeklärter» und entmythologisierender Weise widmete sich Gessner der Alpenflora. Während die Kenntnis der Alpenpflanzen bis ins 16. Jahrhundert verschwindend gering war, kümmerten sich die Väter der Botanik Otto Brunfels, Leonhart Fuchs und Gessner auch um die Botanik der Gebirge und erzielten einen erstaunlichen Zuwachs an Wissen über die Diversität der Flora und deren botanische und pharmakologische Eigenschaften.

In seinem kleinen Werk über Alpenpflanzen mit dem Titel *De raris et admirandis herbis, quae … Lunariae nominantur* («Über seltene und bewundernswerte Pflanzen, die Mondblumen genannt werden») von 1555 räumte er mit dem verbreiteten Irrtum auf, dass es Gewächse gebe, die in der Nacht leuchten würden. Es handelt sich dabei um das erste Werk in der Wissenschaftsgeschichte, das der Biolumineszenz gewidmet war, einem Phänomen, das nach heutigem Erkenntnisstand am häufigsten bei Lebewesen der Tiefsee vorkommt. Gessner erklärt, dass er schon öfter über Pflanzen befragt worden sei, die nachts leuchten würden (*Lunariae*), weshalb er diese Schrift auf der Grundlage von Literaturstudien und eigenen Beobachtungen verfasst habe. Aus seinen Darlegungen geht hervor, dass er keine Pflanzen kannte, die in irgendeiner Form Licht aussandten.

Das längste Kapitel des Werks, das die Hälfte der Publikation ausmacht, trägt den Titel: «Über gewisse andere Mondpflanzen (*Lunariae*), die wir kennen, obgleich keine von ihnen von uns beobachtet worden ist, dass sie nachts leuchten würde».[56] Der Empiriker Gessner, der hier aufgrund seiner eigenen Beobachtungen argumentiert, geht auf eine Reihe von Gewächsen ein, die von den Gelehrten zu den *Lunariae* gestellt wurden, obwohl sie gar nicht leuchten, sondern weil beispielsweise die runden Blätter dem Vollmond gleichen wie bei *Tora venenata* (Schildblättriger Hahnenfuss). Zu diesen *Pseudo-Lunariae* zählt auch die Alpenaurikel (*Primula auricula*), von der Gessner einen hervorragenden Holzschnitt publizierte (Abb. 1.2).

Während Gessner auch dieses mythenbehaftete Kapitel der Pflanzengeschichte kritisch durchdrang und keinerlei Biolumineszenz bei Pflanzen feststellen konnte, gestand er eine solche gewissen Tieren wie etwa den Glühwürmchen durchaus zu. Mit der Ansicht, dass Tieraugen Licht aussenden, wie er das beim Fisch *Lucerna* beobachtet zu haben glaubte, folgte er dem Wissensstand seiner Zeit.

Wichtige Beobachtungen zur Vegetation in der Alpenwelt gelangen Gessner bei seiner Besteigung des Pilatus. Am 20. August 1555 erklomm Conrad Gessner zusammen mit dem Zürcher Chirurgen Peter Hafner, dem Apotheker Pierre Boutin aus Avignon und dem Maler Johann Thoma, einem Verwandten Gessners, den auch als *Mons fractus* bezeichneten Berg. Der Luzerner Stadtarzt Johannes

56 Conrad Gessner, *De raris et admirandis herbis …, eiusdem descriptio montis Fracti, sive montis Pilati …*, Zürich 1555, 23–42 (im Folgenden: Gessner 1555b); zum Titel vgl. 23: *De aliis quibusdam lunariis, quas novimus, etsi nullam earum noctu lucere observatum nobis sit.*

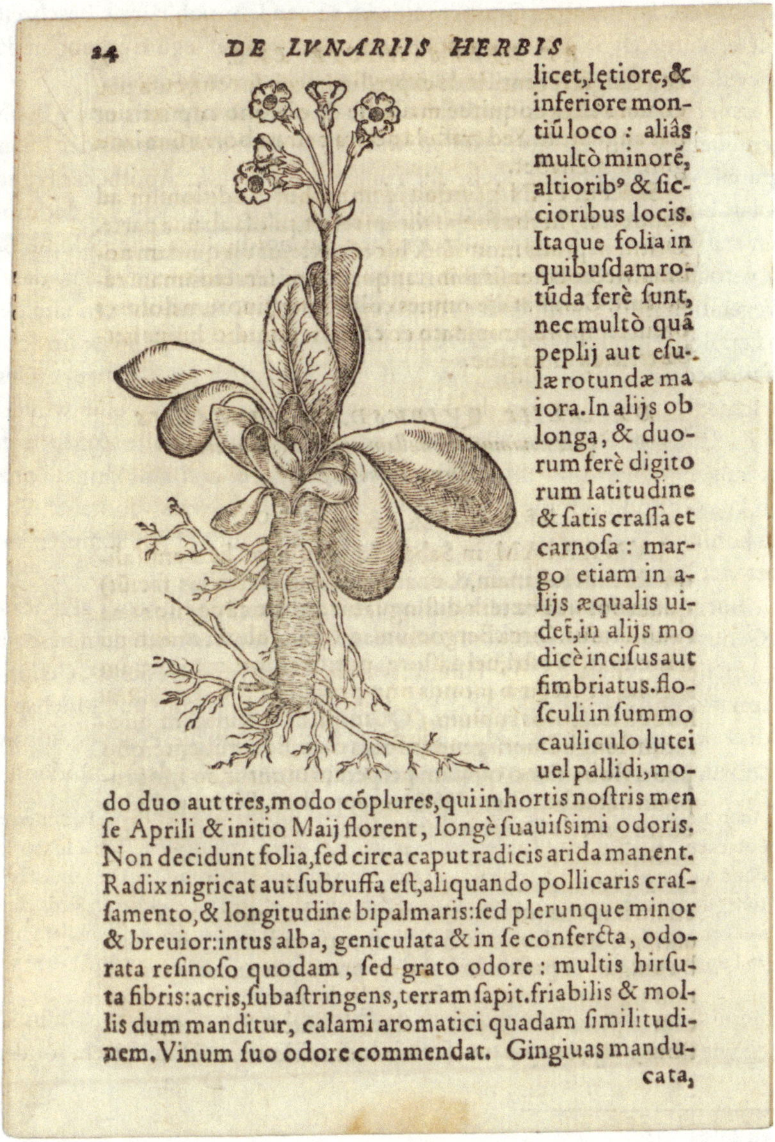

24 DE LVNARIIS HERBIS

licet, lętiore, & inferiore montiũ loco: aliâs multò minorẽ, altioribꝰ & ſiccioribus locis. Itaque folia in quibuſdam rotũda ferè ſunt, nec multò quã peplij aut eſulæ rotundæ maiora. In alijs oblonga, & duorum ferè digitorum latitudine & ſatis craſſa et carnoſa: margo etiam in alijs æqualis uidẽt, in alijs modicè inciſus aut fimbriatus. floſculi in ſummo cauliculo lutei uel pallidi, modo duo aut tres, modo cõplures, qui in hortis noſtris menſe Aprili & initio Maij florent, longè ſuauiſsimi odoris. Non decidunt folia, ſed circa caput radicis arida manent. Radix nigricat aut ſubruffa eſt, aliquando pollicaris craſſamento, & longitudine bipalmaris: ſed plerunque minor & breuior: intus alba, geniculata & in ſe conferta, odorata reſinoſo quodam, ſed grato odore: multis hirſuta fibris: acris, ſubaſtringens, terram ſapit. friabilis & mollis dum manditur, calami aromatici quadam ſimilitudinem. Vinum ſuo odore commendat. Gingiuas manducata,

Abb. 1.2 Ein naturgetreuer Holzschnitt (mit Wurzel und Blüte) einer *Primula auricula*, aus: Conrad Gessner: De raris et admirandis herbis, Zürich, Andreas und Jakob Gessner, 1555, S. 24.

Chrysostomus Huber, dem Gessner seine im selben Jahr publizierte Beschreibung widmete, hatte sich dafür eingesetzt, dass die Gruppe die Region erkunden durfte. Die Bewilligung dazu erteilte der Schultheiss Niklaus von Meggen.[57]

Gessners Beschreibung des Pilatus enthält die ersten publizierten Beobachtungen über die alpinen Höhenstufen, weshalb er auch als Gründer der Pflanzengeographie bezeichnet wird. Vielleicht machte der Veroneser Apotheker Francesco Calzolari bereits vor dem Zürcher Universalgelehrten die gleiche Entdeckung bei seinen seit 1551 wiederholten Besteigungen des norditalienischen Monte Baldo, doch veröffentlichte er seine Erkenntnisse erst 1566. Gessner fiel auf, dass sich die Vegetation mit zunehmender Höhe veränderte. Während auf den Gipfeln der höchsten Berge immer Winter herrsche, finde man weiter unten sogar im Sommer noch typische Frühlingsblumen wie Veilchen, Huflattich und Pestwurz. Gessner unterschied im Hinblick auf die Höhe vier Vegetationszonen: eine winterliche Zone in der grössten Höhe, darunter eine zweite frühlingshafte Zone, in der es einen langen Winter und einen kurzen Frühling gebe, und eine dritte Zone, die neben Winter und Frühling auch einen Herbst kannte, so dass dort auch Früchte reifen konnten. Die unterste Zone erlebe schliesslich auch einen Sommer, so dass es dort vier Jahreszeiten gebe.[58]

Gessner fand an der Pilatus-Wanderung Gefallen und schwärmt geradezu von dem Genuss, den das kristallklare und eiskalte Quellwasser nach dem beschwerlichen Aufstieg bereitete.[59] Er beschreibt, wie die Berge Tast-, Gesichts-, Gehör- und Geschmackssinn erfreuen, lobt die Vorzüglichkeit der Früchte und Milchspeisen, schildert, wie man in ein Alphorn blies, und erklärt, dass die Pflanzen, die in den Bergen wüchsen, die besseren Heilmittel ergäben als die aus dem Unterland:

> Auch angenehme Gerüche von Kräutern, Blumen und Pflanzen der Berge kommen einem entgegen. Die gleichen Pflanzen wachsen in den Bergen wohlriechender als in der Ebene, dann auch wirksamer im Hinblick auf eine Verwendung als Heilmittel. Die Luft ist hier viel freier und gesünder und nicht wie in den Städten und anderen menschlichen Siedlungen ansteckend oder übelriechend. Wird sie von der Nase zum Gehirn geleitet, von der Luftröhre zu Lungen und Herz, ist sie nicht nur nicht schädlich, sondern sie erfreut und belebt sogar.[60]

Aus dieser Bemerkung kann nicht nur geschlossen werden, dass es selbst in Kleinstädten wie Zürich infolge der mangelhaften Kanalisation oft übel roch, sondern es

57 Leu 2016a, 267.

58 Gessner 1555b, 45 f.; eine deutsche Übersetzung des Traktats bietet Deubelbeiss 1991.

59 Gessner 1555b, 47.

60 Gessner 1555b, 48 f.: *Odores etiam suaves ex herbis, floribus ac stirpibus montanis se offerunt. eaedem enim plantae in montibus, tum odoratiores, tum ad medicamenta efficaciores, quam in plano proveniunt. Aër hic longe liberior et salubrior, nec adeo vaporibus crassis infectus, ut in planitie, nec ut in urbibus et aliis hominum habitationibus contagiosus aut foetidus. hic naribus ad cerebrum derivatus, arteria ad pulmones et cor, non solum non offendit, sed etiam iuvat*; deutsche Übersetzung: Deubelbeiss 1991, 40.

schwingt auch die Überzeugung mit, dass verschiedene Krankheiten wie die Pest sich durch schlecht riechende Luft übertrügen.

Die Gruppe erreichte dann auch den Pilatus-See oder viel mehr Pilatus-Sumpf, der etwa so gross gewesen sei wie zwölf Betten. Gessner war nicht der Erste, der sich für den kleinen Pilatus-See interessierte. Die älteste genauere Beschreibung des heute weitgehend verlandeten Seeleins und seiner Umgebung stammt vom Zürcher Juristen Felix Hemmerli (1388/89–1458/61), der die Lokalität 1447 aufsuchte und auch die mittelalterliche Sage kommentierte, gemäss der sich der böse Geist von Pontius Pilatus im See aufhalte und starke Unwetter auslösen könne.[61] Hemmerli zeigte sich diesbezüglich bereits skeptisch. Gessner nimmt zu dieser Pilatus-Legende in geradezu aufklärerischer Manier Stellung:

> Man sagt, in ihm sei Pilatus untergetaucht und in einem kleineren ganz in der Nähe seine Gattin. Die Umgebung ist sumpfig. Wenn jemand vorsätzlich etwas hineinwerfe, drohe der ganzen Gegend Gefahr durch Unwetter und Überschwemmungen. Da diese Überzeugung der Einheimischen keine natürliche Begründung oder Ursache hat, findet sie bei mir keinen Glauben. Obwohl nämlich auf Aberglauben und falsche Überzeugungen oft unerklärliche und wundersame Vorfälle folgen, dürfen deshalb tüchtige Männer doch nicht einfach solchen Haltungen Glauben schenken. Ich möchte glauben, dass Pilatus nie in dieser Gegend gewesen ist; und wäre er es gewesen, dass ihm sein Tod nicht die Macht gegeben hätte, gut oder schlecht gegen Menschen zu handeln. Wenn aber jemand sagen sollte, den bösen Geistern werde durch göttliche Führung erlaubt, viel Derartiges zu vollbringen und auch Pilatus habe das Wesen eines solchen Geistes angenommen, lautet meine Antwort, dass man es nicht Macht nennen darf, wenn etwas Böses von bösen Geistern getan wird, sondern dass Gott der Herr dies lediglich zulässt, um so den Glauben der Gottlosen und Abergläubischen zu täuschen, ihren Irrglauben zu festigen und sie dadurch Strafe für ihre Gottlosigkeit oder ihren Aberglauben leiden zu lassen.[62]

---

61 Heini 2014, 86 f.; die von Felix Hemmerli (lat. Malleolus) verfasste Beschreibung des Pilatus findet sich in dem Druck *De nobilitate et rusticitate dialogus et alia opuscula*, der um 1500 bei Johann Prüß in Strassburg erschien. Gessner zitiert einen Auszug daraus, vgl. Gessner 1555b, 60–62.

62 Gessner 1555b, 52 f.: *in qua Pilatum immersum aiunt; et in alia proxima minore uxorem eius. Locus circa palustris est. Si quicquam ab homine de industria iniiciatur, toti regioni ex tempestatibus et inundatione periculum esse aiunt. quae incolarum persuasio, cum nullam secundum naturam rationem aut causam habeat, nullam apud me fidem meretur. Quanquam enim saepenumero ad superstitiones ac falsas persuasiones eventus et miracula sequantur, non idcirco tamen simpliciter et a bonis viris habenda illis est fides. Ego Pilatum his in locis nunquam fuisse crediderim; et si fuisset, nullam ei a morte concessam in homines bene aut male faciendi potestatem. Quod si quis dicat multa huiusmodi perpetranda divinitus concedi geniis malis, et Pilatum etiam talis genii naturam induisse, respondeo non dicendam esse potestatem si quid mali a malis perficiatur geniis; sed Dominum Deum permittere ut impiorum aut superstitiosorum fides ita decepta confirmataque suae impietatis aut superstitionis poenas luat*; deutsche Übersetzung: Deubelbeiss 1991, 43 f.

Gessner führt schliesslich die Historiker Eusebius von Caesarea (ca. 260–339) und Johannes Nauclerus (ca. 1425–1510) an, gemäss denen man zwar nicht wisse, ob sich Pilatus in Italien oder Frankreich das Leben genommen habe, doch bringe keiner von beiden die Eidgenossenschaft ins Spiel. Gessner erklärt die Überschwemmungen als Folge von Wildbächen, die das Regenwasser des Berges in die Ebene hinunterführten, was unangenehme Folgen haben könne. Er entmythologisiert in dieser kurzen Schrift nicht nur den Pilatus-See, sondern nimmt den Menschen auch die Angst vor den unwirtlichen Bergen und gewissen Naturphänomenen, indem er sie durch rationale Gründe erklärt.[63]

Gessner beendet seine Schrift mit der Besprechung der Flora des Pilatus und geht abschliessend auf die abergläubische pharmazeutische Verwendung der sogenannten Mondmilch ein, einer feuchten Kalkablagerung, über die er nüchtern urteilt:

> In einer Höhle, zuoberst auf dem Berg, wie wir gesagt haben, entsteht am Gewölbe eine löchrige, weisse, ganz leichte und zerreibbare Substanz, welche man einen felsartigen Schwamm oder einen steinernen Lärchenschwamm nennen könnte; sie selber nennen es ‹Monmilch›, das heisst Mondmilch (lac lunae), nach der weissen und schäumenden Substanz, aus welcher dieser Stein verdichtet zu sein scheint, wenn er es denn verdient, Stein genannt zu werden. […] Auf abergläubische und dumme Weise glauben gewisse Leute, er sei heilsam gegen jede Krankheit eines beliebigen Kranken, weswegen man ihn unter Nennung seines Namens aus der Höhle holen soll.[64]

1.3 Gessners Forschungen über Fossilien

Das eben skizzierte empirische Vorgehen lässt sich auch in Gessners Fossilienbuch beobachten. Er beschreibt die einzelnen Mineralien, Fossilien, archäologischen Artefakte sowie Steine aus den Eingeweiden von Tieren und Menschen sachlich und bemüht sich oft, die mit Worten charakterisierten Objekte durch Zeichnungen zu verdeutlichen. Hierin hat Gessner gemäss seinen eigenen Worten neue Wege beschritten und kann als Pionier bezeichnet werden:

> Was aber die Abbildungen angeht: da ich ja als Erster versucht habe, Steine gezeichnet darzustellen in einem ihnen gewidmeten Buch, so werden die Leser meine Darstellung wohlwollend aufnehmen, wie genau oder ungenau sie auch ausfällt, und wenn sie vielleicht

63 Gessner 1555b, 53 f., 59.

64 Gessner 1555b, 66: *In spelunca quadam per summum montem, ut diximus, fornici adhaerens nascitur substantia quaedam fungosa, alba, levissima, friabilis, quam fungum petraeum dixeris, vel agaricum saxatile, ipsi* Monmilch *appellant, id est lac Lunae, a substantia alba et spumosa ex qua concretus videtur hic lapis, si lapis dici meretur.* […] *Superstitiose et stulte quidam adversus quemcunque morbum aegroti cuiusvis, propter quem expresso ipsius nomine e spelunca petatur, salutarem esse putant*; deutsche Übersetzung aus: Deubelbeiss 1991, 49 f.

> einige Abbildungen nicht so leicht erkennen, mögen sie das nicht mir, sondern der Schwierigkeit des Unterfangens zuschreiben.[65]

Über Beschreibung und Abbildung hinaus gibt Gessner in der Regel auch die Herkunft und den Standort des Objektes an. Geradezu mutig waren seine Versuche, Härte und Geschmack der Steine zu eruieren, indem er sie in den Mund nahm, an ihnen leckte oder darauf biss.[66]

Aus dem Fossilienbuch geht auch hervor, dass Gessner auf seinen Reisen und Exkursionen immer auch die Augen nach Steinen offenhielt. So weiss er etwa, dass der sogenannte *Alabandicus* im Opalinuston von Siblingen (SH) vorkommt oder dass er eine Art Belemnit auf der Burg von Baron Wilhelm Werner bei Rottweil gesehen hat.[67] Gessner zieht nicht nur im Tier- und Pflanzenreich, sondern auch im Steinreich oft eigene Beobachtungen der Überlieferung vor. So kommentiert er ein Plinius-Zitat zu einem Stein namens «Brontia» wie folgt:

> «Der Edelstein Brontia gleicht Schildkrötenköpfen, er fällt, wie man glaubt, mit dem Donner herab und löscht, was vom Blitz berührt wurde, wenn wir es glauben wollen», so Plinius [37,150]. Daher kann für den Brontias offensichtlich auch die Bezeichnung Chelonitis verwendet werden. Ich habe eine Ähnlichkeit zum Kopf einer Schildkröte bisher an keinem Stein wahrgenommen.[68]

Entsprechend weist er in einem anderen Passus darauf hin: «Zudem haben die jüngeren Autoren durch scharfsinnige Erforschung vieles bemerkt, was den meisten antiken Autoren entgangen ist.»[69]

An über einem Dutzend Stellen wendet sich der Zürcher Universalgelehrte explizit gegen abergläubische Meinungen oder Praktiken.[70] Zum geradezu magi-

---

65 Conrad Gessner, *De rerum fossilium, lapidum et gemmarum maxime, figuris et similitudinibus liber*, Zürich 1565, fol. Aa7r/v: *Quantum vero ad delineatas figuras attinet, cum ego primus lapides pictos volumine iis dicato exhibere tentaverim, boni consulent lectores qualemcunque diligentiam hanc nostram; et si forte aliquas non facile dignoscent, non nobis, sed rei difficultati imputent.*

66 Vgl. z. B. Gessner 1565, fol. 27r, 42v, 46r, 50r, 135r, 136r, 154r.

67 Gessner 1565, fol. 93r (Alabandicus), 95r (Belemnit).

68 Gessner 1565, fol. 60v/61r: *Brontia gemma capitibus Testudinum similis est, et cum tonitruis cadit, ut putant; et fulmine tacta restinguit, si credimus, Plinius. Unde Brontiam quoque, alio nomine Chelonitin vocari posse apparet. Ego testudinei capitis similitudinem in nullo adhuc lapide animadverti.*

69 Gessner 1565, fol. 46v: *et multa recentiores acri investigatione deprehendere, quae veterum plerosque latuerunt.*

70 Es sei an dieser Stelle die Bemerkung erlaubt, dass die Arbeit von Katharina Huber, «Studien zur frühneuzeitlichen Geschichte der Naturwissenschaften. Conrad Gesners *De rerum fossilium, lapidum et gemmarum maxime figuris & similitudinibus Liber …*», Basel 2016, mit der These von einer «Verwissenschaftlichung des Okkulten» (189) Gessner und seiner Schrift in keiner Weise gerecht wird. Die Autorin versteht Inhalt und Kontext des Werkes nicht und stellt durch freie Assoziationen abenteuerliche Hypothesen auf. Auf eine Auseinandersetzung mit dieser Arbeit, die wissenschaftlichen Standards nicht genügt, wird in diesem Band verzichtet.

schen Gebrauch von mit Löchern durchbohrtem Silex bei Kühen bemerkt Gessner trocken:

> Solche Steine suchen aber einige abergläubische Weiblein bei Sturzbächen und Flüssen, weil sie törichterweise davon überzeugt sind, dass Kühe, die mit Blut vermischte Milch geben, geheilt würden, wenn man ihre Zitzen in diese Löcher stecke und sie dann melke.[71]

Auch als Amulette gebrauchte Heilsteine lehnte der Zürcher Universalgelehrte ab und bemerkte dazu:

> Manche werden gewöhnlich als Schmuck um den Körper gehängt oder an ihm getragen. Ich vermute aber, dass auch die Schmuckstücke, die man zu Beginn trug, weil man sich davon Gesundheit versprach, wie Amulette, die allermeisten freilich aus Aberglauben, bei den Heiden bald der prahlerischen Zurschaustellung der Pracht dienten. In unserer Religion[72] hingegen haben manche versucht, einige von diesen Schmuckstücken, wie Halsketten und Armbänder, zur Glaubensausübung heranzuziehen, und haben Betkügelchen für den Gebrauch hergestellt.[73]

Selbstverständlich war auch Gessner ein Kind seiner Zeit und übernahm verschiedene überholte Gedanken ungeprüft aus der Literatur.[74] Zudem glaubte er den Aussagen von Zeitgenossen, wenn diese ihm vertrauenswürdig erschienen, so etwa die oben erwähnte Drachen-Erzählung des Buchdruckers Christoph Froschauer oder die Ausführungen zu prähistorischen Steinäxten seines Kollegen Johannes Kentmann (1518–1574) aus Torgau, der deren Entstehung immer noch mit Blitzschlägen in Verbindung brachte.[75]

Besonders spannend und im 16. Jahrhundert unüblich sind Gessners Ausführungen zu einzelnen Objekten, dass sie Versteinerungen darstellten. Bei manchen handelt es sich schlicht um Versinterungen von Pflanzenresten, die bereits Agricola und Aldrovandi beschrieben hatten.[76] Bei anderen handelt es sich wirklich um Fossilien im heutigen Sinn, so etwa bei den Conchylien, die gemäss Gessner

71 Gessner 1565, fol. 30v/31r: *Huiusmodi autem lapides mulierculae quaedam superstitiosae quaerunt, circa torrentes et fluvios, stolide persuasae curatum iri vaccas quae sanguinem cum lacte reddunt, si papillis in haec foramina immissis mulgeantur.*

72 Gessner meint hier das vorreformatorische Christentum.

73 Gessner 1565, fol. 105r/v: *Appendi aut gestari in corpore quaedam solent ornatus gratia. Coniicio autem etiam ea quae a principio spe sanitatis appendebantur, ceu amuleta, superstitiose quidem pleraque omnia, in luxum et ostentationem mox abiisse apud gentiles; in nostra vero religione earum nonnulla, ut monilia et armillas, ad pietatem aliquos trahere conatos, globulos precarios in usum produxisse.* Vgl. dazu auch ähnliche Äusserungen Gessners gegen abergläubische Elemente in der Steinkunde: Gessner 1565, fol. 35r, 38v, 41r, 42r, 50v, 67v, 87v, 113r/v u. a.

74 Vgl. Schierl 2019.

75 Gessner 1565, fol. 64v.

76 Gessner 1565, fol. 114v, 123r.

in Stein verwandelt worden sind,[77] oder um fossiles Holz wie etwa bei dem oligozänen Baumstamm, den man in Sankt Joachimsthal gefunden hatte.[78] Stosszähne von Mammuts interpretierte er wie alle seine Zeitgenossen als Relikte von Einhörnern[79] und beim als *Glossopetra* bezeichneten Stein gibt er die Meinungen verschiedener Gelehrter wieder, die ihn als versteinerte Zunge eines Lebewesens oder als Zahn eines Haifisches interpretierten,[80] wobei letztgenannte Ansicht der Wahrheit entspricht. Andere Fossilien beschreibt er schlicht als «steinerne Schnecken», «steinerne Krebse» usw., ohne aber auf den Zusammenhang zwischen den lebenden und den steinernen Exemplaren einzugehen.[81]

Verschiedenen Fragen, die Gessner im Fossilienbuch anriss, wollte er in einem geplanten grösseren Werk zum Thema auf den Grund gehen, wozu sicher auch der Versteinerungsprozess gehört hätte. Über Jahrhunderte bemühten sich die Gelehrten, hier Licht ins Dunkel zu bringen, aber es sollte noch eine Weile dauern, bis die moderne Paläontologie geboren war. Das darf aber nicht über die Wichtigkeit der Vorarbeiten der frühneuzeitlichen Naturforscher wie Gessner hinwegtäuschen, auf deren Schultern wir heute stehen.

2. Gessners «Fossilienbuch»

Petra Schierl

Während Gessner noch an der Geschichte der Pflanzen arbeitete,[82] wandte er sich in den letzten Jahren seines Lebens den Erdwissenschaften zu. 1565/1566 erschien in der Offizin seines Vetters Jakob Gessner der Sammelband *De omni rerum fossilium genere* («Über jede Art von ‹Fossilien›»), der im Oktavformat gedruckt ist und acht Beiträge verschiedener Autoren enthält.[83] Gessners eigene Abhandlung, die hier als «Fossilienbuch» bezeichnet wird, beschliesst diesen Sammelband. Das «Fossilienbuch» verdeutlicht, was Gessner als Naturforscher und Vertreter

77 Gessner 1565, fol. 85v, 95v.

78 Gessner 1565, fol. 125r. Vgl. Leu 2016a, 377.

79 Gessner 1565, fol. 155r/v, 157r.

80 Gessner 1565, fol. 157v, 163r.

81 Gessner 1565, fol. 164v–167v.

82 Die *Historia plantarum* konnte er nicht vollenden, doch geben die erhaltenen Vorzeichnungen mit Gessners Anmerkungen einen Eindruck von diesem Werk; vgl. Zoller/Steinmann 1987–1991; Kusukawa 2012, 139–177; Leu 2016a, 294–298.

83 Vgl. unten 2.2 und Leu 2016a, 267–374, Schierl 2023, 151–155 zu einem Überblick über die im Sammelband enthaltenen Schriften. Es liegen mehrere Digitalisate des Sammelbandes vor. Als Grundlage für die folgenden Ausführungen diente das Digitalisat der Sächsischen Landesbibliothek – Staats- und Universitätsbibliothek Dresden (SLUB Geolog. 1277; urn:nbn:de:bsz:14-db-id2744160426), in dem die Beiträge in der durch das Inhaltsverzeichnis vorgegebenen Reihenfolge zusammengebunden sind.

der beschreibenden Naturgeschichte insgesamt auszeichnet.[84] Die Bedeutung, die Gessner der Autopsie und allgemein der visuellen Wahrnehmung zuerkannte, zeigt sich in der ausgiebigen Verwendung von Holzschnitten, die auf dem Gebiet der «Fossilien» eine Innovation darstellt.[85] Auf insgesamt 73 Holzschnitten sind jeweils ein oder mehrere Objekte aus Gessners eigener Sammlung oder denen seiner Korrespondenzpartner detailgetreu dargestellt.[86] Vorlagen für die Holzschnitte des «Fossilienbuchs» boten kolorierte Zeichnungen, die ursprünglich ebenfalls zu Gessners Naturalienkabinett gehörten und sich in einem Album im Nachlass des Basler Arztes Felix Platter erhalten haben.[87] Zu den dargestellten Objekten bietet Gessner im «Fossilienbuch» ausserdem eine verbale Beschreibung mit weiteren Informationen und arbeitet das über ein «Fossil» verfügbare Wissen möglichst vollständig auf. So führt er Zitate aus den Werken von Autoren der griechisch-römischen Antike und des Mittelalters an ebenso wie aus den Schriften von Zeitgenossen. Dem raschen Wissenszuwachs trägt er auch dadurch Rechnung, dass er im «Fossilienbuch» auf Beobachtungen seiner Korrespondenzpartner verweist und mehrfach aus ihren Briefen zitiert. Das «Fossilienbuch» gibt daher einen Einblick in Gessners Austausch mit Gelehrten und in seine Arbeitsweise bei der Beschreibung der Natur. Es stellt auf diese Weise die grösseren Zusammenhänge heraus, in welche die erhaltenen «Fossilien» und «Fossilienzeichnungen» aus seiner Sammlung einzuordnen sind.

In dieser Einführung zu Gessners «Fossilienbuch» werden die Erkenntnisse, die u. a. im Rahmen der Erschliessung der Schrift durch verschiedene Register gewonnen wurden, zusammengefasst. Bemerkungen zur Verwendung des Oberbegriffs *fossilia* und zur Entstehung des Sammelbandes ordnen das «Fossilienbuch» zunächst in seinen wissenschaftshistorischen Zusammenhang ein. Im Anschluss werden die Zielsetzung und das innovative Gliederungsprinzip nach Ähnlichkeitsrelationen vorgestellt. Es folgen Ausführungen zu den Beiträgen von Zeitgenossen, die sich einerseits in den Holzschnitten niederschlagen, die Objekte und Zeichnungen abbilden, die Gessner von anderen Gelehrten erhielt, und andererseits in den Zitaten aus deren Briefen. Im Rahmen der Ausführungen zu den Zitaten antiker, mittelalterlicher oder zeitgenössischer Autoren in Gessners Abhandlung werden die *Naturalis historia* des älteren Plinius und die von Georg Agricola verfasste Schrift *De natura fossilium* als massgebliche Modelle Gessners eingehender

84 Vgl. oben 1.2–1.3, ferner: Rudwick ^{2}1976, 5–10; Schierl 2019; Schierl 2020a; Schierl 2023.

85 Vgl. u. a. Rudwick ^{2}1976, 5–10; Leu 1994, 263; Fischel 2009, bes. 14–16 und 31 zur Nutzung der Bilder als Argument.

86 Zu Gessners «Museum» vgl. Leu 2016a, 190; einige Objekte aus der Sammlung befinden sich heute im Naturhistorischen Museum in Basel; vgl. unten 3.3.

87 Die Zeichnungen werden in der Universitätsbibliothek Basel (Signatur: K I 2) aufbewahrt; vgl. unten 3.2 und Fischel 2009, 22–28.

vorgestellt. Als Philologe erweist sich Gessner schliesslich auch mit Überlegungen zur Nomenklatur, die abschliessend illustriert werden.

2.1 *Fossilia* / «Fossilien» als Oberbegriff

Fossilia («Ausgegrabenes») oder *res fossiles* («ausgegrabene Dinge») verwendet Gessner als Oberbegriff für alles, was sich aus der Erde ausgraben und gewinnen lässt, wie Mineralien, Gesteine, Erze und Fossilien im heutigen Sinne, d. h. «Reste und Spuren vorzeitlicher Organismen»,[88] die zu seiner Zeit grösstenteils noch nicht als solche erkannt wurden.[89] Das zu *fodere* («graben») gebildete lateinische Adjektiv *fossilis* («ausgegraben») ist bereits in der Antike belegt. Als Oberbegriff für einen Bereich, der u. a. Erden, Steine, Edelsteine und Erze umfasst, wurde *res fossiles* bzw. *fossilia* jedoch erst von dem sächsischen Gelehrten Georg Agricola gebraucht. In der Schrift *De natura fossilium* («Über das Wesen der ‹Fossilien›»), die 1546 in Basel bei Froben gedruckt wurde, erschloss Agricola das Wissensgebiet der «Fossilien» systematisch.[90] In Anlehnung an Aristoteles unterscheidet er darin ὀρυκτά («Ausgegrabenes») wie Steine und μεταλλευτά («Gefördertes»), wozu er Erze rechnet. Da auch Erze, aus denen Metalle ausgeschmolzen werden, zunächst abgebaut bzw. ausgegraben werden müssen, führte Agricola *fossilia* als Oberbegriff für alles ein, was aus der Erde gewonnen wird.[91] Agricola und Gessner verwenden *fossilia* anstelle der älteren Bezeichnung *mineralia* («Mineralien»), die sich in dem pseudo-aristotelischen Traktat *De mineralibus* (um 1190) findet[92] und von Albertus Magnus († 1280) für Metalle und Steine und das, was zwischen beiden einzuordnen sei, gebraucht wurde.[93] Dass als Oberbegriff für das aus der Erde Ausgegrabene in zeitgenössischen Traktaten auch der Begriff *metalla* verwendet

---

88 Vgl. Ziegler 2008, 1.

89 Zur korrekten Identifizierung von Versteinerungen im Falle von Pflanzenresten vgl. Leu 2016a, 375–377. Für den Oberbegriff *res fossiles* wird in diesem Band entweder die lateinische Bezeichnung beibehalten oder von «Fossilien» gesprochen, um den Unterschied zum heutigen Gebrauch des Begriffs anzuzeigen.

90 Vgl. Agricola, *De natura fossilium* 1546 und dazu Schierl 2019, 145–148 sowie unten 2.6.2; zu Agricolas Bedeutung für Gessner vgl. Epprecht 1955, 271–274.

91 Vgl. Agricola, *De natura fossilium* 1546, 182 f. und dazu die Übersetzung von Georg Fraustadt bei Prescher 1958 (AGA IV), 36 oder bei Krafft 2006, 28 f.

92 Der Traktat ist im Anschluss an das vierte Buch der *Meteorologie* des Aristoteles überliefert und wurde daher fälschlich diesem zugeschrieben. Es handelt sich um eine lateinische Übertragung bzw. Bearbeitung einer Passage aus Avicennas *Kitāb al-Šifā* («Buch der Heilung») durch Alfred von Sareshell (oder Sareshill), der auch für die Zusammenstellung mit der lateinischen Übersetzung der *Meteorologie* des Aristoteles verantwortlich ist; einen kritischen lateinischen Text von *De mineralibus* bietet Rubino 2016.

93 Vgl. Goltz 1972, 3; zu Albertus Magnus' Mineralienschrift vgl. die Ausgaben von Wyckoff 1967 und Angel 1995.

wurde, bemerkt Gessner in seinem Überblick über verschiedene Wissensgebiete in den *Pandectarum libri*. Er verwirft diese Bezeichnung jedoch, da Metalle wie auch Steine einzelne Arten des aus der Erde Ausgegrabenen bezeichnen.[94]

Im 16. Jahrhundert lagen der Ursprung oder die Entstehung der verschiedenen aus dem Erdinnern ausgegrabenen Dinge noch im Dunkeln und die Möglichkeiten einer Differenzierung waren begrenzt. So vermutete man für einige archäologische Artefakte, die aus der Erde ausgegraben wurden, wie Steinbeile, eine natürliche Entstehung.[95] Auch der Prozess der Fossilisation war unbekannt und gerade die auf den Körper oder Körperteile von Lebewesen zurückgehenden Fossilien gaben Rätsel auf. Schliesslich konnten Agricola, Gessner und ihre Zeitgenossen auch die verschiedenen Arten von Mineralien und Gesteinen nur nach äusseren Kriterien unterscheiden. Erst mit den seit dem 18. Jahrhundert aufkommenden Möglichkeiten, den inneren Aufbau der Stoffe chemisch und physikalisch zu analysieren, liessen sich Mineralien und daraus gebildete Gesteine allmählich eindeutig bestimmen und bezeichnen.[96] Die mit dem Oberbegriff *fossilia* einem einzigen Wissensbereich zugeordneten Objekte sind heute Gegenstand so verschiedener Wissenschaften wie der Mineralogie, der Petrologie, der Paläontologie und der Archäologie. Die Arbeiten von Agricola und Gessner zu den «Fossilien» geben einen Einblick in eine Phase des Erfassens und Ordnens der Objekte aus dem Erdinnern, in der die Möglichkeiten zur korrekten Identifikation begrenzt waren und trotz der zunehmenden Bedeutung der Autopsie der Prozess der Loslösung von traditionellen Vorstellungen noch am Beginn stand.

2.2 Zur Entstehung des Sammelbandes über Fossilien: *De omni rerum fossilium genere*

Eine zentrale Rolle bei der Entstehung des Sammelbandes über «Fossilien» spielte Gessners sächsischer Korrespondenzpartner Johannes Kentmann (1518–1574), ein in Torgau tätiger Arzt, der über eine grosse Gesteins- und Mineraliensammlung verfügte.[97] Kentmann sandte Gessner Objekte aus seiner Sammlung und steuerte

94 In den *Pandectarum libri* distanziert sich Gessner im Kapitel *De metallis et mineralibus ut vocant* von denjenigen, die diese beiden Begriffe synonym verwenden, und erklärt *mineralia* als einen Oberbegriff, der neben den *metalla* («Metallen») auch die *lapides* («Steine») umfasst; vgl. Gessner 1548, fol. 194v.

95 Zu den sogenannten *Cerauniae* vgl. z. B. Goodrum 2008 und Schierl 2019, 156–158.

96 Zur Geschichte der Bezeichnung der Mineralien bzw. «Fossilien» vgl. Lüschen [2]1979, 27–158; ferner Goltz 1972, 334–365. Zur Verwendung der Begriffe «Mineral» und «Gestein» in der modernen Mineralogie vgl. Markl [3]2015, 3 und Okrusch/Frimmel [10]2022, 38 und 64 sowie 39–42 zur Einteilung der Minerale nach ihrer jeweiligen chemischen Zusammensetzung und Kristallstruktur.

97 Die Entstehung des Bandes lässt sich anhand von Gessners Briefwechsel mit Kentmann und anderen in groben Zügen nachzeichnen; vgl. Leu 2016a, 369 f. und Schierl 2023, 151–155.

zum Sammelband neben der Widmungsepistel ein Verzeichnis seiner Sammlung, den *Catalogus rerum fossilium*, sowie eine Schrift über Steine im menschlichen Körper bei.[98]

Kentmann stand mit Gessner schon während dessen Arbeit an der *Historia animalium* in brieflichem Austausch und hatte Gessner 1558 ein Verzeichnis der Objekte seiner Sammlung zukommen lassen, welches er von ihm veröffentlichen lassen wollte.[99] Gessner bat Kentmann daraufhin um die Zusendung bestimmter «Fossilien» für seine Sammlung. In einem Brief an Kentmann, der auf den 16. Juni 1561 datiert ist, spricht Gessner davon, Kentmanns Verzeichnis, dessen Schrift über Steine im menschlichen Körper sowie einen Beitrag von Georg Fabricius (1516–1571) zusammen mit den Beiträgen weiterer Autoren sowie mit einer eigenen Abhandlung über «Fossilien» veröffentlichen zu wollen.[100] Doch erst in den Jahren 1564/1565 wurde dieses Vorhaben in die Tat umgesetzt, wobei Kentmann seinen *Catalogus rerum fossilium* nochmals aktualisierte.[101] Gessner erhielt von Kentmann weitere «Fossilien» sowie Abbildungen und Beschreibungen und zitiert in seiner Abhandlung mehrfach aus seinem Briefwechsel mit Kentmann. Im Sommer 1565 wurden die Schriften des Sammelbandes bei Jakob Gessner gedruckt. Wie aus einem Brief Gessners hervorgeht, schickte er Kentmann am 27. August 1565 dessen *Catalogus* und den Beitrag über Steine im menschlichen Körper sowie sein eigenes «Fossilienbuch». Letzteres sandte er auch an weitere befreundete Gelehrte, wie u. a. Adolf Occo, Achilles Pirmin Gasser, Joachim Camerarius und Johannes Muralt.[102] Es ist daher anzunehmen, dass Gessners «Fossilienbuch» zirkulierte, bevor der Sammelband abgeschlossen war.[103] Denn die von Kentmann für den Sammelband verfasste Widmungsepistel datiert vom 8. November 1565. Auch wenn auf dem Titelblatt des Sammelbandes 1565 als Erscheinungsjahr genannt wird, lagen wohl erst einige Wochen nach Gessners Tod am 13. Dezember alle Teile gedruckt vor, da die Titelblätter und Widmungsepisteln einzelner Beiträge des Bandes 1566 als Erscheinungsjahr angeben.[104]

98 Zu Kentmanns Schriften vgl. Helm 1971, 58–74; eine Einleitung und Übersetzung von Kentmanns Verzeichnis der «Fossilien», welches die Klassifikation Agricolas weiter differenziert, bietet Prescher 1980.

99 Das geht aus einem Brief von Gessner an Kentmann vom 17. März 1558 hervor; vgl. Gessner 1584, fol. B_1r/v. Gessners Briefe an Kentmann wurden 1584 von Simon Cronenberg in Wittenberg gedruckt.

100 Gessner 1584, fol. C_1v.

101 Vgl. dazu Leu 2016a, 369 sowie die Briefe Gessners vom 24. Juni 1564 und vom 27. Januar 1565: Gessner 1584, fol. D_3r–D_4v und E_1r/v.

102 Vgl. Leu 2016a, 378; Schierl 2023, 153 mit Anm. 37 zum Verweis auf Gessners Begleitschreiben.

103 Vgl. Schierl 2023, 153 mit Anm. 57.

104 Die Datumsangaben variieren bisweilen in verschiedenen Drucken; vgl. Schierl 2023, 153 mit Anm. 38.

2.3 Zur Zielsetzung des «Fossilienbuchs»: Titel, Widmungsepistel, Vorwort

Gessners Beitrag zum Sammelband umfasst sechs nicht nummerierte Blätter, d. h. zwölf Seiten, mit einer von ihm selbst verfassten Widmungsepistel (*epistola dedicatoria*) und einer Vorrede (*praefatio*). Daran schliesst sich die aus fünfzehn Kapiteln bestehende Abhandlung an, die einen Umfang von 169 Blättern, d. h. 338 Einzelseiten, hat. Da der Band im kleinen Oktavformat gedruckt ist, haben die Seiten nur eine Breite von 9 cm und eine Höhe von 15,5 cm.

Wie der Titel *De rerum fossilium, lapidum et gemmarum maxime, figuris et similitudinibus liber* anzeigt, befasst sich Gessner in seinem Beitrag zum Sammelband mit Steinen und Edelsteinen nebst anderen Funden aus der Erde, die sich insbesondere hinsichtlich ihrer Gestalt durch eine Ähnlichkeitsbeziehung zu Gegenständen oder Phänomenen aus verschiedenen Bereichen auszeichnen. Dieser Fokus auf Gestalt und Ähnlichkeit führt zu einer Auswahl von «Fossilien» mit besonderen Merkmalen und erklärt, weshalb sich unter den von Gessner besprochenen Objekten besonders viele finden, die sich heutzutage anhand der Abbildungen als Versteinerungen identifizieren lassen.[105] Dass Gessner auch Ähnlichkeitsbeziehungen berücksichtigt, die sich allein in der Bezeichnung der «Fossilien» manifestieren, wird erst im Vorwort und den Kapitelüberschriften deutlich.[106]

Der Untertitel nennt die Adressaten der Schrift mit den Worten: «nützlich und unterhaltsam nicht nur für Ärzte, sondern für alle, die sich der Natur und der Philologie widmen» (*non solum medicis, sed omnibus rerum naturae ac philologiae studiosis, utilis et iucundus*).[107] Gemeint ist damit die wachsende Gruppe der Gelehrten, welche die Natur um ihrer selbst willen und in ihrer ganzen Vielfalt zu erfassen, beschreiben und zu erforschen suchten.[108] Der Verweis auf die Philologie macht deutlich, dass für Gessner wie für die Zeitgenossen die eigene Naturbetrachtung mit dem Studium der relevanten Schriften seit der Antike einhergeht,

105 Vgl. unten 4.

106 Die Bedeutung des Namens wird in der Widmungsepistel (fol. Aa3) erstmals erwähnt und zeigt sich dann in den einzelnen Kapiteln; vgl. unten 2.8, ferner Schierl 2019, 151 f. u. 156, Schierl 2020a, 510 f.

107 Gessner verwendet im Untertitel die Wendung *natura rerum*, die sich auch im Titel des von Lukrez verfassten epikureischen Lehrgedichts *De rerum natura* und an einer programmatischen Stelle in der Vorrede zur *Naturalis historia* des älteren Plinius findet (praef. nat. 12 f. *rerum natura, hoc est vita, narratur*).

108 Anhand von Gessners Fossilienbuch und seiner Arbeiten zu Tieren und Pflanzen lässt sich exemplarisch die Entwicklung der beschreibenden Naturgeschichte hin zu einer eigenständigen Disziplin nachvollziehen. Zur Emanzipation der Naturgeschichte vgl. Ogilvie 2006.

die Namen und Beschreibungen von «Fossilien» enthalten und somit einen Ausgangspunkt für eigene Studien darstellen.[109]

Gessners Widmungsepistel zum «Fossilienbuch» datiert vom 28. Juli 1565. Nur knapp ein Monat lag zwischen der Fertigstellung und der Zusendung des gedruckten «Fossilienbuches» an Freunde am 27. August 1565. Gewidmet ist die Schrift Andrzej Szadkowski, dem *Notarius* des Salzbergwerks Wieliczka in der Nähe von Krakau.[110] Gessner war mit Szadkowski zwar nicht persönlich bekannt, hatte ihm aber schon andere Werke zukommen lassen und finanzielle Zuwendungen von ihm erhalten. Wie dem Widmungsbrief zu entnehmen ist, hatte Gessners ehemaliger Schüler Anton Schneeberger, der in Krakau als Arzt tätig war, den Kontakt zu Szadkowski hergestellt.[111]

Sowohl in der Widmungsepistel als auch im Vorwort äussert sich Gessner zur Zielsetzung und zur Anlage seines Werkes. Seinen Angaben zufolge stellt das unter grossem Zeitdruck verfasste und – hinsichtlich der letzten Kapitel[112] – noch unfertige «Fossilienbuch» eine erste Studie über «Fossilien» dar, die Gessner zu einem späteren Zeitpunkt in einer verbesserten und erweiterten Fassung erneut drucken lassen wollte. Wie Gessner erklärt, sollte dieser ersten Studie ein grösseres Werk folgen, das verschiedene «Fossilien» systematisch erfassen und ihre Wirkung,

---

109 Der Untertitel zur *Historia animalium* nennt als Zielgruppe neben Philosophen und Ärzten auch Grammatiker, Philologen, Dichter und alle, die verschiedene Dinge und Sprachen studieren: *Opus philosophis, medicis, grammaticis, philologis, poëtis, et omnibus rerum linguarumque variarum studiosis, utilissimum simul iucundissimumque futurum*. Die – im Vergleich zum Fossilienbuch – noch stärkere Betonung der philologisch-sprachlichen Aspekte spiegelt sich in der Anlage der Einträge zu den einzelnen Tieren, die in acht Rubriken (A–H) unterteilt sind und von Unterkapiteln zu nomenklatorischen und philologischen Aspekten gerahmt werden. Am Beginn wendet sich Gessner jeweils der Bezeichnung eines Tieres in verschiedenen Sprachen zu und im letzten Unterkapitel behandelt er philologische Fragen, z. B. die Etymologie, den metaphorischen Gebrauch eines Namens und die Verwendung und Bedeutung eines Tieres in verschiedenen literarischen Gattungen; vgl. Friedrich 1995, 59 f. sowie 33 und 70 f. zu den philologischen Aspekten; Leu 2016a, 202 f. und Gmelig-Nijboer 1977, 52–63 mit Beispielen.

110 Vgl. Hryniewiecki 1938, 55; Fischer 1966, 124.

111 Der Zürcher Anton Schneeberger (1530–1581) studierte Medizin in Zürich, Basel, Montpellier und Paris sowie an der Jagiellonischen Universität Krakau und liess sich in Krakau als Arzt nieder. Durch seine beiden Ehen war er im Krakauer Patriziat gut vernetzt; zu Schneeberger vgl. Hryniewiecki 1938, 7–15.

112 Am Ende des zwölften Kapitels (1565, fol. 160v) verweist Gessner darauf, dass im Folgenden nur die bereits vorliegenden Holzschnitte angeführt würden. Die Holzschnitte werden in den Kapiteln 13 bis 15 mit kurzen Erklärungen versehen, es fehlen Autorenzitate; so unterscheiden sich die letzten Kapitel hinsichtlich ihrer geringen Länge deutlich von den ersten Kapiteln; zum «Fossilienbuch» als «work-in-progress» vgl. Schierl 2019, 150.

ihr Wesen sowie die Nomenklatur erläutern würde.[113] Er bemerkt ausdrücklich, dass das «Fossilienbuch» in der vorliegenden Form dazu dienen sollte, andere Gelehrte dazu aufzurufen, ihm «Fossilien» zu schicken, die sich noch nicht in seiner Sammlung befänden.[114] Doch zielt das «Fossilienbuch» nicht nur auf den künftigen Austausch mit anderen ab, sondern ist selbst Produkt eines solchen Austauschs. Im Vorwort verweist Gessner auf die Unterstützung von Johannes Kentmann und im Rahmen der Ausführungen erwähnt er neben Kentmann weitere Personen, denen er «Fossilien» oder Zeichnungen davon verdankt, und zitiert bisweilen aus deren Briefen. Gessners Abhandlung über «Fossilien» verfügt anders als die monumentale *Historia animalium* weder über ein Verzeichnis der zitierten Autoren noch über ein Verzeichnis derer, die Gessner Material zukommen liessen.[115] Doch zeigen schon die Zitate aus Briefen und die wiederholte namentliche Erwähnung der Beiträger, dass die Erschliessung der Natur für Gessner eine Aufgabe darstellte, die sich nur in Zusammenarbeit mit anderen bewältigen liess.[116]

2.4 Ähnlichkeitsrelationen als Gliederungsprinzip des «Fossilienbuchs»

Durch die Konzentration auf die Ähnlichkeit beschränkt Gessner den Umfang dieser ersten Studie. Er bespricht zum einen aus der Erde geborgene Objekte, die sich durch besondere Merkmale hinsichtlich ihrer äusseren Gestalt auszeichnen und dadurch in Verbindung zu Erscheinungen und Objekten in anderen Bereichen gebracht werden können. Gessner verfolgt damit zumindest teilweise einen morphologischen Ansatz wie schon in der *Historia animalium* und weist in den letzten Kapiteln auf Entsprechungen zwischen «Fossilien» und Tieren hin. Zum anderen setzt Gessner «Fossilien» aber auch aufgrund ihres Namens in Beziehung zu Erscheinungen in anderen Bereichen. Diese Ähnlichkeitsrelationen bestimmen das ungewöhnliche Gliederungsprinzip des «Fossilienbuchs», das einer in der Natur

113 Vgl. fol. Aa2v–Aa3r, Aa5r, Aa7r; es scheint hier an eine umfassende Studie nach dem Modell der Bände der *Historia animalium* gedacht zu sein; vgl. Rudwick ²1976, 3; Schierl 2023, 158 f.

114 Gessner 1565, fol. Aa6v–Aa/r und dazu Schierl 2023, 159; zu diesem Merkmal der Paratexte Gessners vgl. Blair 2016, 82.

115 Die Bände 1 (1551) und 4 (1558) der *Historia animalium* enthalten Verzeichnisse der herangezogenen Autoren, vgl. Leu 2016a, 184. Die Bände 1 (1551), 3 (1555) und 4 (1558) führen die Personen an, die Gessner Material zur Verfügung stellten, vgl. Blair 2016, 82 mit Anm. 26; Schierl 2023, 148.

116 Vgl. Rudwick ²1976, 13–15; Fischel 2009, 48; Leu 2016a, 208–218 und Schierl 2023 zum Austausch Gessners mit anderen; zu den im «Fossilienbuch» erwähnten Korrespondenzpartnern vgl. das Personenverzeichnis.

wahrgenommenen Ordnung folgt. Gessner kommentiert diese Gliederung in der Widmungsepistel, wenn er sagt:[117]

> In diesem Buch aber, das die Gestalt der res fossiles, d. h. besonders der Metalle und Steine, darstellt, wollte ich – erfreut durch die Betrachtung von Ähnlichkeiten und Bildern, welche die Mutter Natur selbst in so verschiedenen Dingen gleichsam malend zum Ausdruck gebracht hat – gerade den Abstufungen und Ordnungen der Natur folgen, das heisst: [ich wollte] mein Werk mit den einfachen Anfängen der Ausdehnung und Gestalt sowie mit den ersten Linien beginnen, dann aber zunächst zu den einfachen Körpern selbst übergehen, wie dem Himmel und den Elementen, und von diesen wiederum zu den daraus zusammengesetzten, den Erscheinungen in der Luft, den Pflanzen und den Lebewesen, und jeweils fossilia aufzählen, die nach ihnen benannt sind oder eine Ähnlichkeit zu ihnen aufweisen, und mich vom Himmel und den Himmelserscheinungen allmählich wieder hinab zur Erde und zu den Körpern wenden, die auf ihr wachsen und leben oder gedeihen.

In seinem Vorwort stellt Gessner die Gliederung dann eingehender vor.[118] Die fünfzehn Kapitel benennen die Bereiche, zu denen sich die besprochenen «Fossilien» angesichts äusserer Merkmale, aber auch angesichts ihres Namens in Beziehung setzen lassen. Am Beginn steht ein Kapitel über Punkte, Linien und andere Erscheinungen, die sich an der Oberfläche von «Fossilien» zeigen. Eingeleitet wird dieses Kapitel durch Überlegungen zu Gestalt und Form in Anlehnung an Aristoteles' *Kategorien*.[119] Das zweite Kapitel wendet sich den Himmelskörpern und Elementen zu, die Gessner als einfache Körper bezeichnet. Den zusammengesetzten Körpern sind dann die folgenden Kapitel gewidmet: das dritte Kapitel behandelt «Fossilien», die Erscheinungen in der Luft ähnlich sind, das vierte Kapitel solche, die eine Ähnlichkeit zu Gebilden der unbelebten Natur, wie Sand oder Metallen, aufweisen, und das fünfte Kapitel solche, die von Natur aus künstlich hergestellten Gegenständen gleichen. Das sechste Kapitel befasst sich mit Artefakten aus Metallen, Steinen und Edelsteinen.[120] Es folgen Kapitel, die «Fossilien» und verschiedene Pflanzen zueinander in Beziehung setzen, wobei das siebte Kapitel Kräuter,

---

117 Gessner 1565, fol. Aa3r/v: *Hoc vero in libro, (qui rerum fossilium, hoc est, metallorum et lapidum in primis, figuras exhibet) similitudinum et imaginum, quas ipsa genitrix Natura in rebus tam variis veluti pingendo expressit, consideratione oblectatus, ipsos etiam Naturae gradus ac ordines, sequi volui: hoc est, a simplicibus dimensionum ac figurarum principiis et lineamentis primis Opus auspicari: inde vero ad ipsa corpora simplicia primum, ut coelum ac elementa, ab hisce rursus ad composita ex eis, Meteora, Plantas, Animalia transire, et in singulis quae ab eis denominantur, aut aliquam eorum similitudinem habent, fossilia enumerare: atque a coelo et coelestibus paulatim ad terram et quae in ipsa aluntur vivuntque aut vigent corpora descendere.* Vgl. Schierl 2019, 151.

118 Gessner 1565, fol. Aa5v; zum Vorwort Gessners und einer kurzen Vorstellung der Schrift anhand der Ausführungen über den Kristall vgl. auch Arwed 2021, 293–298.

119 Vgl. Fischel 2009, 31 f. und 34–36, die aber etwas zu weit geht, wenn sie angesichts dieser Passage von einer Theoretisierung der Naturform bei Gessner spricht.

120 Zum besonderen Charakter dieses Kapitels vgl. Schierl 2020a.

das achte Kapitel Sträucher und das neunte Kapitel Bäume ins Zentrum stellt. Das zehnte Kapitel behandelt die Koralle und das elfte Kapitel weitere Meeres- oder Küstenpflanzen, die aus Stein oder steinartig sind. Gegenstand der verbleibenden Kapitel sind «Fossilien», die im Hinblick auf ihr Aussehen, ihre Entstehung oder ihren Namen etwas mit Menschen oder Tieren gemeinsam haben. Die Kapitel zwölf und dreizehn behandeln Steine, die nach Menschen und vierfüssigen Tieren oder nach Vögeln benannt sind oder sich in ihnen finden. Im vierzehnten Kapitel werden Steine besprochen, die das Abbild von Meereslebewesen zeigen, und im fünfzehnten solche, die aussehen wie Schlangen oder Insekten. Die längeren Kapitel sind nach inhaltlichen Gesichtspunkten oder alphabetisch gegliedert. So werden im ersten Kapitel die «Fossilien» nach formalen, auf das Erscheinungsbild bezogenen Kriterien besprochen. Eine alphabetische Gliederung findet sich hingegen in den Kapiteln 5 bis 9.

Auf die erste Stellungnahme zur Gliederung folgt in der Widmungsepistel ein theologisch-philosophischer Exkurs.[121] Gessner bemerkt, dass er in seinem Buch vom Himmel und den Himmelskörpern hinab zur Erde steigt, und vergleicht sich in dieser Hinsicht mit Naturphilosophen. Diesen stellt er jedoch in einer neuplatonisch gefärbten Passage die Theologen und alle Frommen gegenüber, deren Seele sich nicht mit der Naturbetrachtung begnügt, sondern über diese zur Kontemplation des höchsten Gutes und des eigentlichen Ursprungs gelangt, mit dem sie sich vereinen will. Christlich ist der Gedanke, dass eine solche Vereinigung nur angesichts der Gnade Gottes und seines Erbarmens möglich ist, das er durch seinen eigenen Sohn kundgetan hat.[122] Daraufhin imaginiert Gessner den Aufstieg der Seele zu Gott, wo sie die Edelsteine des Himmlischen Jerusalem betrachten könne. Den Exkurs beendet er mit der Ankündigung, sich wieder den irdischen Edelsteinen zuwenden zu wollen.

Gessner äussert sich nicht dazu, weshalb er das Buch nach den Bereichen gliedert, zu denen sich «Fossilien» in Beziehung setzen lassen. Ebenso wenig versucht er zu erklären, wie Steine entstehen oder weshalb manche Steine, wie der «Stein von Eisleben», die man heute als Fossilien erkennt,[123] die Abbilder von Tieren zeigen. Nur in der Widmungsepistel spricht Gessner einmal metaphorisch davon, dass Bilder und Gestalten von der Mutter Natur wie von einer Malerin auf bestimmten «Fossilien» dargestellt seien.[124] Ein Grund für Gessners Fokussierung auf die Ähn-

121 Gessner 1565, fol. Aa3r–Aa4r; Gessner markiert diesen Exkurs als solchen, wenn er wieder zu den irdischen Edelsteinen als seinem eigentlichen Thema zurückkehrt; vgl. Gessner 1565, fol. Aa4r/v. Zu Gessners «natürlicher Theologie» und der Vorstellung von «eine[r] Stufenleiter der Natur, die bei Gessner letztlich zu Gott führt, von dem alles Leben ausgeht» vgl. Leu 2016a, 176–181, dort: 177.

122 Zu theologischen Äusserungen Gessners vgl. Leu 1990.

123 Gessner 1565, fol. 162r.

124 Gessner 1565, fol. Aa3r.

lichkeit im Hinblick auf das Aussehen lässt sich darin sehen, dass Abbildungen zur Identifizierung solcher «Fossilien» besonders hilfreich sind. Auch in der *Naturalis historia* des Plinius konnte Gessner in Ansätzen ein Modell für eine Ordnung der Edelsteine nach einer Ähnlichkeit zu Körperteilen, Tieren oder anderen Dingen finden.[125] Doch ist Gessners Wahl der Ähnlichkeit als Gliederungsprinzip auch vor dem Hintergrund des zeitgenössischen Interesses an Ähnlichkeitsrelationen zu sehen. Ausschlaggebend dafür war vor allem die Vorstellung von einem Zusammenhang zwischen Makrokosmos und Mikrokosmos gemäss der neuplatonischen Philosophie Marsilio Ficinos (1433–1499) und der Signaturenlehre, die mit Paracelsus (1493/1494–1541) populär wurde. Gessner war allerdings ein Gegner dieser Strömungen und der damit verbundenen Ausprägungen der natürlichen Magie.[126] Wenn er Steine anführt, auf die Ficino in *De vita coelitus comparanda* verweist, erwähnt er Ficinos astrologisch-medizinische Ansichten mit keinem Wort.[127] Auch aus Werken des mit ihm persönlich bekannten Naturphilosophen Gerolamo Cardano (1501–1576) übernimmt Gessner mehrfach Namen und Beschreibungen von Steinen, geht aber kaum auf die jeweils postulierte Wirkung ein.[128] In einem Fall hinterfragt er Cardanos Vermutung, dass dem Stein Mespileus, der einer steinernen Mispel gleicht, beachtliche unbekannte Kräfte innewohnten, und distanziert sich von der Annahme einer Wirkung auf den Menschen.[129] Auch wenn Gessner die Beziehungen konstatiert, in denen «Fossilien» im Hinblick auf ihre Gestalt oder ihren Namen stehen, versucht er weder eine Erklärung dafür zu geben noch akzeptiert er Spekulationen über eine mögliche Wirkung. Dass sich Gessner auch in seiner in Aussicht gestellten zweiten Studie skeptisch gegenüber den von anderen vermuteten vielfältigen Wirkungskräften von Steinen gezeigt hätte, ist angesichts punktueller Stellungnahmen im «Fossilienbuch» sowie diesbezüglicher Äusserungen in seinen Schriften und in seiner Korrespondenz sehr wahrscheinlich.[130]

125 Vgl. Plin. nat. 37,186–192; in den vorausgehenden Abschnitten des Buches über Edelsteine finden andere Gliederungskriterien Anwendung.

126 Zur natürlichen Magie vgl. Kodera 2016, 345–387, Leinkauf 2020, 393–415, bes. 395.

127 Gessner 1565, fol. 38v, 44r/v, 155v. Zu der von Ficino postulierten Wirkung der Gestirne auf den Menschen und dessen Verbindung von Astrologie und Medizin vgl. Boenke 2012, 18–25.

128 Zu Magie und Naturphilosophie in Cardanos *De subtilitate* vgl. Forrester 2013, xvii–xviii.

129 Gessner 1565, fol. 130r.

130 Da Gessner ankündigt, in einer zweiten Studie u. a. mehr über die Wirkung (*vis*) der «Fossilien» zu sagen, vermutete Rudwick (^{2}1976, 20 f.), Gessner hätte sich in dieser nie verfassten Studie gegenüber Formen der natürlichen Magie ähnlich aufgeschlossen gezeigt wie seine Zeitgenossen Leonardi oder Cardano; diese Vermutung entbehrt jedoch einer belastbaren Grundlage; zur Kritik an Rudwick und dessen Deutung des Titelbildes des Sammelbands *De omni rerum fossilium genere* vgl. Fischel 2009, 31 mit Anm. 92.

2.5 Die Beiträge von Zeitgenossen zu Gessners «Fossilienbuch»

Gessner stellt in seiner Studie über Fossilien wie schon in den Bänden der *Historia animalium* die Erforschung und Beschreibung der Natur als ein Gemeinschaftswerk vor, dessen Resultate er bündelt, ordnet und einer gelehrten Öffentlichkeit zugänglich macht.[131] Dies zeigt besonders sein Austausch mit zahlreichen Korrespondenzpartnern, der sich in der Abhandlung selbst niederschlägt. Denn Gessner bezieht in sein «Fossilienbuch» nicht nur die eigenen Beobachtungen ein, sondern auch die Beiträge von 32 Personen, von denen er «Fossilien», Zeichnungen oder auch verbale Beschreibungen davon erhalten hat.[132] Er erwähnt die Beiträger fast immer namentlich und bildet auf diese Weise in seinem «Fossilienbuch» das Netzwerk seiner Korrespondenzpartner und Kontaktpersonen ab. Mit der Anführung von Holzschnitten einiger «Fossilien» trägt er der Bedeutung der visuellen Wahrnehmung Rechnung und schafft eine neue Grundlage für den Austausch unter den Gelehrten.[133]

Besonders häufig und ausführlich zitiert Gessner aus den Briefen des sächsischen Arztes Johannes Kentmann und führt Holzschnitte von «Fossilien» an, die Objekte oder Zeichnungen abbilden, die Kentmann ihm hatte zukommen lassen.[134] Georg Fabricius, der Rektor der Fürstenschule St. Afra in Meißen, der eine in Gessners Sammelband publizierte Schrift über Metalle verfasst hatte, wird ebenfalls mehrfach erwähnt und zweimal zitiert. Eine grosse Anzahl von «Fossilien» verdankt Gessner auch dem Apotheker Peeter Coudenberghe aus Antwerpen. Zu den Korrespondenzpartnern und Beiträgern, die zitiert bzw. erwähnt werden, gehören ausserdem der aus Verona stammende Apotheker Francesco Calzolari, der Ensisheimer Stadtarzt Georg Pictorius, der Marburger Medizinprofessor Thomas Erastus, der Stolberger Humanist Johann Wilhelm Reiffenstein und der Universalgelehrte Gerolamo Cardano. Als Personen, die Gessner Material zukommen liessen, werden ferner namhafte Ärzte genannt wie u. a. der kaiserliche Leibarzt Johannes Crato von Krafftheim und auch Personen aus dem Zürcher Umfeld wie Caspar Wolf und Gessners ehemaliger Schüler Johann Jakob Clauser.

Die Einbeziehung der Beobachtungen von Korrespondenzpartnern aus verschiedenen Ländern, die selbst Reisen unternahmen und auf eigene Netzwerke zurückgreifen konnten, ermöglicht es Gessner, Funde aus verschiedenen Regionen zu behandeln. Neben der Mondmilch vom Pilatus findet der Stolpener Basalt ebenso Erwähnung wie die in Baiae gefundene Meerespflanze Parma, syrische

131 Vgl. Schierl 2023, 147–151.

132 Vgl. Schierl 2023, 160–163. Zu den Namen der Korrespondenzpartner und anderer Personen, von denen Gessner «Fossilien» erhalten hat, vgl. das Personenverzeichnis.

133 Vgl. Rudwick ^{2}1976, 5–9.

134 Zu Kentmanns Bedeutung, die Gessner schon im Vorwort hervorhebt, vgl. oben 2.3.

Tonerde aus dem Heiligen Land, in die das Bild des Auferstehenden eingeprägt ist, oder ein grüner Stein, der von den Bewohnern Brasiliens als Lippenpflock verwendet wird.[135] So erzielt Gessner in seiner Studie eine beachtliche geographische Reichweite. Darüber hinaus bietet er eine Zusammenschau von «Fossilien», die gleichsam den neuesten Stand in einem noch unabgeschlossenen Prozess der Erschliessung der Natur markiert. Denn über die bereits publizierten Schriften hinaus greift Gessner auf Forschungsergebnisse seines Netzwerks zurück und veröffentlicht brieflich mitgeteilte Beobachtungen und Beschreibungen. Im Gegenzug erhalten die Briefpartner die Möglichkeit, als Teil eines mit der Erforschung der «Fossilien» befassten Kollektivs in Erscheinung zu treten.

2.6 Gessners Zitate aus den Schriften antiker, mittelalterlicher und zeitgenössischer Autoren

Für Gessner besteht die Auseinandersetzung mit der Natur nicht nur in eigenen Beobachtungen und dem Austausch mit Zeitgenossen, sondern auch in der Aufarbeitung schriftlich niedergelegten Wissens. Der Rückgriff auf antike Autoren ist als solcher ein Merkmal der für das 15. und 16. Jahrhundert typischen Rückbesinnung auf die Antike, der die Verfügbarkeit von Textausgaben dank der Erfindung des Buchdrucks Vorschub leistete. Gessner bezieht darüber hinaus eine Fülle von Schriften mittelalterlicher und zeitgenössischer Autoren in seine Studie ein, mit denen er als Autor der *Bibliotheca universalis* (1545) und der *Pandectarum libri* (1548) bestens vertraut war. Die im ersten Band der *Historia animalium* vertretene Auffassung, dass kein Buch so schlecht sei, dass nicht auch noch etwas Gutes darin gefunden werden könne,[136] behält auch für das «Fossilienbuch» ihre Gültigkeit. Auf den 338 Seiten im kleinen Oktavformat werden Zitate oder Paraphrasen aus den Schriften von insgesamt 106 Autoren von der Antike bis in Gessners Zeit angeführt;[137] die Zitate aus dem Briefwechsel mit anderen Gelehrten sind dabei noch nicht mit eingerechnet.

Am häufigsten zitiert Gessner aus der *Naturalis historia* des älteren Plinius und aus der Schrift *De natura fossilium* des sächsischen Gelehrten Georg Agricola.[138] Die Plinius-Zitate sind zwar überaus zahlreich, angesichts des Katalogcharakters der Steinbücher des Plinius oftmals jedoch sehr knapp und enthalten kaum mehr als den Namen und eine kurze Beschreibung des Objekts. Die aus Agricola über-

135 Vgl. Gessner 1565, fol. 49v–51r (Mondmilch), 20r–25r (Basalt), 136r–137v (Parma), 102v–103v (syrische Tonerde), 107v–108r (grüner Lippenpflock).

136 Zu dieser Bemerkung im Vorwort an die Leser vgl. Gessner 1551, fol. βr und Friedrich 1995, 53 f. mit Anm. 94, Fischel 2009, 19.

137 Vgl. dazu das Personenverzeichnis.

138 Vgl. oben 2.1.

nommenen Einträge umfassen demgegenüber mitunter mehrere Seiten, wobei Gessner die Zitate durch Auslassungen oder die Anpassung von Formulierungen modifiziert. Die Bücher 33 bis 37 der *Naturalis historia* des Plinius und Agricolas *De natura fossilium* sind als massgebliche Werke über «Fossilien» aus der Antike bzw. der eigenen Zeit für Gessner nicht nur Quellen, sondern auch epistemologische und literarische Modelle, an die er anknüpft und gegenüber denen er sich mit seinem eigenen Ansatz profiliert. Die Werke dieser beiden Autoren werden im Folgenden vorgestellt und im Hinblick auf Gessners Rezeption kommentiert.

2.6.1 Plinius d. Ä., *Naturalis historia*

In seiner 37 Bücher umfassenden *Naturalis historia* erfasste der römische Autor C. Plinius Secundus (23/24–79 n. Chr.) das Wissen über die Welt auf dem Kenntnisstand seiner Zeit.[139] Plinius stellt aus einer Vielzahl von Quellen, die er zu jedem der Bücher nennt, die verfügbaren Informationen zusammen. Ausführliche Verzeichnisse der jeweils in einem Buch behandelten Gegenstände und Themen erlauben es, die *Naturalis historia* als ein Nachschlagewerk zu verwenden, wie es Plinius in der Widmungsepistel an Titus, den Sohn des Kaisers Vespasian und dessen Nachfolger, empfiehlt.[140] Während in den ersten Büchern Kosmologie und Astronomie, die Geographie sowie der Mensch behandelt werden, befasst sich der weitaus grösste Teil des Werkes, die Bücher 8 bis 37, mit den sogenannten «drei Reichen der Natur»: mit Tieren, Pflanzen und Steinen bzw. mit allem, was sich aus der Erde ausgraben lässt. Denn die Bücher 33 bis 37 behandeln Metalle, Erden, Steine und Edelsteine. Plinius bezeichnet diesen Bereich einmal mit dem Oberbegriff *eruta*, d. h. Ausgegrabenes,[141] dem die Bezeichnung «Fossilien» bei Agricola und Gessner entspricht.

Die *Naturalis historia* widmet sich insbesondere der Nutzung der Natur durch den Menschen. So stellen die Bücher 20 bis 32 Heilmittel vor, die aus Tieren und Pflanzen gewonnen wurden, und gehen auf die Medizin ein. In den Büchern 33 bis 37 werden natürliche Ressourcen wie Erden, Metalle oder Marmor besprochen und vor allem die Künste, die damit arbeiten, wie die Malerei, die Toreutik oder die Plastik; bisweilen finden sich auch Hinweise auf eine heilende Wirkung. In den für Gessners Schrift besonders relevanten Büchern 36 und 37 über Steine und Edel-

139 Vgl. Doody 2010, bes. 23 zur Wissenskonzeption der *Naturalis historia* und dazu Schierl 2023, 144. Die Grundlage für die Auseinandersetzung mit der *Naturalis historia* des Plinius bietet die zweisprachige Tusculum-Ausgabe von Roderich König; vgl. König 1973–2004 (^{2}2007).

140 Vgl. Plin. nat. praef. 1,17 und 1,33; zur Rezeption der *Naturalis historia* und ihrer Bedeutung für die Entwicklung der Enzyklopädie als Gattung vgl. Doody 2010.

141 Vgl. Plin. nat. 12,1 und dazu Schierl 2020a, 507 f. mit Anm. 12.

steine dominieren lange, nach verschiedenen Kriterien, wie z. B. Farbe, geordnete Steinkataloge. Zu den Quellen des Plinius gehören neben dem Steinbuch des Aristoteles-Schülers Theophrast von Eresos (um 371–287 v. Chr.) mehrere Schriften von griechischen Autoren wie Sotakos (4. Jh. v. Chr.), Sudines (3. Jh. v. Chr.) oder Xenokrates von Ephesos (1. Jh. v. Chr.), die aber nicht erhalten sind. Die *Naturalis historia* erfasst somit nicht nur die bekannten Steine und Edelsteine, sondern gibt angesichts der Erwähnung der Gewährsmänner in den Verzeichnissen wie in den Ausführungen auch einen Eindruck von den verlorenen Schriften über Steine.

Die *Naturalis historia* stellt Gessners wichtigste antike Quelle zum Wissensgebiet der «Fossilien» dar.[142] Was die anderen antiken Schriften angeht, so verweist Gessner besonders häufig auf Theophrasts kurze Studie «Über Steine» (Περὶ λιθῶν) und auf das letzte der fünf Bücher über die Heilkunde des Pedanios Dioskurides aus Anazarbos, der wie Plinius im 1. Jahrhundert n. Chr. tätig war, aber von diesem nicht genannt wird.[143]

Gessner hatte bereits in den Bänden der *Historia animalium* und anderen Arbeiten aus Plinius zitiert und dessen *Naturalis historia* in den *Pandectarum libri* ausgewertet. Seine intensive Auseinandersetzung mit Plinius zeigt sich auch in den zahlreichen handschriftlichen Marginalien, die sich in seinem Handexemplar der Naturkunde des Plinius erhalten haben.[144] Sie spiegelt das grosse Interesse an der *Naturalis historia* im 15. und 16. Jahrhundert, als sich die Naturgeschichte als eine eigenständige Disziplin zu etablieren begann.[145] Von anderen antiken Autoren unterscheidet sich Plinius dadurch, dass er sich mit allen Bereichen der Natur befasst. Während auf dem Gebiet der Tierkunde Aristoteles als die grösste antike Autorität galt und auf dem Gebiet der Pflanzenkunde Theophrast und Dioskurides, lagen zu «Fossilien» keine griechischen Schriften vor, die hinsichtlich der Fülle des Materials den Büchern 33 bis 37 der *Naturalis historia* entsprochen hätten. Schon Gessners Zeitgenosse Georg Agricola hatte daher die Rolle des Plinius bei der Vermittlung des Wissens der griechisch-römischen Antike auf dem Gebiet der «Fossilien» betont.

---

142 Vgl. unten 2.6.2.

143 Zu Theophrast vgl. die zweisprachige Ausgabe von Eichholz 1965, zu Dioskurides die Übersetzung von Aufmesser 2002.

144 Gessner besass eine Ausgabe der *Naturalis historia* des Plinius, die unter dem Titel *Historia mundi* 1539 von Sigmund Gelen bei Froben in Basel gedruckt worden war; Gessners Handexemplar befindet sich in der Universitätsbibliothek Erlangen (Ms 2720); vgl. dazu Leu/Keller/Weidmann 2008, 202.

145 Die Plinius-Rezeption schlägt sich in zahlreichen Ausgaben und Kommentaren zur *Naturalis historia* nieder; vgl. Nauert 1980 (CTC 4), 304–314, bes. 312 f.; zur Naturgeschichte: Ogilvie 2006.

2.6.2 Georg Agricola, *De natura fossilium*

Der sächsische Arzt und Humanist Georg Agricola (1494–1555) gilt wegen seiner Publikationen zum Bergbau und Hüttenwesen, d.h. wegen des frühen Dialogs *Bermannus sive De re metallica* (Basel 1530) und des reich illustrierten Hauptwerks *De re metallica libri XII* (Basel 1556), als Begründer der Montanwissenschaften.[146] Zugleich war er ein wichtiger Wegbereiter der Geowissenschaften, insbesondere der Geologie und der Mineralogie.[147] Schon in seinem *Bermannus* erfasst er die Mineralien und Gesteine der Lagerstätten in Sankt Joachimsthal im Erzgebirge, diskutiert Fragen der Nomenklatur und entwickelt diese weiter.[148] 1546 erschien in der Offizin Froben in Basel eine Ausgabe der erdwissenschaftlichen Schriften Agricolas.[149] Gessner bezieht diese Ausgabe bereits in seine 1548 gedruckten *Pandectarum libri* ein, wo Agricolas Schriften im Abschnitt *De physicis* in den Kapiteln über «Steine und Edelsteine» sowie über «Metalle» unter mehreren Schlagworten genannt werden. Im Eintrag zu den Metallen führt Gessner zudem eine kurze Lobrede auf Agricola an, in der er dessen Leistungen für die Wissenschaft würdigt.[150] Agricola erfasst und ordnet die verschiedenen «Fossilien» nicht nur, sondern stellt auch Überlegungen zum Stoff der Steine und ihrer Genese an. Im vierten Buch *De ortu et causis subterraneorum* setzt er sich kritisch mit den Thesen von Albertus Magnus auseinander und wendet sich gegen die von Albertus wie schon von Avicenna vermutete Existenz einer gesteinsbildenden Kraft.[151] Mit der Frage der Genese der Steine befasst sich Gessner nicht explizit. Er zitiert vor allem aus Agricolas Schrift *De natura fossilium*, die das Wissensgebiet der *fossilia* als solches bestimmt und sich als ein erstes «Handbuch der Mineralogie»[152] bezeichnen

146 Vgl. Schönbeck 1994, 487–490.

147 Vgl. Guntau/Mathé 1994, 90–104.

148 Vgl. Schönbeck 1994, 481; zur Behandlung grundlegender Fragen der Nomenklatur im *Bermannus* vgl. Goltz 1972, 354 f.; zur Weiterentwicklung der Nomenklatur vgl. Berrens 2020, 232–243.

149 Die Ausgabe enthält: *De ortu et causis subterraneorum lib. V, De natura eorum qui effluunt ex terra lib. IV, De natura fossilium lib. X, De veteribus et novis metallis lib. II,* ferner den *Bermannus* sowie die *Interpretatio Germanica vocum rei metallicae*, ein lateinisch-deutsches Verzeichnis bergmännischer und mineralogischer Wörter. Eine zweite Ausgabe des Sammelbandes wurde 1558 bei Froben gedruckt.

150 *Pandectarum libri* … 1548, fol. 192r–195r; zur *laudatio* vgl. fol. 194v.

151 Vgl. Agricola, *De ortu et causis subterraneorum*, 1546, 53–56, zur Übersetzung vgl. Fraustadt/Prescher 1956 (AGA III), 148–152 und dazu Guntau/Mathé, 1994, 92 f.; Albertus spricht von der *vis metallica* oder *vis lapides formans* (ebd.) und Alfred von Sareshell in seiner lateinischen Übersetzung von Avicenna von einer *vis mineralis*, vgl. Rubino 2016, l. 17 (S. 35) und l. 68 (S. 38) und dazu oben 2.1 Anm. 92.

152 Vgl. z. B. Fritscher 1994, 82 und Schönbeck 1994, 482 sowie zum Begriff «Mineralienkunde» Krafft 2006, XXXV und jeweils die Ausführungen zu *De natura fossilium*.

lässt.[153] Im ersten Buch *De natura fossilium* nennt Agricola die sinnlich erfassbaren Merkmale, nach denen sich das, was aus der Erde gefördert wird, unterscheiden lässt, wie Farbe, Geschmack, Geruch, Temperatur oder auch Form und Gestalt, und bestimmt die «Fossilien» letztlich über solche äusseren Eigenschaften.[154] Die folgenden Bücher sind nach den so unterschiedenen Arten gegliedert: Agricola bespricht zunächst Erden, dann feste Gemenge und Bernstein, Steine, Edelsteine, Marmor und Felsgestein, ferner Metalle, daraus hergestellte Produkte und Gemische und Zusammensetzungen.

Wie für Plinius bietet auch für Agricola die verfügbare Literatur den Ausgangspunkt. Der Widmungsepistel zu *De natura fossilium* geht ein Verzeichnis mit den Namen von hundert antiken und mittelalterlichen Autoren voraus, die Agricola direkt und indirekt, d.h. durch die Vermittlung anderer Autoren, als Quellen benutzt hat. In der Widmungsepistel diskutiert Agricola insbesondere die Rolle des Plinius als Quelle und Modell für den eigenen Rückgriff auf ältere Literatur. Obwohl Agricola die Fehler des Plinius bei der Zusammenstellung des Materials aus verschiedenen Schriften kritisiert, erkennt er die Bedeutung der *Naturalis historia* an, wenn er sagt:

> Als einziger hat C. Plinius Secundus dieses Gebiet zum grösseren Teil in den fünf letzten Büchern und zu einem Teil in anderen behandelt. […] Plinius hat jedoch mit grosser Sorgfalt selbst über vieles geschrieben und viele ausgezeichnete Erklärungen anderer vor dem Untergang bewahrt; viele Dinge hat er mit ihren griechischen und lateinischen Namen benannt, die wir nicht hätten, wenn er nicht erhalten wäre.[155]

Agricola hebt neben den Beschreibungen vor allem die Namen hervor, die Plinius tradiert. Doch dient Plinius Agricola nicht nur als ein Repertoire für die Namen von «Fossilien», sondern auch als ein Modell für den Umgang mit den Gewährsmännern. So fährt Agricola im Anschluss an die zitierte Stelle fort:

---

153 Die deutsche Übersetzung wurde von Georg Fraustadt für die Agricola-Gedenkausgabe angefertigt; vgl. Fraustadt/Prescher 1958 (AGA IV), 22–273; die Übersetzung ist wiederabgedruckt bei Krafft 2006.

154 Vgl. Fritscher 1994, 85f. zu dieser methodischen Neuerung Agricolas; vgl. ferner Schierl 2019, 147f.

155 Vgl. Agricola 1546, 168: *solus C. Plinius Secundus hunc locum maiori ex parte in quinque libris ultimis, et aliqua ex parte in aliis tractavit.* […] *tamen Plinius magna cum diligentia de multis ipse scripsit, multas aliorum explicationes illustres ab interitu conservavit; multas res appellavit suis nominibus Graecis et Latinis, quibus ni extaret ille careremus. Itaque nonnumquam eius explanationibus perpolitis utar, aliquando eius verbis. Nam ut ipsi licuit sua ex multis scriptoribus colligere, ita mihi licebit, quoties opus esse videbitur et quoties res, cuius naturam explico, maiorem copiam scribendi non suppeditabit, ex eo quaedam excerpere.* […] *atque ut ille confitetur aperte et ingenue de his per quos profecit, ita etiam ego nominatim hic profero eos quos sum secutus.* Ich habe den Text in Anlehnung an die Übersetzung von Fraustadt ins Deutsche übertragen, vgl. Fraustadt/Prescher 1958 (AGA IV), 18f.; Krafft 2006, 7 sowie Schierl 2019, 148f.

> Deshalb werde ich manchmal seine ausgefeilten Erklärungen verwenden, bisweilen seine eigenen Worte. Denn wie er seine Ausführungen aus vielen Schriftstellern zusammentragen durfte, so werde ich, sooft es nötig scheint und sooft der Gegenstand, dessen Wesen ich erkläre, nicht nach einer ausführlicheren Darstellung verlangt, aus ihm einiges übernehmen dürfen. [...] Und wie er offen und aufrichtig diejenigen nennt, durch die er weitergekommen ist, so erwähne auch ich hier namentlich diejenigen, denen ich gefolgt bin.[156]

Mit diesen Worten nimmt Agricola zu den Zitaten und Verweisen auf Plinius Stellung und kündigt an, dass er Plinius auch darin folgt, dass er ihn in solchen Fällen namentlich als Gewährsmann anführt. Die *Naturalis historia* des Plinius bietet somit sowohl eine Quelle für antike Kenntnisse über «Fossilien» als auch ein Modell dafür, wie die Schriften anderer Autoren in das eigene Werk integriert werden. Dem hier skizzierten Vorgehen des Plinius folgt nicht nur Agricola selbst, sondern auch Gessner.

Für Agricola bieten die Angaben antiker und mittelalterlicher Autoren somit zwar oft den Ausgangspunkt für seine Ausführungen, er korrigiert und ergänzt diese jedoch durch eigene Beobachtungen und durch die Informationen, die er dem Austausch mit Bergleuten verdankt. Während antike Autoren naturgemäss vor allem diejenigen «Fossilien» behandelten, die im Mittelmeerraum vorkommen, bezieht Agricola Funde aus verschiedenen Regionen Deutschlands ein und gibt zu den Fundorten präzise Angaben.[157]

Agricolas Ausführungen zeichnen sich dadurch aus, dass er die verschiedenen «Fossilien» systematisch nach den im ersten Buch genannten Kriterien beschreibt, auf die Bedeutung ihres Namens eingeht und seinen Quellen entsprechend verschiedene Fundorte anführt, wobei er den deutschen Raum besonders ausführlich behandelt. Die durch eigene Beobachtungen oder die Lektüre gewonnenen Erkenntnisse verbindet er in den Ausführungen zu den einzelnen Objekten zu einem homogenen Text. Von dem verbreiteten Glauben an die wundersamen Fähigkeiten mancher Steine distanziert er sich deutlich.[158]

2.7 Der kompilatorische Charakter des «Fossilienbuchs» und Gessners Zitierweise

Wenn Gessner im «Fossilienbuch» die Äusserungen verschiedener Autoren zu den behandelten Objekten zusammenträgt, dann steht er in einer über Agricolas *De natura fossilium* auf die *Naturalis historia* des Plinius zurückreichenden Tradition. Diese führt er weiter und gestaltet sie durch die für ihn charakteristische Herangehensweise neu. Die wichtigsten und deutlichsten Neuerungen sind die

156 Vgl. die vorausgehende Anmerkung.

157 Zu den von Agricola in *De natura fossilium* genannten Ländern und Orten vgl. das geographische Register bei Fraustadt/Prescher 1958 (AGA IV), 396–476 sowie Krafft 2006, 409–428.

158 Vgl. Agricola 1546, 252.

schon erwähnte Anführung von Holzschnitten zur Illustration, die Einbindung der Beiträge anderer, etwa durch Zitate aus Briefen, sowie die Gliederung des Buches nach Ähnlichkeitsrelationen. Hinzu kommen Unterschiede, die sich – gerade im Vergleich mit dem unmittelbaren Vorgänger Agricola – in der Erweiterung der zitierten Stellen und Autoren sowie in der Art und Weise der Einbeziehung ihrer Schriften zeigen.

Aus den Schriften antiker Autoren, die bereits von Agricola zitiert worden waren, führt Gessner deutlich mehr Zitate an als Agricola selbst; ein Beispiel bieten Gessners Zitate aus den Orpheus zugeschriebenen *Lithika* (4. Jh.), einem Lehrgedicht über Steine als Heilmittel. Ferner verweist er auf Schriften und Autoren, die von Agricola nicht erwähnt wurden. So zitiert er mehrfach aus einer Plutarch zugeschriebenen Schrift über Flüsse, aus dem Gedicht über Steine des Marbod von Rennes (um 1035–1123) und auch aus dem dritten Buch *De vita* des Philosophen Marsilio Ficino (1433–1499). Gessner entnimmt diesen Schriften die Namen von Steinen, zeigt sich jedoch skeptisch gegenüber besonderen medizinischen oder magischen Kräften, die diesen bisweilen unterstellt werden, oder blendet diese Dimension vollständig aus. Schliesslich bezieht Gessner in seine Ausführungen zahlreiche zeitgenössische Autoren ein, deren Schriften meist nach Agricolas *De natura fossilium* (1546) gedruckt wurden. Er zitiert aus Erasmus Stellas *De gemmis* (1530), Christoph Entzelts *De re metallica* (1551), aus Gerolamo Cardanos *De gemmis et coloribus* (1562) sowie aus dessen enzyklopädischem Werk *De subtilitate* (^{1}1550, ^{2}1554, ^{3}1560) und aus Julius Caesar Scaligers Kritik an Cardano in den *Exotericae exercitationes* (1557).[159] Gessner zieht zudem Kommentare zur Heilkunde des Dioskurides von Ermolao Barbaro (1453–1493), Janus Cornarius (1500–1558) und Pietro Andrea Mattioli (1501–1578) heran. Ferner zitiert Gessner aus Schriften des früh verstorbenen Valerius Cordus (1515–1544), die er selbst 1561 herausgegeben hatte. Neben Werken, die Steine ins Zentrum stellen, schöpft Gessner aus medizinischen Schriften seit der Antike, welche die Wirkung bestimmter Steine diskutieren, und er zitiert aus Glossaren und Wörterbüchern sowie gelegentlich aus den Werken antiker Dichter oder aus Scholien zur antiken Dichtung.

Anders als Plinius und Agricola zitiert Gessner sehr oft wörtlich oder mit geringfügigen Änderungen aus den Schriften anderer Autoren oder führt ihre Äusserungen in indirekter Rede an. Die Übernahmen von anderen bleiben damit als solche erkennbar. Da in der gedruckten Ausgabe des «Fossilienbuchs» die wörtlichen Zitate nicht durch Anführungszeichen markiert sind, wird in formaler Hinsicht meist erst durch die Nennung des Autornamens am Ende eines Zitats deutlich, dass Gessner zitiert.[160] Eine weitere Besonderheit des «Fossilienbuchs» ist es, dass

159 Zu Cardano und Scaliger vgl. Maclean 1984, 231–252.

160 Zur Verwendung von Anführungszeichen in der Übersetzung des Fossilienbuchs vgl. unten 5.

Gessner nicht nur einzelne Begriffe, sondern auch längere Zitate aus den Schriften griechischer Autoren manchmal in griechischer Sprache anführt; eine lateinische Übersetzung wird oft, aber nicht immer beigefügt.[161] Der Grund für die Anführung des griechischen Textes ist meist Gessners kritische Auseinandersetzung mit dem Wortlaut einer Passage. Zu den Zitaten, Paraphrasen oder Verweisen auf andere Autoren führt Gessner nicht nur die Namen seiner Gewährsmänner, sondern oft auch weitere Angaben zu den Stellen an, auf die er sich bezieht. Diese Stellenangaben unterstreichen die grosse Anzahl ausgewerteter Schriften und sorgen dafür, dass die Ausführungen überprüfbar sind. Kritik übt Gessner, wenn in Schriften seiner Zeitgenossen Angaben zu einem Gewährsmann fehlen.[162]

Die Stellungnahmen anderer Autoren kommentiert Gessner bisweilen oder ergänzt sie mit eigenen Beobachtungen, doch oft reiht er sie kommentarlos aneinander. Das «Fossilienbuch» erscheint daher als eine Kompilation und gleicht bisweilen einer nur dürftig ausformulierten *Loci*-Sammlung.[163] Gessners Beitrag besteht in der Kenntnis der zahlreichen Schriften auf diesem Gebiet und in der Zusammenführung der Ausführungen verschiedener Autoren unter einer von ihm konzipierten Ordnung nach Ähnlichkeitsrelationen. Betrachtet man Gessners eigene Kommentare, so fällt auf, dass er sich oft zu philologischen Fragen zur Bezeichnung der «Fossilien» äussert.

2.8 Gessner und die Namen der «Fossilien»

Gessner gehört wie Agricola zu den Gelehrten, die versuchten, das antike Wissen über das, was sich ausgraben lässt, sowie die durch den Bergbau und die aufkommende Naturforschung gewonnenen Erkenntnisse in Einklang zu bringen. Dabei war es ein wichtiger Schritt, die Namen, die sich bei antiken Autoren und insbesondere in der *Naturalis historia* des älteren Plinius fanden, den im 16. Jahrhundert bekannten Steinen oder Edelsteinen zuzuordnen. Die antiken Bezeichnungen für Steine und Edelsteine stammten überwiegend aus dem Griechischen und wurden oft nur geringfügig latinisiert, z. B. durch die Verwendung der lateinischen Endung -us anstelle der griechischen Endung -os im Nominativ Maskulinum. Gerade für Edelsteine wurden jedoch oft Namen verwendet, die zwar auf den griechischen oder lateinischen Bezeichnungen der Antike beruhten, aber im Mittellatein und bei

161 Vgl. z. B. Gessner 1565, fol. 40v zu einem Zitat mit Übersetzung und fol. 81r zu einem Zitat ohne Übersetzung.

162 Vgl. z. B. Gessner 1565, fol. 47r/v, 157v, 160r zur Kritik an Cardano und Gessner 1565, fol. 130v., 135r zur Kritik an Leonardi.

163 Zu den Sammlungen von Lesefrüchten unter bestimmten Begriffen bzw. Themen (*Loci*), die auch die Form eines Zettelkastens annehmen konnten, vgl. Leu 2016a, 105–108 und allgemein Blair 2010.

der Übernahme ins Deutsche stark umgeformt worden waren.[164] Für Steine und Metalle wurden in der Bergmannssprache zudem auch neue Namen geprägt.[165] Die antiken Namen neu zu beleben, sich auf eine Namensform festzulegen und gleichzeitig die Objekte, die mit verschiedenen verbreiteten Namen bezeichnet wurden, eindeutig zu bestimmen, war das Anliegen von Humanisten wie Agricola und Gessner.[166]

Agricola setzte sich mit Fragen der Nomenklatur zuerst im *Bermannus* auseinander und erörterte diese auch in *De natura fossilium*, wo er die einzelnen «Fossilien» ausführlich bespricht. In dem 1546 gedruckten Band seiner Schriften legte er ausserdem unter dem Titel *Interpretatio rerum metallicarum* ein alphabetisch geordnetes, lateinisch-deutsches Wörterverzeichnis vor, das 480 mineralogische und bergmännische Begriffe umfasst.[167]

Gessner behandelt im «Fossilienbuch» seinerseits verschiedene Aspekte der Nomenklatur; er knüpft an Agricola an, setzt sich kritisch mit den Überlegungen von ihm und anderen Zeitgenossen auseinander und führt diese weiter. Spezifische Merkmale von Gessners Herangehensweise an nomenklatorische Fragen sind die häufige Einbeziehung von griechischen wie auch deutschen Bezeichnungen und die Verwendung von Umschreibungen deutscher Begriffe, dann die Prägung neuer Bezeichnungen und schliesslich die Suche nach Namensformen, die den Normen des Griechischen entsprechen. Diese drei Aspekte sollen im Folgenden anhand von Beispielen illustriert werden.

Bereits ein Blick auf das Druckbild von Gessners «Fossilienbuch» macht deutlich, dass er griechische und – anders als Agricola[168] – auch deutsche Begriffe in seine lateinischen Ausführungen einbezieht. Griechische Wörter werden mitunter nicht in die lateinische Schrift umgeschrieben, sondern in griechischer Schrift angeführt, wie manchmal auch längere Zitate griechischer Autoren. Die deutschen Wörter erscheinen in Frakturschrift im Fettdruck und werden dadurch optisch hervorgehoben. Gessner übernimmt die deutschen Bezeichnungen in vielen Fällen aus dem von Agricola verfassten Wörterverzeichnis, doch verweist er ergänzend

164 Vgl. Lüschen 1979, 45–52 und 46 zu Umformungen der Bezeichnung *opalus* (Opal).

165 Vgl. Lüschen 1979, 67–71, 93–102.

166 Vgl. Agricolas Vorrede zum *Bermannus* 1530, 10–13 und Lüschen 1979, 67–71, 74 f. sowie Berrens 2020, 234 f.; ferner Goltz 1972, 334–352 zur Medizin und 352–357 zu mineralogisch-chemischen Schriften. Zu Gessners Beschäftigung mit Aspekten von Namen in verschiedenen Werken vgl. Thöny 2021, der Gessners «Fossilienbuch» jedoch nicht berücksichtigt.

167 Agricola 1546, 469–487 sowie Agricola ²1558, 461–470; vgl. dazu Fraustadt/Prescher 1956 (AGA III), 1–43. Für die deutschen Begriffe wurde im Druck die Schwabacher Schrift gebraucht, für die lateinischen hingegen eine Antiqua-Schrift.

168 Zu Agricolas Vermeidung der Anführung deutscher Begriffe im lateinischen Text vgl. Berrens 2020, 241 f.

auf Begriffe, die in der Schweiz gebraucht werden,[169] und verwendet auch unabhängig von Agricola deutsche Bezeichnungen für «Fossilien»[170] oder andere Ausdrücke in deutscher Sprache.[171] Die deutschen Begriffe werden in der Regel durch eine Umschreibung oder die Anführung eines Synonyms erklärt. Am Beispiel von Brontia, Ombria und Ceraunia lässt sich Gessners Vorgehen veranschaulichen. Plinius bespricht alle drei in der *Naturalis historia* unter den Edelsteinen und erwähnt jeweils, dass vermutet wird, dass diese Steine bei Gewitter vom Himmel fallen.[172] Diese Vermutung wird durch die zu βροντή, f. (Donner), κεραυνός, m. (Blitz, Donnerschlag) und ὄμβρος, m. (Regenguss) geprägten griechischen Bezeichnungen nahegelegt. Gessner behandelt Brontia, Ombria und Ceraunia in seinem dritten Kapitel über die nach Himmelserscheinungen benannten Steine. Im Anschluss an ein Zitat aus Agricolas *De natura fossilium* zu Brontia und Ombria führt er dort deutsche Übersetzungen aus Agricolas Wörterverzeichnis an, die er durch Umschreibungen bzw. Übersetzungen in lateinischer Sprache und durch Synonyme erklärt:[173]

> *Idem Brontiam simul et Ombriam Germanice interpretatur* **groß Krottenstein**, *id est Batrachiten (vel Bufonis lapidem) vel Chelonitidem maiorem: et* **Donnerstein**, *id est Tonitrui lapidem: et* **Wetterstein**, *id est Tempestatis lapidem. Eisdem vero tribus nominibus Ceranuniam quoque interpretatur, nisi quod a laevitate differentiam addit,* **groß glatt Krottenstein**, *etc. cum Ombriae Brontiaeque non laeves sint, sed partibus quibusdam inaequales, aliis eminentibus, aliis humilioribus.*
>
> Er [sc. Agricola] übersetzt zudem Brontia und zugleich Ombria im Deutschen mit **groß Krottenstein**, das bedeutet ‹Batrachites› (oder Krötenstein) oder ‹grössere Chelonitis›, mit **Donnerstein**, das bedeutet ‹Donnerstein›, und mit **Wetterstein**, das bedeutet ‹Unwetterstein›. Mit eben diesen drei Namen übersetzt er auch Ceraunia, nur dass er einen Unterschied hinsichtlich der Glätte hinzufügt: **groß glatt Krottenstein** usw., da Ombriae und Brontiae nicht glatt sind, sondern uneben, weil einige Stellen hervorstehen und andere eingetieft sind.

Gessner umschreibt die deutschen Begriffe «Donnerstein» und «Wetterstein» durch Lehnübersetzungen, *tonitrui lapis* und *tempestatis lapis*; für den «großen

169 Vgl. z. B. Gessner 1565, fol. 13v (**Martistein**), 14r (**Kisel, Kißling**), 34r (**Tugstein**), 50r (**Monmilch**), 66v (**Straalstein**), 149v (**Blutstein**), 151r (**Marg**), 152r (**Bruchstein**), 161v (**Krottenstein**).

170 Vgl. z. B. Gessner 1565, fol. 46v (**Unser Frauwenehß**), 13r (**Teüffelsleib**).

171 Vgl. z. B. Gessner 1565, fol. 8r (**strimen, strich**), 8v (**holkålen**), 19r (**erbellt**), 26r (**kropffsweyß**), 30v (**Baumanshol**).

172 Vgl. Plin. nat. 37,150 (Brontia), 37,132–135 (Ceraunia), 37,176 (Ombria).

173 Vgl. Gessner 1565, fol. 60v; Gessner bezieht sich auf Agricola 1546, 476 (Brontia und Ceraunia), 482 (Ombria) sowie 477 (Chelonitides). Wie die Beispiele Donnerstein und Wetterstein zeigen, wird Gessners lateinische Paraphrase in Form einer lateinischen Lehnübersetzung des deutschen Begriffs in der deutschen Übersetzung überflüssig; auf eine Wiedergabe dieser Paraphrase wird dennoch nicht verzichtet, da sie zeigt, wie sich Gessner um die Vermittlung der Bedeutung an eine gelehrte Leserschaft bemüht, die nicht notwendigerweise Deutsch versteht.

Krottenstein» führt er zwei antike Bezeichnungen an, die er als Synonyme betrachtet. Die zu χελώνη (Schildkröte) gebildete Bezeichnung «Chelonitis» bzw. der Plural Chelonitides findet sich bei Plinius (nat. 37,155). Agricola (1546, 477) nennt dazu in seinem Wörterverzeichnis als deutsche Entsprechung «kleine Krottensteine». Ebenfalls bei Plinius (nat. 37,149) belegt ist der zu βάτραχος (Frosch) gebildete Begriff «Batrachites»,[174] den Gessner zusätzlich durch die Lehnübertragung *bufonis lapis* erklärt. Die Lehnübertragungen zeigen, dass Gessner auch für eine Leserschaft schreibt, die kein Deutsch versteht.

Eine korrekte Bestimmung der so bezeichneten Objekte gelingt Gessner noch nicht. Die Ombriae lassen sich anhand der Beschreibung und der Abbildungen als fossile Seeigel erkennen,[175] und die Ceraunie als Steinbeile. Im Falle der Ceraunie hält Gessner aufgrund von Kentmanns Hinweisen auf Zeugen, die einen Zusammenhang mit Gewittern bestätigen, an der traditionellen Annahme fest, dass diese Steine bei Gewitter vom Himmel fallen.[176]

Gessner zeigt wie Agricola und andere Gelehrte der Zeit die Bereitschaft dazu, neue lateinische oder griechische, aber auch deutsche Begriffe zu prägen oder in die Diskussion einzuführen.[177] Den Namen Osteocolle (*osteocolli*), d. h. «Knochenkleber», gibt Gessner Gebilden, die auf Deutsch als «Wallstein» oder «Beinwell» bezeichnet wurden;[178] ein Synonym zu Osteocoll wäre Gessner zufolge πλακόλιθος. Nach einer Ähnlichkeit dieser Gebilde zu Knochen sowie Baumstümpfen führt Gessner für sie zudem die Bezeichnungen Osteolithen oder Ὀστεῖται, d. h. Knochensteine, sowie Στελεχῖται an; zudem schlägt er als weitere mögliche Namen Ammostei oder Holostei vor.[179] Bei den Osteocollen – der Name Osteokolle wird weiterhin gebraucht – handelt es sich um Kalkkonkretionen bzw. um Wurzeln, die von einem Kalk-Sand-Gemisch umgeben sind.[180] Der Begriff «Stalagmit» ist Gessner zufolge Georg Fabricius zu verdanken. So zitiert er aus einem Brief, in dem Fabricius vorschlägt, einen Stein, der sich aus Wassertropfen bildet, mit dem zu σταλάσσειν (tropfen) geprägten Begriff «Stalagmites» zu bezeichnen.[181] Mit dem aus λίθος (Stein) und ἄργιλλος (Ton) zusammengesetzten Begriff λιθάργιλλος möchte Gessner einen Ton bezeichnen, der sich am Bözberg und am Albis findet,

174 Vgl. Plin. nat. 37,155 (Chelonitides)

175 Vgl. Gessner 1565, fol. 61v und unten 4.2.

176 Vgl. Gessner 1565, fol. 64v–66v mit Goodrum 2008, bes. 482 und Schierl 2019, 156–158.

177 Gessners Prägung von neuen Tier- und Pflanzennamen im Deutschen, aber auch im Lateinischen und Griechischen hob bereits Josias Simmler in seiner Gessner-Vita hervor, vgl. Simmler 1566, fol. 7r, 10v und Thöny 2021, 266–269 mit Verweis auf Simmler und auf weitere Literatur.

178 Vgl. Gessner 1565, fol. 8v, 30r, 152r.

179 Vgl. Gessner 1565, fol. 152 f.

180 Vgl. Ziehen 1984, 8.

181 Vgl. Gessner 1565, fol. 73r/v.

und im Schweizerdeutschen als «Läberstein» oder «Mergel» bezeichnet wird.[182] Gessner prägt ausserdem für einen grünen Stein, den die Bewohner Brasiliens als Lippenpflock verwenden, – in Analogie zu dem Pflanzennamen «Filipendula» – die Bezeichnung «Oripendulus», was sich im Deutschen mit der Lehnübersetzung «Mundgehänge» wiedergeben lässt.[183] Wie Gessner andeutet, hat er eine Reihe weiterer Namen selbst geprägt.[184]

Diskussionswürdig ist für Gessner auch die konkrete Namensform. Während u. a. Agricola Brontia, Ombria und Ceraunia als Feminina betrachtet, geht Gessner davon aus, dass es sich um Maskulina handelt, die auf -ias enden; die korrekten Bezeichnungen sind seiner Meinung nach Brontias, Ombrias und Ceraunias.[185] Gessner bevorzugt das Maskulinum, weil er meint, dass sinngemäss λίθος im Maskulinum in der Bedeutung «Stein» bzw. das lateinische *lapis* zu ergänzen sei, nicht λίθος im Femininum in der Bedeutung «Edelstein» bzw. der entsprechende lateinische Begriff *gemma*. Er hält Brontias, Ombrias und Ceraunias jedoch auch deshalb für geeignet, da die auf -ias endenden Adjektive eine dauerhafte Qualität bezeichnen. Überlegungen zur Bildung griechischer Namen stellt Gessner ferner im Rahmen seiner Ausführungen zu Steinen an, welche die Gestalt von Sternen aufweisen oder Sterne auf ihrer Oberfläche erkennen lassen. Für diese unterschiedlichen «Sternsteine» führt er die Bezeichnungen Asterias, Astrites, Astrios, Asterios an. Es handelt sich bei diesen Begriffen um Adjektive im Maskulinum, die zu ἀστήρ (Stern) und ἄστρον (Sternbild, Gestirn) gebildet sind; sinngemäss ist wiederum λίθος zu ergänzen.[186] Zu Beginn dieses Abschnitts zweifelt er an der Richtigkeit der Bezeichnung Astroites, die er in seiner Plinius-Ausgabe (1539, 665.10) fand. Seine Zweifel begründet er mit einem Muster der Adjektivbildung im Griechischen, wonach als Bezeichnung nicht Astroites, sondern Astrites zu erwarten wären. Tatsächlich ist diese in den Ausgaben seiner Zeit übliche Wortform nicht korrekt. Der Plinius-Text ist an dieser Stelle verderbt. Nach den modernen Plinius-Ausgaben lautet der Name des Steins Astriotes (Plin. nat. 37,133); dabei handelt es sich um ein zu der Verkleinerungsform ἄστριον (Sternchen) gebildetes Adjektiv. Die modernen Ausgaben übernehmen für diese Stelle die Lesart, die sich in einer Handschrift aus Bamberg findet, die erst im 19. Jahrhundert entdeckt wurde und für die Textkonstitution der Bücher 32 bis 37 der *Naturalis historia* von grösster Bedeutung ist. Der in der Staatsbibliothek Bamberg aufbewahrte Codex (Msc. Class. 42) ist in das erste Drittel des 9. Jahrhunderts zu datieren und hat zu zahlreichen Verbes-

182 Vgl. Gessner 1565, fol. 103v.

183 Vgl. Gessner 1565, fol. 107v/108r.

184 Vgl. z. B. Gessner 1565, fol. 30v (Tropffstein), 31r (Gypselli), 71v (Pisolith, Orobias), 89v (Radsiegel), 138r (Lithostreum), 158v (ὀμματία λίθος, λιθόφθαλμος, Augstein), 164r (σιδηροειδής), 166v (Echinites), 169r (Scolopendrites).

185 Vgl. Gessner 1565, fol. 58v–59v.

186 Vgl. Gessner 1565, fol. 39v–40r.

serungen des Plinius-Textes geführt.[187] Im Hinblick auf die Bezeichnungen von Steinen und Edelsteinen bedeutet dies, dass die von Gessner, Agricola und ihren Zeitgenossen gebrauchten Namensformen in vielen Fällen nicht mit denen übereinstimmen, denen man in Plinius-Ausgaben seit der Mitte des 19. Jahrhunderts begegnet.[188] Sowohl für den Plinius-Text als auch für den Traktat des Dioskurides über die Heilkunde und die Aufzählung der Edelsteine in der Apokalypse macht Gessner Vorschläge zur Textverbesserung.[189]

Gessner bemüht sich als Philologe um die Nomenklatur und bringt immer wieder seine Kenntnisse anderer Sprachen und insbesondere des Griechischen in die Diskussion ein. Gerade das Beispiel der *Naturalis historia* des Plinius zeigt jedoch, welche Grenzen schon die Qualität der damals verfügbaren Ausgaben Gessners Suche nach der korrekten Namensform setzte. Die Voraussetzungen für die Festlegung der Namen waren erst dann gegeben, als man einerseits lernte, Fossilien und archäologische Artefakte von «Steinen» zu unterscheiden, und andererseits anhand der Analyse der chemischen Zusammensetzung und der physikalischen Struktur Mineralien und Gesteine eindeutig bestimmen konnte.[190]

3. Gessners Nachlass in Basler Beständen

Walter Etter, Petra Schierl

Gessners «Fossilienbuch» zeichnet sich durch Holzschnitte aus, von denen fast alle Stücke aus Gessners Naturaliensammlung und der seines Korrespondenzpartners Johannes Kentmann darstellen;[191] lediglich die Abbildungen von vier Objekten hat Gessner aus einer Abhandlung von Christoph Entzelt übernommen.[192] Die Holzschnitte sind nach kolorierten Zeichnungen gefertigt, die zu Gessners Naturaliensammlung gehörten. Nach Gessners Tod gelangten Teile seiner Naturaliensammlung in den Besitz des Basler Arztes Felix Platter. In Platters Nachlass hat sich ein

187 Zur Überlieferung der *Naturalis historia* des Plinius und zur Bedeutung der Bamberger Handschrift (Ms. Class. 42), vgl. Jan/Mayhoff 1897, IV–V; Reynolds 1983, 307–316, bes. 311; Reeve 2007, bes. 112; Reeve 2021.

188 Vgl. dazu auch die Einleitung zum Sachregister.

189 Vgl. Schierl 2020b, 11 mit Anm. 69 und z. B. Gessner 1565, fol. 84r–84v, 110r (Plinius), 45v–45r (Dioskurides), 79v–80r (Apokalypse).

190 Wie mühevoll sich die Suche nach einer einheitlichen mineralogischen Nomenklatur gestaltete, zeigt Lüschen 1979, 104–158.

191 Kentmann hatte Gessner nicht nur «Fossilien» zukommen lassen, sondern auch Abbildungen von Stücken aus seinem Besitz; vgl. z. B. Gessner 1565, fol. 160r zum Ammonshorn.

192 Es handelt sich um die Abbildungen von zwei sogenannten Adlersteinen (Aëtitae) sowie um die von zwei echten Fossilien, die Gessner als Strombites und gerillte Muschel bezeichnet; vgl. Gessner 1565, fol. 10v zu den Aëtitae und Gessner 1565, fol. 165r Nr. 1 und 2 zu den Fossilien; vgl. ferner Etter/Schmidt 2020, 420.

Album mit den Zeichnungen erhalten, das sich heute in der Universitätsbibliothek Basel befindet.[193] Im Naturhistorischen Museum Basel werden noch einige der im «Fossilienbuch» abgebildeten Objekte aus Gessners Sammlung aufbewahrt. Gemeinsam mit dem «Fossilienbuch» geben die Zeichnungen und Sammlungsstücke einen einzigartigen Einblick in Gessners Naturaliensammlung und veranschaulichen, wie er vorging, um die «Fossilien», d. h. das, was sich aus der Erde ausgraben lässt, zu erfassen, zu beschreiben und darzustellen.[194]

3.1 Von Zürich nach Basel: Gessners Naturaliensammlung und Felix Platter

Im Rahmen seiner Arbeiten über Tiere, Pflanzen und «Fossilien» legte Gessner eine umfassende Naturaliensammlung an. Auch wenn weder ein Inventar noch eine zeitgenössische Beschreibung der Sammlung erhalten sind, lässt sich ein Eindruck von der Sammlung aus Gessners Briefen und Schriften gewinnen. Neben den im «Fossilienbuch» behandelten Mineralien, Gesteinen, Korallen und Fossilien umfasste die Sammlung u. a. getrocknete Pflanzen und Samen, Tierpräparate, Muscheln und Schnecken wie auch Zeichnungen von Tieren, Pflanzen und Objekten aus dem «Fossilienbuch».[195]

Kurz vor seinem Tod verkaufte Gessner seine Bibliothek und den handschriftlichen Nachlass mit dem für die *Historia plantarum* zusammengestellten botanischen Material an seinen Vertrauten Caspar Wolf, der mehrere Schriften Gessners aus dem Nachlass herausgab.[196] Ein Teil der Naturaliensammlung gelangte nach Gessners Tod in den Besitz des Basler Arztes Felix Platter (1536–1614). Platter war mit Gessner persönlich bekannt. Er erwähnt in seinem Tagebuch einen kurzen Besuch bei Gessner am 13. Juni 1558.[197] Sein Eintrag in Gessners *Liber amicorum*, einer Art Gästebuch mit den Unterschriften der Gelehrten, die Gessner in Zürich besuchten, datiert auf den 28. März 1561.[198] Seit 1558 stand Platter nachweislich im brieflichen Austausch mit Gessner und unterstützte dessen Arbeit an der *Historia plantarum*.[199] Er teilte mit Gessner und anderen Zeitgenossen das Interesse an der

193 Zum Bilderalbum vgl. «Abbildungen von Mineralien, Corallen usw. / von Felix Platter gesammelt» (UBH K I 2); die digitalisierten Zeichnungen sind einsehbar unter: https://doi.org/10.7891/e-manuscripta-12850.

194 Zu Gessners Verwendung der Begriffe *res fossiles* und *fossilia* vgl. oben 2.1.

195 Leu 2016a, 190–194 und 208–218; Etter/Schmidt 2020.

196 Leu 2016a, 382 f. und Leu 2016c zur Publikation der *Historia plantarum* durch Casimir Christoph Schmiedel (1718–1793) und zum weiteren Schicksal des botanischen Nachlasses.

197 Lötscher 1976, 343 mit Anm. 94.

198 Durling 1965, 143.

199 Leu 2016a, 403 (Briefwechsel) und Leu 2016b, 64 und 72.

Naturforschung und die Leidenschaft für das Sammeln und hatte bereits während seiner Studienzeit in Montpellier damit begonnen, die Grundlage für eine eigene Naturaliensammlung zu legen. Als Arzt in Basel erweiterte Platter seine Sammlung kontinuierlich durch Beiträge anderer, durch den Tausch und den Ankauf neuer Sammlungsstücke und den Erwerb eines Teils von Gessners Sammlung.[200] Neben Gegenständen aus den drei Reichen der Natur umfasste Platters Kabinett, das seit 1574 in seinem Wohnsitz an der Ecke Petersgraben/Hebelstrasse in zwei Zimmern untergebracht war, auch Antiquitäten, Münzen, Bilder und Musikinstrumente.[201] Als eine Sehenswürdigkeit, die man prominenten Besuchern der Stadt zeigte, wurde das Kabinett weit über Basel hinaus bekannt. Michel de Montaigne, der 1580 nach Basel kam, preist in seinem Reisetagebuch vor allem Platters Herbarium.[202] Der französische Staatsmann Jacques-Auguste de Thou erwähnt in seinen Memoiren eine Besichtigung von Platters Kabinett im Jahre 1579 unter der Führung von Basilius Amerbach (1533–1591).[203] De Thou hebt besonders die «Fossiliensammlung» hervor und nennt Conrad Gessner als Vorbesitzer:

> Er [Felix Platter] besass auch die Lade der «Fossilien» von Conrad Gessner, die man aus Zürich hergebracht hatte, so wie sie die Darstellung zu Beginn des Buches zeigt.[204] Darin fanden sich viele Raritäten, zahllose Spiele der Natur und eine grosse Menge ungewöhnlicher Insekten. Man betrachtete sie mit Begeisterung und Musse unter Anleitung von Amerbach, einem überaus grossen Experten auf diesem Gebiet.[205]

Zwei erhaltene Inventare vermitteln einen Eindruck von Platters Sammlung: das «Hauptbuch», in dem der Haupterbe Thomas Platter II. (1574–1628) nach dem Tod seines Halbbruders Felix seinen Besitz verzeichnete, und die von Felix Platter

200 Merian 1840, 95; Piller 2011, 76–78.

201 Landolt 1972; Lötscher 1975, 131–149; Škerlak 1986, 53–60; Piller 2011, 73–78; zum Haus zum Samson vgl. Lötscher 1975, 119–130.

202 Landolt 1972, 246; Piller 2011, 73 mit Anm. 23. Das Herbarium Platters befindet sich heute in der Burgerbibliothek Bern; vgl. zum Herbarium auch Rytz 1933; Dauwalder/Lienhard 2016.

203 Merian 1840, 96 f.; Landolt 1972, 246; Piller 2011, 73 mit Anm. 21 f.; Schierl 2020a, 513 Anm. 28.

204 De Thou bezieht sich hier auf eine Darstellung der *Arca rerum fossilium*, des «Fossilienschranks» von Johannes Kentmann, die Kentmanns «Fossilienkatalog» vorausgeht und insofern den Sammelband *De omni rerum fossilium genere* eröffnet; vgl. Etter/Schmidt 2020, 424 mit Anm. 135. Auch wenn De Thou, was die Abbildung der *Arca* angeht, irrtümlich auf Gessner verweist, ist die Information korrekt, dass es Gessners Sammlung war, die von Zürich nach Basel zu Felix Platter gebracht wurde.

205 *Aug. Thuani vita*, lib. 2,56: *Habebat et thecam fossilium Conradi Gesneri, Tiguro advectam, qualis ipsius libro praefixa, et depicta est, in qua rara multa et naturae lusus innumeri et insectorum non vulgarium magna vis; quae cupide et per otium inspecta, monstrante Amerbachio, harum rerum peritissimo*; der lateinische Text wird hier zitiert nach der Ausgabe von Teissier-Ensminger 2007, 382 f.

selbst um 1595 verfasste *Supellex medica*.[206] Bei Letzterer handelt es sich um ein Verzeichnis der Naturaliensammlung. Erfasst werden zum einen die Gegenstände, die Platter in 60 kleinen Schachteln (*capsae*) aufbewahrte (Abb. 3.1), und zum anderen sieben Bände mit Zeichnungen und Aquarellen (*icones*), wie u.a. Porträts von verschiedenen Personengruppen, von Vierbeinern, Vögeln oder Meeres- und Flussfischen und Schalentieren sowie – im siebten Band – von künstlichen Gegenständen und *res fossiles*, d.h. von Mineralien, Gesteinen und Fossilien im heutigen Sinne.[207] Von dieser umfangreichen Bildersammlung ist u.a. das bereits erwähnte Album mit Abbildungen von Mineralien, Korallen und Fossilien erhalten, in dem sich auch die Vorlagen für die Holzschnitte des «Fossilienbuchs» finden (Abb. 3.2, Abb. 3.3).[208] Die Abbildungen von Mineralien und Fossilien wurden von Felix Platter präzise ausgeschnitten, auf Folio-Blätter aufgeklebt und beschriftet. Die Blätter sind mit Überschriften versehen, zudem sind zu den Objekten in der Regel die Namen und manchmal weitere Informationen angegeben.[209] Beim Ausschneiden, das auch für andere erhaltene Alben zu beobachten ist,[210] gingen möglicherweise Gessners eigene Anmerkungen zu den Zeichnungen verloren.[211] Platters Vorgehen, die Abbildungen zu sammeln, auszuschneiden und neu zu arrangieren, zeigt, dass die Bilder nicht anders als die dargestellten Objekte selbst als Sammlungsstücke behandelt wurden.[212]

---

206 Das Hauptbuch wird von der Universitätsbibliothek Basel (UBH A lambda V 9) aufbewahrt; ein Digitalisat kann eingesehen werden unter: https://doi.org/10.7891/e-manuscripta-14534. Die Supellex befindet sich ebenfalls in der Universitätsbibliothek Basel (UBH J I 5); ein Digitalisat ist einsehbar unter: https://doi.org/10.7891/e-manuscripta-13866. Zum Hauptbuch und zur Supellex vgl. Landolt 1972, 247–250; Piller 2011, 73–75.

207 Zu den *Icones* vgl. Landolt 1972, 247f.; Fischel 2009, 24f.; Fischel 2010, 150; Piller 2011, 75.

208 Zum Bilderalbum in der Universitätsbibliothek Basel vgl. «Abbildungen von Mineralien, Corallen usw. / von Felix Platter gesammelt» (UBH K I 2); die digitalisierten Zeichnungen sind einsehbar unter: https://doi.org/10.7891/e-manuscripta-12850. Vgl. ferner Merian 1840, 101; Leemann-van Elck 1935, 29f. mit Etter/Schmidt 2020, 422 zur Korrektur der Behauptung, dass die meisten kolorierten Zeichnungen von Kentmann stammten; Fischel 2009, 25–28; Fischel 2010, 150–154.

209 Fischel 2009, 25f.; Fischel 2010, 150–152; zur Beobachtung, dass die Zeichnungen ausgeschnitten und wieder eingeklebt und von Felix Platter beschriftet wurden vgl. bereits Merian 1840, 101.

210 Etter/Schmidt 2020, 424 mit Anm. 138 mit Verweis auf Egmond 2017, 49f.

211 Etter/Schmidt 2020, 424; zahlreiche Anmerkungen Gessners finden sich in den Zeichnungen für die *Historia plantarum*, vgl. Zoller/Steinmann/Schmid 1972–1980.

212 Fischel 2009, 174.

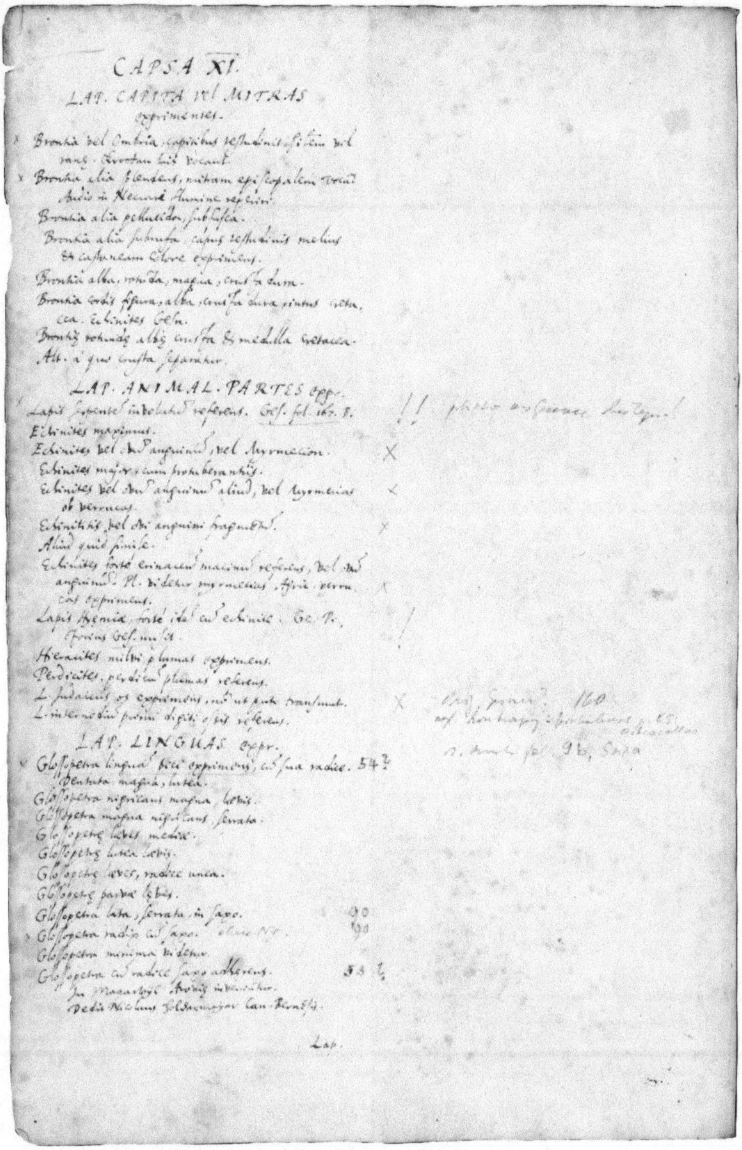

Abb. 3.1 Blatt 10v aus der *Supellex medica Felicis Plateri*, dem «Katalog von Felix Platters Sammlungen» (Universitätsbibliothek Basel, UBH J I 5). Platter führt nach den *Lapides capita vel mitras exprimentes*, d. h. den Steinen, die aussehen wie ein Kopf oder wie eine Mitra, eine für den asiatischen Raum typische Kopfbedeckung, die *Lapides animalium partes exprimentes* an, d. h. die Steine, die das Aussehen von Teilen von Tieren besitzen. Das erste Objekt dieser Gruppe ist ein *Lapis serpentem involutum referens*, ein Stein, der eine zusammengerollte Schlange erkennen lässt; dieser wurde, wie bei Platter ebenfalls vermerkt ist, von Gessner auf fol. 167v abgebildet. Dieser und weitere Verweise auf Gessner, z. B. zum Hyänenstein, lassen erkennen, dass einige der Objekte Platters aus Gessners Sammlung stammen.

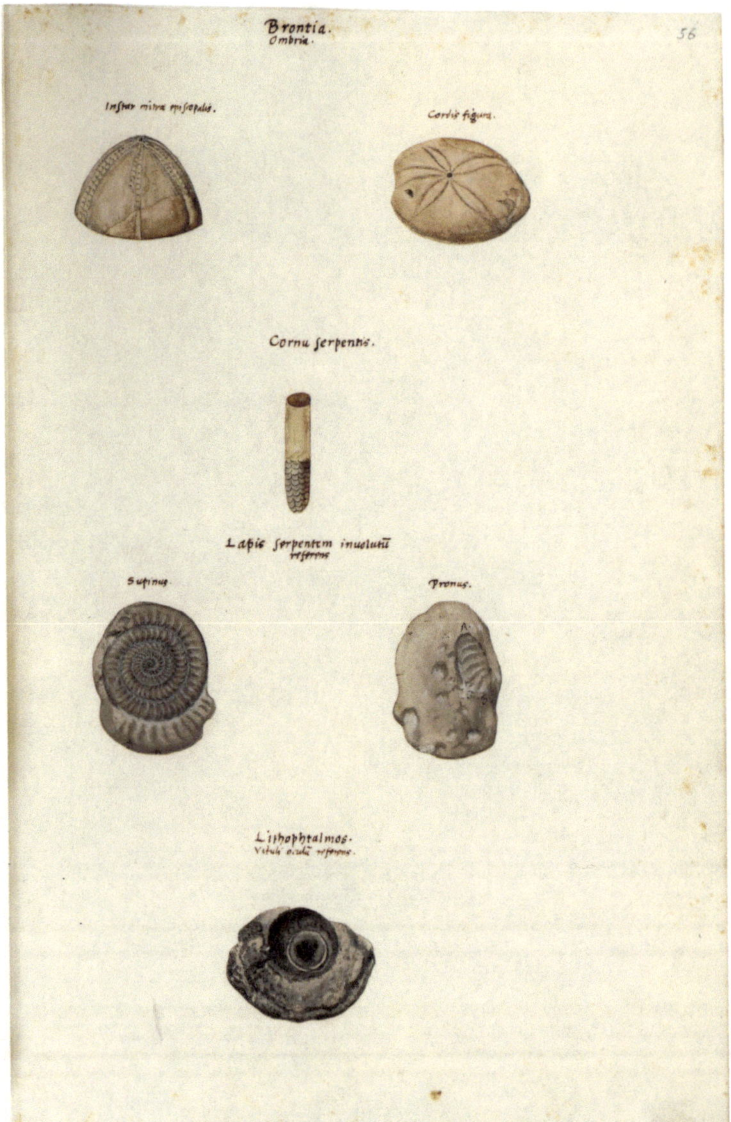

Abb. 3.2 Blatt 56r im Album «Abbildungen von Mineralien, Corallen usw. / von Felix Platter gesammelt» (Universitätsbibliothek Basel, UBH K I 2, fol. 56r). Die beiden von Platter als *Brontia/ Ombria* bezeichneten Objekte sind fossile Seeigel und dienten als Vorlagen für den Holzschnitt auf fol. 166v in Gessners Fossilienbuch; das längliche, von Platter als *Cornu serpentis* (Schlangenhorn) beschriftete Objekt ist vermutlich ein fossiler Seeigelstachel; dieser wurde von Gessner auf fol. 162v unter den Haifischzähnen abgebildet. Darunter sind unter der Überschrift *Lapis serpentem involutum referens* (vgl. oben Abb. 3.1) zwei Ansichten des Steins zu sehen, der einer zusammengerollten Schlange gleicht und in Gessners «Fossilienbuch» auf fol. 167v dargestellt ist; es handelt sich um einen Ammoniten. Ganz unten ist ein *Lithophthalmos* (Augstein) zu sehen, der bei Gessner auf fol. 158r erscheint; das Objekt lässt sich nicht genauer bestimmen.

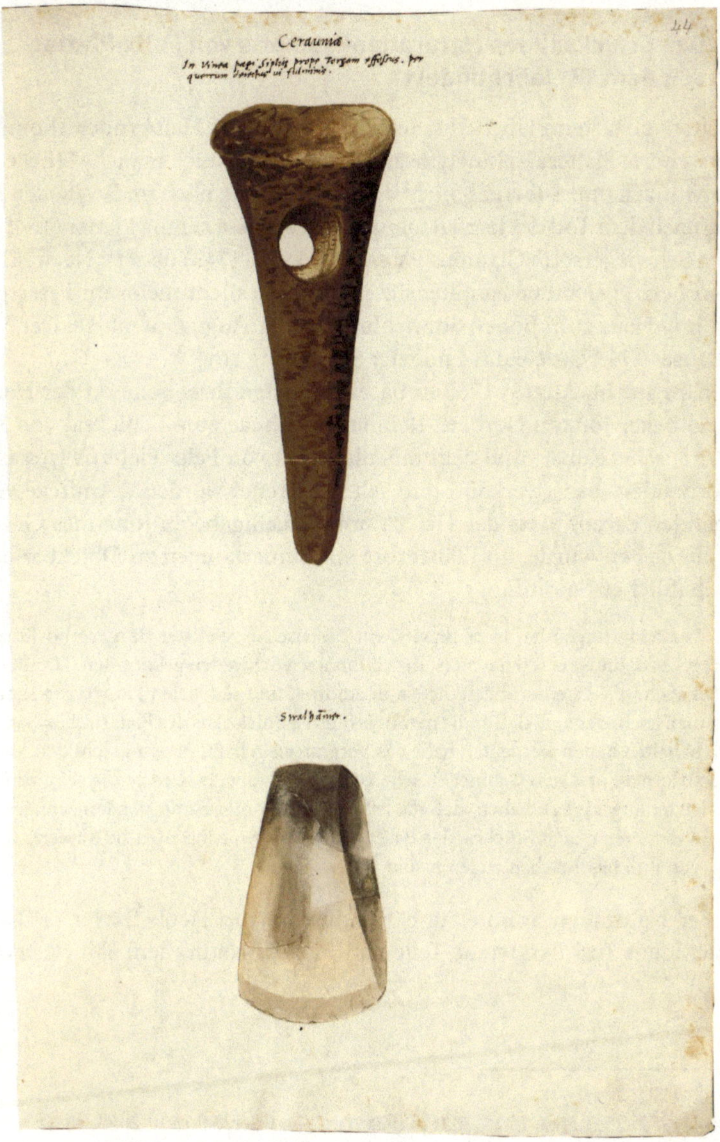

Abb. 3.3 Blatt 44r im Album «Abbildungen von Mineralien, Corallen usw. / von Felix Platter gesammelt» (Universitätsbibliothek Basel, UBH K I 2, fol. 44r). Unter der Überschrift *Cerauniae* findet sich in dem von Platter zusammengestellten Album eine Ceraunia, d. h. ein Donnerstein, den Gessner von Kentmann erhalten hat und den er auf fol. 64v–65v abbildet und bespricht. Die Abbildung des als «Stralhammer» bezeichneten Steins findet sich im Fossilienbuch auf fol. 62v. Es handelt sich in beiden Fällen, wie man heute weiss, um prähistorische Steinwerkzeuge.

3.2 Das Schicksal des Naturalienkabinetts von Felix Platter seit dem 17. Jahrhundert

Felix Platter verstarb im Jahr 1614. Sein Haupterbe, der Halbbruder Thomas Platter II., erweiterte Platters Kabinett zwar, verkaufte aber auch manche Stücke, insbesondere Münzen und Silbergeschirr.[213] Die Sammlung blieb im Besitz der Familie und ging nach dem Tod des letzten männlichen Sprosses Franz Platter (1645–1711) an dessen Schwiegersohn Claudius Passavant (1680–1743) über.[214] Nach mehreren Umzügen befand sich der Familiensitz inzwischen nicht mehr am Petersgraben, sondern im «Haus zum hohen Sonnenluft» an der Augustinergasse. Der Verkauf dieses Hauses 1743 läutete das Ende der Sammlung ein.

In einem am 14. August 1763 in Basel verfassten Brief bemerkt der Hannoveraner Apotheker Johann Gerhard Reinhard Andreae zum Schicksal von Platters Kabinett:[215] «Das Kunst- und Naturalienkabinett von Felix Platerus [...] ist nicht mehr vorhanden. Es ist verkauft und sehr zerstreuet worden.» Andreae verweist im Folgenden darauf, dass das Herbarium als Leihgabe an Johannes Gessner in Zürich übergeben wurde, und fährt fort mit Bemerkungen zu Objekten der erdwissenschaftlichen Sammlung:

> Die Versteinerungen hat Herr Bawier, ein Baselischer gelehrter Bürger und Künstler, an sich gekauft, und ein Teil davon ist durch ihn nach Schweden gekommen. Da aber Herr B. selbst auch in Versteinerungen die Natur studiret, und seit vielen Jaren darin sammelt, so kan man leicht denken, daß er die merkwürdigsten Stücke aus der Platerischen Samlung für sich behalten haben werde. Ich habe das Vergnügen gehabt, diesen geschikten Mann kennen zu lernen, und sein Cabinet zu sehen, und ich glaube, es wird genug sein, zum Ruhme des letzteren gesagt zu haben, daß dasselbe alle die sonderbaren Versteinerungen enthält, die in den ersten acht Stücken der Baselischen Merkwürdigkeiten in Kupfern vorgestellt und von ihm beschrieben zu lesen sind.[216]

Der Basler Naturaliensammler und Händler Johann Jacob Bavier (1710–1772) hatte nach dem Tod Passavants Teile von Platters Naturalienkabinett erworben.

213 Landolt 1972, 254f.

214 Landolt 1972, 254f.; Leu 1994, 263f.; Piller 2011, 78; Etter/Schmidt 2020, 424f.

215 Der Brief wurde gemeinsam mit den anderen Briefen von Andreaes Reise durch die Schweiz publiziert; die Briefe erschienen zuerst 1765 und 1766 im Hannoverischen Magazin; eine zweite Ausgabe, nach der hier zitiert wird, wurde 1776 in der Schweiz gedruckt; vgl. Andreae 1776, 3; vgl. zu Andreae auch Rutsch 1937, 28f.; Piller 2011, 79.

216 Johann Jacob Bavier hatte zu den ersten acht zwischen 1748 und 1753 veröffentlichten Teilbänden von Daniel Bruckners «Versuch einer Beschreibung historischer und natürlicher Merkwürdigkeiten der Landschaft Basel» die Ausführungen über Versteinerungen beigesteuert. Zu Johann Jacob Bavier vgl. Rutsch 1937, 22f. und Häner 2017, 84, 86–93; zu Verweisen auf Bavier vgl. Bruckner 1748, A3 r/v, 95f.

Bereits 1752 verkaufte Bavier über den Grafen Carl Gustaf Tessin[217] eine Sammlung von Naturalien an das schwedische Königshaus.[218] Doch auch 1763 war Bavier noch im Besitz einer beachtlichen Sammlung von Fossilien, in der sich, wie Andreae vermutet, noch Stücke aus der Sammlung von Felix Platter befanden.

Die in Basel verbliebenen Teile der Sammlung Platters gelangten schliesslich in den Besitz des Apothekers Hieronymus II. Bernoulli (1745–1829), der eine grosse Naturaliensammlung besass und sich besonders für Mineralogie und Paläontologie interessierte.[219] Hieronymus Bernoulli schenkte bereits 1822 das von Felix Platter verfasste Sammlungsverzeichnis, die *Supellex medica*, der öffentlichen Bibliothek der Stadt Basel.[220] Seine Naturaliensammlung wurde nach seinem Tod im Jahr 1829 dem 1821 gegründeten Naturhistorischen Museum Basel übergeben. Dort werden noch heute Reste der Naturaliensammlung von Felix Platter aufbewahrt, welche die zahlreichen Orts- und Besitzerwechsel überstanden haben. Darunter sind einige Stücke aus Gessners Sammlung, wie im folgenden Abschnitt gezeigt werden soll.

Von der umfangreichen Bildersammlung, die Platter in der *Supellex* verzeichnet, ist nur noch ein Bruchteil erhalten. Das Album mit Abbildungen von Mineralien, Korallen und Fossilien wird ebenso wie ein weiteres Album mit Abbildungen von 35 Vögeln in der Universitätsbibliothek Basel aufbewahrt.[221] Vorlagen für Holzschnitte in den Bänden von Gessners *Historia animalium* finden sich nicht nur in diesem Vogelalbum, sondern auch in zwei Bänden mit Tierbildern, die 2010 in der Universitätsbibliothek Amsterdam wiederentdeckt wurden.[222]

3.3 Originale aus Gessners Sammlung im Naturhistorischen Museum Basel

Peter Merian (1795–1883), Professor für Physik und Chemie an der Universität Basel, war der erste und langjährige Leiter des Naturhistorischen Museums.[223] Er wusste, dass Felix Platter grosse Teile von Conrad Gessners Naturaliensammlung übernommen hatte und sich unter den Resten von Platters Sammlung noch

217 Graf Carl Gustaf Tessin (1695–1770) verfügte über eine eigene Sammlung; 1753 wurde Carl von Linnés Beschreibung des *Museum Tessinianum* publiziert, in der mehrfach auf Abbildungen in Gessners «Fossilienbuch» verwiesen wird.

218 Zu dem durch den Medailleur Johann Carl Hedlinger und den Medaillensammler Johann Schorndorff aus Basel vermittelten Verkauf vgl. Häner 2017, 94 f.

219 Rutsch 1937, 18–20; Piller 2011, 79; Etter/Schmidt 2020, 425.

220 Škerlak 1986, 57.

221 Ein Digitalisat des Albums mit den Vogelbildern (UBH K I 1) ist einsehbar unter: https://doi.org/10.7891/e-manuscripta-12849.

222 Zum Auffinden der Alben III C 22 und III C 23 und ihrem Inhalt vgl. Egmond 2013.

223 Zur Biographie von Peter Merian vgl. Häner 2017, 297–280.

Objekte aus dem Besitz Gessners fanden.[224] Eine Identifizierung der ehemals zu Gessners Sammlung gehörenden Objekte ist nicht nur über den Abgleich der Stücke aus Platters Sammlung mit den Holzschnitten im «Fossilienbuch» möglich, sondern vor allem durch den Vergleich mit den Abbildungen, welche die Vorlagen für die Holzschnitte boten.

Ein Inventar von Belegstücken im Naturhistorischen Museum in Basel aus dem Jahr 1904 erfasst nur die in Publikationen des 18. und 19. Jahrhunderts abgebildeten Objekte.[225] Originale zu Abbildungen in Gessners «Fossilienbuch» finden erst in einem von Rutsch erstellten Inventar Erwähnung, das historische Belegstücke zu Werken von Autoren des 16. bis 18. Jahrhunderts verzeichnet.[226] Als ein zu Gessners Sammlung gehörendes Objekt wird dort eine versteinerte Krabbe genannt, die als *Palaeocarpilius macrochelus* (Desmarest, 1822) bestimmt wird; sie kann mit dem *pagurus lapideus* auf fol. 167r in Gessners «Fossilienbuch» identifiziert werden, nach Gessners deutscher Übersetzung **steininer Meerkrebß oder Täschenkrebß**.[227] Sowohl der Holzschnitt als auch die dafür als Vorlage dienende Abbildung in Platters Album (UBH K I 2, fol. 86r) geben die Krabbe vervollständigt wieder (Abb. 3.4).[228] Dass Peter Merian um die Herkunft der Krabbe aus Gessners Sammlung wusste, legt ein ihm zugeschriebenes historisches Etikett nahe.[229] Das zweite Objekt, das sicher aus Gessners Sammlung stammt, ist der Stachel eines Seeigels, *Rhabdocidaris libanotica* Loriol; Gessner hielt diesen Stachel für einen *lapis Iudaicus*, einen «Judenstein», und führt ihn im «Fossilienbuch» als Nummer 4 auf fol. 128v neben drei weiteren sogenannten Judensteinen an. Im Bilderalbum Platters (UBH K I 2) erscheint er auf Blatt 65r unter den Osteocolli bzw. Osteolithen und wird von Platter als *durus lapidis Iudaici instar* beschrieben, d. h. als «hart und einem Judenstein ähnlich» (Abb. 3.5).[230]

Zu den unzweifelhaften Originalen aus Gessners Sammlung gehört auch eine Siegelerde mit einem arabischen Schriftzug, die Gessner auf fol. 102r unter der Bezeichnung *Terra Lemnia* («Lemnische Erde») abbildet; die arabische Beschriftung weist die Siegelerde als «reinen Ton» aus (Abb. 3.6); im Platter-Album (UBH K I 2) erscheint die Siegelerde auf Blatt 11 unter den *Terrae*, den «Erden».[231]

---

224 Merian 1840, 93–102.
225 Greppin 1904, 25–133; Bernoulli 1941, 302 f.
226 Rutsch 1937, dort. bes. 30.
227 Rutsch 1937, 30; Bernoulli 1941, 303 f.; Leu 1994, 263; Leu 1999, 17; Etter/Schmidt 2020, bes. 421.
228 Zur Ergänzung der Krabbe in den Darstellungen vgl. Leu 1994, 263 f.; Etter/Schmidt 2020, 426.
229 Etter/Schmidt 2020, 424.
230 Bernoulli 1941, 303 f.
231 Leu 1994, 264.

Im Besitz des Naturhistorischen Museums Basel befindet sich ferner ein kleines Stück einer geschliffenen fossilen Koralle, das im Platter-Album (UBH K I 2) auf Blatt 50 unter der Überschrift Astroites oder Asterias auf der rechten Seite abgebildet ist; links daneben ist ein grösseres Korallenstück zu sehen (Abb. 3.7).[232] Das kleinere Korallenstück hat schon zu Gessners Sammlung gehört, denn es stimmt mit dem im «Fossilienbuch» (fol. 35v) abgebildeten und als «Sternstein» bezeichneten Objekt überein.

Vier Objekte werden also im Naturhistorischen Museum Basel aufbewahrt, die mit Sicherheit ursprünglich zu Gessners Naturaliensammlung gehörten und über Felix Platter nach Basel gelangten: die fossile Krabbe, der fossile Seeigelstachel *Rhabdocidaris libanotica*, das Stück Siegelerde und das kleine Stück einer geschliffenen fossilen Koralle.

Für drei weitere Objekte bzw. Objektgruppen aus Platters Naturalienkabinett besteht die Möglichkeit, dass sie einst Gessner gehörten, doch lässt sich die Herkunft nicht eindeutig nachweisen. Als mögliches Objekt aus Gessners Sammlung wurde in dem von Rutsch verfassten Inventar historischer Belegstücke ein Ammonit aus der Gattung «Amaltheus» genannt, der als *Amaltheus margaritatus* (Montfort) bestimmt wurde.[233] Dieser ist nicht mit dem identisch, der im Album von Felix Platter (fol. 71, oben links, Abb. 3.8) und bei Gessner (fol. 164r) abgebildet ist, wo er als *Cochlea* bezeichnet wird (Abb. 4.2);[234] doch erwähnt Gessner, dass er mehrere Ammoniten von Kentmann erhalten hatte, so dass auch dieser Ammonit zu Gessners-Sammlung gehört haben könnte.[235] Wahrscheinlich stammen auch einige fossile Fischzähne aus der Sammlung Platters im Naturhistorischen Museum Basel ursprünglich von Gessner: Als *Chelidoniae* bzw. **Schwalmensteinle**, d. h. «Schwalbensteinchen», bezeichnet Gessner kleine rundliche Zähne von Brassen oder Lippfischen; sie werden im Kapitel 6 über *res fossiles*, die u. a. als Schmuck verwendet werden, abgebildet und beschrieben (fol. 107r/v) und erneut im Kapitel 13 erwähnt, das sich mit Steinen befasst, die nach Vögeln benannt oder diesen entnommen sind (fol. 161v). Im Album Platters (UBH K I 2) erscheinen sie auf Blatt 14 unter den Schmucksteinen (Abb. 3.9a).[236] Auf demselben Blatt führt Platter auch die sogenannten *Batrachitae* oder *Crapodinae* an, die Gessner auf Deutsch als **Krottensteine** bezeichnet (fol. 161v); heute lassen sich diese vermeintlichen Krötensteine als etwas grössere fossile Zähne von Pycnodontiden oder Lepidotes bestimmen (Abb. 3.10).[237] Es lässt sich nicht zweifelsfrei nachweisen, dass die fossilen

232 Škerlak 1986, 57, 59, 82 f.; Etter/Schmidt 2020, 425.
233 Rutsch 1937, 30.
234 Bernoulli 1941, 303; Martin 1965, 493.
235 Gessner 1565, fol. 164r mit Etter/Schmidt 2020, 425.
236 Zu den Steinen auf dieser Seite vgl. Fischel 2009, 26.
237 Etter 2019; Etter/Schmidt 2020, 425.

Fischzähne im Besitz des Naturhistorischen Museums mit denen übereinstimmen, die in Gessners «Fossilienbuch» oder in dem Album Platters abgebildet sind; denn die fossilen Zähnchen gleichen sich dafür zu sehr. Doch stellt sich die Frage, weshalb Platter die schönen Exemplare Gessners durch ähnliche hätte ersetzen sollen. Dass es sich bei den erhaltenen Zähnen um diejenigen aus Gessners Sammlung handelt, lässt sich daher auch nicht ausschliessen

Vier bis sieben Objekte oder Objektgruppen lassen sich über den Vergleich mit den Abbildungen in Gessners «Fossilienbuch» und in dem von Felix Platter zusammengestellten Bilderalbum mit mehr oder weniger grosser Sicherheit der Naturaliensammlung Gessners zuordnen. Angesichts des einstigen Umfangs der Sammlung mag das nicht viel erscheinen. Doch darf man nicht vergessen, dass diese Objekte über 450 Jahre lang Besitzerwechsel und Umzüge überstehen mussten. Führt man sich den langen Weg aus Gessners Sammlung in Zürich in das Naturhistorische Museum Basel bzw. in die Universitätsbibliothek Basel vor Augen, dann grenzt es an ein Wunder, dass überhaupt Vorlagen zu den Abbildungen im Fossilienbuch von 1565 und dazu einige Originale aus Gessners Sammlung erhalten geblieben sind.[238]

Im «Fossilienbuch» hat Gessner aufgrund seines Interesses an Ähnlichkeiten zwischen den *res fossiles*, d. h. zwischen dem, was sich aus der Erde ausgraben lässt, und Tieren und Pflanzen Fossilien im heutigen Sinne abgebildet und beschrieben, noch bevor es ein Bewusstsein für die Entstehung von Fossilien und die Geschichte der Erde gab. Bei den erhaltenen Fossilien unter den Objekten aus Gessners Sammlung handelt es sich um die weltweit ältesten paläontologischen Belegexemplare zu einer gedruckten Publikation.

238 Etter/Schmidt 2020, 425 f.

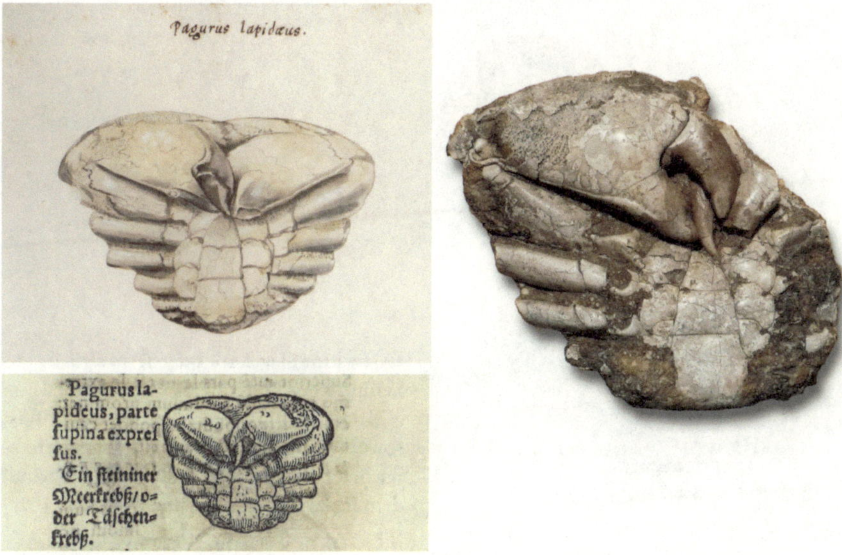

Abb. 3.4 Die fossile Krabbe *Palaeocarpilius macrochelus (*Desmarest, 1822) findet sich bei Gessner auf fol. 167r und wird als *Pagurus lapideus* oder **steininer Meerkrebß oder Täschenkrebß** bezeichnet. In der zeichnerischen Vorlage (UBH K I 2, fol. 68r) und im spiegelverkehrten Holzschnitt wurde der im Original fehlende Teil ergänzt. Die Krabbe misst entlang der Mittellinie 85 mm.

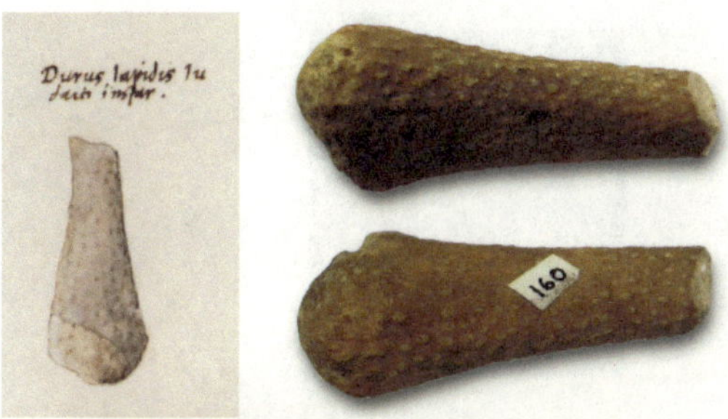

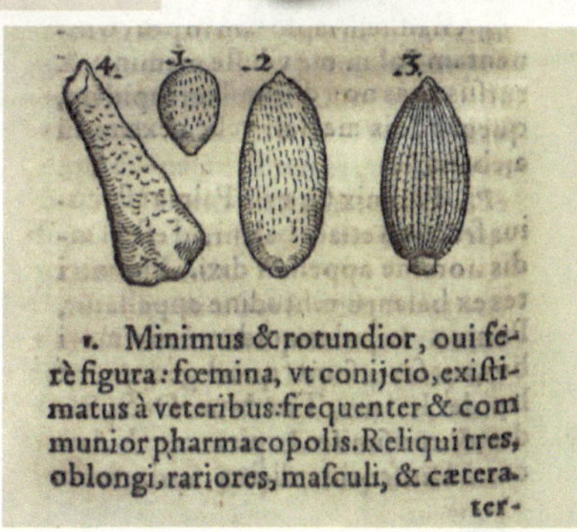

Abb. 3.5 Bei dem sogenannten *Lapis Iudaicus* oder Judenstein handelt sich um einen fossilen Seeigelstachel (*Rhabdocidaris libanotica* Loriol); das Original ist 39 mm lang; die zeichnerische Vorlage (UBH K I 2, fol. 65r) in Platters Album entspricht im Holzschnitt (fol. 128v) dem Stachel Nummer 4, neben dem noch drei weitere fossile Seeigelstachel abgebildet wurden.

Abb. 3.6 Eine Siegelerde oder *Terra sigillata* aus Lemnos; der Durchmesser des Originals im NMB ist 27 mm. Die arabische Aufschrift ist sowohl im Original wie auch in der zeichnerischen Vorlage (UBH K I 2, fol. 11r) und auf dem Holzschnitt im Fossilienbuch (fol. 102r) spiegelverkehrt.

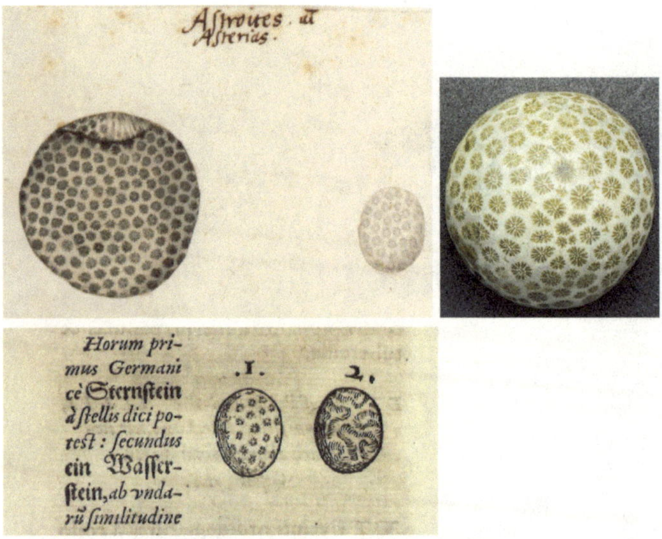

Abb. 3.7 Als «Sternstein» bezeichnet Gessner (fol. 35v) ein Objekt, bei dem es sich um eine kleine angeschliffene fossile Korallenkolonie handelt; die Breite des Originals beträgt 11 mm. Die Vorlage für den Holzschnitt bot die rechte Farbzeichnung, die in dem von Platter zusammengestellten Album unter der Überschrift Astroites angeführt ist (UBH K I 2, fol. 50r).

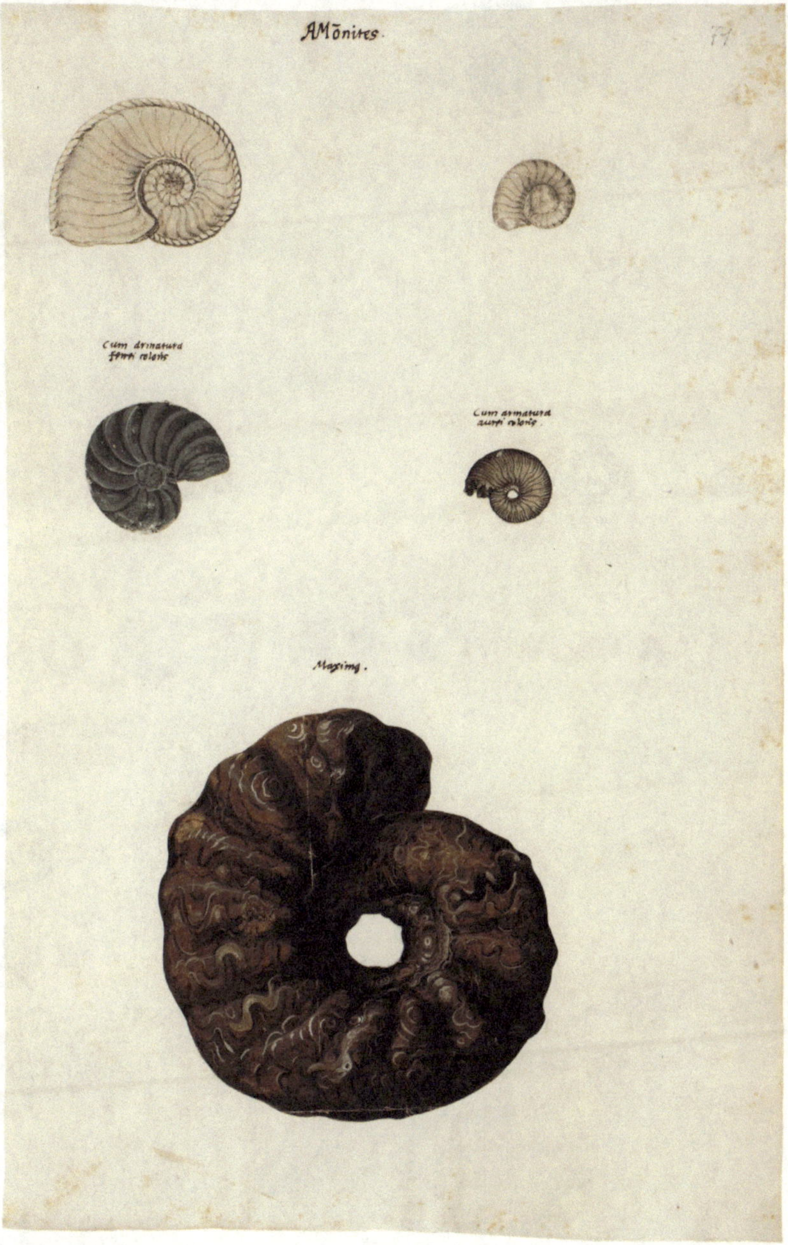

Abb. 3.8 Das Blatt 71r im Album «Abbildungen von Mineralien, Corallen usw. / von Felix Platter gesammelt» (Universitätsbibliothek Basel, UBH K I 2) zeigt Ammoniten und Nautiliden. Der oben links abgebildete Ammonit der Gattung *Amaltheus* diente als Vorlage für den Holzschnitt auf fol. 164r, der Gessner zufolge eine Meeresschnecke (*Cochlea*) zeigt (vgl. Abb. 4.2).

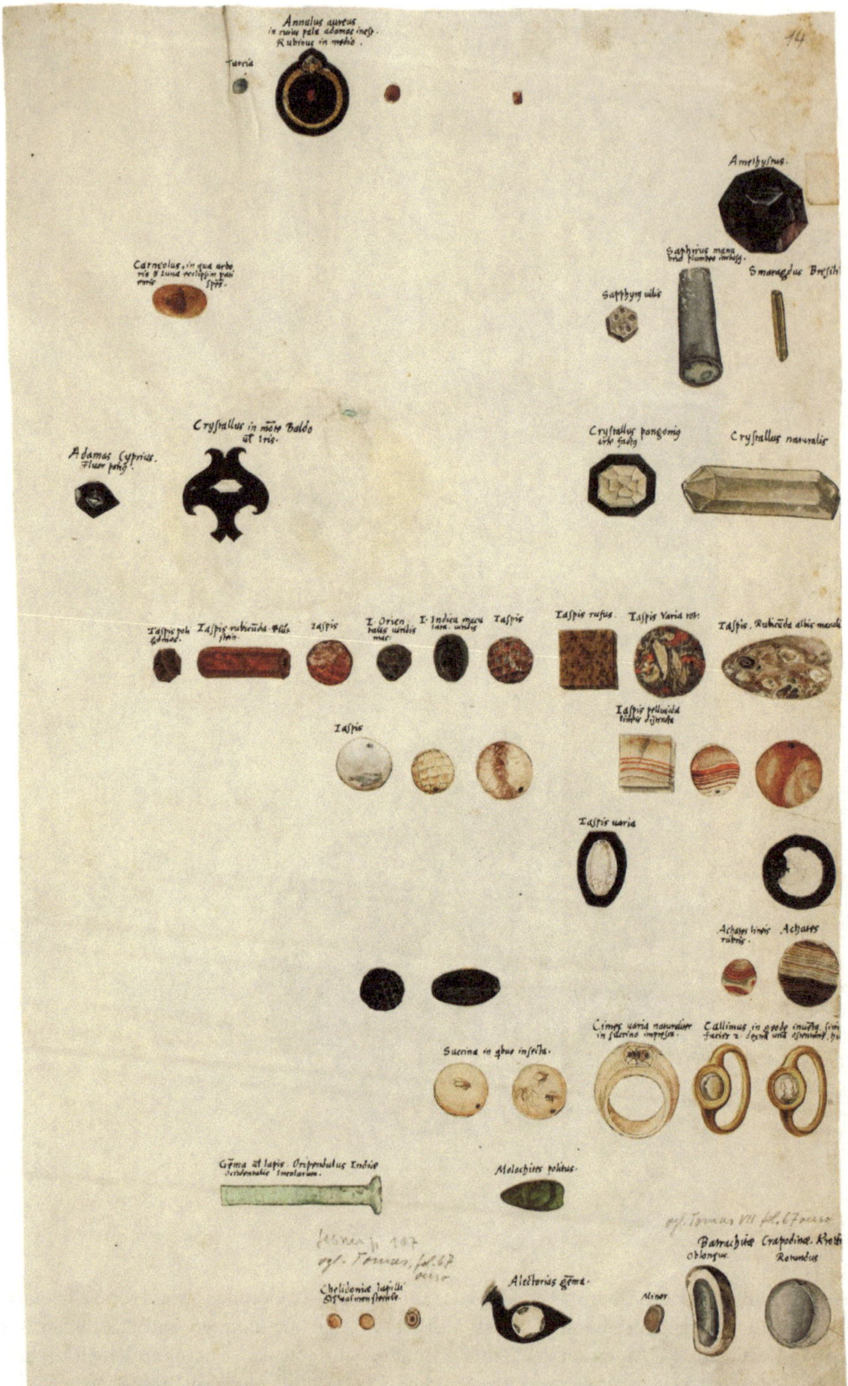
Annulus aureus
Rubinus in medio
Amethystus
Carneolus
Smaragdus
Crystallus in mõte Baldo
Adamas Cyprius
Crystallus naturalis
Iaspis
Iaspis rufus
Iaspis varia
Achates
Succina in quibus insecta
Gēma ãt lapis
Molochites politus
Alectorius gēma
Chelidoniæ lapilli
Batrachitæ Crapodinæ
Oblongus
Rotundus
14

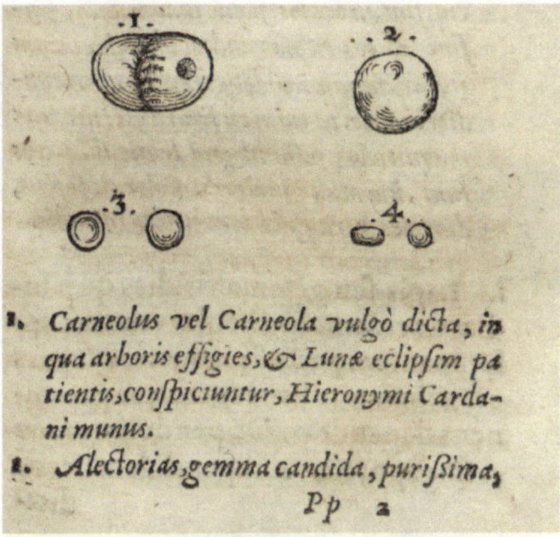

1. Carneolus vel Carneola vulgò dicta, in qua arboris effigies, & Lunæ eclipsim patientis, conspiciuntur, Hieronymi Cardani munus.

2. Alectorias, gemma candida, purissima,

Pp 2

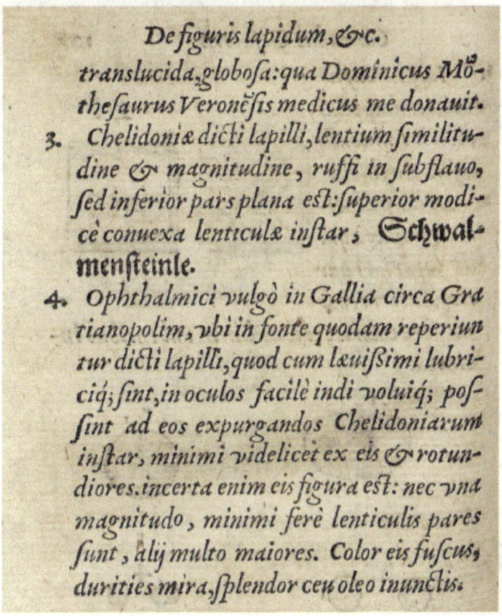

De figuris lapidum, &c.

translucida, globosa: qua Dominicus Mõ-thesaurus Veronēsis medicus me donauit.

3. Chelidoniæ dicti lapilli, lentium similitudine & magnitudine, ruffi in subflauo, sed inferior pars plana est: superior modicè conuexa lenticulæ instar, Schwalmensteinle.

4. Ophthalmici vulgò in Gallia circa Gratianopolim, vbi in fonte quodam reperiuntur dicti lapilli, quod cum læuissimi lubriciq; sint, in oculos facilè indi voluiq; possint ad eos expurgandos Chelidoniarum instar, minimi videlicet ex eis & rotundiores. incerta enim eis figura est: nec vna magnitudo, minimi ferè lenticulis pares sunt, alij multo maiores. Color eis fuscus, durities mira, splendor ceu oleo inunctis.

Abb. 3.9a–c Auf Blatt 50r im Album «Abbildungen von Mineralien, Corallen usw. / von Felix Platter gesammelt» (Universitätsbibliothek Basel, UBH K I 2, fol. 50r) sind bearbeitete und unbearbeitete Edelsteine bzw. als Schmucksteine geeignete Steine zusammengestellt (Abb. 3.9a). Bei den *Chelidoniae*, Schwalbensteinchen (fol. 107r, Abb. 3.9b), handelt es sich um die nur 3–5 mm grossen fossilen Zähne von Brassen oder Lippfischen; hier werden Exemplare aus dem Naturhistorischen Museum Basel gezeigt (Abb. 3.9c).

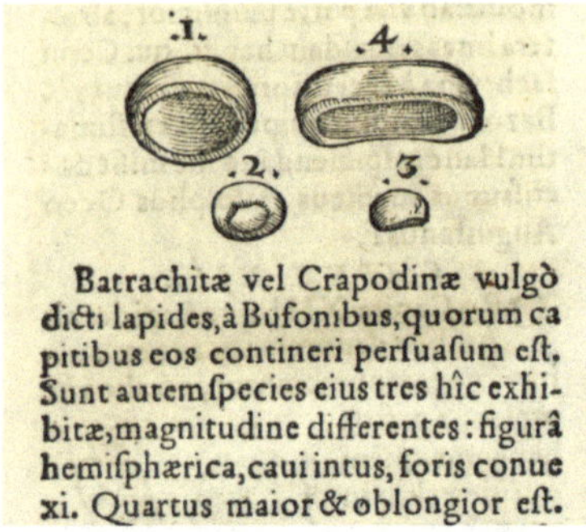

Batrachitæ vel Crapodinæ vulgò dicti lapides, à Bufonibus, quorum capitibus eos contineri perſuaſum eſt. Sunt autem ſpecies eius tres hîc exhibitæ, magnitudine differentes: figurâ hemiſphærica, caui intus, foris conuexi. Quartus maior & oblongior eſt.

Abb. 3.10b–c Auf Blatt 50r im Album «Abbildungen von Mineralien, Corallen usw. / von Felix Platter gesammelt» (vgl. Abb. 3.9a) finden sich auch die sogenannten Krötensteine, die bei Gessner, fol. 161v, unter der Bezeichnung *Batrachitae/Crapodinae* erscheinen (Abb. 3.10b). Bei den maximal 10 mm grossen *Batrachitae* handelt es sich um Zähne von Pycnodontiden oder *Lepidotes*; hier werden Exemplare aus dem Naturhistorischen Museum Basel gezeigt (Abb. 3.10c).

4. Versteinerungen unter Gessners «Fossilien»

Walter Etter

Gessner verwendet die lateinischen Begriffe *res fossiles* oder *fossilia* in Anlehnung an Georg Agricola für alles, was sich aus der Erde ausgraben lässt. Er geht u. a. auf solche Objekte ein, die im Hinblick auf ihr Aussehen eine Ähnlichkeit zu Himmelskörpern, zu Artefakten, zu Pflanzen oder Lebewesen besitzen. Dieses Interesse an der sichtbaren Ähnlichkeit ist der Grund dafür, dass sich unter den von Gessner im «Fossilienbuch» besprochenen und illustrierten Objekten zahlreiche Fossilien im heute gebräuchlichen Sinn finden, d. h. Reste und Spuren vorzeitlicher Organismen. In den sicher zu bestimmenden Fällen handelt es sich bei Gessners Fossilien um Versteinerungen.

Gessner stellt in seinem «Fossilienbuch» keine grundsätzlichen Überlegungen zur Entstehung von Fossilien an. Wenn er in der Einleitung die Gestalten und Bilder, die Steine erkennen lassen, der Natur zuschreibt, konstatiert er damit lediglich einen natürlichen Ursprung.[239] Erst im 17. und 18. Jahrhundert setzte sich ein Bewusstsein für den organischen Ursprung der verschiedenen Fossilien durch und es wurde möglich, diese gegenüber Mineralien und Gesteinen abzugrenzen. Als bahnbrechend gilt die von Fabio Colonna 1616 angestellte und von Niels Stensen, latinisiert Nicolaus Steno, 1667 bewiesene Beobachtung, dass es sich bei den sogenannten Zungensteinen, den Glossopetren, um fossile Haifischzähne handelt.[240] Diese Beobachtung führte Steno zu weiteren Überlegungen zur Entstehung fossilführender Gesteine und zu der Entdeckung, dass die erdgeschichtlich jüngeren Gesteinsschichten über älteren liegen.[241] Dennoch dauerte es noch über hundert Jahre, bis Georges Cuvier (1769–1832) den Nachweis erbrachte, dass Fossilien auch Hinweise auf ausgestorbene Organismen geben. Erst mit dieser Erkenntnis wurde die Paläontologie als «Wissenschaft vom Leben und seiner Entwicklung in der Erdgeschichte» begründet.[242] Im Zuge dieser Entwicklungen veränderte sich die Bedeutung des Begriffs «Fossil», der seit dem 19. Jahrhundert die oft als Versteinerungen vorliegenden Reste vorzeitlicher Organismen bezeichnet.[243]

Da Gessner viele Objekte besprochen und dargestellt hat, die sich heute als Fossilien erkennen lassen, kann man Gessner als einen Paläontologen – oder einen Paläontologen *avant la lettre* – bezeichnen.[244] Für die Paläontologie ist sein «Fossilienbuch» von Bedeutung, weil es zu den ältesten Schriften gehört, die Fossilien auch illustrieren. Nach der Darstellung einzelner Fossilien in Sebastian Münsters *Cosmographia* (1550) und in Christoph Entzelts *De re metallica* (1551) bildet Gessners «Fossilienbuch» erstmals ein breites Spektrum von Fossilien ab.[245] Auch in anderen zeitgenössischen Traktaten wie etwa in Agricolas Abhandlung

239 Gessner 1565, fol. Aa 3r.

240 Colonnas *De Glossopetris Dissertatio* wurde 1616 in Rom in einer Schrift mit dem Titel *Purpura* gedruckt; vgl. Hölder 1989, 14f.; Ellenberger 1996, Bd. 1, 145, 154–160.

241 Stenos Abhandlung *Canis carchariae dissectum caput* wurde 1667 in Florenz gedruckt. In der Schrift *De solido intra solidum naturaliter contento dissertationis prodromus*, die 1669 in Florenz erschien, stellte er ausgehend von Körpern, die im Gestein eingeschlossen sind, Überlegungen zur Gesteinsschichtung an; vgl. Hölder 1989, 5–10; Ellenberger 1996, Bd. 1, 190–219.

242 Zur Definition des Begriffs und der Bedeutung Cuviers vgl. Mutterlose/Ziegler [6]2018, 1; zur Geschichte der Paläontologie sowie der Geologie vgl. Rudwick [2]1976; Hölder 1989; Ellenberger 1996; zur Geschichte der Paläontologie in Zürich vgl. Leu 1999.

243 Schmeisser 2011, 809f.

244 Vgl. Leu 1999; Etter 2016.

245 Vgl. Münster 1550, 432 und Entzelt 1551, 227 u. 229; zu Münster vgl. Wilsdorf 1954, 116, 127f. sowie 186; zu Entzelt vgl. Gould 2002 (ohne Kenntnis der Ausgabe von 1551); zu Münster und Entzelt vgl. Langer 1994, 125; Leu 1994, 263. Zur Bedeutung von Gessners «Fossilienbuch» für die Paläontologie vgl. Ellenberger 1996, Bd. 1, 132; Rudwick [2]1976, 5–7; Etter 2016.

De natura fossilium werden unter den Steinen mehrere Fossilien besprochen und verbal beschrieben.[246] Die Holzschnitte in Gessners «Fossilienbuch» erlauben es jedoch, die Fossilien unter den *res fossiles* mit grösserer Sicherheit zu bestimmen.

4.1 Die auf Holzschnitten abgebildeten *res fossiles* in Gessners «Fossilienbuch»

In Gessners «Fossilienbuch» finden sich insgesamt 73 Abbildungen, die 190 verschiedene einzelne Objekte darstellen.[247] Bei einem Grossteil dieser *res fossiles* handelt es sich nicht um Fossilien im heutigen Sinn, sondern um Mineralien wie Asbest oder Silber sowie Gesteine wie Basalt und Tuff.[248] Mehrere Holzschnitte zeigen ausserdem Alltagsgegenstände, da Gessner das sechste Kapitel Gegenständen widmet, die aus Metallen, Steinen und Edelsteinen hergestellt wurden.[249] Doch auch unter den Objekten, für die Gessner und viele Zeitgenossen einen natürlichen Ursprung annahmen, finden sich Artefakte: ein prähistorisches Steinbeil und vier Steinäxte.[250] Ausser den Objekten, die sich aus der Erde ausgraben lassen, führt Gessner verschiedene *res fossiles* wegen ihrer steinartigen Beschaffenheit an.[251] Das sind zum einen «Steine», die in Lebewesen entstehen: zwei Blasensteine und ein Nierenstein, die Menschen entnommen wurden, dann mehrere Bezoare, d. h. Magensteine, sowie eine sogenannte Hirschträne, ein Drüsensekret, das sich im Auge von Hirschen bildet und verhärtet.[252] Schliesslich finden sich Illustrationen zu einigen Pflanzen und Lebewesen, deren Lebensraum das Meer oder Küstengebiet ist und die von Gessner wegen ihrer harten und kalkigen Beschaffenheit besprochen werden. Im siebten Kapitel über *res fossiles*, die Pflanzen nachahmen, werden Gewächse abgebildet, die sich als rezente, d. h. nicht-fossile, Kalkalgen der Gattungen *Acetabularia* und *Jania* bestimmen lassen.[253] Im Kapitel 10 über Korallen und im Kapitel 11 über Meeresgewächse, die versteinern, bildet Gessner verschiedene rezente Korallen ab, die sich grösstenteils nicht näher bestimmen las-

246 Vgl. Langer 1994, 124 mit Verweis auf die Ausgabe von Fraustadt/Prescher 1958 (AGA IV).

247 Objekte, von denen verschiedene Ansichten geboten werden, sind nur einmal erfasst; wenn eine Objektgruppe abgebildet wird, wie z. B. die *Chelidoniae*, wurde jedes einzelne Stück erfasst. Die in dieser Hinsicht manchmal unterschiedliche Zählweise dürfte die Unterschiede in der Gesamtzahl der abgebildeten Objekte erklären; so zählt Ellenberger 1996, Bd. 1, 132 insgesamt 182 abgebildete Objekte.

248 Zur Definition vgl. Markl ³2015, 3.

249 Gessner 1565, fol. 96r–113v; vgl. zudem fol. 34v zur Abbildung eines medizinischen Werkzeugs.

250 Gessner 1565, fol. 62v und 64v. Vgl. dazu Schierl 2019.

251 Zur Bedeutung der «stoniness» für Gessner vgl. Rudwick ²1976, 24; Etter 2019, 141 f.

252 Gessner 1565, fol. 146v, 160v.

253 Gessner 1565, fol. 117r und dazu Etter/Schmidt 2020, 416.

sen.[254] In Kapitel 14, das Steine behandelt, die wie Meereslebewesen aussehen, finden sich auch einige rezente Muscheln und Schnecken. So führt Gessner unter dem Namen «Porcellana» eine Kaurischnecke an und bemerkt dazu, dass diese nicht in einen Stein verwandelt, sondern im herkömmlichen Zustand beinahe steinern sei.[255] Es fragt sich daher auch, ob das in diesem Kapitel abgebildete Operculum einer Schnecke als «steinern» beschrieben wird, weil es sich um ein Fossil handelt, oder lediglich deshalb, weil der Deckel kalkhaltig ist.[256]

4.2 Die Abbildungen von Fossilien in Gessners «Fossilienbuch»

Auf etwa 25 der insgesamt 73 Abbildungen sind Spuren oder Reste vorzeitlicher Organismen dargestellt; rund 50 von insgesamt 190 einzelnen Objekten lassen sich anhand der Holzschnitte als Fossilien bestimmen.[257] In einigen Fällen bleibt jedoch eine gewisse Unsicherheit bestehen, zumal Gessners Beschreibungen der Objekte in den letzten Kapiteln äusserst knapp ausfallen. Eine eindeutige Bestimmung wäre jeweils nur anhand des Gessner vorliegenden Objekts möglich.

Die Fossilien, die sich anhand der Holzschnitte eindeutig als solche bestimmen lassen, werden nach der folgenden, weitgehend an der klassischen Systematik orientierten Reihenfolge angeführt: Pflanzen, Korallen, Weichtiere (Mollusken), Gliederfüsser (Arthropoden), Stachelhäuter (Echinodermen) und schliesslich Wirbeltiere (Vertebraten).[258]

Ein Stück eines versteinerten Baumes ist im neunten Kapitel abgebildet, das *res fossiles* behandelt, die sich in Beziehung zu Bäumen oder Teilen davon setzen lassen.[259] Gessner hat das Stück von Kentmann erhalten, der berichtete, dass es von einem mitsamt den Zweigen und Blättern versteinerten Baum stamme, den man in Joachimsthal gefunden habe. Von vergleichbaren Funden hatte bereits der von Gessner ebenfalls zitierte Agricola berichtet.[260]

Unter den Bezeichnungen «Sternstein» und «Wasserstein» finden sich im zweiten Kapitel über Steine, die etwas mit den Sternen, der Sonne, dem Mond oder den Elementen gemeinsam haben, zwei Objekte, die sich als angeschliffene Stücke fossiler Korallen identifizieren lassen (vgl. Abb. 3.7). Bei dem als Sternstein be-

254 Gessner 1565, fol. 132r, 132v, 133v, 137v, 138r.
255 Gessner 1565, fol. 166r/v.
256 Gessner 1565, fol. 164r oben Nr. 2 und 3 mit Gessner 1558, 285; vgl. Lindner 1999.
257 Ellenberger 1996, Bd. 1, 132 zählt 39 Fossilien unter insgesamt 182 abgebildeten Objekten; zur Zählweise vgl. oben. 4.1 Anm. 247.
258 Zur Reihenfolge vgl. Ziegler 2008, VI–VII.
259 Gessner 1565, fol. 125r/v.
260 Gessner 1565, fol. 124v–125r mit Verweis auf Agricola 1548, 327 f.

zeichneten Stück handelt es sich wahrscheinlich um eine Adelocoenia sp. oder eine ähnliche Form,[261] bei der anderen um eine fossile Hirnkoralle.

Fossile Muscheln und Schnecken sind im 14. Kapitel abgebildet, das Steinen gewidmet ist, die das Aussehen von Wasserlebewesen besitzen. Dort sind in der oberen Hälfte von Blatt 165r unter den Nummern 1 und 2 eine fossile Schnecke und eine fossile Muschel zu sehen, die Gessner aus Entzelts *De re metallica* übernommen hat.[262] Entzelt hatte beide als Exemplare der bei Plinius in der *Naturalis historia* genannten Chelonitis bestimmt. Gessner korrigiert Entzelt jedoch. Er bezeichnet die nicht näher bestimmbare fossile Schnecke (Nr. 1) als Strombites. Die Muschel bestimmt Gessner unter Verweis auf Rondelet als «gerillte Muschel» (*concha striata*).[263] Er hatte im vierten Band der *Historia animalium* die Abbildungen und Beschreibungen von drei Muscheln dieser Art von Rondelet angeführt.[264] Bei der fossilen Muschel handelt es sich um eine Herzmuschel der Gattung *Cardium*. Auf der unteren Hälfte desselben Blattes (165r) findet sich ein Holzschnitt mit einer fossilen Kamm-Muschel (*pecten lapideus*) und einer fossilen Schnecke (*cochlea lapidea*), die vielleicht der Gattung *Planorbis* zuzuordnen ist. Auf der Rückseite des Blattes (165v) ist ein Stein mit mehreren Schnecken abgebildet, dem Gessner den Namen Cochlites gibt (Abb. 4.1). Es handelt sich vermutlich um fossile Schnecken der Gattung *Planorbis*, die im Känozoikum der Nordschweiz stellenweise massenhaft vorkommt.[265] Das daneben abgebildete und von Gessner als Ctenites bezeichnete Objekt lässt sich nicht sicher bestimmen. Beide Abbildungen hat Gessner von Kentmann erhalten. Weitere fossile Muscheln und Schnecken sind auf den beiden Holzschnitten auf Blatt 166r dargestellt;[266] bei den unter Nr. 2 und Nr. 3 auf der oberen Abbildung angeführten Objekten, die Gessner als kleine Kamm-Muscheln beschreibt, von denen eine ganz aus Stein sei, könnte es sich um fossile Brachiopoden handeln. Unklar bleibt die Bestimmung der auf diesem Holzschnitt unter Nr. 1 angeführten eisenfarbigen Muschel, die Gessner zufolge in Gestalt und Grösse einer keimenden Kastanie gleicht.

Gessner bildet ein oder mehrere Exemplare von drei verschiedenen Gruppen der Kopffüsser (Cephalopoden) ab: Perlboote (Nautiliden),[267] Ammoniten und Belemniten. Ein fossiler Nautilus wird unter der Bezeichnung Ammonshorn bzw.

261 Lathuilière u. a. 2020.
262 Vgl. Entzelt 1551, 229 (Gessners Nr. 1) und 227 (Gessners Nr. 2).
263 Gould 2002, 7 f.
264 Vgl. Gessner 1558, 312 f. und Rondelet 1555, 21 f.
265 Zu den Planorbis-Kalken vgl. z. B. Hottinger 1967.
266 Vgl. oben 4.1 zu der als Nr. 3 auf fol. 166r abgebildeten Kaurischnecke.
267 Zum Vorkommen fossiler Nautiliden, die heute noch lebenden Arten gleichen, vgl. Kummel 1964.

Hammonites angeführt.[268] Wegen der bereits im antiken Namen zum Ausdruck gebrachten Ähnlichkeit zu einem Widderhorn bespricht Gessner das Objekt im dritten Teil des zwölften Kapitels, das sich mit *res fossiles* befasst, die Vierfüssern oder einzelnen Körperteilen von Vierfüssern gleichen (Abb. 4.2).

Bei den Ammoniten und den Belemniten handelt es sich um heute ausgestorbene Cephalopodengruppen. Im Kapitel 14 über Steine, die Wasserlebewesen gleichen, ist ein Ammonit der Gattung *Amaltheus* abgebildet, den Gessner von Kentmann erhalten hat (Abb. 4.3).[269] Gessner spricht von einer Schnecke und möchte ihr nach ihrer eisenähnlichen Oberfläche den Beinamen Hoplites geben, der zu dem altgriechischen Begriff für einen Schwerbewaffneten gebildet ist. Ein evoluter Ammonit, eventuell der Gattung *Epophioceras*, der auf einem Berg in der Schweiz gefunden wurde, wird von Gessner als ein Stein beschrieben, der einer spiralförmig zusammengerollten Schlange gleicht; er bildet ihn daher im Kapitel 15 ab, das Steine behandelt, die aussehen wie Schlangen oder Insekten.[270]

Die Deutung der ebenfalls ausgestorbenen Belemniten als Fossilien war bis in das späte 18. Jahrhundert umstritten.[271] Für Belemniten wurden im Deutschen u. a. die Begriffe Alpschoss, Schossstein, Luchsstein und Rappenstein gebraucht.[272] Der Name Belemnites ist zum altgriechischen βέλεμνος (Pfeil, spitze Waffe) gebildet und beschreibt vor allem die Form der Belemniten-Rostren. Gessner führt eine Abbildung mit Bruchstücken von Belemniten im fünften Kapitel an, das *res fossiles* behandelt, die von Natur aus Artefakten gleichen (Abb. 4.4).[273] Ein Phragmokon, d. h. der gekammerte Teil des Belemniten-Skeletts, findet sich ferner im Kapitel 14 über Steine, die Wasserlebewesen gleichen; in der oberen Hälfte von Blatt 162v bildet Gessner unter Nr. 1 Unterseite und unter Nr. 2 die glatte Oberseite des Phragmokons ab und vergleicht es wegen der angeblichen Segmentierung mit dem Schwanz eines Flusskrebses.[274]

Ebenfalls in Kapitel 14 wird auf Blatt 167r unter der Bezeichnung **Ein ſteininer Meerkrebß oder Tâſchenkrebß** die fossile Krabbe angeführt, die heute im Naturhistorischen Museum in Basel aufbewahrt wird.[275]

Von Stachelhäutern finden sich im «Fossilienbuch» zwei Gruppen: Seelilien und Seeigel. Von Seelilien (Crinoideen) waren zu Gessners Zeit nur Stielglieder bzw. Bruchstücke des Stiels bekannt, keine Kronen. Solche Seelilien- bzw. Crinoi-

268 Gessner 1565, fol. 159v.
269 Gessner 1565, fol. 164r.
270 Gessner 1565, fol. 167v; und vgl. dazu Abel 1939, 75; Etter/Schmidt 2020, 418 mit Anm. 71.
271 Etter 2015.
272 Gessner 1565, fol. 89v–92v; Lüschen 1979, 182 f.
273 Gessner 1565, fol. 91r.
274 Gessner 1565, fol. 167v. Nr. 1 und 2.
275 Vgl. oben 3.3 mit Abb. 3.7; zur Krabbe vgl. ferner Etter/Schmidt 2020.

den-Stielglieder vom Typus Isocrinus bildet Gessner wegen ihrer sternförmigen Gestalt unter der Bezeichnung «Asterias» bzw. «Sternstein» im zweiten Kapitel ab.[276] Um diese handelt es sich auch bei dem «Lilienstein» bzw. «Encrinos», zu dem Gessner im siebten Kapitel über *res fossiles*, die Pflanzen gleichen, eine Beschreibung Agricolas anführt. Im fünften Kapitel über *res fossiles*, die Artefakten ähnlich sind, findet sich eine Abbildung von Crinoiden-Stielgliedern, die wegen ihrer runden Form als «Trochiten» bzw. «Rädersteine» bezeichnet werden; es dürfte sich um *Encrinus* handeln (Abb. 4.5).[277] Mehrere miteinander verbundene Einzelglieder bezeichnet Gessner als Entrochos. Im Kapitel 14 wird auf Blatt 167v (oben) neben den Ansichten des Phragmokons eines Belemniten unter Nr. 3 ein weiteres Seelilien-Stielstück abgebildet; Gessner geht auf diese Abbildung nicht genauer ein.

Abbildungen von fossilen Seeigeln führt Gessner in mehreren Kapiteln an. Im dritten Kapitel über Steine, die nach Himmelserscheinungen benannt sind, finden sich unter der Bezeichnung Ombria, d. h. «Wetterstein», zwei Ansichten eines Seeigelsteinkerns von *Phymosoma*.[278] Wegen der Ähnlichkeit zu Eicheln oder auch Datteln behandelt Gessner im neunten Kapitel die sogenannten Judensteine, die sich als fossile Seeigelstachel identifizieren lassen (Abb. 4.6).[279] Einer der Stacheln wird ebenfalls im Naturhistorischen Museum in Basel aufbewahrt.[280] Unter den Glossopetren ist zudem ein als Schlangenhorn bezeichnetes Objekt angeführt, das Felix Platter als Judenstein bestimmte; vielleicht handelt es sich ebenfalls um einen fossilen Seeigelstachel.[281] Im Kapitel 14 über Steine, die Wasserlebewesen gleichen, bildet Gessner ausserdem zwei irreguläre fossile Seeigel ab, von denen er den ersten mit einem rezenten Seeigel vergleicht und als Echinites, d. h. Seeigelstein, bezeichnet (Abb. 4.7).[282] Einen weiteren fossilen Seeigel, den er in der Töss gefunden hat, identifiziert Gessner mit dem von Plinius beschriebenen Schlangenei; Beschreibung und Abbildung finden sich daher im Kapitel 15 über Steine, die wie Schlangen oder Insekten aussehen (Abb. 4.8).[283] Es handelt sich um einen cidaroiden Seeigel, wie sie in Jura-Ablagerungen der Nordschweiz nicht selten sind.[284]

Bei den von Gessner dargestellten Wirbeltier-Fossilien handelt es sich vor allem um die Überreste von Fischen. Im Rahmen seiner Besprechung von Schmuck-

276 Gessner 1565, fol. 37r.

277 Vgl. Abel 1939, 16 f.; Hess/Messing 2011.

278 Gessner 1565, fol. 61v und vgl. dazu Abel 1939, 236; Thenius/Vávra 1996.

279 Gessner 1565, fol. 128v. Zur angeblichen Heilwirkung vgl. Abel 1939, 96 f.; Lüschen 1979, 245; Duffin 2008.

280 Vgl. oben 3.3 mit Abb. 3.5.

281 Gessner 1565, 162v Nr. 3 und oben 4.1 mit Abb. 3.2 sowie Etter 2016, 181 Anm. zu Abb. 86e.

282 Gessner 1565, fol. 166v–167r mit Rudwick [2]1976, 30, 32 f.; zu den Gessner bekannten Seeigeln vgl. die Abbildungen in Band 4 der *Historia animalium*: Gessner 1558, 416 f.

283 Gessner 1565, fol. 168v; die Beschreibung beginnt auf dem vorausgehenden Blatt.

284 Desor/De Loriol 1868–1872.

steinen im sechsten Kapitel führt Gessner die bereits erwähnten *Chelidoniae* oder Schwalbensteine an, die er auch in Kapitel 13 über Fossilien, die nach Vögeln benannt sind, nochmals erwähnt.[285] Es handelt sich um kleine rundliche Fischzähne von Brassen oder Lippfischen, die nicht selten in bestimmten känozoischen Ablagerungen Südeuropas vorkommen.[286] Bei den wohl irrtümlich in Kapitel 13 abgebildeten Batrachiten oder Krötensteinen handelt es sich ebenfalls um Fischzähne, in diesem Fall von mesozoischen Pycnodontiden oder Lepidotes.[287]

Fossile Zähne von Haifischen, die sogenannten Glossopetren, führt Gessner im Kapitel 14 über die Steine an, die aussehen wie Wasserlebewesen.[288] Obwohl er die Bezeichnung «Glossopetrae», d. h. Zungensteine, favorisiert und darauf verweist, dass die Steine auch als «Natternzungen» bezeichnet werden, vergleicht er die Glossopetren bereits mit Haizähnen und verweist auf die Abbildung solcher Zähne in der *Historia animalium*.[289]

Schliesslich führt Gessner zu Beginn des Kapitels 14 (fol. 162r) das Abbild eines Fisches aus dem Kupferschiefer von Eisleben an, den er als «Stein von Eisleben» (*Lapis Islebianus*) bezeichnet. Es handelt sich um einen Ganoidfisch der Gattung *Palaeoniscus* aus dem Perm (Kupferschiefer) von Eisleben oder Mansfeld (Abb. 4.10). Bei der Gewinnung von Kupfer- und Silbererz wurden in dieser Gegend immer wieder fossile Fische gefunden, wie auch der, den Sebastian Münster in der *Cosmographia* abdruckte.[290]

4.3 Fazit: Gessner und die Fossilien unter den *res fossiles*

Gessner ordnet die *res fossiles*, die man heute als Fossilien erkennen kann, nach einer Ähnlichkeit im Aussehen oder einem durch den Namen nahegelegten Zusammenhang in die verschiedenen Kapitel seines «Fossilienbuchs» ein. In einigen Fällen setzt er bei diesem Vorgehen Fossilien korrekt zu lebenden Organismen in Beziehung. In manchen Fällen, etwa bei fossilen Baumstämmen, wussten bereits Gessner und seine Zeitgenossen, dass es sich um Reste von Organismen handelte, und nahmen einen Prozess der Versteinerung an.[291] Meist konstatiert Gessner aber lediglich die Ähnlichkeit eines Fossils zu Pflanzen oder den Körperteilen von Menschen oder Tieren und beschreibt die Beschaffenheit als «steinern». Beispiele

285 Gessner 1565, fol. 107r/v und 161v und dazu oben 3.3 mit Abb. 3.9.
286 Duffin 2008.
287 Gessner 1565, fol. 161v und oben 3.3 mit Abb. 3.10; vgl. ferner Thenius/Vávra 1996; Duffin 2008.
288 Gessner 1565, fol. 162v.
289 Gessner 1558, 210 und Etter 2016, 181.
290 Vgl. oben 4.
291 Gessner 1565, fol. 125r/v und Agricola 1546, 327.

dafür bieten die äusserst zahlreichen Fossilien im Kapitel 14 über Steine, die wie Wasserlebewesen aussehen. Auch wenn Gessner in solchen Fällen einen Bezug zwischen Fossilien und rezenten Lebewesen herstellt, fehlt noch ein Bewusstsein für die Unterschiede zwischen Fossilien einerseits und andererseits Mineralien, Gesteinen sowie anderen Verhärtungen oder Verkalkungen, die er in verschiedenen Umgebungen beobachtet: in der Erde, als Kalksinter, bei Kalkalgen und Korallen, selbst im menschlichen Körper bei Nieren- und Blasensteinen. Wegweisend sind jedoch bereits Gessners morphologische Analyse und seine Anwendung einer vergleichenden Methode, wie sie in der Paläontologie praktiziert werden sollte.[292] Besonders bemerkenswert ist es, dass Gessner die Glossopetren schon Jahrzehnte, bevor durch Colonna und Steno der organische Ursprung dieser Fossilien bewiesen wurde, richtig einordnet.

Abb. 4.1 Auf Blatt 165v abgebildeter Stein mit mehreren glattschaligen Schnecken (A), und Vergleichsobjekt aus dem Eozän von Lausen, Baselland, mit vielen *Planorbis pseudoammonius* Schlotheim (Sammlung Naturhistorisches Museum Basel, NMB); bei dem im Holzschnitt als B abgebildeten Objekt dürfte es sich um eine fossile Auster handeln.

292 Etter 2016; Etter 2019.

Cochlea q̄-
dā(à Io. Kent-
mano ad me
missa, sicut &
aliæ plures,)
quā σιδηροφόρ
à sup̄ficie fer-
ro simili, vel
hopliten cognominare licebit. Lapis
est intus cultro cedens: foris crusta te
nui, splendida, & ferri politi instar in-
tectus, fusci vel cinerei coloris. Ambi
tus externus totus pulchrè intortus

Abb. 4.2 Auf Blatt 164r abgebildeter Ammonit der Gattung *Amaltheus*, und Vergleichsobjekt *Amaltheus gibbosus* (Schlotheim) aus dem unteren Jura von Württemberg (Sammlung NMB).

De figuris lapidum, &c.
Ammonis vel Hammonis cornu Plinij, alius quàm Ammonites vel Hammites eiusdem, quem ouis piscium comparat.
Hammonis
cornu inter sa-
cratissimas Ae
thiopiæ gem-
mas, aureo co-
lore, arietini
cornus effigiē
reddens, p̄mit
titur prædiuina somnia repræsentare,
Plinius. Videtur autem is sæpe gem-

Abb. 4.3 Auf Blatt 159v abgebildeter fossiler Nautilide, und Vergleichsobjekt *Cenoceras sanguineus* (Rollier) aus dem unteren Jura von Württemberg (Sammlung NMB).

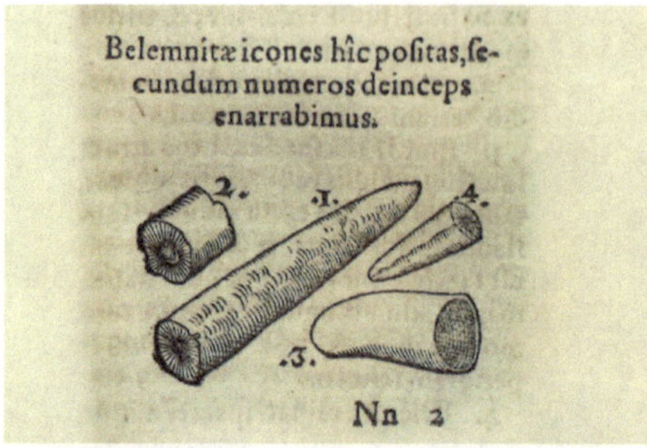
Belemnitæ icones hîc poſitas, ſecundum numeros deinceps enarrabimus.

Abb. 4.4 1, 2, 4 sind Belemniten, abgebildet auf Blatt 91r. Nummer 3 könnte ein Stalagmit sein; zum Vergleich der Belemnit *Acrocoelites oxyconus* (Hehl) aus dem unteren Jura von Holzmaden, Württemberg (Sammlung NMB).

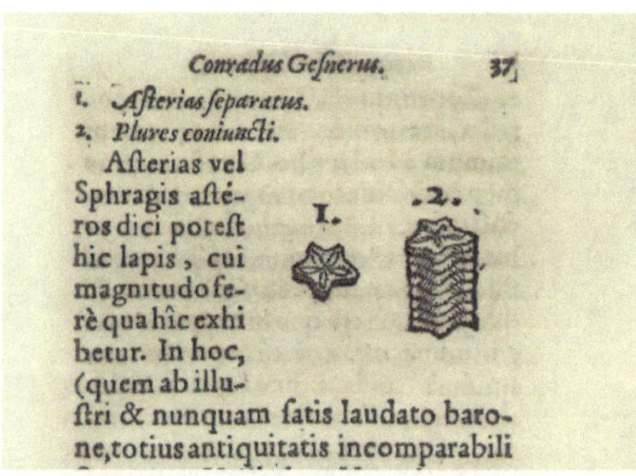
Conradus Geſnerus. 37

1. *Aſterias ſeparatus.*
2. *Plures coniuncti.*

Aſterias vel Sphragis aſtéros dici poteſt hic lapis, cui magnitudo ferè qua hîc exhibetur. In hoc, (quem ab illuſtri & nunquam ſatis laudato barone, totius antiquitatis incomparabili

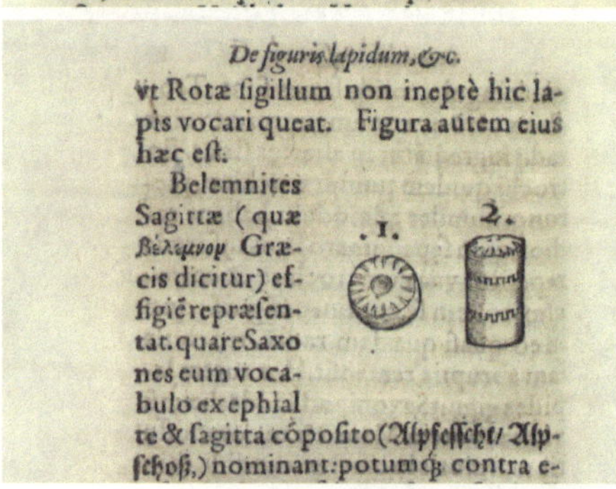
De figuris lapidum, &c.

vt Rotæ ſigillum non ineptè hic lapis vocari queat. Figura autem eius hæc eſt.

Belemnites Sagittæ (quæ βέλεμνον Græcis dicitur) effigiē repræſentat. quare Saxones eum vocabulo ex ephialte & ſagitta cōpoſito (Alpfeſſcht/ Alpſchoß,) nominant: potumq; contra e-

Abb. 4.5 Oben sind auf Blatt 37r abgebildete sternförmige Seelilien-Stielglieder vom Typus *Pentacrinus* zu sehen, darunter auf Blatt 89v abgebildete rundliche Stielglieder vom Typus *Encrinus*; zum Vergleich Stielglieder von *Pentacrinus amblyscalaris* Thurmann aus dem oberen Jura von La Caquerelle, Kanton Jura (Sammlung NMB).

Abb. 4.6 Vier verschiedene auf Blatt 128v abgebildete und als Judensteine bezeichnete Seeigelstachel; zum Vergleich Stacheln von *Caenocidaris cucumifera* (Agassiz) aus dem mittleren Jura von Riederwald, Kanton Bern (Sammlung NMB) und ein *Paracidaris florigemma* (Phillips) aus dem oberen Jura von Reuchenette, Kanton Bern, mit artikuliert erhaltenen Stacheln (Sammlung NMB). Das Objekt mit der Nummer 4 in Gessners Holzschnitt wird im NMB aufbewahrt (vgl. 1.3, Abb. 3.4).

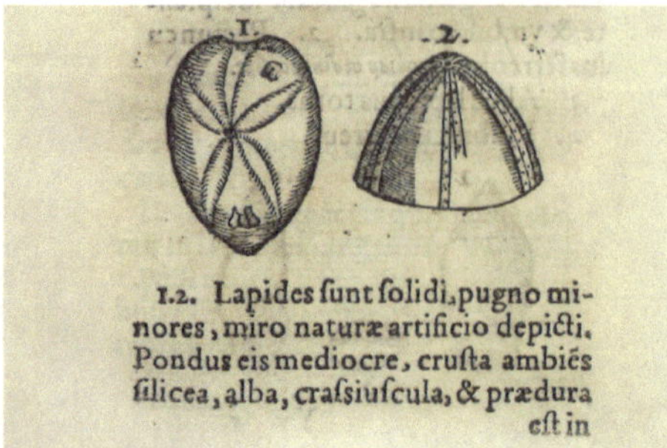
.1. .2.

1.2. Lapides ſunt ſolidi, pugno mi-
nores, miro naturæ artificio depicti.
Pondus eis mediocre, cruſta ambiẽs
ſilicea, alba, craſsiuſcula, & prædura
eſt in

Abb. 4.7 Zwei auf Blatt 166v abgebildete irreguläre Seeigel; zum Vergleich ein Exemplar von *Heteraster couloni* (Agassiz) aus der unteren Kreide von Morteau, Departement Doubs, Frankreich (Sammlung NMB) und ein *Conulus subconicus* (d'Orbigny) aus der oberen Kreide von England (Sammlung NMB).

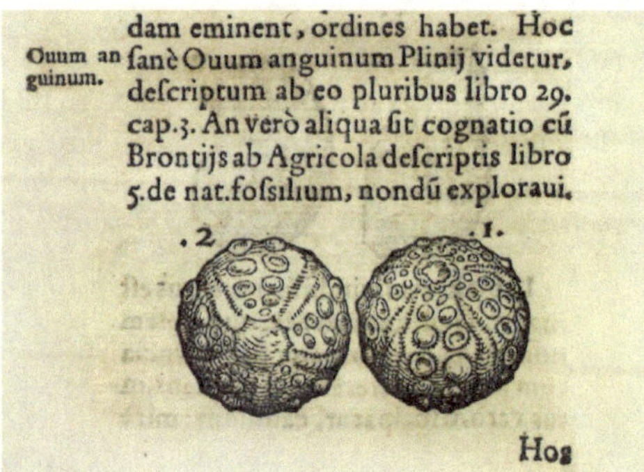
dam eminent, ordines habet. Hoc
Ouum anguinum. ſanè Ouum anguinum Plinij videtur,
deſcriptum ab eo pluribus libro 29.
cap.3. An verò aliqua ſit cognatio cũ
Brontijs ab Agricola deſcriptis libro
5.de nat.foſsilium, nondũ exploraui.

.2 .1.

Hos

Abb. 4.8 Zwei Ansichten eines cidaroiden Seeigels, abgebildet auf Blatt 168v; zum Vergleich ein Exemplar von *Paracidaris florigemma* (Phillips) aus dem oberen Jura von Péry-Reuchenette, Kanton Bern (Sammlung NMB).

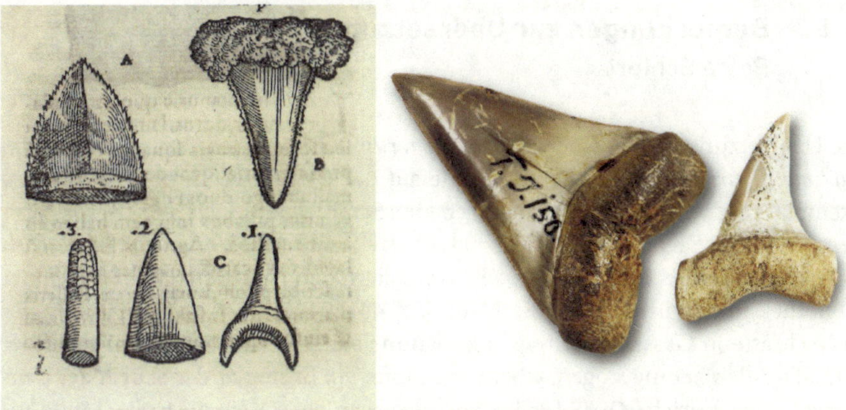

Abb. 4.9 Auf Blatt 162v abgebildete Haifischzähne; zum Vergleich fossile Zähne aus dem Miozän der Umgebung des Trasimenischen Sees, Umbrien, Italien (Sammlung NMB).

Abb. 4.10 Der auf Blatt 162r abgebildete *Lapis Islebianus*; zum Vergleich ein *Palaeoniscus freieslebeni* Blainville aus dem Kupferschiefer (oberes Perm) der Gegend von Mansfeld-Eisleben, Sachsen-Anhalt (Sammlung NMB).

5. Bemerkungen zur Übersetzung

Petra Schierl

Die Übersetzung von Gessners Schrift *De rerum fossilium, lapidum et gemmarum maxime, figuris et similitudinibus* wurde auf der Grundlage eines digitalisierten Exemplars des von Gessner herausgegebenen Sammelbandes *De omni rerum fossilium genere* der Sächsischen Landesbibliothek – Staats- und Universitätsbibliothek Dresden (SLUB Geolog. 1277) erstellt, das sich in den Digitalen Sammlungen der Bibliothek findet: urn:nbn:de:bsz:14-db-id2744160426. Auch zur Abbildung der Holzschnitte in Gessners Beitrag zum Sammelband wurde dieses Digitalisat der SLUB Dresden herangezogen. Über e-rara kann ein Exemplar der Schrift der Zentralbibliothek Zürich (ZB FF 1264) eingesehen werden, in dem die Holzschnitte koloriert sind: https://doi.org/10.3931/e-rara-4176. Da diese und andere Digitalisate zur Verfügung stehen, wurde darauf verzichtet, den lateinischen Text gemeinsam mit der Übersetzung anzuführen. In der Übersetzung ist jeweils die Blattzahl von Gessners Traktat mit einem Verweis auf die Vorderseite (*r* = *recto*) bzw. die Rückseite (*v* = *verso*) des Blattes angegeben, so dass die Übersetzung nach der Foliierung der gedruckten Ausgabe von 1565 zitiert werden kann.

Die Übersetzung bleibt nahe am lateinischen Text. Sie erschliesst diesen nicht zuletzt über das beigegebene Sachregister, das die Namen der *res fossiles* erklärt. Während Gessners Widmungsepistel stilistisch ausgefeilt ist, sind die Ausführungen in den einzelnen Kapiteln sachlich, oft knapp und notizenhaft; Zitate werden bisweilen kommentarlos aneinandergereiht. Insbesondere die letzten Kapitel lassen erkennen, dass Gessners Abhandlung unter grossem Zeitdruck fertiggestellt wurde. Diese Merkmale des Textes zeigen sich auch in der Übersetzung.

In der gedruckten Ausgabe werden verschiedene Schriftarten für verschiedene Sprachen eingesetzt. Das Erscheinungsbild der Ausgabe wird in der Übersetzung weitgehend nachempfunden, da es die philologische Dimension der Schrift unterstreicht.

Griechische Begriffe und Zitate werden in der griechischen Schrift belassen. Im Anschluss ist jeweils in eckigen Klammern eine deutsche Übersetzung angeführt. Gessner bindet einzelne griechische Wörter syntaktisch in den lateinischen Satz ein, indem er den geforderten Kasus verwendet. In der Übersetzung wird in solchen Fällen das griechische Wort im Nominativ angeführt – mit wenigen Ausnahmen.

Begriffe in deutscher Sprache werden, wie in der Ausgabe von 1565, in Frakturschrift gesetzt. Gessners lateinische Erläuterungen zu diesen Begriffen werden ins Deutsche übertragen, auch wenn dies zu Redundanzen führt (vgl. oben 2.8).

Gessners persönliche Kommentare innerhalb von Zitaten und seine Erklärungen zu Holzschnitten sind in der Ausgabe von 1565 durch die Verwendung der Kursive gekennzeichnet, die in der Übersetzung beibehalten wird.

Die Marginalien in der Druckausgabe werden in der Regel nicht übernommen, da sie meist nur verdeutlichen, was im Text behandelt wird. In den wenigen Fällen, in denen die Randbemerkungen zusätzliche Informationen zum Text enthalten, wurden diese in die Übersetzung integriert.

Die Übersetzung ist wie der lateinische Text in Absätze untergliedert. In der Druckausgabe tragen Absatzzeichen (¶) und etwas grössere Leerstellen nach einem Punkt dazu bei, den Text zu strukturieren und Bemerkungen zu unterschiedlichen *res fossiles* voneinander abzugrenzen. In der Übersetzung wurde auf diese zusätzliche Strukturierung verzichtet.

Gessner verwendet eckige und runde Klammern. Da sich dabei kein systematisches Vorgehen erkennen lässt, werden für die von Gessner gesetzten Klammern grundsätzlich runde Klammern gebraucht. Eckige Klammern werden hingegen für Ergänzungen der Übersetzerin verwendet, insbesondere für Übersetzungen griechischer Wörter und Zitate, für die Anführung lateinischer Begriffe sowie für Querverweise, Stellenangaben, Massangaben oder Korrekturen.[293]

Wörtliche Zitate (mit Ausnahme der Zitate in griechischer Schrift) werden – anders als in der Druckausgabe – in Anführungszeichen gesetzt, um die Zitate als solche kenntlich zu machen. Die Anführungszeichen werden auch dann gebraucht, wenn Gessner leicht vom Wortlaut des zitierten Autors abweicht oder das Zitat etwas verkürzt. Für die zahlreichen Zitate aus Plinius' *Naturalis historia* wurde die Übersetzung in den Bänden der von Roderich König herausgegebenen Tusculum-Ausgabe herangezogen und oft übernommen, sofern der von Gessner zitierte Text damit übereinstimmt.[294] Die Übersetzung der Agricola-Zitate folgt in der Regel der Übersetzung von Georg Fraustadt.[295]

Die Zitate werden in der vorliegenden Ausgabe erstmals mit genauen Stellenangaben versehen. Fehlerhafte Angaben, z. B. die Angabe des falschen Buches, werden dabei kommentarlos korrigiert. Für die Zitate antiker und mittelalterlicher Autoren werden Buch-, Paragraphen- oder Versangaben genannt, mit denen sich

293 Die von Gessner und Georg Agricola gebrauchten Massangaben werden weitgehend in Anlehnung an Krafft 2006, LVIII–LIX in heute gebrauchte Masseinheiten umgerechnet. Römische Längenmasse: Finger/Fingerbreit/Querfinger (*digitus*) [≈ 1,8 cm]; Unze/Zoll (*uncia*) = 1 1/3 Finger [≈ 2,5 cm]; Spanne/Handbreit (*palmus*) = 4 Finger oder 3 Unzen [≈ 7,4 cm]; Fuss (*pes*) = 4 Spannen [≈ 30 cm]; Elle (*cubitus*) = 1 1/2 Fuss [≈ 45 cm]; weitere Längenmasse: Daumen (*pollux*) [≈ 2,5 cm]; Klafter [≈ 1,85 m]; Lachter [≈ 2 m]. Gewichte: Drachme (*drachma*) [≈ 4,366 g]; Unze (*uncia*) [≈ 27,3 g]. Zur Angabe von Meilen vgl. die Anmerkungen zu fol. 21v und 94v. Die Längenmasse werden auch in Agricolas Traktat *De mensuris quibus intervalla metimur*, Basel 1550, diskutiert; vgl. Agricola 1550, 209 und dazu Fraustadt/Weber 1959, 284 f.

294 Vgl. König 1973–2004 (^{2}2007).

295 Fraustadt hat die Übersetzung für die von Prescher herausgegebene Agricola-Gedenkausgabe (AGA) erstellt, vgl. Fraustadt/Prescher 1958 (AGA IV); Krafft hat die von Fraustadt angefertigte Übersetzung erneut herausgegeben, vgl. Krafft 2006.

eine Stelle in allen neueren Ausgaben nachschlagen lässt. Nur bei Prosatexten ohne eine verbindliche Gliederung wird auf die jeweils benutzte Ausgabe verwiesen (z. B. Galen). Für die Texte von Autoren des 15. und 16. Jahrhunderts sowie für einige Autoren des Mittelalters wurden die Druckausgaben herangezogen, die Gessner nachweislich verwendet hat;[296] wenn diese nicht eruiert werden konnten, wurde auf Ausgaben zurückgegriffen, die zu Gessners Zeit in der Schweiz vorhanden waren oder – in einzelnen Fällen – auf die heute digital verfügbaren Ausgaben. Die herangezogenen Ausgaben sind im Werkverzeichnis zusammengestellt. Dort werden auch Übersetzungen dieser Werke genannt, die zur Übersetzung der Zitate in Gessners Fossilienbuch konsultiert wurden.

Die Namen von Korrespondenzpartnern und Autoren werden in der jeweiligen Landessprache angeführt. Die latinisierten oder gräzisierten Humanistennamen werden dann beibehalten, wenn ein Autor unter diesem Namen am besten bekannt ist; dies gilt zum Beispiel für Georg Agricola (dt. Bauer bzw. Pawer), Georg Pictorius (dt. Maler), Johann Pontanus (dt. Brückner), Thomas Erastus (dt. Lüber oder Liebler).

Die von Gessner erwähnten lateinischen Titel bzw. Kurztitel der Werke anderer Autoren werden in der Übersetzung meist übernommen. Im Werkverzeichnis wird der Titel in der Originalsprache und in einer deutschen Übersetzung angeführt.

Gessner gebraucht wie Agricola für einen Grossteil der *res fossiles* die traditionell etablierten griechischen Namen, die schon von Plinius transkribiert oder mit geringfügigen Änderungen ins Lateinische übernommen worden waren. In der Übersetzung werden diese Namen in der Regel beibehalten oder leicht angepasst, beispielsweise durch die Verwendung einer im Deutschen üblichen Endung. Im Sachregister wird eine deutsche Übersetzung der Namen bzw. ihrer Bestandteile geboten, die oft die Zuordnung eines Objekts zu einem bestimmten Kapitel bei Gessner erklärt.

Der Versuch einer systematischen Bestimmung aller *res fossiles* bei Gessner wurde nicht unternommen. Im Rahmen der Einleitung wird ausgehend von den Holzschnitten erläutert, welche Fossilien im heutigen Sinne sich unter den von Gessner besprochenen *res fossiles* finden.[297] Was die Mineralien und Gesteine angeht, so wird auf eine Bestimmung verzichtet. Denn aufgrund der zahlreichen Zitate anderer Autoren, die Gessner anführt, lässt sich seine eigene Ansicht nicht immer zweifelsfrei ermitteln. Aufschluss über die Mineralien und Gesteine, die Agricola und Plinius – die von Gessner am häufigsten zitierten Autoren – erwähnen, geben die ausführlichen Mineralregister zu den Ausgaben der deutschen Übersetzung von Agricolas *De natura fossilium*[298] sowie die Erläuterungen zur zwei-

296 Vgl. Leu/Keller/Weidmann 2008.

297 Vgl. oben 4.2.

298 Vgl. die Mineralregister bei Fraustadt/Prescher 1958 (AGA IV), 313–344 und Krafft 2006, 367–397.

sprachigen Tusculum-Ausgabe der *Naturalis historia* des Plinius.[299] Es lohnt sich ferner, die Übersetzung und die Anmerkungen zu Kentmanns Mineralienkatalog heranzuziehen.[300] Eine Orientierung über den Bedeutungswandel der Namen der Steine bietet die Studie von Lüschen.[301]

6. Abkürzungsverzeichnis

AGA	Agricola, Georgius: Ausgewählte Werke. Gedenkausgabe des staatlichen Museums für Mineralogie und Geologie zu Dresden, 10 Bde. mit Generalregister und Ergänzungsband, Berlin 1955–1997. Hg. von Hans Prescher u. a.
Agricola	Agricola, Georg: De natura fossilium, in: G. Agricola, De ortu et causis subterraneorum Lib. V […], Basel 1546 [²1558]; ibid. Interpretatio rerum metallicarum, vgl. Werkverzeichnis
CMG/CML	Corpus Medicorum Graecorum/Latinorum; https://cmg.bbaw.de/en/homepage/corpus-medicum/
CTC	Catalogus Translationum et Commentariorum. Medieval and Renaissance Latin Translations and Commentaries. Annotated Lists and Guides, 1960–; http://catalogustranslationum.org/index.php
Dioskurides (Diosk.)	Dioskurides, Über die Heilmittel; vgl. Werkverzeichnis
DNP	Der Neue Pauly. Enzyklopädie der Antike, 16 Bde., Stuttgart/Weimar 1996–2010. Hg. von Hubert Cancik, Helmuth Schneider, Brigitte Egger, Jochen Derlien u. a.; https://referenceworks.brill.com
EM	Enzyklopädie Medizingeschichte, Berlin/New York 2007. Hg. von Werner E. Gerabek, Bernhard D. Haage, Gundolf Keil, Wolfgang Wegner.
Fraustadt/Prescher	Fraustadt, Georg/Prescher, Hans: Georgius Agricola, De natura fossilium libri X – Die Mineralien. Übersetzt und bearbeitet von Dr. phil. Georg Fraustadt in Verbindung mit Dr. rer. nat. Hans Prescher (AGA IV), Berlin 1958.
Georges	Ausführliches lateinisch-deutsches Handwörterbuch, aus den Quellen zusammengetragen […] von Karl Ernst Georges. 8. verbesserte und vermehrte Auflage von Heinrich Georges, 2 Bde., Hannover/Leipzig 1913–1918.
Gessner	Conradi Gesneri De rerum fossilium, lapidum et gemmarum maxime, figuris et similitudinibus Liber, in: De omni rerum fossilium genere, gemmis, lapidibus, metallis, et huiusmodi, libri aliquot, plerique nunc primum editi. Opera Conradi Gesneri: quorum Catalogum sequens folium continet, Zürich: Jakob Gessner 1565.

299 Vgl. bes. König/Hopp ²2007, 135–211 zu Band 36 und König/Hopp ²2007, 141–199 zu Band 37 der *Naturalis historia* des Plinius.

300 Vgl. Prescher 1980.

301 Vgl. Lüschen ²1979.

HLS	Historisches Lexikon der Schweiz, 13 Bde., Basel 2002–2014. Hg. von Marco Jorio für die Stiftung Historisches Lexikon der Schweiz; https://hls-dhs-dss.ch
Jan/Mayhoff	Jan, Ludwig/Mayhoff, Karl: C. Plini Secundi, Naturalis Historia, libri XXXVII, post Ludovici Iani obitum recognovit et scripturae discrepantia adiecta ed. C. Mayhoff, vol. 5: libri XXXI–XXXVII, Leipzig 1897.
Kirsch	Kirsch, Adam Friedrich: Abundantissimum cornu copiae linguae Latinae et Germanicae selectum: quo continentur vocabula Latina omnis aevi, antiqui, medii ac novi, pariter ac Graeca Latinitate donata […] Editio novissima. A mendis non paucis studiose repurgata. Parte utraque aucta, in ordinem redacta […], Leipzig 1774.
König/Hopp	König, Roderich/Hopp, Joachim (Hgg.): C. Plinius Secundus d. Ä., Naturkunde, Lateinisch – Deutsch, Buch XXXVI: Die Steine, München 1992 [Düsseldorf ^{2}2007].
	König, Roderich/Hopp, Joachim (Hgg.): C. Plinius Secundus d. Ä., Naturkunde, Lateinisch – Deutsch, Buch XXXVII: Steine: Edelsteine, Gemmen, Bernstein, Zürich 1994 [Düsseldorf ^{2}2007].
kPA	kritische Ausgabe der *Naturalis historia* des Plinius, vgl. Jan/Mayhoff.
Krafft	Krafft, Fritz (Hg.): Georgius Agricola, De Natura Fossilium. Handbuch der Mineralogie (1546). Übersetzt von Georg Fraustadt. Durchgesehen und ergänzt sowie mit Registern und einer Einleitung versehen von Fritz Krafft, Wiesbaden 2006.
LexMA	Lexikon des Mittelalters & International Encyclopaedia for the Middle Ages; https://www.brepols.net/series/lexma-o
Lüschen	Lüschen, Hans: Die Namen der Steine. Das Mineralreich im Spiegel der Sprache, Thun ^{2}1979 [^{1}1968].
LSJ	Liddell, Henry George/Scott, Robert: A Greek-English Lexicon. Revised and augmented throughout by Sir Henry Stuart Jones with the assistance of Roderick McKenzie, Oxford 1940.
MLW	Mittellateinisches Wörterbuch bis zum ausgehenden 13. Jahrhundert, München 1959–; https://mlw.badw.de/mlw-digital/zum-woerterbuch portal.html
NMB	Naturhistorisches Museum Basel
OLD	Glare, Peter G. W.: Oxford Latin Dictionary, Oxford ^{2}2012.
Plinius (Plin.)	C. Plinius Secundus, Naturalis historia; vgl. Werkverzeichnis
s. v.	sub voce
Theophrast (Theophr.)	Theophrast, Über Steine (lap.), vgl. Werkverzeichnis
	Theophrast, Geschichte der Pflanzen (hist. plant.), vgl. Werkverzeichnis
TPA	lat.-dt. Tusculum Ausgabe der *Naturalis historia* des Plinius, vgl. König/Hopp

Gessners «Fossilienbuch»

Übersetzung mit Anmerkungen

Petra Schierl

CONRADI GESNERI

DE RERVM FOSSILIVM, LA-PIDVM ET GEMMARVM

maximè, figuris & ſimilitudinibus Liber: non ſolùm Medicis, ſed omnibus rerum Naturæ ac Philologiæ ſtudioſis, vtilis & iucundus futurus.

Cum Gratia & Priuilegio S. Cæſ. Maieſtatis ad annos VII.

TIGVRI M. D. LXV.

CONRAD GESSNER

EIN BUCH

ÜBER DIE GESTALT UND DIE ÄHNLICHKEIT DER AUSGEGRABENEN DINGE,
vor allem der Steine und der Edelsteine, nützlich und unterhaltsam nicht nur für Ärzte, sondern für alle, die sich dem Studium der Natur und der Philologie widmen.

Zürich 1565

[**Aa2r**]

DEN EDLEN HERRN

Doktor Andrzej Szadkowski, Notar des Krakauer Salzbergwerks,[1] Zierde seines Vaterlandes, grüsst der Schweizer Conrad Gessner.

Deine seltenen und einzigartigen Tugenden, edelster Herr und verehrungswürdiger Patron, am meisten aber das glühende Bemühen um aufrichtige Gottesliebe und die unter deinen Standesgenossen herausragende Bildung, haben mich leicht dazu veranlasst, dass ich dich schon längst als jemanden auserwählt habe, dem meine Bewunderung und Verehrung gebührt. Nachdem ich aber einem Brief von Anton Schneeberger[2] (einst ein hochgeschätzter Mitbürger und Schüler von mir, jetzt ein hochgelehrter und äusserst bekannter Arzt in Krakau, der berühmtesten Stadt eures Königreichs [Polen]) entnommen hatte, dass auch du mir, obwohl ich dir nicht persönlich bekannt bin, deine Wertschätzung und dein Wohlwollen zuteil werden lässt, weil du dich vielleicht über meine kleinen Werke gefreut hast, und, nachdem ich zudem die eine oder andere Frucht deiner Güte empfangen hatte, überlegte ich einige Zeit, auf welche Weise ich dir meine höchste Ehrerbietung und Wertschätzung sowie meine Dankbarkeit [**Aa2v**] erklären sollte (was ich, wie es sich gehörte, unbedingt tun wollte).

Nun aber wollte ich dieses Büchlein über Steine und Edelsteine endlich herausgeben. Da bist du mir bei der üblichen Suche nach einem Patron als erster von allen in den Sinn gekommen, und zwar einerseits aus den oben genannten Gründen, andererseits, weil unter den anderen Tugenden, mit denen du dein Vaterland zierst, deine höchst bescheidene Lebensführung und freundliche Güte gegenüber allen Rechtschaffenen, besonders aber gegenüber den Gelehrten, beständig hervorstrahlen. Beides muss ich aber auch für dieses Werk in Anspruch nehmen, das ja in einer von der Vollendung noch viel weiter entfernten Rohfassung vorliegt, als es mein Wunsch war. Es fehlte mir aber nicht nur gegenwärtig die Musse, es zu vollenden, sondern ich sah, dass dies nicht einmal in ein bis zwei Jahren, sofern ich dann noch lebe, möglich sein würde. Deshalb wollte ich dir, bester und hochgebildeter Patron, lieber das geben, was ich gegenwärtig geben kann, als länger zu warten.

Was die Gliederung des Buches angeht, so wollte ich weder einer alphabetischen Anordnung folgen, da sie allzu gewöhnlich und alltäglich ist, noch die einzelnen Dinge gemäss der Definition des jeweiligen Wesens in ihre Klassen einteilen.

---

1 Gessners Gönner Andrzej Szadkowski, latinisiert Andreas Schadcovius, war der Notar des bei Krakau gelegenen Salzbergwerks Wieliczka; den Kontakt zu ihm hatte Gessners ehemaliger Schüler Anton Schneeberger hergestellt; vgl. Einleitung 2.3 mit weiterer Literatur.

2 Der Zürcher Anton Schneeberger (1530–1581) studierte Medizin an verschiedenen Orten und liess sich in Krakau als Arzt nieder, vgl. Einleitung 2.3 mit weiterer Literatur.

Denn ich habe beschlossen, dass ich mich an diese Gliederung in einem zweiten Buch halte (in dem ich jede Art von Steinen und Metallen, ihre Wirkung, ihr Wesen und [**Aa3r**] auch philologische Aspekte ausführlich erklären werde), wenn sich irgendwann die Gelegenheit bietet, es diesem ersten hinzuzufügen oder es gesondert herauszugeben.[3] In diesem Buch aber, das die Gestalt der *res fossiles*, d.h. besonders der Metalle und Steine, darstellt, wollte ich – erfreut durch die Betrachtung von Ähnlichkeiten und Bildern, welche die Mutter Natur selbst in so verschiedenen Dingen gleichsam malend zum Ausdruck brachte – gerade der Stufenordnung der Natur folgen, das heisst: [ich wollte] mein Werk mit den einfachen Anfängen der Ausdehnung und Gestalt sowie mit den ersten Linien beginnen, dann aber zunächst zu den einfachen Körpern selbst übergehen, wie dem Himmel und den Elementen, und von diesen wiederum zu den daraus zusammengesetzten, den Erscheinungen in der Luft, den Pflanzen und den Lebewesen, und jeweils *fossilia* aufzählen, die nach ihnen benannt sind oder eine Ähnlichkeit zu ihnen aufweisen, und mich vom Himmel und den Himmelserscheinungen allmählich wieder hinab zur Erde und zu den Körpern wenden, die auf ihr wachsen und leben oder gedeihen. Das entspricht der Gewohnheit der Naturphilosophen, wenn sie mit vernünftiger Überlegung und jedem inneren Sinn die Natur zu ergründen versuchen. Die bessere Einsicht der Theologen aber, ja sogar die aller frommen Menschen, die wir Verstand oder Geist nennen, bewirkt, dass die Seele in diesem Abstieg [**Aa3v**] nicht allzu lange verharrt, nachdem sie einen besseren und höheren Ursprung, als es die Natur ist, verlassen hat. Deshalb steigt sie umgekehrt von diesem gleichsam untersten Mittelpunkt des Kosmos hinauf und, indem sie uns selbst wie alle übrigen natürlichen Dinge gleichsam durch die Betrachtung in einfachere Teile auflöst, schreitet sie fort bis zu den einfachsten Dingen, aber immer noch Körpern oder vielmehr Gliedern des einen Körpers, den wir Kosmos nennen. Angesichts deren Kraft, Harmonie, Bewegung, Anordnung und Schönheit, alles bewundernswert und jeweils in seiner Art das Beste und Grösste, stellt sie sich leicht vor, dass dieser so bedeutende Körper nur mit einem besseren und vollendeteren Geist als dem, der unserem Körper innewohnt, sein eigenes Leben führen, gelenkt, bewegt und dauerhaft bewahrt werden kann. In eben diesem höchsten, besten und grössten Ursprung kommt sie zur Ruhe und, nachdem sie die tieferen Stufen der Natur verlassen hat, begehrt sie in unaussprechlicher Sehnsucht, sich mit diesem höchsten Gut für immer zu vereinen. Aber im Bewusstsein ihrer eigenen Schwäche und Unwürdigkeit hegt sie nicht die Hoffnung, in den Besitz dessen, was sie liebt und begehrt, gelangen zu können. In dieser Verzweiflung und völligen Zurückweisung wäre sie sogar weit unglücklicher und elender als die wilden Tiere, würde sie nicht

3 Das in Aussicht gestellte zweite Buch wurde nie geschrieben. Gessner starb nur wenige Monate, nachdem er das «Fossilienbuch» fertiggestellt hatte, am 13. Dezember 1565; vgl. Einleitung 1.1.

die Stimme und das Wort des Gottessohnes (er ist nämlich selbst das Wort Gottes) hören, der uns zu sich ruft, und die Kraft des trostspendenden Heiligen Geistes [**Aa4r**] fühlen, indem sie in unglaublicher Liebe zum höchsten Gut entbrennt. Durch ihn selbst aber wie durch das Feuer des lebendigen Glaubens, mit dem sie an Gott und die Wahrheit glaubt wegen der Gnade und des Erbarmens, das er an seinem Sohn auf wundersame Weise kundgetan hat, wagt sie es jetzt, von jeder Unwürdigkeit vollkommen gereinigt, vor das Angesicht des lebendigen und wahren Gottes zu treten, um sich für immer daran zu erfreuen. Dort betrachtet sie mit ewiger und unaussprechlicher Wonne jene überhimmlischen Edelsteine, die nicht nur unsere irdischen, sondern sogar die Sterne des Himmels selbst und den Glanz der Sonne und des Mondes an Reinheit, Licht und Schönheit bei Weitem übertreffen. Denn aus solchen Smaragden, Chrysolithen, Beryllen, Hyazinthen und anderen dieser Art bestehen die Tore, Mauern, Fundamente und das ganze Bauwerk jenes ewigen, geistigen und himmlischen Jerusalem.[4] So wie unsere ganze Glückseligkeit hier mit der Betrachtung und Hoffnung darauf beginnt, so wird sie in kurzer Zeit vollendet werden durch jenen besten, grössten und unaussprechlichen Schöpfer, Beweger und Vater. Er hat deshalb diese glühendste Sehnsucht nach ihm in unsere Herzen eingepflanzt, damit wir nicht aufhören, ihn zu lieben, und einmal die unvergängliche Frucht dieser sehnsuchtsvollen Liebe ernten. Doch ich schweife zu sehr ab und, vom übermässigen [**Aa4v**] Glanz der himmlischen Edelsteine ergriffen, vergesse ich fast die irdischen. Zu diesen also und zu unserem Vorhaben, einer bescheidenen Darstellung von ihnen, kehre ich zurück.

Die Malerei, doch sicherlich eine dem Menschen eigene und freie Kunst, erfüllt die Betrachter gewöhnlich zugleich mit Bewunderung und Vergnügen. Die von der Natur den Dingen eingeprägten Bilder und Gestalten haben aber, als wären sie in der Tat eine Art Hieroglyphen, und zwar mit grösserem Wahrheitsgehalt als jene, die durch die Priester der Ägypter verbreitet wurden, auch etwas Erhabenes an sich, zumal sie nicht zufällig entstanden sind, sondern ganz und gar natürlich und sozusagen spezifisch, und offensichtlich immer gleichsam wesenhaft einer bestimmten Art anhaften, wie bei einer Art der Pflanzen und der *fossilia*. Denn ich gehe jetzt nicht auf jene andere Art von schrecklichen und selten begegnenden Bildern ein, die bald hoch in der Luft, bald bei Missgeburten und anderen Wunderzeichen begegnen. Aus Bewunderung dafür also und, damit diejenigen, die sich damit befassen, leichter zu einer Vorstellung von einigen Dingen gelangen, die mit Worten nicht so klar beschrieben werden können, schien es mir geboten, so ziemlich alle Abbildungen, in deren Besitz ich gegenwärtig gelangen konnte, hinzuzufügen.

4 Vgl. die Beschreibung des himmlischen Jerusalem in Apoc. 21,10–21.

Nimm also, erlauchtester Szadkowski, dieses [**Aa5r**] bescheidene Buch mit Wohlwollen an, bis ich vielleicht irgendwann nach der Fertigstellung der «Geschichte der Pflanzen», der ich nun meine ganze Aufmerksamkeit schenke, eben diesen Stoff – so der Himmel gnädig ist – weiter ausführen werde, wenn ich das versprochene zweite Buch hinzufüge. Darin werde ich auch mehr über das Salz sagen. Das wird dir, wie ich hoffe, deshalb noch willkommener sein, da ja der allerdurchlauchtigste König dich zum Notar des in ganz Europa hochberühmten Krakauer Salzbergwerks bestimmt hat, wie es deine herausragenden Tugenden, vor allem deine Güte und Treue verdienten. Leb wohl, höchst angesehener Herr, bester Patron aller Guten und Gelehrten und vor allem Frommen, lebe möglichst glücklich und lange, wohlbehalten zum Nutzen für die Kirche Christi, für das ganze Vaterland, für die Freunde und alle Angehörigen.

Zürich in der Schweiz, 28. Juli 1565

[Aa5v]

CONRAD GESSNER

Vorrede zum Buch über die Gestalten von Steinen, Edelsteinen und Metallen mit einer Erklärung des Gliederungsprinzips und einer Inhaltsangabe zu den fünfzehn Kapiteln

Über Steine und Edelsteine haben verschiedene Autoren ganz unterschiedliche Bücher veröffentlicht. Mir schien es sinnvoll, dieser Anordnung zu folgen, die im Grossen und Ganzen von der Natur selbst abgeleitet ist; die Leser werden sie (wie ich hoffe) nicht missbilligen. Im ersten Kapitel werde ich nämlich jene Steine aufzählen, bei denen nur Linien, Punkte und das, was sich eher auf die Gestalt als auf den Körper bezieht, in den Blick genommen werden. Im zweiten Kapitel werde ich die anführen, welche entweder eine Ähnlichkeit zu den einfachen Körpern, wie den Himmelskörpern und den Elementen, aufweisen oder von diesen zumindest ihren Namen oder Beinamen haben;[5] im dritten Kapitel die, welche aufgrund irgendeiner Ähnlichkeit mit Erscheinungen am Himmel verglichen werden; im vierten Kapitel die, welche unbelebten Dingen auf der Erde, ähnlich sind; im fünften Kapitel die, welche [Aa6r] künstlichen Dingen von Natur aus ähnlich sind; im sechsten Kapitel die, welche eben diesen nicht von Natur aus, sondern durch künstliche Bearbeitung ähnlich sind; im siebten Kapitel die, welche krautigen Pflanzen, im achten die, welche Sträuchern, und im neunten die, welche Bäumen ähnlich sind. Das zehnte Kapitel behandelt die Koralle, gleichsam eine Meerespflanze, und das elfte Kapitel einige andere Meeres- oder Küstenpflanzen, die aus Stein oder steinartig sind. Das zwölfte Kapitel behandelt die *res fossiles*, welche vierbeinigen Tieren ähnlich sind, sei es nur der Gestalt nach oder auch im Hinblick auf Substanz und Körper, und solche, die aus diesen herausgeholt oder irgendwie nach ihnen benannt werden. Gegenstand des dreizehnten Kapitels sind die, welche von Vögeln genommen oder nach ihnen benannt werden. Gegenstand des vierzehnten Kapitels sind die, welche von Wassertieren, und des fünfzehnten Kapitels die, welche von Schlangen und Insekten genommen oder danach benannt werden.

Diese wollte ich aber vor allem in diesem Buch behandeln, weil die Gestalten von fast allen von ihnen zeichnerisch dargestellt werden können. Diese Abbildungen tragen sehr viel dazu bei, sich eine Vorstellung von den Dingen zu machen. Es lohnt sich aber, die Dinge kennenzulernen, bevor man [Aa6v] eine Erörterung

5 Gessner nennt in der folgenden Aufzählung oft nur das Kapitel und den Bereich, zu dem die *res fossiles* in Beziehung gesetzt werden. Zur besseren Lesbarkeit wurden die im Deutschen notwendigen Angaben in der Übersetzung ergänzt, auch wenn sich Wiederholungen nicht vermeiden lassen. Auf eine Markierung der Ergänzungen wurde in diesem Abschnitt verzichtet.

über ihr Wesen, ihre Wirkungen und Fähigkeiten beginnt. Ich habe aber nicht von allen Abbildungen angeführt, sondern von all denen, in deren Besitz ich gegenwärtig gelangen konnte. Die meisten [stammen] von jenen Steinen, die ich selbst zu Hause aufbewahre und die gut und präzise abgezeichnet wurden. Einige aber wurden von Freunden geschickt, besonders von Johannes Kentmann, der nicht nur ein Arzt von herausragender Bildung, sondern der beste Kenner aller Gebiete der Naturkunde ist.[6] Ihm verdanke ich den grössten Teil dieses Wissens. Denn ich habe von ihm sowohl äusserst viele Objekte selbst als auch viele Beschreibungen und Abbildungen erhalten. Wie es sich für einen ehrbaren Mann gehört, bekenne ich das ebenso freimütig wie gerne, zumal ich ihn sehr schätze und ihm unter den wichtigsten Freunden den höchsten Rang einräume.

Ich habe aber dieses erste Buch in Eile und gewissermassen aus dem Stegreif geschrieben, indem ich meiner schon längst begonnenen «Geschichte der Pflanzen» die Zeit gleichsam zum erholsamen Spiel gestohlen habe, um Menschen, die sich mit diesen Dingen in verschiedenen [**Aa7r**] Gegenden befassen, dazu zu ermuntern, mir anderes, was ich bisher noch nicht habe, von der Art jener Steine, die genau gezeichnet werden können und die der Erinnerung würdig sind, zukommen zu lassen. Wenn das die guten Männer, die sich dem Studium der Natur widmen, tun und darüber hinaus auf die Stellen hinweisen, an denen, wie es scheint, vielleicht etwas in diesem Buch verbessert werden muss, werden sie mich in die Lage bringen, dass ich einmal (wenn ich mit Gottes Hilfe die «Geschichte der Pflanzen» abgeschlossen habe)[7] das vorliegende Buch verbessert und erweitert herausgebe und auch ein zweites Buch (in dem ich die Nomenklatur der Steine, der Edelsteine, der Metalle und aller *fossilia* in verschiedenen Sprachen ausführlich behandeln will sowie ihre Wirkungen und Fähigkeiten, die medizinischen wie auch die übrigen, und ihr gesamtes Wesen) diesem ersten hinzufüge.

Was aber die Abbildungen angeht: Da ich ja als Erster versucht habe, Steine gezeichnet darzustellen in einem ihnen gewidmeten Buch, werden die Leser meine Darstellung wohlwollend aufnehmen, wie genau oder ungenau sie auch ausfällt, und wenn sie vielleicht einige nicht so leicht erkennen, mögen sie das nicht mir, sondern [**Aa7v**] der Schwierigkeit des Unterfangens zuschreiben. Es ist nämlich äusserst schwierig, irgendwelche Steine, indem man sie abzeichnet, so darzustellen, dass sie sich leicht an ihren Umrissen und ihrer Gestalt erkennen lassen, besonders

6 Der sächsische Arzt Johannes Kentmann (1518–1574) stand seit 1550 mit Gessner im Kontakt und hatte ihm Tier- und Pflanzenzeichnungen zukommen lassen; er verfügte auch über eine grosse Gesteins- und Mineraliensammlung und sandte Gessner nicht nur Material für dessen Fossilienbuch zu, sondern steuerte zum Sammelband *De omni rerum fossilium genere* die an Gessner adressierte Widmungsepistel, ein Verzeichnis seiner Sammlung und eine Abhandlung über Steine im menschlichen Körper bei; vgl. Einleitung 2.2 und 2.3.

7 Gessner konnte die «Geschichte der Pflanzen» nicht mehr vollenden. Zur Überlieferung des Werks sowie der dazugehörigen Pflanzenzeichnungen und Notizen vgl. Leu 2016a, 294–298.

ohne Farben, da nicht einmal die meisten Vögel und Fische ohne Farben leicht erkannt werden können. Deshalb habe ich den Drucker dazu angehalten, dass er denen zuliebe, die es vielleicht wünschen, einige Exemplare kolorieren lässt.[8] Es gibt Dinge, die sich allein nicht zeichnen lassen, sondern nur, wenn etwas hinzugefügt wird: wie der Magnet, ein unförmiger Klumpen, wenn eine Nadel, die er an sich zieht, dazu gezeichnet wird, oder Eisenspäne, die sich erkennen lassen, wenn man eine Feile danebenlegt.[9] Die Iris[10] aber [lässt sich erkennen], wenn man dazu einen Regenbogen malt, der auf eine Wand fällt, und die Perle [lässt sich] in ihrer Muschelschale [erkennen]. Aber Abbildungen dieser Art, sozusagen mithilfe von etwas, das hinzutritt, habe ich nicht dargestellt, mit der Ausnahme des als Beispiel dienenden Magneten.[11] Es gibt auch Dinge, die mit ihrer Farbe, die sie selbst von sich geben, gemalt und dargestellt werden können. Von diesen habe ich am Ende des Buches eine Tabelle angefügt, die durch einige leere Felder unterteilt ist, von denen jedes jeweils mit der Farbe einer anderen *res fossilis* bemalt wird oder werden kann.[12]

8 Ein koloriertes Exemplar befindet sich in der Zentralbibliothek Zürich (FF 1264) und kann über e-rara eingesehen werden: https://doi.org/10.3931/e-rara-4176.

9 Zum Magnet und dem Magnetismus vgl. Sander 2020.

10 Es handelt es sich um einen Bergkristall, der zur Erzeugung eines Spektrums verwendet werden kann; vgl. Krafft 2006, 380.

11 Vgl. fol. 84r.

12 In den eingesehenen Ausgaben findet sich kein Hinweis auf eine solche Tabelle.

[1r]

ERSTES KAPITEL

Über jene Steine, an denen vor allem Linien betrachtet werden oder Punkte und eher die Gestalt an der Oberfläche als der dreidimensionale Körper oder seine Form.

Zur vierten Art der Qualität erklärt Aristoteles [Kategorien; cat. 8, 10a, 11–14 B.] die Figur und die einem jedem Ding eigene Form, die äussere nämlich, die sich an der Oberfläche zeigt.[13] Dazu zählt er auch Krummheit und Geradheit und, wie er sagt, alles dergleichen. Als «Figur» bezeichnen die Gelehrten eine Qualität oder ein Unterscheidungsmerkmal der Oberfläche im Hinblick auf die Ecken, die sie entweder hat oder nicht hat. Für die Figur gelten nun die Merkmale «rund» und «eckig» als charakteristisch. Zum Eckigen aber gehören das Dreieck, das Quadrat, das Fünfeck, das Sechseck und so weiter. Dies sieht man wiederum entweder nur an der Oberfläche oder an dreidimensionalen Körpern.[14] Der Begriff «Figur» bezeichnet nun offensichtlich [1v] etwas ziemlich Einfaches, da eine Figur ja entweder aus einer einzigen Linie bestehen kann, wie ein Kreis, oder aus einer einzigen Oberfläche, wie eine Kugel, oder doch aus wenigen Linien, drei oder vier. Wenn es aber zwei Linien sind, treten bei einer mathematischen Fläche Winkel und Krümmung hinzu.[15] Bei der Oberfläche eines dreidimensionalen Körpers sind hingegen mindestens drei Linien notwendig. Die Form aber besteht aus vielen verschiedenen Linien, Ecken und Oberflächen und wird gewöhnlich nicht mit einem Oberbegriff bezeichnet wie die Figur, die keine für sie charakteristische Materie besitzt, wie alle mathematischen Figuren. Diese können daher gedanklich auch von der Materie abstrahiert und ohne jene definiert und betrachtet werden. Die Form aber gehört zu jedem Einzelding: einerseits eine innere und zum Wesen gehörige, die vom Ver-

13 Gessner definiert in diesem Abschnitt das Begriffspaar *figura* (griech. σχῆμα) und *forma* (griech. μορφή). Für seine Schrift ist insbesondere der bereits im Titel *De re rerum fossilium … figuris et similitudinibus* genannte Begriff *figura* von Bedeutung. *Figura* wird in diesem Abschnitt mit «Figur» übersetzt, im Rest der Schrift hingegen meist mit dem Begriff «Gestalt». Zu dieser Passage vgl. auch Kusukawa 2014, 333 f.

14 «Dreidimensionaler Körper» ist die Übersetzung für *corpus solidum*, wörtlich: «vollständiger Körper»; vgl. Macrobius' Kommentar zu Ciceros *Somnium Scipionis* 1,5,9 und 2,2,3 und dazu Heberlein 2019 ad loc. Gessners Ausführungen beruhen bereits hier auf Simplikios' Kommentar zu den Kategorien des Aristoteles, den er im Folgenden (2r) auch explizit erwähnt.

15 Die von Gessner gebrauchten Wendungen *mathematica superficies* und im Folgenden *mathematicae figurae* wurden hier mit «mathematische Fläche» und «mathematische Figuren» wörtlich übersetzt; heute ist das Adjektiv «geometrisch» in diesen Junkturen gängiger. Zum Gebrauch des Adjektivs «mathematisch» vgl. Macrobius' Kommentar zu Ciceros *Somnium Scipionis* 2,2,4 und allgemein 1,5,5–13 und 2,2,3–7 mit Heberlein 2019 ad loc. zur Konstruktion von Körpern.

stand allein wahrgenommen werden kann, und andererseits eine äussere, die aus mehreren Figuren (wie ein Ganzes aus Teilen) und ihren Merkmalen besteht und aus einer bestimmten Anordnung, einer bestimmten Lage und einem bestimmten Verhältnis oder einer wechselseitigen Verbindung der einzelnen Teile untereinander. Wenn diese ausgeglichen sind, sind sie ansehnlich, schön oder gut geformt und [**2r**] gestaltet (auf Griechisch sagen wir εὔμορφα, εὔτακτα und σύμμετρα), wenn aber nicht, hässlich und unförmig. «Figur» gebraucht man aber gewöhnlich absolut. Die Figur ist nicht nur ziemlich einfach, sondern hat auch ihren eigenen Namen und lässt sich von jedem leicht zeichnen. Die Form hat keinen Namen, und zwar weder die innere – es sei denn wir erfinden einen, wie παρὰ τοῦ ἀνθρώπου, ἀνθρωπότης, παρὰ τοῦ ἵππου, ἱππότης [«von Mensch (abgeleitet) ‹Menschhaftigkeit›, von Pferd (abgeleitet) ‹Pferdhaftigkeit›»], wie es die Platoniker taten, – noch die äussere, wenn wir sie nicht umschreiben, wie «Form eines Rindes», «Form eines Pferdes». Einige nennen auch diese «Figur» – sei es im uneigentlichen Sinne oder deshalb, weil sie den Namen der Gattung für die Art verwenden, wie es manchmal geschieht. Aber niemand bezeichnet mit dem Begriff «Form» eine Figur im ersten und eigentlichen Sinne – besonders, wenn es sich nur um eine einzelne Fläche handelt –, da es nicht üblich ist, eine Form rund, oval, dreieckig, usw. zu nennen. Wie Simplikios[16] [CAG VIII, p. 261,34] sagt, irren sich diejenigen, die erklären, dass die Form den Lebewesen zugehörig sei, die Figur aber den unbelebten Dingen. Es gibt Leute, die eine Form allen natürlichen Dingen zuweisen, eine Figur aber nur den mathematischen Figuren. Bei diesen spricht man meiner Ansicht nach zwar in erster Linie von «Figur» [**2v**], aber nicht ausschliesslich bei ihnen. So weise ich auch die Form nicht nur natürlichen Dingen zu – wenngleich das eher dem eigentlichen Sinn entspräche –, sondern auch künstlichen, wie wenn die Statue eines Menschen das Abbild [*forma*] desselben genannt wird. Was nun also gestaltet und geformt ist, kann gezeichnet werden, was gestaltlos und formlos ist, aber nicht, wie zum Beispiel die Elemente und Ähnliches oder einfache Körper (τὰ ὁμοιομερῆ [«das aus gleichen Teilen Bestehende»]) sowohl dieses Kosmos als auch der einzelnen zusammengesetzten Dinge, denen jeweils die eigenen Elemente am nächsten und wesenhaft sind, wie dem Menschen das Blut, der Schleim und beide Arten der Galle.

Ich werde in diesem ganzen Buch Gestalten und Formen von Steinen, *res fossiles* und Ähnlichem präsentieren, einige gezeichnet, die einen in diesem, die anderen in jenem Kapitel, je nachdem wie sie jeweils unterschiedlichen Dingen ähnlich sind oder bald diesen, bald jenen Dingen, die sich in ihrer Form unterscheiden, entnommen werden. Im vorliegenden Kapitel aber werde ich zuerst die Linien, gleichsam die Anfänge der Gestalten, behandeln, dann auch die Winkel, die aus

16 Der neuplatonische Philosoph Simplikios (um 490–560) hat Kommentare zu den «Kategorien» und anderen Schriften des Aristoteles verfasst.

dem Zusammentreffen von zwei Linien oder zwei Flächen entstehen. [**3r**] Wenn aber Gestalten oder Formen begegnen würden, die keinem anderen natürlichen Gegenstand ähnlich wären, könnten auch sie hier angeführt werden. Doch solche findet man meiner Ansicht nach kaum. Denn die Ähnlichkeitsbeziehungen sind meistens ziemlich unklar, und wir haben an ihnen nichts Sicheres und Beständiges. Deshalb soll es freistehen, solche Dinge entweder hier oder anderswo anzuführen. Vor den Linien hätten die Punkte ihren Platz, doch pflegt oder kann man den vielfältigen Verlauf von Punkten und Flecken mit Schlangenkörpern vergleichen.

Für den Jaspis Onychipuncta findet sich bei Plinius [37,118] der Beiname Jasponyx.[17] Er erwähnt auch eine andere Art des Jaspis, die mit rötlichen Punkten gestirnt ist. Über die Sandastros sagt Plinius [37,100]: «Sie empfiehlt sich vor allem dadurch, dass im durchsichtigen Innern gleichsam wie Sterne schimmernd goldene Tropfen glänzen.» «Im Sideropoecilos sind die Tropfen bunt», sagt Plinius [37,183].

Die auf verschiedene Weise über die Oberfläche verstreuten Punkte freilich werden zuweilen ganz treffend als «Sterne» bezeichnet, wie sich auch im zweiten Kapitel zeigen wird bei den Steinen, die nach Sternen [**3v**] benannt sind. Der Acopis-Edelstein ist nach Plinius [37,143] «sternartig mit goldenen Tropfen versehen»; «die zweite Art des Prasius unterscheidet sich durch blutrote Punkte» [37,113].[18]

Der Ophites ist von aschgrauer Farbe und «gefleckt» mit Punkten, κατεστιγμένος bei Dioskurides [5,143].[19] Epiphanios [1,5] bezeichnet eine Art des Saphirs als χρυσοστιγής, das heisst «mit goldenen Punkten besprenkelt».[20] Grösser als Punkte

---

17 Der ältere Plinius (23/24–79), der Verfasser der *Naturalis historia*, wird von Gessner am häufigsten zitiert; zu Plinius vgl. 2.6.1. Gessner las *onychipuncta* in seiner Plinius-Ausgabe; doch ist der Plinius-Text gemäss der kritischen Plinius-Ausgabe von Jan/Mayhoff zu *onychi iuncta* («mit einem Onyx verbunden») zu korrigieren.

18 Das Plinius-Zitat (37,113) endet an dieser Stelle mit den Worten: *sanguineis punctis abhorret;* der Wortlaut entspricht dem der kritischen Ausgabe von Jan/Mayhoff. Gessner wiederholt das Zitat später zweimal (76r, 122r), führt dort statt *abhorret* aber *obhorret* an. Die Übersetzung folgt dem jeweils überlieferten Wortlaut. Zu *abhorreo* («sich unterscheiden», «anders sein») vgl. OLD s.v. 6; ThLL. *obhorret* wird in Anlehnung an Kirsch mit «ist scheusslich» übersetzt.

19 Pedanios Dioskurides aus Anazarbos hat im 1. Jh. n. Chr. die fünf Bücher umfassende Abhandlung über Heilmittel (Περὶ ὕλης ἰατρικῆς; lat. *De materia medica*) verfasst. Das pharmazeutische Wissen der Antike wurde bis in die frühe Neuzeit massgeblich durch diese Abhandlung vermittelt sowie durch Texte, die sich damit auseinandersetzen. Gessner zitiert vor allem aus dem fünften Buch, das u. a. Mineralien, Erze, Erden und Steine behandelt.

20 Epiphanios (um 310/320–403), der Bischof von Salamis, ist der Verfasser eines Traktats über die zwölf Edelsteine im Brustschild des Hohepriesters. Gessner nahm in seinen Sammelband *De omni rerum fossilium genere* ein Fragment dieses Traktats in griechischer Sprache mit einer lateinischen Übersetzung auf.

sind Buckel und Auswüchse. Die Ostracitis des Plinius [37,151] umgeben manchmal blaue Buckel; «die Myrmecias machen warzenartige Auswüchse uneben» [37,174].

Unter der Gattung der Steine haben die Felsen, Felswände, Klippen und die Marmorarten keine bestimmte Gestalt. Obwohl nämlich jeder einzelne unter den dreidimensionalen Körpern irgendeine Gestalt oder Form besitzt, haben sie doch keine ihnen wesenhafte und allgemeine. Von den Edelsteinen aber und den kleineren Steinen, die eine Wirkung haben und Bewunderung erregen, besitzen die meisten eine bestimmte Gestalt oder Form, weil ihr Wesen vollendeter und spezieller und nicht so sehr an die stoffliche Beschaffenheit gebunden ist. Nach der Ähnlichkeit der Form werden viele der Steine bezeichnet, und mit einigem Recht sicherlich diejenigen, [**4r**] die einem natürlichen Gegenstand ähnlich sind, wie Glossopetra, Lithodendrum, Hieracites und Enorchis. Andere, wie Mesoleucus, Polygrammos etc., werden nach der Gestalt oder nach den Anfängen der Gestalt, wie Linien, bezeichnet, was man nicht gutheissen sollte. Da es sich bei diesen Namen um Adjektive handelt und sie die Gestalt kennzeichnen, werden sie ihnen zu Unrecht zugewiesen, als wären sie Wesensmerkmale, obgleich sie auch zu anderen passen können, wenn sich dieselbe Gestalt oder dieselben Linien bei ihnen finden. So sind auch Namen, die von der Farbe und anderen Akzidentien abgeleitet sind, nicht zu befürworten. Dass sich freilich, weil sich mannigfach auf Edelsteinen Male und erhabene Linien verbreiten, die einen Edelstein mit vielfältiger Maserung und Farbe versehen, die Namen oft bei derselben stofflichen Beschaffenheit unterscheiden, lehrt Erasmus Stella [1530, D2r], ein gewissenhafter und gebildeter Mann, der als Erster in unserem Jahrhundert die Geschichte der Edelsteine schriftlich dargelegt hat.[21] Gerolamo Cardano bewundert im siebten Buch *De subtilitate* [1560, 465], in dem er über Steine schreibt, «jene Art von Gestalten und Bildern auf Steinen, die immer auf denselben erscheint, als [**4v**] ginge sie von der Natur aus, die nicht anders als bei Pflanzen [vorgeht, bei denen sie] Anzahl und Ordnung der Blätter und Früchte bewahrt».[22] Und er glaubt, dass eben diese Art eine besondere Kraft hat und etwas bedeutet. Und wenig später sagt er [1560, 467]: «Von diesen (Bildern), welche die Natur vor Augen stellt, sind manche wie Gestalten mit einer Substanz

21 Erasmus Stella, eigentlich Johannes Stüler (1460–1521), wirkte als Ratsherr, Bürgermeister und Arzt in Zwickau. Sein Buch über Edelsteine erschien zuerst 1517 unter dem Titel *Interpraetamenti gemmarum libellus unicus* in Nürnberg im Druck. Heinrich Sybold druckte die Schrift dann 1530 in Strassburg unter dem Titel *De gemmis libellus unicus* zusammen mit einem Auszug aus Buch 37 der *Naturalis historia* des Plinius.

22 Der italienische Arzt, Mathematiker und Naturphilosoph Gerolamo Cardano (1501–1576) gehörte zu Gessners Korrespondenzpartnern. Gessner erwähnt einige Objekte, die er von Cardano erhalten hat. Häufig zitiert er ferner aus Cardanos *De subtilitate libri XXI* ([1]1550, [2]1554, [3]1560), aus *De gemmis et coloribus* (1562) und *De rerum varietate libri XVII* (1557). Zu Gessners mitunter kritischen Stellungnahmen vgl. Einleitung 2.4.

und Form, andere gleichsam Gemälde. Alle diejenigen aber, die wie eine Form sind, entstehen auch durch Zufall, aber nicht bei allen. Jene also, die sich nicht immer bei denselben Steinen finden, sondern selten, werden nicht anders als bei Wolken zufällig hervorgebracht und besitzen keine besondere Eigenschaft; dazu gehören die auf dem Alabandicus-Affenstein, der in Freiberg gefunden wurde, und der Stein von derselben Art, der einen kleinen rötlichen Schild enthielt, um den vier Linien herumliefen, von denen die erste und die dritte weiss, die zweite und die vierte rötlich waren. Und in Annaberg hatte ein anderer Alabandicus die Form eines Kreuzes, aber das war eher eine Form als ein Bild.» Das sagt jener und hat es zweifellos aus den Schriften Georg Agricolas übernommen.[23]

[**5r**] Nun wollen wir zum Besonderen übergehen.

Grösser als Punkte sind Flecken. «Der Ophites ist ein grüner Marmor», wie man liest [bei Cardano 1560, 489], «der meistens ganz mit weissen Flecken, manchmal aber auch mit solchen in einer anderen Farbe übersät ist». «Der Porphyrites aber [ist] bunt mit rötlichen und fast weiss glänzenden Flecken oder eher rötlich mit Flecken, die hervorleuchten, usw.» [Cardano 1560, 488]

Die Linie scheint Plinius bei den Steinen auch Grenze zu nennen, ebenso Faden, Strich, Gürtel, Ader, etwa wie einen Ring im Holz; die Griechen nennen sie γραμμή [Linie], manche διάφυσις [Trennlinie].

Ein Teil der Linien aber fällt nur aufgrund der Farbe auf; bei dreidimensionalen Körpern jedoch nennt man diejenigen σχιστά, das heisst «faserig», deren ganzer Körper wie aus miteinander verbundenen Linien zusammengesetzt zu sein scheint, wie bei Arten von Alaun und Haematites, beim Amiant, beim Stibium und beim Ammoniaksalz und einigen anderen. Eine Art des Haematites wird aus eben diesem Grund der σχιστός [Faserige] schlechthin [**5v**] genannt. Von dem echten Amiant aus Zypern, den Francesco Calzolari mir geschickt hat, ein Apotheker in Verona,[24] der sowohl in seinem Fach äusserst kundig als auch ein höchst eifriger Erforscher aller natürlichen Heilmittel ist, füge ich hier die Abbildung eines Bruchstücks bei. Dieses bringt weiche Fäden hervor, die zum Spinnen und Weben geeignet sind, und unterscheidet sich deutlich vom faserigen Alaun, sowohl vom echten, der die Wirkung und den Geschmack von Alaun aufweist, als auch vom falschen ohne Geschmack, den die Ärzte bisher gewöhnlich als Federalaun bezeichneten.

23 Zu Agricola vgl. den Eintrag zum ersten Agricola-Zitat (fol. 6v) und die Einleitung 2.6.2.

24 Francesco Calzolari (1522–1607) besass eine der ersten Naturaliensammlungen und unterhielt Kontakte zu den wichtigsten Naturforschern seiner Zeit. Er stand mit Gessner seit 1560 im Austausch und schickte ihm Pflanzen und mehrere Fossilien, die Gessner mit Verweis auf Calzolari im Fossilienbuch anführt. Zu Calzolari vgl. Salzmann 1959, bes. 97–99; Leu 2016a, 267 und 273.

1. *Amiant aus Zypern.*
2. *Brasilianischer Smaragd vom Aussehen eines Zylinders.*[25]
3. *Kleinerer Hammites oder kleinerer Ammonites, den äusserst kleinen Eiern von Fischen oder Spinnen ähnlich und gleichsam wie aus Sandkörnern zusammengesetzt.*

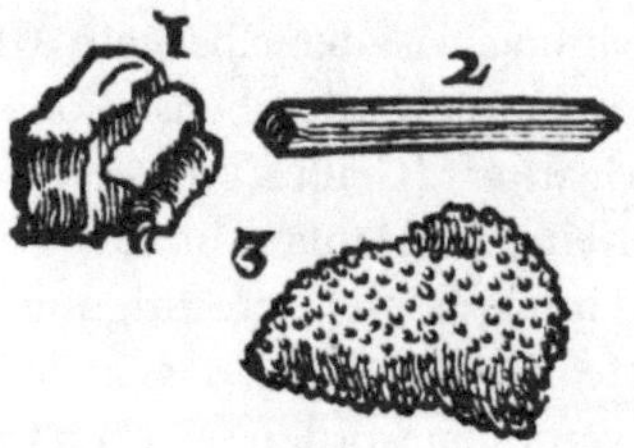

Abb. 1 1. Amiant aus Zypern, 2. Smaragd aus Brasilien, 3. kleinerer Hammites oder Ammonites

Hier und an einigen anderen Stellen, bester Leser, habe ich nicht nur eine einzige oder auch mehrere Abbildungen angeführt, die jedoch zur begonnenen Anordnung passen [**6r**], sondern manchmal auch andere aus einem davon abweichenden Ordnungszusammenhang, weil ich zu Beginn, als die Holzschnitte angefertigt wurden, nicht von derselben Reihenfolge ausgegangen war, der ich nun folge. Ich verweise dich jedoch, wo immer es nötig ist, auf eine Abbildung, die an einer anderen Stelle angeführt ist, damit man mir leichter verzeihe.

Alle diese Arten weisen jedoch, bevor sie in ihre Fäden aufgelöst werden, ein faseriges Gebilde auf, wie zum Beispiel auch Entalium, ein Stein, der von einigen Apothekern in Savoyen süsses Ament genannt wird – wobei der Name Ament zweifellos eine Verballhornung von Amiant ist –, nicht etwa, weil es echter Amiant ist, sondern weil es ein Stein ist, der diesem ähnlich ist: weiss wie Elfenbein, glänzend, bröckelig und auflösbar in Fäden, allerdings ziemlich unbeständige. Der Gegenstand scheint aber mit dem Gips verwandt zu sein. Auf diesem können, wenn er auf eine bestimmte Weise vorbereitet wurde, Figuren und Bilder dargestellt werden, die im Hinblick auf ihre weisse Farbe mit Elfenbein oder mit dem Schnee selbst wetteifern; solche hat mir Peeter Coudenberghe, ein höchst gelehrter und berühmter Apotheker aus Antwerpen, geschenkt.[26] Für den Amiant, gemeinhin Federalaun [*alumen plumae*] genannt, verwendet Agricola [473] im Deutschen [**6v**] die Begriffe **Federwyß / Pliant / Salamanderhar** und fügt hinzu, dass er von einigen jüngeren Autoren Bitterament genannt worden sei.[27] Agricola [258] ist aber

25 Eine kurze Besprechung folgt weiter unten, vgl. fol. 16v.

26 Der Apotheker Peeter Coudenberghe (1517– um 1599) stand mit Gessner in brieflichem Austausch und liess ihm Pflanzen zukommen; vgl. Leu 2016a, 273. Im Fossilienbuch verweist Gessner sieben Mal auf *res fossiles*, die er von ihm erhielt; meist schickte Coudenberghe die Objekte selbst, einmal auch eine Zeichnung einer Koralle und dazu eine Beschreibung (vgl. fol. 133r).

27 Der unter seinem latinisierten Namen Georgius Agricola (1494–1555) bekannte sächsische Arzt und Humanist Georg Bauer stammte aus Glauchau und war als Arzt in St. Joachimsthal im Erzgebirge tätig, bevor er Stadtarzt und mehrfach Bürgermeister in Chemnitz wurde. In den zehn Büchern *De natura fossilium* (1546) erschloss Agricola das Gebiet der *res fossiles* systematisch; am Ende des Sammelbandes seiner Schriften (1546, 473 ff.) findet sich ein lateinisch-deutsches Wortverzeichnis. Neben Plinius ist Agricola der Autor, den Gessner am häufigsten zitiert; vgl. Einleitung, 2.6.2. Zu Gessners Auseinandersetzung mit den Namen der *res fossiles* vgl. Einleitung, 2.8.

der Meinung, dass derselbe Stein Asbestos, lebendiger Asbestlein oder karystischer Flachs genannt werde, ebenso Polia, Spartopolia, Corsoides, Bostrychites und von Quadrigarius[28] [Gellius, *Noctes Atticae* 15,1,5] Alaun. Entzelt [1551, 213] verwendet für eine Art Amiant im Deutschen **Katzenſilber**.[29] Diesen Begriff hat Agricola [259 f.] mit grösserer Berechtigung der Magnetis und der Mica zugewiesen. Ferner berichtet Agricola [264], dass in der Gegend von Hildesheim ein Stein von brauner Farbe gefunden worden sei, eben und faserig wie Ammoniaksalz, der oben kleine Beulen habe, ähnlich Nagelköpfen, und bei dem Dorf Hasda ein anderer, diesem ganz ähnlich, jedoch weiss und ohne kleine Beulen. Vom Zerteilbaren unterscheidet sich das Spaltbare, das sich nicht in Fäden oder Fasern, sondern in eine Art von Platten oder Schichten spaltet, wie Holzstücke leicht in Schindeln und Täfelchen. Ein Beispiel bietet der spaltbare Stein, der in der Volkssprache **Schifer** genannt wird. «Bei Assos in der Troas zerteilt sich der Stein Sarcophagus durch eine spaltbare Ader [**7r**]», so Plinius [36,131].

Unter den Figuren besteht allein der Kreis aus einer einzigen auf sich selbst zurückgeführten Linie und hat keine Ecken. Der Horminodes wird von Plinius [37,166] nach der grünen Farbe benannt, wobei den weissen oder schwarzen, manchmal auch blassgrünen Edelstein ein goldfarbener Kreis umgibt.[30]

«Der ganze Orient soll als Talisman denjenigen tragen, der von diesen (Arten des Jaspis) dem Smaragd ähnlich ist, von einem weissen Querstreifen durchzogen und Grammatias[31] genannt wird; Polygrammos [vielstreifig] heisst der, welcher von mehreren Querstreifen durchzogen wird», so Plinius [37,118]. «Der Mesoleucos ist ein Stein, den in der Mitte ein weisser Streifen ziert, der Mesomelas einer, bei dem eine schwarze Ader eine beliebige Farbe in der Mitte durchschneidet; die Nasamonites ist blutrot mit schwarzen Adern», so ebenfalls Plinius [37,174]. Dieser erwähnt unter den Chrysolithen auch «Leucochryse, die von einer weissen Ader durchzogen sind» [37,128]. «Der vejentanische Stein ist ein italischer Stein, der zu Veji gefunden wird; eine weisse Ader teilt seine schwarze Masse» [37,184].

---

28 Q. Claudius Quadrigarius war ein Geschichtsschreiber des 1. Jh. v. Chr., dessen Werk nicht überliefert ist. Gessner verweist auf eine Passage, die von Gellius in den *Noctes Atticae* (2. Jh. n. Chr.) zitiert wurde.

29 Christoph Entzelt (1517–1583) befasste sich in der Schrift *De re metallica* ([1]1551, [2]1557) mit «Fossilien» und führte bereits zu vier Objekten Holzschnitte an, die Gessner in sein Fossilienbuch aufnahm, vgl. Einleitung 3.4 und 4.2.

30 Gessner las in seiner Plinius-Ausgabe (1539, 668) *horminodes* und *viriditatis*; diese Wörter werden in der Plinius-Ausgabe von Jan/Mayhoff zu *hermu aedoeon* und *virilitatis* korrigiert; die Übersetzung von König/Hopp (37,166) lautet entsprechend: «Das *Hermu aedoeon* (*Hermu aidoion*) wird nach den männlichen Geschlechtsteilen benannt, welche der weisse oder schwarze, manchmal auch blasse von einem goldfarbenen Kreis umgebene Edelstein <erkennen lässt>.»

31 In der Plinius-Ausgabe von Jan/Mayhoff (37,118) wird *grammatias* zu *monogrammos* («von einer Linie gezeichnet», «einstreifig») korrigiert.

«Ophicardelos nennen die Barbaren einen Stein, an dem zwei weisse Streifen schwarze Farbe [**7v**] einschliessen», sagt Plinius [37,177]. Der dritte Ophites des Dioskurides [5,143] hat weisse Streifen.

«Die dritte Art des Prasius ist mit drei Streifen verziert und weiss», sagt Plinius [37,113].[32]

«Perileucos wird ein Edelstein genannt, wenn ein weisser Faden vom Mund[33] bis zur Wurzel hinabgeht», sagt Plinius [37,180]. Unter den Arten des Jaspis διαφύσεις ἔχει διαλεύκους καὶ ἀποστιλβούσας [hat (sc. eine Art) weisslich schimmernde Trennlinien] nach Dioskurides [5,142]. «Die Polyzonos ist schwarz und schimmert durch viele weisse Gürtel», sagt Plinius [37,189].

Vom Jaspis polygrammos [vielstreifig] war schon die Rede.

«Einige *res fossiles* sind mit Streifen unterschiedlicher Farbe verziert, die aber keine Bilder von Gegenständen darstellen», sagt Agricola [182]. «Überaus hartes, von aschfarbigen Streifen umgebenes Felsgestein gräbt man in der Nähe der Stadt Schwarzenberg zwischen Schneeberg und Sankt Joachimsthal aus.» [Cordus 1561, 218v][34]

«Ein weiss-rötlicher Fluss (das heisst ein Stein, der bei grosser Hitze flüssig wird) wurde in einer Silbergrube in Annaberg gefunden; er hatte die Gestalt eines Kreuzes; sein Längsbalken war eineinhalb Spannen [11 cm] lang, der Querbalken eine Spanne [7,4 cm] usw.», sagt Agricola [274]. [**8r**] Ein Kreuz ergeben aber zwei breite Linien, die sich überschneiden.

Zur geraden Linie gehören auch die sogenannten Stege und Rillen, denen die deutschen Begriffe **ſtrimen** und **ſtrich** nahekommen; sie unterscheiden sich aber so wie auf dem Feld Furchen und Ackerbeete: Letztere ragen hervor, jene [die Furchen] sind in den Boden gegrabene Vertiefungen. Bei einer kannelierten Säule nennt man, wie Vitruv [4,4,3] angibt, den etwas hervorragenden Teil «Steg» [*stria*], den vertieften Teil «Rille» [*strix*].[35] Die Rillen scheinen aber nach der Ähnlichkeit zu Schabeisen [*strigilis*] benannt worden zu sein, da sie ja ähnlich gefurcht und gerieft sind oder kielförmig. Schabeisen heissen aber so, weil mit ihnen Körper geschabt oder abgeschabt werden. Die Rille [*strix*] wird nach der Ähnlichkeit zum

32 Nach Jan/Mayhoff ist bei Plin. 37,113 nicht *candidum*, sondern *candidis* zu lesen, so dass die Streifen (*virgulis*) als weiss bezeichnet werden; der nach dem Lauch (πράσον, n.) benannte Stein ist hingegen grün.

33 Der Plinius-Ausgabe von Jan/Mayhoff zufolge stand bei Plinius (37,180) nicht *ab ore* («vom Mund/Gesicht»), sondern *ab oris* («vom Rand»).

34 Das böhmische St. Joachimsthal (Jáchymov) erlebte im 16. Jh. durch Silberbergbau eine Blütezeit; zu Valerius Cordus, den Gessner hier zitiert, vgl. die Bemerkung zu dem Cordus-Zitat unten, fol. 11r.

35 Gessner führt in diesem Abschnitt mehrere Zitate aus dem von Vitruv wohl Ende des 1. Jh. v. Chr. verfassten Werk *De architectura* an. Vitruv (4,4,3) bezeichnet die Rille bzw. Auskehlung im Genitiv Plural als *striglium*; im klassischen Latein lautet der Nominativ Singular dazu *strigilis*, f.; vgl. OLD.

Steg [*stria*] benannt, von dem sie sich nur durch die Lage der Teile unterscheidet. «Es müssen 24 Rillen[36] an der Säule angebracht werden», sagt Vitruv an anderer Stelle [3,5,14], «und zwar so ausgehöhlt, dass ein Winkelmass, wenn es in die Höhlung der Rille eingesetzt und herumgedreht wird, mit den Schenkeln zur rechten und zur linken Seite die Kanten der Stege berührt.» Und an anderer Stelle sagt Vitruv [4,3,9]: «Die Säulen aber müssen mit zwanzig Kanneluren versehen werden.» Plinius sprach von einer «furchigen Lamelle» [22,92][37] und anderswo sprach er von «gerillten Blättern» [27,14], von dem «gerillten Stiel der Pflanze Moly» [26,33] [**8v**] und von «gerillten Muschelschalen» [37,161]. «So wird die dorische Säule eine ihrer Art entsprechende Kannelierung erhalten», sagt Vitruv [4,3,9].

Die [hervorragenden] Stege nennt man auf Griechisch ἐξοχαί, die Rillen εἰσοχαί, auf Deutsch **holkälen**, weil sie gewissermassen wie Rinnen ausgehöhlt sind und gemacht sind wie Furchen. Die Linien im eigentlichen Sinne freilich haben keine Breite, die Stege und Rillen haben eine, gleichwohl oft eine äusserst kleine. «Die *res fossiles* sind teilweise flach wie der Spiegelstein und die Magnetis, teilweise gewölbt wie der Aëtites», sagt Agricola [181].

Krummheit bzw. Geradheit ist ein der Gestalt eigenes Unterscheidungsmerkmal. Unter den von mir als Osteocolle bezeichneten Steinen findet man einige von Natur aus gekrümmt, wie auch unter den Belemniten, sei es [dass sie] von Natur aus [gekrümmt sind] oder durch eine uns unbekannte Gewalteinwirkung. Dem Gekrümmten bzw. Geraden werden einige auch zurechnen τὰ ἑλικοειδῆ καὶ κωνοειδῆ καὶ φακοειδῆ τῶν σχημάτων καὶ τὰ τοιαῦτα, ἅπερ μικτὴν ἔχει τὴν φύσιν ἐξ εὐθέως[38] καὶ περιφεροῦς, ὡς καὶ οἱ γεωμέτραι φασί [die Spiralförmigen, die Zapfenförmigen und die Linsenförmigen unter den Figuren und alles dergleichen, was ein aus Geradem und Krummen zusammengesetztes Wesen hat, wie die Geometriker sagen], wie Simplikios [CAG VIII, p. 262,27–29] bezeugt. Solche Gestaltformen findet man sowohl bei manchen anderen Steinen als auch besonders bei Muscheln [**9r**] und überhaupt bei den sogenannten Schalentieren, vornehmlich bei denen aus Stein. Κωνοειδής [zapfenförmig] ist der Belemnites, die steinerne Meerschnecke ist ἑλικοειδής [spiralförmig]. Φακοειδεῖς [linsenförmig] aber sind die Miesmuscheln, die Tellmuscheln und andere von dieser Art.

«Locker», μανά, wie ebenfalls Simplikios [CAG VIII, p. 262,32–35] lehrt, werden Körper genannt, deren Teile voneinander so weit entfernt sind, dass irgendein anderer Körper (ἑτερογενές τι) hineingleiten oder eingefügt werden (παρεμπίπτειν) kann. Beispiele bieten der Schwammstein, der Bimsstein und andere von dieser Art, die löcherig und voller sichtbarer Röhren oder Gänge sind. Dichte Körper,

36 Nach Gessner steht bei Vitruv (3,5,14) *striges*, in modernen Vitruv-Ausgaben findet sich *striae*; mit dem Begriff *stria* wird nicht nur der Steg bezeichnet, sondern die Kannelur, wie auch im folgenden Zitat von Vitruv (4,3,9).

37 Plinius (22,92) verwendet *rimosa stria* für die Lamellen giftiger Pilze.

38 Gessners εὐθέως ist der kritischen Ausgabe folgend zu εὐθέος zu korrigieren.

πυκνά, aber sind das Gegenteil von diesen, wie Gold und Eisen. Deshalb beziehen sich diese beiden Eigenschaften nicht so sehr auf die Gestalt wie auf die Lage der Teile und deren Abstand voneinander, so dass ein dadurch bedingter Unterschied der Gestalt nicht die Substanz, sondern ein Akzidens betrifft; das gilt auch für den Unterschied, der durch «rau» und «glatt» bedingt ist. Glatt wird nämlich eigentlich und zuerst eine Oberfläche genannt, deren Teile gleichmässig und auf einer geraden Linie verteilt sind wie beim polierten Marmor. So ist die Glattheit, mag es eine Eigenschaft oder eine Lage von Teilen sein [**9v**], in der Mitte zwischen εἰσοχή und ἐξοχή. «Rau», τραχύ, aber heisst ein Körper, dessen Teile an der Oberfläche ungleichmässig positioniert sind, indem die einen hervorragen, die anderen zurücktreten. Ferner bezieht sich «dick», παχύ (was viele Ungebildete mit «dicht» verwechseln), nicht auf die Lage der Teile, sondern auf die Tiefe des Körpers; das Gegenteil dazu bildet «dünn», λεπτόν. Auch die hohlen Steine, von denen sogleich die Rede sein wird, sind meist rund.

Auf die Gestalt bezieht sich auch die Hohlheit. Hohl aber sind einige Steine, besonders diejenigen, die – als wären sie schwanger mit einer Leibesfrucht – einen anderen Körper in sich enthalten, wie der Aëtites, der Geodes und der Enhydros. «Der Grund dafür ist», wie Georg Agricola lehrt [*De ortu*, 1546, 62], «sowohl die Verschiedenheit des Stoffes als auch die Tatsache, dass eben dieser grossteils einer Kugel oder beinahe kugelförmigen Gestalt nahekommt.» Wie Agricola ferner bezeugt [181], sind auch einige Smaragde konkav.

«Auf Kuba, einer Insel der Neuen Welt, gibt es vollkommen kugelförmige Steine im Überfluss allein durch die Grosszügigkeit der Natur», sagt Cardano [1560, 203 f.]. Von drei solchen [**10r**] hat mir Johannes Kentmann auch Zeichnungen zugeschickt. Diese Steine lassen sich anstelle von Bleikugeln für Kanonen und Kriegsgeschütze verwenden, haben eine braune Farbe und sind voll von teils weissen und teils schwarzen Punkten. Der grösste von ihnen hat einen Durchmesser von drei Fingern [5,4 cm], der kleinste von der Breite eines Daumens [2,5 cm]. Man findet aber im Herrschaftsbereich der Grafen von Mansfeld härtere und schwerere als die gewöhnlichen Steine. Ich werde etwas später [12r] eine Abbildung davon anführen.

Am rundesten sind die Alectoriae und andere, die mit einer Ackerbohne verglichen wurden; von ihnen wird unten [107r] die Rede sein.[39]

Auch die Aëtiten, die nach den Adlern benannt sind, weil man glaubt, sie würden in ihren Nestern gefunden, sind meistens rund, wobei sie sich im Hinblick auf Grösse, Farbe und Substanz unterscheiden. Ich führe im Folgenden Abbildungen von drei verschiedenen Exemplaren davon aus meinem Besitz an.

---

39 Eine Randnotitz verweist darauf, dass sich im sechsten Kapitel [fol. 107r] auch eine Abbildung des Alectorias findet.

[10v]

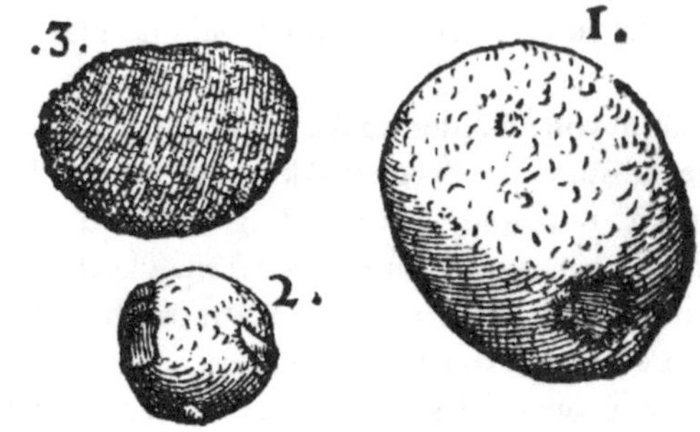

Abb. 2 Aëtiten

1. Ein ziemlich grosser, fast runder, von der Grösse eines Eis, aber runder, mit einem Anhaltspunkt gleich einem Nabel. Man kann sehen, dass er von diesem aus entstanden ist und eben damit an einem Felsen angewachsen war. 2. Ein weiterer runder, aber viel kleiner und selbst mit einem Nabel versehen. 3. Ein breiter und flacher mit einer schwarzen Oberfläche, die rau ist und wie mit einer Art von Sandkörnern besetzt, von denen einige schimmern.

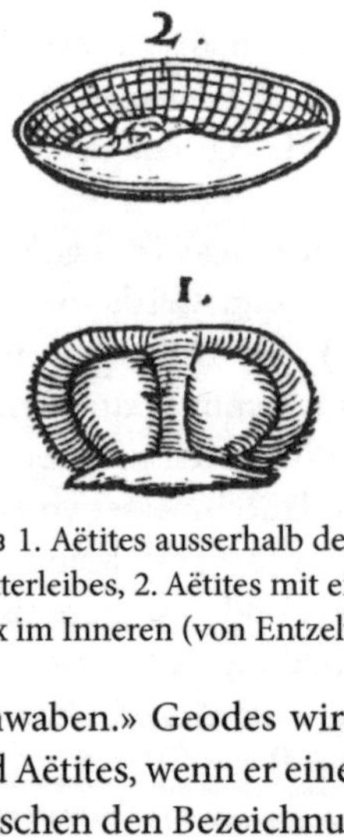

Abb. 3 1. Aëtites ausserhalb des Mutterleibes, 2. Aëtites mit einem Silex im Inneren (von Entzelt)

Die beiden beigefügten Abbildungen habe ich von Christoph Entzelt [1551, 232] übernommen.[40] Dieser schreibt über die erste, dass er **[11r]** diese Art des Aëtites einmal allein (nackt) ausserhalb des Mutterleibes gefunden habe, fast von der Form einer Glückshaube.[41] Über die andere aber sagt er [1551, 232]: «Die sechste Art des Aëtites, die ich an der Elbe gefunden habe, ist schwanger mit einem weissen Silex. Als ich seinen Leib öffnete, habe ich einen Silex von einer solchen Form gefunden: weiss, rundlich und in die Länge gezogen, äusserst hart, als hätte er am Kopf irgendeines Tieres gehangen; an seiner Oberfläche befanden sich kleine Kämmerchen wie in Bienenwaben.» Geodes wird dieser Stein eigentlich genannt, wenn er Erde enthält, und Aëtites, wenn er einen Stein oder Sand enthält, wenngleich dieser Unterschied zwischen den Bezeichnungen nicht immer beachtet wird. Wenn er Wasser enthalten sollte, wird er Enhydros genannt. Man findet ihn in einigen Gegenden Deutschlands und im Gargano-Gebirge in Apulien.[42] Von dort hat auch Valerius Cordus drei Arten dieses Steines bezogen und beschreibt sie in der *Sylva variarum obser-*

40 Zu den von Entzelt übernommenen Abbildungen vgl. Einleitung 3 u. 4 mit Anm. 192 und Anm. 245.

41 Als medizinischer Fachbegriff kann *pileus* («Filzkappe») die Eihäute der Fruchtblase bezeichnen, die bei einer Geburt manchmal intakt bleiben.

42 Vgl. die Ortsangaben bei Agricola (1546, 267).

vationum [1561, 219v] (die ich mit seinen übrigen Werken herausgegeben habe).[43] Wenn die Steinchen, die sich darin befinden, festhängen, geben sie keinen Ton von sich, sondern nur, wenn sie lose sind. Sie lösen sich aber **[11v]** mit fortschreitendem Alter, sobald das Innere trockener geworden ist und die Steine sozusagen herangereift sind.

Sie werden manchmal auch gefälscht und künstlich hergestellt. Ich habe einen nachgebildeten Stein gesehen, in den derjenige, der ihn nachgemacht hatte, einen Brief eingeschlossen hatte. «Den Stein», sagt Agricola [268], «den der taphiusische Aëtites in sich birgt, nennt man Callimus, ‹und nichts›, sagt Plinius [36,151], ‹ist zarter›.[44] Weder die Paeantides aber, die auch Gemonides genannt werden, noch der Cissites oder die Gasidane sind andere Steine als weisse Aëtiten», usw. Mehr wirst du bei Agricola [268] im fünften Buch *De natura fossilium* lesen können. Ein in einem Geodes gefundener Callimus, der so etwas wie drei menschliche Gesichter abbildet, wird unten im elften [zwölften] Kapitel [142v] angeführt, eingefasst in einen Ring.

1. *Eine natürliche Kugel für Kanonen, die ich weiter oben behandelt habe* [10r].
2. *Ein tönender Geodes, etwas rund.*
3. *Ein anderer, der nicht tönt, voll von goldgelber Erde.*
4. *Der vierte, dem ein Feuereisen beigegeben wurde, ist ein Feuer-Silex oder nicht metallhaltiger Pyrites.*

[12r]

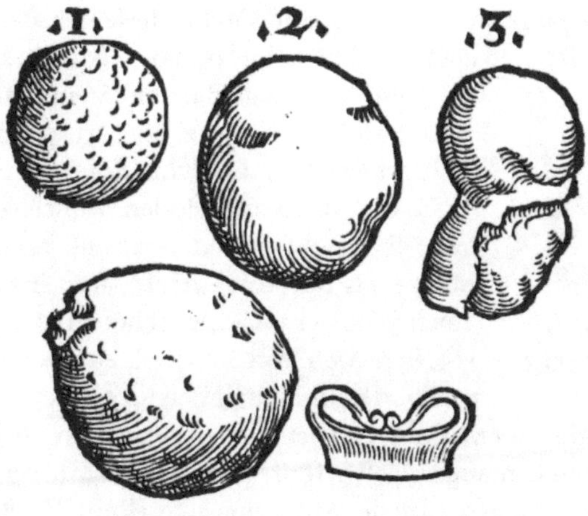

Abb. 4 1. Natürliche Kugel, 2. tönender Geodes, 3. nicht tönender Geodes, 4. Feuer-Silex oder nicht metallhaltiger Pyrites mit einem Feuereisen

[43] Valerius Cordus (1515–1544), der Sohn des Dichters und Arztes Euricius Cordus, war wegen seiner Kenntnisse auf den Gebieten der Botanik und Pharmazie schon früh zu Ansehen gelangt. Gessner gab 1561 einen Sammelband von dessen Werken heraus, der neben dem bereits veröffentlichten Kommentar des Valerius Cordus zu Dioskurides mehrere unveröffentlichte Schriften enthielt.

[44] Anstelle des für Plin. 36,151 handschriftlich bezeugten *tenerius* («zarter») druckt die Teubner-Ausgabe von Jan/Mayhoff die Konjektur *terreni* (zu *terrenus* «erdig»). König/Hopp übersetzen die Wendung *nec quicquam terreni* wie folgt: «aber keine erdige Substanz».

Ein länglicher Gaeodes aus Meißen, der verhärteten Sand enthält, wurde in der berühmten Schule von Meißen[45] gefunden, als ein Weinkeller angelegt wurde. Als man ihn ins Wasser legte, gab er unterschiedliche Zischlaute von sich. Von diesem hat mir ja Kentmann eine Zeichnung zukommen lassen: sie ist «vier Finger breit [7,2 cm] und sechs Finger [10,8 cm] lang, von der Farbe des Rosts, wenn man ihn abzukratzen begonnen hat usw.».[46] «Der Enhydros ist von vollkommen runder Gestalt, weiss-glänzend und glatt, aber, wenn er bewegt wird, schwankt innen die Flüssigkeit hin und her wie in Eiern», so Plinius [37,190]. Ich habe Steine gesehen [**12v**], ganz und gar rund, im Hinblick auf Grösse und Gestalt den Eiern einiger Vögel ähnlich, gefleckt wie Wachteleier (wenn ich mich recht erinnere); der Besitzer dieser Steine war überzeugt, dass sie eine leichte Geburt ermöglichen.

Auch der gewöhnlich Judenstein genannte Stein ist eher rund, beinahe von der Gestalt einer Olive; siehe dazu die Ausführungen unten im neunten Kapitel [128r/v]. Ebenso der Bezar- oder Bezoarstein aus dem Kopf oder dem Magen eines bestimmten indischen Tieres, wie man annimmt, und der, der für eine Hirschträne gehalten wird; diese beiden werde ich auch zu gegebener Zeit unter den Steinen behandeln, die man aus vierbeinigen Tieren herausholt [160v–161r].

Auch der Enorchis ist rund; Agricola [478] übersetzt Hodenstein (diesen Namen weisen einige auch dem runden Pyrites zu). Es scheint aber, dass eher der grössere, unförmige Stein, der einen anderen, der rund ist und einem Hoden gleicht, in sich birgt, Enorchis genannt werden muss, und Orchis derjenige, der darin enthalten ist. So unterscheidet man auch den Entrochus und den Trochites. [**13r**]

Abb. 5 Von Kentmann geschickter Stein (Enorchis?)

Den hier abgebildeten Stein hat mir Johannes Kentmann geschickt; er ist hart, glänzend, blass, glatt und schwer. Der Enorchis des Agricola [181, 263] ist weiss und «im Bruch Hoden ähnlich» (das heisst, wenn man ihn zerbricht oder zerteilt, zeigen seine Bruchstücke das Bild von Hoden), aber er schimmert weder, noch glänzt er mit einer schönen Farbe.

Nicht weit von Rottweil, einer den Schweizern benachbarten und mit ihnen verbündeten Stadt, findet sich ein runder Stein, der einem groben und einfachen Gerstenbrot in höchstem Masse gleicht. Er hat einen Umfang von etwa fünf Spannen [37 cm], wenn ich mich recht erinnere, und an der Oberseite in der Mitte eine Schwellung. Teüffelsleib, das heisst

45 Gessner bezieht sich auf die 1543 von dem Herzog Moritz von Sachsen gegründete Fürstenschule St. Afra in Meißen.

46 Gessners Text lautet: *Huius quidem picturam Kentmanus ad me dedit, digitos quatuor latam, longam vero sex.* Demnach beziehen sich die Massangaben auf die Zeichnung (*pictura*); vermutlich ist aber in erster Linie an den abgebildeten Geodes selbst zu denken.

Teufelsbrot, nennen ihn die ansässigen Bauern; sie glauben, dass die Würmer eines Pferdes vertrieben würden, wenn es von diesem Stein das Salz, das daraufgelegt wurde, ableckt.

Bronzefarbener Pyrites. Bronzefarbener Pyrites: [**13v**] der eine ist formlos, der andere rund und wird nach der Ähnlichkeit zu Hoden von einigen **Hodenstein** genannt. Wieder ein anderer ist viereckig; dieser ist entweder kubisch oder hat die Form eines Quaders usw., wie man auf den beigefügten Abbildungen sieht. Der vierte von diesen ist von unbestimmter Gestalt, gleichsam eine Mischung aus verschiedenen aneinandergefügten Gestalten. Die Oberfläche des ersten und runden ist uneben, da viele Ecken herausragen. Den Pyrites nennen die jüngeren Autoren Marchasita, meine Landsleute mit verderbtem Namen **Martistein**. Zu den Pyriten kann man vielleicht auch den von einigen als Othonna bezeichneten Stein in Ägypten rechnen, der klein und bronzefarben ist, usw. [Diosk. 2,182].

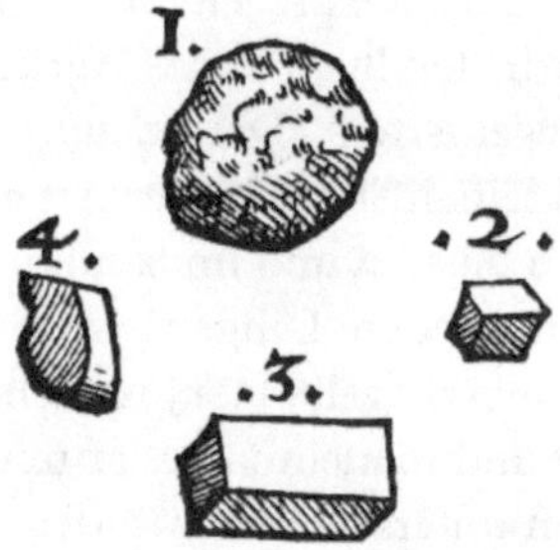

Abb. 6 Pyrite

«Aber auch der für Mörser geeignete Thyites ist rund», wie Agricola [181] schreibt.

Einigermassen rund oder etwas rund sind auch viele Silices (viele haben [**14r**] nämlich keine bestimmte Gestalt), besonders diejenigen, die man in Flüssen und Bächen findet. Diese scheinen auch durch die Strömung des Wassers die Ecken zu verlieren und eine runde Gestalt anzunehmen. Ich weiss, dass der Begriff Silex eine ziemlich weite Anwendung findet und dann und wann für Felsen und Marmor im eigentlichen Sinn gebraucht wird. Ich spreche hier vom echten Silex, den meine Landsleute – unter Umstellung der Buchstaben – **Kisel** oder **Kißling** nennen, andere **Hornstein**, das heisst Hornstein, sei es wegen der Härte oder wegen der Farbe des Horns. «Dieser ist meist härter als Marmor», wie Georg Agricola [318] lehrt, «und nicht selten glänzt er wie dieser; aber, weil er zerspringt, wenn er mit Eisen bearbeitet wird, kann er nicht für Steinschneidearbeit verwendet werden. Da er aber hart ist, wird ihm durch einen Schlag mit einem Eisen leicht Feuer entlockt. Er entsteht ebenso in Metalladern wie in eigenen. Seine Arten unterscheiden sich durch die Farbe. Er ist nämlich entweder hornfarbig oder weiss, aschgrau, braun, schwarz, rötlich, von der Farbe der Leber oder dunkelblau. Ein solcher umfasst den Jaspisgang in Lungwitz von beiden Seiten. Jeder Silex aber [**14v**] wird im Feuer flüssig, aber nur in sehr heissen Öfen (*deshalb dürfte er auch eher ein Fluss sein als ein Stein im eigentlichen Sinn*), sonst hält er das Feuer aus, aber auch Regengüsse und Winterkälte. Daher wäre er, wenn er leicht mit Eisen zu bearbeiten wäre, sehr gut verwendbar für den Mauerbau. So aber bringt er Nutzen beim Pflastern von Wegen und, weil er feuerfest ist.» Soweit Agricola [318]. Er scheint aber mit dem einen Begriff Silices bald jene Steine zu bezeichnen, die wir recht oft verwenden, um Feuer herauszuschlagen, **Feürstein**, (die im eigentlichen Sinne «Silices» genannt werden dürften), bald andere, mit denen die Wege gepflastert werden, **Kißling/Bsetzstein**. Diese fasst auch Entzelt unter dem einen Oberbegriff «Silex» zusammen. Im Kapitel 77 im dritten Buch seines Werkes *De re metallica* [1551, 268] unterscheidet Entzelt aber zwei Arten: «Der *calculus* oder *scrupulus*[47] (aber so sollten vielleicht nur die ganz kleinen Steine dieser Art genannt werden), der in der Tat ein Silex ist, findet sich an Flüssen und im Sand bei Sturzbächen. Manchmal ist er weiss; dieser wird auch für andere Dinge als zum Entfachen eines Feuers verwendet. Manchmal ist er schmutzig gelb, [**15r**] manchmal safranfarbig; manchmal hat er eine schwarze Farbe und manchmal ist er mit weissen Linien wunderschön geschmückt.» Von diesem unterscheidet sich der Hornstein, im Deutschen **Hornstein** oder **Feürstein** genannt, weil vor allem aus ihm Feuer herausgeschlagen wird.[48] «Seine Teile sind manchmal zusammenhängend, so dass man mit den Augen einen vom anderen nicht unterscheiden kann; manchmal sind seine Teile aufgrund irgendeines Einschnittes sichtbar. Er lässt sich in Bergwerken finden, ebenso an Flüssen, wie an der Elbe, auf Feldern in Sachsen und in Kiesgruben. Er hat aber unterschiedliche Erscheinungsformen: er ist weiss, schwarz, dunkelblau, rot, purpurfarben, von der Farbe des Horns, gelb, safranfarbig, bleifarben, aussen weiss und innen schwarz, und hat unterschiedliche Proportionen. Es gibt nämlich lange, breite, grosse, kleine und solche, die nach Art der Korallen verästelt sind; man findet auch welche nach Art des Horns (*das heisst verästelt*).

Die Silices, die man in Städten auf Gassen streut, erscheinen, wenn sie vom Regen abgewaschen wurden, braun, schwarz, grünlich, rot und mit anderen Farben schön voneinander abgehoben.» [Entzelt 1551, 268f.] † Mehr über diese Steine wirst du unten lesen, gegen Ende dieses Kapitels, wo von den sogenannten Flüssen (*fluores*) die Rede ist [26r].[49]

Einen lebendigen [**15v**] Stein (das heisst einen Silex) binden manche als Talisman gegen Tollwut Vierbeinern um den Hals, wie der Dichter Grattius [404] bezeugt. Die gewöhnlichen, nicht metallhaltigen Pyrite, die man bei uns vorzugsweise zum Herausschlagen von Feuer verwendet, haben eine hellrote Farbe und reichen in ihrer Grösse ungefähr an zwei oder drei Apothekergewichte heran.

47 Sowohl *calculus* als auch *scrupulus* bezeichnen ein «Steinchen»; da eine Differenzierung im Deutschen nicht möglich ist, werden in der Übersetzung dieses Zitats die lateinischen Begriffe beibehalten.

48 Den Übergang von der ersten zur zweiten Art des Silex formuliert Gessner weitgehend selbst; deshalb wurde hier auf Anführungszeichen verzichtet. Das wörtliche Zitat von Entzelt (1551, 268) wird im Folgenden fortgesetzt.

49 In einer Randbemerkung, die ein Kreuz (†) im Text anzeigt, verweist Gessner auf weitere Ausführungen zu diesem Stein.

Manche haben eine bestimmte Gestalt, eine annähernd kugelförmige oder eine andere. Bei manchen steht etwas hervor, bei anderen nichts oder nur sehr wenig. Man muss aber ihre äussere Schicht mit einem Hammer oder anders abschlagen. Denn der innere Teil eignet sich besser zum Feuerschlagen. Weisse Steinchen an den Ufern von Flüssen oder Sturzbächen ergeben ein sehr gutes Zahnpulver, wenn man sie zu Staub zerreibt, mit einem grossen Mörser wie dem der Töpfer oder in Mühlen. Ferner können sie geglättet und durchbohrt und zu Kügelchen gefertigt werden, die zum Zählen von Gebeten bestimmt sind.

«Der Orites hat ein kugelförmiges Aussehen [*globosa specie*]», so Plinius [37,176]; ich möchte eher *glebosa* lesen, das heisst «einem Erdklumpen ähnlich».

Agricola [181] sagt: «Von den *res fossiles* sind einige rund wie eine Kugel, aber bald [**16r**] wie eine vollkommene, wie der Thyites, den man zwischen Syene und Philae findet, bald wie eine zusammengedrückte, bald aber wie eine, die Erhebungen oder Vertiefungen aufweist, wie die Steinchen, die die Gewalt des Wassers gewöhnlich aus den Adern reisst und an die Ufer spült. Manche haben die Gestalt einer Halbkugel wie Callais und Astroites. Einige sind zur Gestalt eines Kegels gebildet, einige zu der eines Kreisels. Einen Kegel stellen die Steine und geronnenen Flüssigkeiten dar, die Eiszapfen ähnlich sind und in Höhlen stehen, einen Kreisel diejenigen, die von den Höhlendecken herabhängen.» Soweit Agricola. Auch die Chelidoniae sind wie Halbkugeln oder halbierte Linsen und ebenso, aber viel grösser als diese, die Chelonitides und die Ombriae, gewöhnlich Krötensteine genannt, sowie, wiederum grösser als diese, die Echiniten und das Schlangenei des Plinius, wenn ich es zu Recht anführe. Einige Arten des Judensteins nähern sich aber der Form einer Eichel an; siehe die Ausführungen dazu unten im Kapitel 9 [128r/v]. «Den Judenstein erkennt man an der Form eines gerillten Kegels, er ist zart und bröckelig», sagt Sylvius [1542, 11v].[50] Der Belemnites, Luchsstein für einige, bei manchen Ceraunius [**16v**] oder Astrapia genannt, hat die Gestalt einer Pyramide. Steinerne Meerschnecken, eine Art Muscheln, werden unten erwähnt werden [164v/165r].

«Länglichrund nach der Art eines Zylinders sind die Berylle und der Syenites», sagt Agricola [181]. Manche behaupten, Berylle seien sechseckig, aber diese Gestalt scheint durch die Steinschneidekunst hervorgebracht zu sein. «Auf dem Sipylos-Gebirge entsteht ein Stein, der dem Zylinder ähnlich ist. Wenn fromme Söhne diesen im Tempel der Göttermutter[51] ablegen, behalten sie für immer die Liebe zu den Eltern und die Freundlichkeit gegenüber Verwandten», sagt Plutarch in der

---

50 Gessner zitiert aus dem Werk *De medicamentorum simplicium delectu* des französischen Arztes Jacobus Sylvius (1478–1555), eigentlich Jaques Dubois.

51 Die *Mater deorum* ist die Göttin Kybele, die auch als *Magna Mater* bekannt ist.

Schrift *De fluviis* [Ps. Plut. fluv. 9,5].[52] Ein brasilianischer Smaragd, vom Aussehen eines Zylinders, gerillt, glasähnlich, lauchfarbig und durchsichtig, ist oben [5v] mit einem Amiant aus Zypern abgebildet.

«Einige Edelsteine sind von Natur aus dreieckig», sagt Agricola [181].

«Ein hartes Gestein, das grosse Felsformationen hervorbringt, befindet sich in der Gegend der Bäder Karls IV. [Karlsbad], nahe bei der Stadt Elnbogen;[53] es ist buntgefleckt, als wären weisse Würfelchen hineingemischt», sagt Valerius Cordus [1561, 218v]. Das Steinsalz gibt meistens [**17r**] viereckige Körper oder Kuben wieder. Es finden sich auch quadratische Steine und andere an Ecken reiche oder mit Ecken versehene Steine. An ihnen erkennt man eher die Ähnlichkeit zu einer geometrischen Figur als zu einer anderen natürlichen oder künstlichen Sache, auch wenn manche die quadratischen Steine mit Würfelchen vergleichen, obgleich nicht nur Würfelchen derartig sind. «Der Amphitane wird mit einem anderen Namen Chrysocolla genannt in dem Teil Indiens, wo Ameisen Gold ausgraben; dort findet er sich, ein goldähnlicher Edelstein von quadratischer Gestalt usw.», sagt Plinius [37,147]. Auch Pyrite finden sich in quadratischer Form in Flüssen und Bächen oder eingeschlossen in bestimmte Steine. «Der Androdamas ist quadratisch und immer Würfelchen ähnlich», sagt Plinius [37,144]. Ich erinnere mich aber nicht daran, dass man eine rechteckige und längliche Gestalt, welche die Griechen ἑτερομήκης nennen, bei irgendeiner Steinart gefunden hätte, bei der sie wesenhaft und natürlich genannt werden könnte, ausser dass sich, wie Agricola schreibt [271], einige Wetzsteine von dieser Gestalt finden und andere aus grösseren Felsgesteinen ausgeschnitten und in eben diese Gestalt gebracht werden.

[**17v**] «In der Gegend von Hildesheim usw.[54] findet sich in Marmorbrüchen ein Pentagonus, der nach den fünf Ecken, die er aufweist, benannt ist. Ähnlich ein Hexagonus, der sechs Ecken hat. Beide sind aber weiss, meist anderthalb Unzen [3,75 cm] breit und flach, doch haben sie in der Mitte eine kleine Mulde, deren Rand – wie bei einem Spielbrett – auf allen Seiten höher ist. Doch in der Mitte der Mulde ist ein Punkt, von dem aus Strahlen wie bei Trochiten zum äussersten Teil verlaufen», sagt Agricola im fünften Buch *De natura fossilium* [264].

---

52 Die Abhandlung über die Flüsse (Περὶ ποταμῶν / *De fluviis*) wurde Plutarch (um 45–vor 125) zugeschrieben, stammt aber nach Ansicht der Forschung nicht von ihm. Sie dürfte um die Wende vom 2. Jh. zum 3. Jh. verfasst worden sein und ist in einer einzigen Handschrift aus dem 9. Jh. überliefert. Anders als es der Kurztitel *De fluviis* nahelegt, stehen nicht die Flüsse im Zentrum, sondern vielmehr die Bezeichnungen von Flüssen, Bergen sowie Steinen und Pflanzen; vgl. Delattre 2011, bes. 8–14.

53 Es handelt sich um den Hans-Heiling-Felsen bei Loket (dt. Elbogen) an der Eger.

54 Mit «usw.» verweist Gessner auf eine Auslassung in seinem Zitat aus Agricolas *De natura fossilium* (264).

«Ich besitze», sagt Cardano in seinem Buch *De gemmis* [1562, 336 Nr. 45], «einen Pentexoche oder Mespileus von brauner Farbe; er ist hart, von der Grösse einer Mispel; man könnte sagen, dass eine Mispel versteinert sei. Wo vom höchsten Punkt Rillen hinablaufen, hat der Stein die Farbe von Buchsbaumholz, weil jene Teile abgerieben sind.» Über das sechseckige Morion werde ich bei den Flüssen weiter unten in diesem Kapitel [28r–29r] sprechen.

Kristalle haben eine besonders bewundernswerte Gestalt. «Manchmal wachsen an einen grossen und vollendeten Kristall», sagt Georg Agricola [283 f.], [**18r**] «mehrere kleine unvollendete und sozusagen halbe an, die ein Dreieck bildende Seitenflächen zu haben scheinen, während die Kristalle sonst ein Sechseck bildende Seitenflächen haben, aber grösstenteils ungleichmässige. Denn von ihnen sind häufiger nur zwei breit und vier schmal, seltener vier breit und zwei schmal. Jede schmale Seite liegt aber einer schmalen gegenüber, jede breite einer breiten. Überdies ist jede Kristallspitze ähnlich wie der übrige Körper sechseckig; sie unterscheidet sich aber darin, dass die schmale Seite nicht immer einer schmalen gegenüberliegt, sondern manchmal eine breite einer schmalen entgegengesetzt ist. Die Spitze nimmt auch meistens nur einen kleinen Teil des Kristalls ein, den grossen der übrige eckige Körper. Gleichwohl haben manche Kristalle, die man an den Felsen des Blocksbergs [Brocken] angewachsen findet, umgekehrt eine grosse Spitze und einen kleinen Körper. Ausserdem haben die Seiten an der Spitze genauso wie am übrigen Körper, wenn sie nicht von Rauheit angegriffen sind, in der Regel eine solche Glätte, wie sie kaum durch eine künstliche Bearbeitung erreicht werden könnte». Das [**18v**] sagt Agricola [283 f.].

Von den drei hier beigefügten Abbildungen ist die erste und grösste die eines Kristalls im eigentlichen Sinn, der die ihm gänzlich zugehörige und angeborene Gestalt aufweist. Die dritte ist die eines Kristalls mit dem Beinamen Pangonius, dem die Hand eines Künstlers zwölf Kanten hinzugefügt hat. Den dritten [auf der Abbildung als 2. bezeichnet] und kleinsten hat mir Guglielmo Gratarolo aus Bergamo, ein hochberühmter Arzt und Philosoph, geschenkt. Er ist aber so klein, wie er hier dargestellt ist, auf beiden Seiten gleichermassen mit einer Spitze versehen, sei es von Natur aus oder künstlich, worüber ich im Unklaren bin. Denn alle übrigen Kristalle laufen, wenn ich nicht irre, nur auf einer Seite in eine Spitze aus. Die Basis ist dicker und formloser; mit dieser wachsen sie gewöhnlich gleichsam wie mit einer Wurzel sei es aus oder auf den Felsen und Felswänden der Berge. Gratarolo wies darauf hin, dass sich dieser auf dem Monte Baldo in der Nähe von Verona finde und es ihm eher eine Iris zu sein scheine [**19r**] als ein Kristall, wenngleich diese der Gattung der Kristalle verwandt

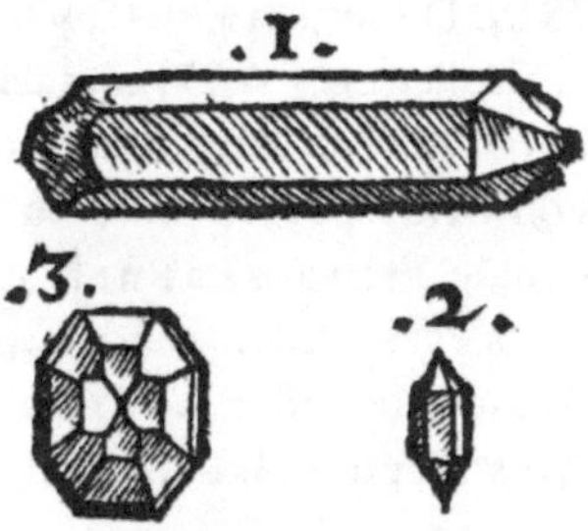

Abb. 7 1. Kristall, 2. kleiner Kristall, 3. Pangonius: geschliffener Kristall

sei. Plinius [37,137] schreibt, die Iris sei bekanntlich sechseckig wie ein Kristall. Weitere Angaben über die Iris werde ich unten im dritten Kapitel [68v–69r] anführen. In meinem Besitz befinden sich Bruchstücke von Kristallen, von denen eines eine raue und mit Rillen versehene Oberfläche hat, vielleicht gehört es zur Gattung der Iris. Denn die Kristalle sind gewöhnlich äusserst glatt.

Ein anderes Bruchstück hat innen einen verborgenen Spalt, zweifellos durch Zufall oder durch irgendeinen Schlag (meine Landsleute sagen erbellt), und mit diesem Teil ahmt es farblich die Iris nach, das heisst den Regenbogen, was auch bei anderen klaren und durchscheinenden Körpern vorkommt. Wieder ein anderes hat innen eine Art Schnee. Noch ein anderes von rauchbrauner Farbe changiert ins Rötliche. Manchmal entstehen zugleich mehrere kleine Kristalle wie angeschwollene Drüsen oder Kröpfe, ungleich in der Grösse. Im Hinblick auf die Ecken und die sich daraus ergebende Gestalt unterscheidet sich ein Kristall von einem anderen am meisten. Die Wurzel oder Basis ist bei manchen weisslich und nicht durchscheinend wie der obere Teil [**19v**]. Aus allen kann Feuer herausgeschlagen werden.

«Die Inder [37,78 f.] erfreuen sich ausserordentlich an der Länge der Berylle und erklären, sie seien die einzigen Edelsteine, die lieber nicht in Gold gefasst sein wollen; deshalb reihen sie sie durchbohrt an Elefantenborsten auf. Und man stimmt überein, dass man andere, welche von vollkommener Güte sind, nicht durchbohren dürfe. Sie fertigen aus ihnen daher lieber Zylinder[55] als Ringsteine, weil sie sich ja vor allem durch ihre Länge empfehlen. Manche glauben auch, dass sie gleich bei der Entstehung eckig sind und gefälliger werden, wenn man sie durchbohrt, weil dann der weisse Kern herausgenommen wird usw.», so Plinius [37,78 f.]. Dieser berichtet auch, dass die fünfte Art des Berylls in etwa den Kristallen ähnlich sei [37,77] und dass die Inder aus dem Kristall sowohl andere Edelsteine fälschen als auch besonders Berylle [37,79].

Von den jüngeren Autoren behauptet Marbod [Nr. 12, 193],[56] der Beryll sei sechseckig. François La Rue [1565, 40v/41r][57] schreibt, dass Berylle zur Form eines Sechsecks geschliffen werden, damit die sonst stumpfe und matte Farbe «durch den Widerschein der Winkel eine Belebung erfährt» [zitiert wird Plin. 37,76]. Für Albertus Magnus [I, ii, 2; II, ii, 2][58] ist der Beryll weiss und durchscheinend wie

55 Zylinderförmige Edelsteine wurden für Halsgeschmeide oder Ohrgehänge verwendet.

56 Marbod von Rennes (um 1035–1123) war ein französischer Theologe und Bischof; er verfasste ein Gedicht über Steine, in dem er besonders deren Heilkräfte betonte; zu Marbod vgl. Riddle 1977, 1–27. Marbods Gedicht wurde von Gessners Korrespondenzpartner Georg Pictorius mit Scholien versehen und zuerst 1531 in Freiburg und Paris und dann 1555 in Basel gedruckt; vgl. die Anm. zu fol. 100v.

57 Die von François La Rue (1520–1585) aus Lille verfasste Abhandlung *De gemmis aliquot* erschien zuerst 1547 in Paris. Gessner publizierte sie in seinen Sammelband *De omni rerum fossilium genere* (1565).

58 Zur Mineralienschrift des Albertus Magnus († 1280) vgl. Wyckoff 1967, Angel 1995.

Wasser, was man vielleicht [**20r**] auch von der siebten Art des Berylls bei Plinius [37,77] annehmen kann, die ungefähr Kristallen ähnlich ist. «Denn die erste Art ahmt die grüne Farbe (vielmehr die γλαυκότης, das heisst die helle, grünliche oder blaue Farbe) des reinen Meeres nach. Die zweite Art ist ein wenig blasser und von einem in Goldfarbe übergehenden Glanz, weshalb man vom Chrysoberyll spricht. Die dritte Art, der Chrysoprasus, ist blasser. Die vierte ahmt den Hyazinth nach. Die fünfte nennen sie ‹luftfarben› (natürlich nach der ins Weisse gehenden Farbe mit einer Spur Blau, die etwas heller ist als Grün); die sechste nennen sie ‹wachsfarben› » [Plin. 37,76 f.],[59] nach der Farbe des Wachses, wie ich vermute. So dürfte jeder Beryll – mit Ausnahme der letzten Art – von blasser, das heisst von mehr oder weniger goldgelber oder blauer Farbe sein.

«Manche haben auch eine sechseckige Spitze, wie meist der Kristall und bisweilen der Diamant», sagt Agricola [181].

Über den Basalt-Stein, der mindestens vier und höchstens sieben Ecken aufweist.

Mehrere miteinander verbundene eckige Steine [**20v**] *stellen den Basalt dar. Diese Abbildung des Basalts hat mir Johannes Kentmann zukommen lassen. Von den zwei unten angefügten kleinen aber wurde mir der kleinere unter dem Namen «Diamant aus Zypern» aus Italien zugeschickt. Es ist aber ein Steinchen von geringem Wert oder vielmehr ein Fluss, der dem Diamanten oder dem Kristall sehr ähnlich ist: weiss, durchsichtig und klar. Auf den grösseren werde ich unten in Kürze eingehen, wenn ich meine Ausführung über den Basalt beendet habe.*

Plinius sagt in Buch 36, Kapitel 7 [36,58] im Rahmen seiner Ausführungen über die Marmorarten: «Die Ägypter haben in Äthiopien den sogenannten Basalt gefunden, er hat die Farbe und Härte des Eisens, wonach sie ihn auch benannt haben. Niemals fand sich ein grösserer [Basaltblock] als der im Tempel des Friedens, den Kaiser Vespasianus Augustus geweiht hat; er stellt den Nil mit 16 Kindern dar, die um ihn herumspielen, worunter man ebenso viele Ellen der höchsten Zunahme beim Anschwellen dieses Flusses zu verstehen hat.[60] Jenem soll ein Stein im Tempel des Serapis in Theben ähnlich sein, der, wie man annimmt, als Standbild des Memnon geweiht ist. Man sagt, dass dieser täglich bei Sonnenaufgang, wenn er von den Strahlen der Sonne berührt wird, Töne von sich gibt.» Soweit Plinius.

59 Gessner kürzt und ändert den Plinius-Text stark; die eigenen Kommentare zum Text markiert er durch Klammern.

60 Eine Römische Elle entsprach etwa 45 cm.

[21r]

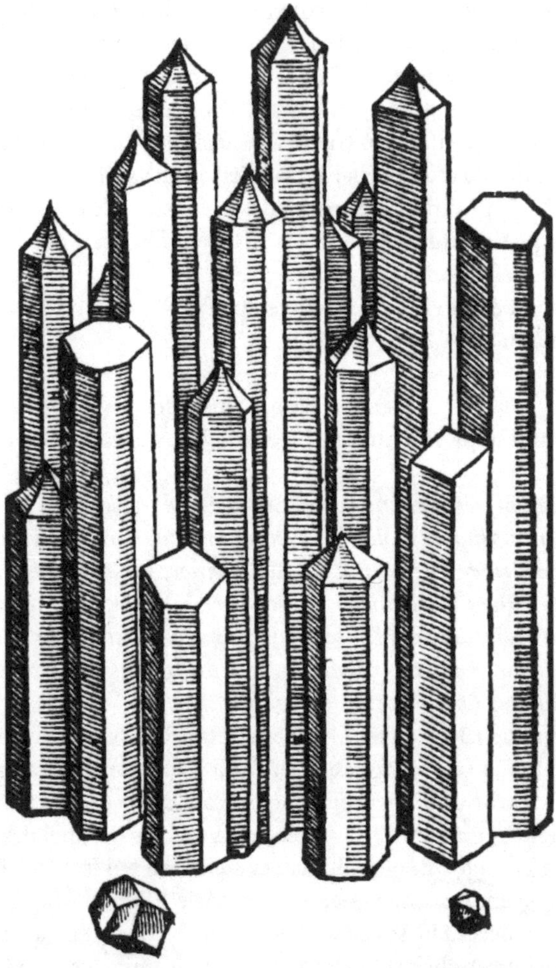

Abb. 8 1. Basaltsäulen; 2. unten links: Pyrit, 3. unten rechts: «Diamant aus Zypern»

[**21v**] «Fünf Ecken hat auch der Basalt aus Meißen [andere nennen ihn Basalt aus Stolpen oder Annaberg], aber bei ihm variiert die Zahl der Ecken: er hat nämlich mindestens vier, höchstens sieben», so Agricola [181]. Ferner sagt er zu Beginn des sechsten Buches *De natura fossilium* [276] (wo er schreibt, dass sich einige kleine Steine, die in der Regel den Edelsteinen zugerechnet werden, von bestimmten grossen allein durch die Grösse unterscheiden), dass der Siderites (über den ich unten im Kapitel 4 [82r–83r] mehr sagen werde) mit dem Basalt identisch sei. Und an anderer Stelle [178] sagt er, dass der Basalt kaum eine Schramme bekommen könne wie der Diamant überhaupt keine.

Aus dem Brief, den Johannes Kentmann mir geschickt hat:

«Das ist der Basalt, der bei Stolpen (*Stolpen ist eine Burg des Kurfürsten August von Sachsen an der Grenze zu Böhmen, drei Meilen entfernt von Dresden*)[61] wächst, von der Form und der Dicke eines gewöhnlichen Baumstammes, einzeln, aber zahlreich, und so verbunden und zusammengefügt, als wäre er von einem Tischler künstlich hergestellt worden. [**22r**] Er hat sieben, sechs und manchmal fünf Ecken, doch seltener vier, und insgesamt die Gestalt eines aufrechtstehenden Baumstammes. Aussen ist er glatt und fühlt sich keineswegs rau an; er ist eisenfarbig, schwer und gleicht in seiner Härte dem Diamanten. Auf derartig miteinander verbundenen Steinen, die 17 Ellen [9,70 m][62] aus der Erde herausragen, steht die Burg Stolpen mit den anschliessenden Gebäuden, dem Wetter auf allen Seiten frei ausgesetzt. Von ihnen werden mit grosser Gewalt Stücke abgeschlagen, die Schmiede, Goldschläger, die Gold schlagen, um es dünner zu machen, und Buchbinder für ihr jeweiliges Handwerk ganz wie einen Amboss verwenden. Es ist aber notwendig, dass die Stücke zuvor wie folgt für den Gebrauch vorbereitet werden. Nachdem sie abgeschlagen worden sind, werden sie mit einer Säge, die keine Zähne hat, sondern stumpf und abgenutzt ist, abgeschnitten. Beim Sägen wird ununterbrochen Sand dazwischen gestreut, wobei von oben Wasser tröpfelt. Auf diese Weise können sie weder schneller als in acht Tagen abgesägt werden noch für einen günstigeren Preis als drei heimische Goldgulden. Wieviel von ihnen nun aber innerhalb der Erde verborgen liegt, hat noch niemand erforscht. Was den Namen angeht, [**22v**]

---

61 Gessner präzisiert Kentmanns Angaben für eine ortsunkundige Leserschaft. Die Angabe «drei Meilen» (*tribus miliaribus*) bezieht sich auf die deutsche Meile, die zwischen 4000 und 5000 Schritte bzw. Doppelschritte umfassen konnte; vgl. Kirsch s. v. *miliarium*; H. Witthöft, s. v. Meile, LexMA 6, 471 f.; nach den Berechnungen von Herrmann 2013, 51 entsprach die deutsche Meile im 16. Jh. 8,5 km ± 1,5 km.

62 Die Angabe basiert auf der Annahme, dass Kentmann die Sächsische Elle (56,652 cm) als Mass verwendet, nicht die Römische Elle (45 cm); zum Mass der Elle vgl. Krafft 2006, LIX Anm. 16.

so hat ein gelehrter Mann vermutet, dass dieser Stein als Bisaltes (nicht Basaltes) zu bezeichnen sei nach Bisaltien, einem Gebiet in Thrakien oder Makedonien, das Plinius [4,38], Suidas [o 655 Adler] und der Grammatiker Stephanos [2,103] erwähnen, wie der lydische Stein nach Lydien und andere nach anderen Gebieten benannt sind. Dagegen spricht jedoch, dass keiner der antiken Autoren berichtet hat, dass sich diese oder eine andere Marmorart in dieser Gegend finde, während sie nicht verschwiegen haben, dass man dort Hasen mit einer doppelten Leber fange; auch über den Bisaltes-Stein, der einst von hohem Wert war, wären sie nicht hinweggegangen, wenn er dort vorkäme. Wahr ist allerdings, dass dieser Teil von Makedonien für Metalle berühmt war. Doch gewöhnlich sind nicht dieselben Orte reich an Metallen und Marmorarten. Ich glaube aber, dass unser Stein aus Stolpen gerade dem lydischen Stein, der die Farbe von Eisen hat, sehr ähnlich ist. Denn ich besitze von diesem Stein ein geschliffenes Stückchen (von dem ich auch dir etwas zusende). Ich habe herausgefunden, dass dieser geschliffene Stein nicht weniger als unser [**23r**] sogenannter ‹Index-Stein› alle Metalle annimmt. An ihm können zugleich die Reinheitsstufe und die Unterschiede der Metalle – wieviel eines das andere übertrifft – deutlich erkannt werden, ebenso wie am ausländischen Basanus. Wenn man dies alles bedenkt, kann er mit Recht ‹Meißnischer βάσανος› oder ‹Meißnischer Basalt› genannt werden, ein **Meißnischer Probierstein / oder ein Meißnischer harter eysenfarbner Marmor**. Es besteht aber kein Zweifel daran, dass das Wort ‹Basalt› selbst ein verderbter ägyptischer Name ist. Zu dieser Vermutung geben mir die Worte des Plinius an der Stelle Anlass, wo er sagt [36,58]: ‹Diesen nennen die Ägypter Basalt, er hat die Farbe und Härte des Eisens, wonach sie ihn auch benannt haben.› Ohne Zweifel haben sie jenen Namen von βάσανος übernommen; das ist der lydische Stein, der die Farbe und die Härte von Eisen aufweist und an dem Handwerker Gold und Silber prüfen, nach dem Verb βασανίζω, das ‹prüfen› bedeutet; wenn nicht umgekehrt eher dieses Verb von dem Stein abgeleitet ist.»

Das hat Kentmann mir geschrieben, der mir auch die Bruchstücke von diesem Stein geschickt hat und [**23v**] ein daraus geschliffenes Wetzsteinchen [*coticula*], an dem sich die Anzeichen von Gold, Silber und anderen Metallen, die daran gerieben wurden, so deutlich zeigen, dass es nicht richtig zu sein scheint, diesem Stein einen anderen Namen als «Wetzsteinchen» oder «Basanus» zu geben, zumal es für ihn, soweit ich weiss, in keiner Kultursprache einen anderen Namen gibt. Denn bei den Griechen erwähnt ihn überhaupt niemand, wenn ich nicht irre, von den lateinischen Autoren aber erwähnt ihn nur Plinius [36,58][63] einmal, wobei er nicht

63 Nach dem Bamberger Codex wird das tradierte *basaltes* in den modernen Plinius-Ausgaben seit Sillig 1851 zu *basanites* korrigiert. Zu der von Agricola für den Basalt von Stolpen eingeführten Bezeichnung «Basalt», die auf dem genannten Überlieferungsfehler bei Plinius beruht, vgl. Krafft 2006, XLVII–XLIX.

den lateinischen, sondern den ägyptischen oder eher äthiopischen Namen «Basalt» verwendet. Nicht einmal jene Deutschen, bei denen er entsteht, benennen ihn mit irgendeinem eigenen Namen. Umso mehr verdanke ich dem Eifer des äusserst gelehrten Kentmann, der mir als Erster von allen die Beschaffenheit dieses Steins und andere Namen in anderen Sprachen, mit denen er zu Recht bezeichnet werden kann und muss, aufgezeigt hat. Seiner Vermutung freilich pflichte ich meinerseits umso leichter bei, weil ich weiss, dass die äthiopische Sprache dem Hebräischen verwandt ist. *Barsel* aber bedeutet im Hebräischen «Eisen» und *Barseli* «eisern» [**24r**]; ich vermute, dass die Namen der Steine «Basalt» und «Basanus» Verballhornungen davon sind und dass der Basalt identisch ist mit dem kleineren Basanus, der bearbeitet und geglättet wurde (nicht mit dem Siderites wie Agricola [276] glaubte). Wenn es sich aber nicht um den Siderites des Plinius [37,58] handelt, der mit dem Diamanten verwandt ist, könnte er, wenn ich mich nicht irre, dennoch mit demselben Namen bezeichnet werden, weil er das Eisen im Hinblick auf die Farbe und die Härte nachahmt und auf Deutsch auch **ein Eysenstein** [heisst]. Denn **Goldstein** und **Probierstein** wird er erst dann zu Recht genannt werden, wenn er schon zum Prüfen von Gold und Silber zu einem Wetzsteinchen gebildet und geglättet wurde. Er scheint aber von Plinius zu Recht den Marmorarten zugerechnet zu werden und eher ein Marmor als ein Felsgestein zu sein.[64] Denn Marmor (der fast in jeder Sprache seine Benennung beibehält) muss ganz hart sein und sich glätten lassen, bis er glänzt; daher hat er bei den Griechen den Namen μάρμαρος παρὰ τὸ μαρμαίρειν [Marmor nach dem Glänzen]. Die Hebräer bezeichnen ihn mit einem Namen, der *saxum* [Felsgestein] ähnlich ist, als «Schaisch». Doch haben die übrigen Marmorarten keine bestimmte Gestalt, wie sie der Basalt hat [**24v**], so dass ich über diesen Namen nicht streiten möchte, wenn jemand diesen eine eigene Steingattung sein lassen will oder ihn mit einem allgemeinen Namen lieber «Fels» [*petra*] als «Marmor» oder «Felsgestein» nennen will. Galen weist im neunten Buch *De simplicibus medicamentis* [XII 194,5 K.] πέτρα als Oberbegriff harten und weniger harten Steinen zu, für den die antiken Autoren πέτρα ἀσία gesagt hätten, wobei sie behaupteten, dass aus verbranntem Fels Kalk entstehe. Er tadelt aber Herakleides von Tarent[65] und einige andere, die den Namen «Fels» nur für eine einzige Art eines sehr harten Steins verwenden, aus der allein Kalk entstehe.

Nachdem ich das geschrieben hatte, bin ich auf eine Stelle bei Agricola im siebten Buch *De natura fossilium* [315 f.] gestossen, die ich hier anführen zu müssen glaubte: «Die Natur bringt auch Säulen hervor, bald runde wie die aus Syenit-Stein

64 Gessner bezieht sich vielleicht auf Plinius' Erwähnung des als *sideritis* bezeichneten Magnetsteins in 36,127, im Anschluss an die Besprechung des Marmors.

65 Herakleides von Tarent (Tarantinos) war ein empirischer Arzt des 1. Jh. v. Chr.; sein Werk ist nur durch Erwähnungen und Zitate bei anderen Autoren, z. B. bei Galen, bekannt.

in der Thebais zwischen Syene und Philai, bald eckige, wie die aus Basalt in Meißen. Beide Arten sind aber ziemlich eng miteinander verbunden. In der Thebais gibt es jedoch bisweilen einige alleinstehende. An beiden Orten scheinen die einen auf die anderen aufgesetzt zu sein, und zwar [**25r**] die kleineren auf die grösseren. Von denen aus Meißen aber sind die grössten eineinhalb Fuss [0,45 m] dick und 14 Fuss [4,2 m] hoch; von denen aus der Thebais sind die grössten zwölf Fuss dick [3,6 m] und manchmal 100 Fuss [30 m] hoch oder mehr, wie man an den Obelisken erkennen kann, welche die ägyptischen Könige errichten liessen.» Soweit Agricola, der an anderer Stelle [310] auch sagt, dass der Basalt aus Meißen dem äthiopischen weder im Hinblick auf die Farbe noch auf die Härte nachstehe. Die Wetzsteinchen werden nun, wie ich dargelegt habe, aus Basalt gemacht oder können aus Basalt gemacht werden. Man findet sie jedoch von selbst entstanden in Flüssen: «einst alle im Tmolos, heute in den Bächen bei Hildesheim und Goslar, usw.».[66] Siehe dazu Agricola [272] im fünften Buch *De natura fossilium*.

Manche Pyrite haben die Gestalt eines Oktaeders oder Dodekaeders. Ich höre, dass es in der Provence in Frankreich einen hohen Berg mit dem Namen Marinaux gibt, auf dem man Kristalle oder ihnen ähnliche Steinchen mit sechs Ecken oder vielmehr sechs Flächen findet; einige sind weiss und durchsichtig, andere grünlich, usw. Einen solchen von etwa roter Farbe, undurchsichtig, beinahe [**25v**] von der Grösse einer Haselnuss und äusserst hart hat mir Peeter Coudenberghe, ein vortrefflicher Apotheker aus Antwerpen geschickt. Eine Abbildung dieses Steins habe ich vor kurzem [21r] der Darstellung des Basalts unten beigefügt; es handelt sich aber um den grösseren der beiden unten Beigefügten.

«Der Pangonius ist nicht länger als ein Finger [1,8 cm]. Durch die zu grosse Zahl seiner Ecken wird sichergestellt, dass er nicht als Kristall erscheint», so Plinius in Buch 37, Kapitel 10 [37,178].[67] Agricola [482] führt [für Pangonius] die Übersetzung «ein Kristall mit zwölf Ecken», **Ein zwölffeckechter Cristall**, an. Ich habe oben [18v] die Abbildung eines Pangonius dargestellt, der nicht natürlich entstanden ist, sondern bearbeitet wurde. «Manchmal formt die Natur ein Kristallgemenge», so Agricola [285], «mit mehr als sechs Ecken und bildet einen Edelstein, den die Griechen deshalb Pangonius nennen. Wenn man diesen an denselben Stellen wie den Kristall findet – man findet ihn aber äusserst selten –, ist er diesem gewöhnlich an Farbe, Durchsichtigkeit und Glätte sehr ähnlich. Wenn er aber an ihm eigenen Stellen gefunden wird, ist er meist dunkel und überall voll kleiner Höhlungen, die

66 Agricolas Ausführungen beruhen auf Plinius (33,126), wo ein Fluss namens Tmolos erwähnt wird. Andere Zeugnisse für einen Fluss dieses Namens gibt es nicht. Möglicherweise ist der im Tmolos-Gebirge entspringende Paktolos gemeint; vgl. König/Winkler ^{2}2007, 172 zu Plin. 33,126.

67 Gessner las in seiner Plinius-Ausgabe *cavetur* die Ausgabe von Jan/Mayhoff druckt stattdessen *facit* (bewirkt), was sich im Bamberger Codex findet.

kleinen Waben gleichen. So einen führen die Aller und die Oker mit sich; er hat von Natur aus zwölf [**26r**] Seiten, die wie die des Kristalls in eine Spitze auslaufen. Plinius [37,178] überliefert zwar, dass er nicht länger als ein Finger sei, dennoch ist er manchmal länger, aber häufiger kürzer».

Über die Flüsse, die man im Deutschen gemeinhin flüß nennt, wonach wir auch den lateinischen Namen geprägt haben.

Auch die sogenannten Flüsse wollte ich in diesem Kapitel behandeln, da sie eine Gestalt haben, die zwar gut gezeichnet werden kann, aber ganz und gar nicht festgelegt und ungleichmässig ist. Das ist den meisten gemein, dass mehrere zugleich in ungeordneter Weise zusammenhängend und -gedrängt hervorwachsen, mit einer gewissen Ähnlichkeit zu angeschwollenen Drüsen oder Kröpfen (kropffs-weyß wie meine Landsleute sagen). Doch mit dieser Form entstehen nicht nur [**26v**] Flüsse, sondern auch einige Steine oder Edelsteine, wie manchmal Kristalle, und auf andere Weise die Steine, die nach dem Zusammenkitten der Knochen von deutschen Wundärzten Wallstein genannt werden. Bei diesen stellt meistens ein einziger zusammenhängender Stein, der ungleichmässig hervorschwillt und blasenartig ist, diese Gestalt dar. Bei den Flüssen aber füllen viele miteinander verbundene, die offenbar leicht getrennt werden können, wenngleich sie dort, wo sie einander berühren, vielleicht zusammengewachsen sind, diesen ihnen eigenen kropfartigen Klumpen. Deshalb werde ich beide an dieser Stelle behandeln, zuerst jedoch die Flüsse.

Der Fluss, dessen Bild hier [26r] beigefügt wird, ist weiss, durchscheinend und hat eine Oberfläche, die bei Licht glänzt; er ist weich, gibt, wenn man hineinbeisst, leicht den Zähnen nach, und hat so gut wie keinen Geschmack. Er hinterlässt so eine Substanz wie der eckige Stein im Mund des Kauenden. Wenn man ihn bei mässigem Feuer oder einer Kerze verbrennt, wird er weiss und biegsam, ähnlich wie Kalk, und verflüssigt sich nicht. Was seine Struktur angeht, so scheinen mehrere seiner Teile [**27r**] gleichsam von einem Zentrum aus zu entstehen. Dieser Fluss [*fluor*] wurde mir aus Meißen geschickt, wie auch verschiedene andere. Einen diesem ähnlichen weissen Fluss findet man bei den Bädern oder Thermen der Helvetier [Baden],[68] die an unserem Strom Limmat liegen, auf den zum Strom hin

Abb. 9 Fluss (vermutlich eine Gipsrose)

68 *Aquae Helveticae* lautet der inschriftlich belegte Name einer römischen Siedlung auf dem Gebiet des heutigen Baden im Aargau.

gewandten Felsen. Dieser scheint beim Kosten zuerst geschmacklos zu sein, dann erzeugt er einen scharfen Geschmack im Mund mit Trockenheit und einem leichten Gefühl des Erstickens, so dass ich vermute, dass er in etwa die Beschaffenheit von Gips hat und nicht ungiftig ist. Ob es sich nun so verhält oder anders, jedenfalls muss man die Betrüger unter den Apothekern sehr tadeln, die verschiedene Flüsse anstelle von verschiedenen Arten Gummi in Medikamente hineinmischen. Dass sie das tun, schreibt Agricola gegen Ende des fünften Buches *De natura fossilium* [273].[69] Und an eben dieser Stelle sagt er [273 f.]: «Es bleibt noch, dass ich über die Steine spreche, welche meine Landsleute danach benannt haben, dass sie in Brennöfen geworfen ‹fliessen› (sie werden nämlich im Feuer leicht flüssig). Davon gibt es drei Gattungen: Eine ist verschiedenen durchsichtigen Edelsteinen überaus ähnlich. [**27v**] Die zweite ist ihnen nicht sehr ähnlich. Denn meist ist sie nicht durchsichtig, selten teilweise, noch seltener ganz. Jene findet man in der Regel verstreut in Silbergruben und anderen Bergwerken, diese oft reichlich in den ihr eigenen Adern. Die dritte, aus der man Glas herstellt (obwohl es sich auch aus den beiden anderen herstellen lässt), ist vornehmlich Sand, ἄμμος ὑαλίτις [Glassand], usw. [274] Dieser Stein ist weniger hart als der Silex, weshalb man ihm auch kein Feuer entlocken kann. Er ist nicht durchsichtig, sondern hat selbst viele Farben: Weiss, Gelblich, Aschgrau, Braun, Schwarz, Grün, Blau, Gelbrot und Rot. Solche Steine finden sich aber in Gebirgsgegenden an Flussufern und allerorten auf manchen Äckern. Ziemlich selten sind sie innen und aussen schwarz. Wie auch immer sie gefärbt sind, oftmals ziehen Adern in einer anderen Farbe durch sie hindurch, usw. Dieser Stein lässt sich verschiedentlich verwenden: mit ihm, welche Farbe er auch immer hat, werden Strassen gepflastert (**Gassenstein** und **Bsetzstein** nennen ihn meine Landsleute). Der blaue wird der Tannenasche beigemengt, wenn man aus ihr eine andere Asche herstellt, welche die Färber [**28r**] verwenden. Der weisse wird gebrannt, zerstossen und gesiebt, und daraus werden Sande hergestellt, aus denen man Glas schmilzt; je weisser, desto brauchbarer sind sie. [273] Die Steine der zweiten Gattung haben jedoch nicht so viele Farben wie die der ersten und selten liebliche. Sie sind nämlich meist blässlich, schwärzlich oder gelblich. Weil sie im Feuer schnell flüssig werden, fügt man sie Erzen hinzu, wenn man aus ihnen Metalle ausschmilzt. Die Steine der ersten Gattung können nicht geschliffen werden, weil sie zu weich sind. Wenn die Natur jedoch irgendwelche von ihnen geglättet und ihnen eine passende Form gegeben hat, fassen Goldschmiede sie wie Edelsteine in Ringe oder eine Krappenfassung ein.»[70] Das sagt Agricola. Ich sehe,

69 Agricola (273) spricht allerdings vom Bimsstein (*pumex*).

70 Gessner (fol. 27r–28r) zitiert Agricola (273 f.) mit Auslassungen, die durch «usw.» angedeutet werden, und mit Umstellungen; so führt Gessner im Anschluss an den Überblick über die drei Gattungen zunächst die Details zur dritten Gattung an und trägt Beobachtungen zur zweiten und ersten Gattung nach.

dass man den deutschen Namen **Flüß** nur der ersten und der zweiten Gattung zuweist. Denn in der deutschen Übersetzung der Metallnamen schreibt derselbe Agricola [479]: «Steine, die im Feuer flüssig werden, der ersten Gattung [nennt man]: **Schöne flüsse**, die der zweiten Gattung: **Flüsse zum schmelzen / Flockquerze**, die der dritten Gattung: **Querze oder** [**28v**] **Kiselstein**.» Zu den Steinen der dritten Gattung, mit denen man Strassen pflastert, habe ich mich bereits weiter oben [14v] bei den runden *res fossiles* ausführlich geäussert. Zu den Flüssen scheint derselbe Agricola auch den Stein Morion zu zählen, denn er sagt [481], dass er auf Deutsch mit dem Oberbegriff **Flüß** bezeichnet werde. «Das Morion», sagt er im sechsten Buch *De natura fossilium* [301], «ist als einziger unter den schwarzen (Edelsteinen) durchscheinend. Es kommt im Meißner Land vor, in den Voralpen, in Zypern, Tyros, Galatien und Indien. Es hat entweder eine tiefschwarze Farbe – dieser Stein wird Pramnion genannt –, oder eine mit Schwarz vermischte andere Farbe, und zwar die eines Karfunkels, eines Sarders oder Hyazinths; so einen gräbt man im Meißnischen Wolkenstein aus. Das Morion scheint aber die Basis dieser Edelsteine zu sein und aus einer dickeren Flüssigkeit, die sich ablagert, zu entstehen. Doch hat man den Edelstein, den man, wie ich gesagt habe, Pramnium nennt, bei uns mit einer Kristallbasis gefunden, während er selbst tiefschwarz war, ähnlich seine Spitze. Denn er hatte eine sechseckige Gestalt wie ein Kristall. Eine solche hat auch der in Wolkenstein gefundene, in den [**29r**] ein Hyazinth ausläuft. Diese Edelsteine werden ebenso geschnitten wie der Kristall.» An anderer Stelle [278] hatte Agricola gesagt, dass sich auch das Morion leicht schneiden lasse.

Das Pramnion ist vielleicht nach der Farbe des Pramnischen Weins, der in der Gegend von Ephesos wächst, benannt worden. An derselben Stelle sagt Agricola ein wenig früher [300]: «Ich habe einen in unseren Bergwerken zutage geförderten Klumpen gesehen, der aus mehr als 60 Chrysolithen bestand, die alle viereckig waren. Der grösste war eine Unze breit [2,5 cm] und zwei Finger [3,6 cm] lang; aber alle waren so weich, dass man sie nicht schleifen konnte.» So Agricola. Es dürfte sich allerdings auch bei diesen um Flüsse handeln, was ich sowohl aus der Tatsache schliesse, dass mehrere verbunden sind, als auch aus ihrer Weichheit. Weitere Ausführungen über die Flüsse finden sich bei Entzelt im ersten Kapitel des dritten Buches [1551, 156 f.].

Im Anschluss an die Flüsse will ich noch Weniges über jene Steine sagen, die aus Wasser entstehen und daraus, wenn es versteinert, allmählich an der Stelle zusammenwachsen, wo das Wasser herabfliesst. Sie haben entweder die Gestalt eines Eiszapfens oder einer Pyramide. («Manche Steine und geronnene Flüssigkeiten stehen wie Eiszapfen in Höhlen [**29v**] oder hängen von deren Deckengewölben», so Agricola [181]. Und an anderer Stelle [310] sagt er: «Der weisse Marmor, den man in Deutschland findet, ist manchmal in der Form von Eiszapfen geronnen.») Oder sie sind von einer breiteren, krustenartigen Form, die angewachsen ist, wie auch in Kesseln, wie es sich besonders bei Bassins in Bädern zeigt. Auch den Wasserröhren der Thermen, in denen gewöhnlich warmes Wasser lange Zeit gekocht oder aufbewahrt wird, haften Steinkrusten an. Steine dieser Art würde ich wohl auf Griechisch als ὑδρογόνους[71] bezeichnen zu dem auf der drittletzten Silbe betonten Nominativ ὑδρόγονος, dessen Bedeutung passiv ist und «aus dem Wasser hervorgebracht» bedeutet. Gewässer aber, welche die Wirkung haben, die Gegenstände, die in sie hineingeworfen oder in ihnen versenkt wurden, in Stein zu verwandeln, möchte ich als λιθογόνα ὕδατα [steinbildende Gewässer] bezeichnen – mit der Betonung auf der vorletzten Silbe und der aktiven Bedeutung, dass sie Steine hervorbringen, τὰ ἀπολιθοῦντα. Zu derartigen Gewässern siehe Seneca, *Naturales Quaestiones*, Buch 3, Kapitel 7 [3,20,4], und Strabon, Buch 13 [13,4,14] über das Wasser, das sich zu Stein verhärtet, und Christoph Entzelt [**30r**] im dritten Kapitel des dritten Buches über die Steine und Edelsteine [1551, 158–165]. So verwandeln sich auch in Karlsbad in Böhmen Wassertropfen in die Substanz von Kalk oder Gips. Die deutschen Wundärzte nennen Steine dieser Art, besonders diejenigen, die Eiszapfen ähnlich oder krustenartig sind, aber durch einige hervorragende Buckel ungleichmässig, **Wallstein**, als würde man sie Osteocolle [Knochenkleber] nennen. Denn sie glauben, dass sie, wenn man sie Pflastern beigibt, die Kraft besitzen, Knochen zusammen zu kitten, besonders die von kleinen Kindern. Hieronymus Brunschwig erwähnt sie in seinem in deutscher Sprache verfassten Chirurgiebuch [1513, XCIX]. Zwei Arten davon füge ich hier unten abgebildet an.

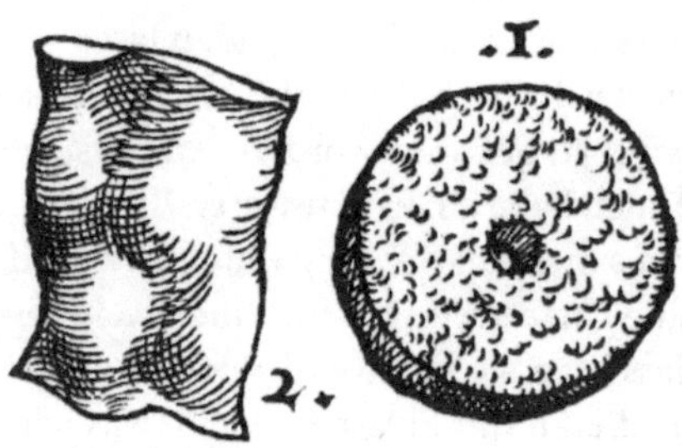

Abb. 10 1. Mühlstein, 2. Osteocoll

1. *Ein Mühlstein.*
2. *Ein krustenartiger Osteocoll, den man mit einem erfundenen Namen auch als* πλακόλιθος *bezeichnen kann.*

71 Die Kasusendung (Akkusativ Plural) wurde hier beibehalten, da Gessner die Wortform thematisiert und im Folgenden noch den Nominativ Singular anführt.

[30v]

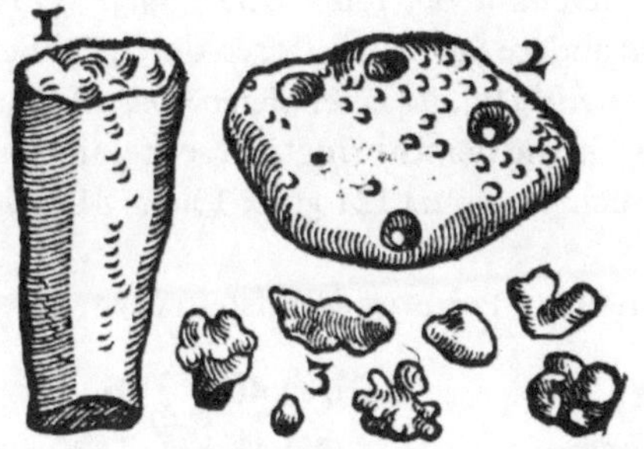

Abb. 11 1. Wallstein oder Tropfstein, 2. durchlöcherter Silex, 3. schneeweisse Steinchen

1. Ein steinerner Zapfen, den die Deutschen **ein Wallstein** nennen, ich persönlich aber **ein Tropffstein**, das heisst einen Tropfstein. Einen weissen, schweren und harten Stein, der im Inneren glänzt, von dieser Gestalt (von einer verstümmelten Pyramide und mit einer abgebrochenen Spitze) aus einer wundersamen unterirdischen Höhle in Deutschland, die man **Baumanshol** [Baumannshöhle] nennt, hat Johann Reiffenstein, ein Mann vornehm im Hinblick auf seine Abstammung und noch vornehmer durch seine Gelehrsamkeit und Tugend, mir zugeschickt.[72]

2. Ein von Natur aus oder aufgrund eines Vorfalls, dessen Kenntnis sich uns entzieht, mit einigen Löchern durchbohrter Silex. Solche Steine suchen aber einige abergläubische Weiblein bei Sturzbächen und Flüssen [31r], weil sie törichterweise davon überzeugt sind, dass Kühe, die mit Blut vermischte Milch geben, geheilt würden, wenn man sie melke, nachdem man ihre Zitzen in diese Löcher gesteckt habe.

3. Einige schneeweisse Steinchen, äusserst klein und sehr hart, die Peeter Coudenberghe, ein Apotheker, aus Antwerpen geschickt hat. Sie werden, weil sie die Farbe von Gips haben, mit einem erfundenen Deminutiv als «Gypselli» bezeichnet werden können.

Theophrast [lap. 2][73] scheint der Ansicht gewesen zu sein, dass solche ὑδρογόνοι Steine ἐκ συρροῆς, das heisst allmählich «aus dem Zusammenfliessen» von Wasser und Tropfen, entstehen. Ich habe einmal ziemlich dicke von kropfförmiger Gestalt gesehen, innen rötlich-glänzend und stinkend. Solche findet man im Dorf Andelfingen im Gebiet von Zürich. Es gibt Leute, die glauben, dass von solchen Gewässern, die Tuffsteine und Steine hervorbringen, auch Kröpfe, das

72 Der aus Stolberg im Harz stammende Humanist Johann Wilhelm Reiffenstein (1520–1575) widmete sich der Wissenschaft. Gessner zitiert aus einer von Reiffenstein verfassten und noch unveröffentlichten «Beschreibung des Harzwaldes», vgl. fol. 155v.

73 Der vor allem für seine botanischen Arbeiten bekannte Philosoph Theophrast (371–287 v. Chr.) hat eine kurze Schrift über Steine (*De lapidibus*) verfasst, aus der Gessner häufig zitiert; vgl. Einleitung 2.6.1 zu den Quellen des Plinius. In den Kapiteln 7 bis 11 zitiert Gessner zudem aus der Pflanzenkunde (*Historia plantarum*) Theophrasts.

heisst Drüsenschwellungen an der Kehle, hervorgerufen werden können. Siehe dazu Julius Caesar Scaliger, *Exercitatio* 60, Teil 2 [1557, 90r].[74] Ob sich aber auch Nieren- und Blasensteine und andere Steine bei Tieren durch häufiges Trinken aus diesen Gewässern bilden können [**31v**], ist zu erwägen. Dass Amomum, wenn es mit Wasser gekocht wird, das Steine hervorbringt, dieses reinige, habe ich in den *Euporista* des Dioskurides, Buch 2, Kapitel 121 [120; 1565, 781] gelesen.

Vom Bimsstein, Porus und Tuffstein usw.

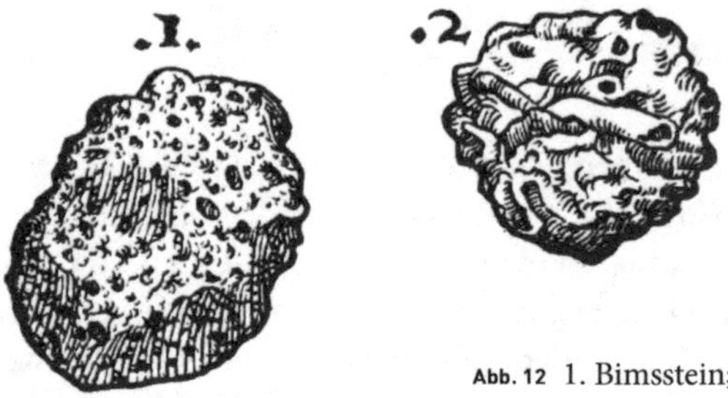

Abb. 12 1. Bimsstein; 2. Stein mit Röhren

Die als Bimsstein, Porus und Tuffstein bezeichneten Steine hätten vielleicht den Schwämmen im Kapitel über die Wassertiere zugeordnet werden können, weil sie ähnlich viellöcherige Körper haben (um es so auszudrücken, wie die Griechen πολύτρητα sagen und Plinius «vieltürige Höhlen» [8,218]), voll von äusserst zahlreichen winzigen Höhlungen oder kleinen Höhlen und Löchern. Doch ich wollte sie lieber hier am Ende dieses ersten Kapitels [**32r**] erwähnen, weil die Kanäle, das heisst die Gänge und Höhlen, weil sie auch inwendig sind und die inneren Teile durchdringen, einen Unterschied der Gestalt eher als der Form darzustellen scheinen. Die Form besteht nämlich eher an der äusseren Oberfläche und in den Unterschieden der äusseren Gestalt; ich meine hier die Form, die zusammen mit der Gestalt unter der dritten Art der Kategorie «Qualität» genannt wird. Agricola sagt im fünften Buch *De natura fossilium* [272]: «An Orten, die einst gebrannt haben oder auch jetzt brennen, findet sich Bimsstein; er wurde aus Erde oder Stein ausgeschmolzen und zu dieser Gestalt geformt, so etwa auf dem Mons Modernus[75] und dem Vesuv in Kampanien, auf Ischia, auf den äolischen Inseln usw. Man gräbt ihn auch bei Koblenz in Deutschland aus. Der Bimsstein aber wird, wie Vitruv [2,6,2] bezeugt, ‹Schwammstein› [*spongia*] genannt, da er genau wie ein Schwamm voll von Röhren ist. Bei den Griechen aber wird er κίσσηρις genannt (*wie wenn man ihn als wurmstichig bezeichnete*), weil er gleichsam von Würmern (welche

74 Zu Scaliger vgl. die Einleitung 2.7 und die Anmerkung zu fol. 141v.

75 Es handelt sich um den Monte Nuovo genannten Vulkankegel, der 1536 bei einem Vulkanausbruch in den Phlegräischen Feldern, zwischen Pozzuoli und Neapel, entstand.

die Griechen κίας[76] nennen) zerfressen zu sein scheint. Theophrast [lap. 19] [**32v**] nennt den Bimsstein auch Alcyonium, weil er sich aus dem Meerschaum gebildet hat. Die Bimssteine unterscheiden sich voneinander. Denn erstens haben nicht alle ein und dieselbe Farbe, sondern sie sind entweder schwarz, aschgrau oder weiss. Dann sind die einen weich und können mit der Hand zu Sand zerrieben werden, die anderen sind hart. Ferner sind alle durchlässig und leicht wegen der Röhren, die Luft in sich enthalten. Aus diesem Grund schwimmen sie auf dem Wasser, wie auch die anderen porösen Steine, auch wenn sie gross sind; dazu gehört der Thyrraeus [Plin. 2,233][77] und ein zweiter von der Insel Nisyros [Theophr. lap. 21], wenn dieser sich überhaupt vom Bimsstein, den man ebenfalls dort findet, unterscheidet», usw. [Agricola 272]. Mehr über den Bimsstein und seine drei Arten sagt Julius Caesar Scaliger in der *Exercitatio* 134 in *De subtilitate* [1557, 190r]. «Der Begriff Bimsstein hat zwei Verwendungsweisen», sagt Ermolao Barbaro[78] im *Corollarium* zu Dioskurides 960 [1516, Nr. 960], «die eine ist allen bekannt, nach der anderen werden so auch die übrigen von den Jahren zerfressenen Steine genannt; solche, die, wie Plinius [36,154] sagt, ‹in Gebäuden, [die] man Grotten [*musaea*] nennt, herabhängen, um ihnen künstlich das Aussehen einer natürlich entstandenen Höhle zu geben›, bezeichnet man heute danach [**33r**] gewöhnlich als Musaica», usw. Dass einige Bimssteine künstlich hergestellt sind, wobei sie aus einer anderen Art Stein herausgeschmolzen werden, schreibt Vitruv [2,6,2]. Nach Theophrast [lap. 14] entstehen Bimssteine auf Melos manchmal in einem anderen Stein. Agricola [483] übersetzt Bimsstein mit **Pims oder Kraustein**, und fügt hinzu: «Aber auch die aus Sandstein gemachten Steine, mit denen wir uns die Füsse abreiben, werden gewöhnlich **Kraustein** genannt.» «Nach Dioskurides [5,124] erkennt man den Assischen Stein an der Farbe des Bimssteins (κισσηρώδης τὴν χρόαν [bimssteinartig gefärbt]); er ist durchlässig, leicht und bröckelig», usw. [Agricola, 372]. Auch der bei antiken Autoren als der ‹Phrygische› bezeichnete Stein «ist eine bimssteinartige Masse», usw. [Agricola, 270]. «Der Acopis-Stein ist dem Natron ähnlich;[79] er ist bimssteinartig und sternartig mit goldenen Tropfen versehen», sagt Plinius [37,143]. «Im Tmolos-Gebirge entsteht ein dem Bimsstein ähnlicher Stein, der selten zu finden ist: dieser ändert viermal am Tag seine Farbe», sagt Plutarch

76 Der von Gessner gebrauchte Akkusativ Plural κίας (zu κίς, κιός m., «Rüsselkäfer», nach Gessner: «Wurm») wird hier beibehalten, da der Nominativ Plural nicht belegt ist.

77 Gessner zitiert Agricola, der die Bezeichnung (*lapis*) *Thyrraeus* von Plinius (2,233) übernimmt; Gessners *Tyrrhaeus* wurde in Anlehnung an Agricola korrigiert. Nach der kritischen Plinius-Ausgabe von Jan/Mayhoff ist *Thyrreus* (2,233) in Anlehnung an Plin. 36,130 zu *Syrius* zu korrigieren, so dass auf einen Stein von der Insel Syros verwiesen wird.

78 Gessner zitiert aus dem Dioskurides-Kommentar des italienischen Humanisten Ermolao Barbaro (1453/1454–1493), der 1516 im Druck erschienen war.

79 Moderne Plinius-Ausgaben ergänzen das im Bamberger Codex tradierte *colore*, wodurch deutlich wird, dass eine Ähnlichkeit im Hinblick auf die Farbe bestand.

in seinen Ausführungen über den Paktolos in *De fluviis* [Ps. Plut. fluv. 7,6]. Ich habe auf einem Berg oder Hügel nicht fern von der Stadt Rottweil und dem Fluss Neckar grosse Felsen gesehen, gleichsam aus dem Mauerwerk von Grotten [*opere ceu Musaico*] und sehenswert im Hinblick auf ihre Beschaffenheit.[80]

Der Porus, πῶρος, (mit ω und Zirkumflex [**33v**]: denn mit einem kurzen o bedeutet *porus* «Gang») ist vielleicht derselbe Stein wie der Tuffstein [*tofus*]; dieser Begriff ist lateinisch, jener aber griechisch. «Milder als der Sarcophagus (oder der Assische Stein), dadurch dass sie Körper erhalten und nicht aufzehren, sind der Chernites, der dem Elfenbein sehr ähnlich ist (in einem Sarg aus diesem Stein soll Dareios beigesetzt worden sein), und der sogenannte Porus, der dem parischen Marmor im Hinblick auf die weisse Farbe und seine Härte ähnlich ist, aber weniger schwer», sagt Plinius in Buch 36, Kapitel 17 [36,132]. Den Porus erwähnen auch Theophrast [lap. 7] und Aristoteles im dritten Buch *De generatione animalium* [hist. an. 521a, 21 B.], wo Gaza [1550, 44] «Tuff» übersetzt, sowie Hippokrates [Galen, voc. Hipp. gloss. σ 70 = CMG V 13,1, p. 266] noch vor Aristoteles. Plinius scheint ihn im elften Buch [11,203] (sagt Scaliger [Exerc. 135; 1557, 190v]) für Tuffstein zu halten, wenn er erwähnt, dass man Tuffstein im Magen junger Kühe gefunden habe. Die Grammatiker[81] [Calepino 1562, s. v. *tophus*] sagen, dass Tuffstein eine Art rauer Stein sei, der sich leicht in Sand auflösen lasse. Plinius [sagt] in Buch 17 [17,29]: «Denn Tuffstein ist von Natur aus rau[82]». Columella nannte im vierten Buch [4,22,8] den Tuffstein «sandig» und «übermässig trocken durch Sand».[83] Mehr über den Tuffstein sagt Scaliger [**34r**] in der *Exercitatio* 57 in *De subtilitate* [1557, 87v]. Agricola [486] übersetzt ins Deutsche **Toffstein** oder **Topstein**, meine Landsleute sagen **Tugstein**. Der Assische Stein ist nicht hart wie Felsen, sondern πωροειδής [porosartig] im Hinblick auf seine Farbe und Dichte, so Galen [De simpl. = XII 202,5 K.]; πωρεὶας λίθου [aus Poros], sagt Strabon in Buch 17 [17,1,34] von Steinchen, die Linsen ähnlich sind, usw.

Dem Aussehen des Bimssteins und Tuffsteins kommt auch jener Salzschaum sehr nahe, der, wenn grosse Eisenschüsseln voller Salzwasser aufsieden, gewöhn-

80 Gessner bezieht sich wahrscheinlich auf den für die Gegend von Rottweil typischen Oberen Muschelkalk.

81 Gessner übernimmt die Erklärung aus dem *Dictionarium* des Lexikographen Ambrogio Calepino; das Wörterbuch wurde 1502 erstmals gedruckt und später erweitert; verwiesen wird hier auf die Ausgabe, die in der Offizin von Curio 1562 in Basel gedruckt wurde.

82 Gessner las in seiner Plinius-Ausgabe *natura scaber* («rau»), nach der Plinius-Ausgabe von Jan/Mayhoff wird der Tuff als *friabilis* («bröckelig») beschrieben.

83 Columella schrieb im Rahmen einer Aufzählung von schlechten Böden, die Rebpflanzen eingehen lassen: … *harenosus etiam tofus vel plus iusto ieiunus sabulo* («auch sandiger Tuff und übermässig trockener Sand»). Gessner zitiert etwas sinnentstellend; aus Columellas Nominativ *sabulo* («grobkörniger Sand»/«Kies») wird bei ihm ein Ablativ des synonymen Begriffs *sabulum*, der das bei Gessner auf den Begriff Tuff bezogene Adjektiv *ieiunus* («trocken»/«mager») erklärt.

lich herabfliesst und sich zu der bimssteinartigen Gestalt verdickt, die ich hier [Hinweis am Rand: auf der folgenden Seite] dargestellt habe. Die Zahl 1 verweist auf den Schaum oder die Ausflockung des Salzes, die man in den Salinen von Burgund sammelt, die 2 auf die Ausflockung, die man in den deutschen Salinen im Inntal [sammelt]. Darüber sage ich mehr in meinem Zusatz zu Cordus' Büchlein *De Halosantho* [1565, 25r].

1. *Steinsalz.*[84]
2. *Salzschaum aus dem Burgund.*
3. *Ebenfalls Salzschaum aus Hall am Inn.*

[**34v**]

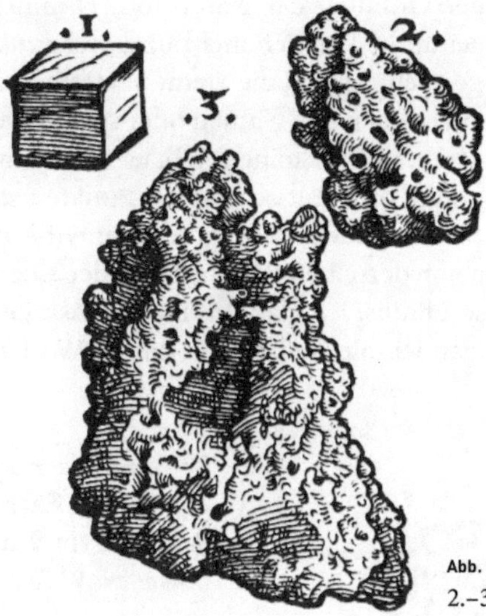

Abb. 13 1. Steinsalz, 2.–3. Salzschaum

Abb. 14 1. Mutter der Rubine, 2. Saphir in einem Bleigriff (medizinisches Instrument)

Am Ende dieses ersten Kapitels wollte ich auch diesen Holzschnitt beifügen: Die Zahl 1 zeigt ein Felsgestein, das man, weil darin Rubin-Edelsteine entstehen, in Joachimsthal «Mutter der Rubine» nennt [**35r**], wenn ich mich recht erinnere. Diesen Stein hat mir einst Georg Fabricius geschickt. Die Zahl 2 verweist auf einen Saphir, der in einem Griff aus Blei eingeschlossen ist, damit Geschwüre mit die-

84 Das Steinsalz wird in dem Textabschnitt, welcher der Bildlegende vorausgeht, nicht erwähnt; die im Text selbst und in der Bildlegende vorgenommenen Nummerierungen stimmen daher nicht überein.

sem Edelstein von der Hand des Arztes, der ihn hält, umso bequemer gestreichelt werden können. Das tun auch heute einige; ich habe noch nicht erfahren, mit welchem Ergebnis. Einst wurde von Avicenna[85] diese Kraft [zur Heilung von Geschwüren] dem Saphir zugeschrieben und von Epiphanios [1,5] zur Heilung von Blattern und Geschwülsten.

Über die Steine, die etwas mit den Sternen,
der Sonne, dem Mond oder den Elementen gemeinsam haben.
Zweites Kapitel

Damit ich wie nach der Ordnung der Natur vom Himmel zu den niedrigeren Körpern und von den einfachen zu den mehr und mehr zusammengesetzten voranschreite, will ich in diesem Kapitel die Steine vorstellen, die mit dem Himmel, den Sternen oder den Elementen den Namen oder sonst etwas gemeinsam haben.

[**35v**] Von den Pontischen (Edelsteinen) gibt es nach Plinius [37,179] mehrere Arten: «Bald mit blutroten, bald mit schwarzen Punkten sternartig versehen ist diejenige, die zu den heiligen Edelsteinen gerechnet wird. Eine andere weist anstelle der Sterne Linien von derselben Farbe auf, wieder eine andere die Bilder von Bergen und Tälern», so Plinius. Ich glaubte einmal, dass die zwei Arten von Steinen, deren Darstellungen ich hier beifüge, in diesen Worten des Plinius erkannt werden könnten.

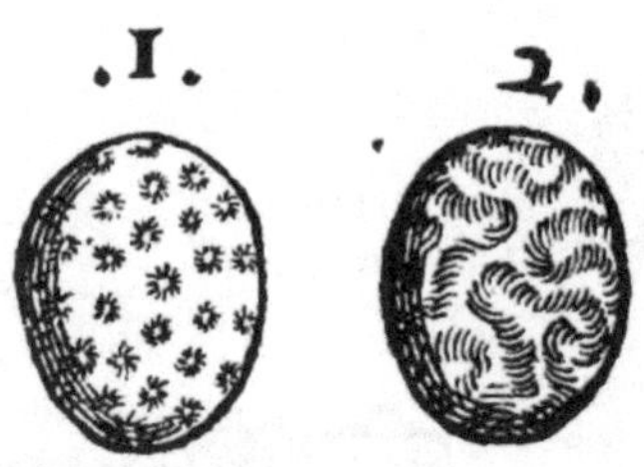

Abb. 15 1. Sternstein (fossile Korallenkolonie mit angeschliffenen Polypen), 2. Wasserstein (fossile Hirnkoralle)

Von diesen kann der erste nach den Sternen auf Deutsch **Sternstein** *genannt werden; der zweite* **ein Wasserstein** *nach der Ähnlichkeit zu Wellen.*

85 Avicenna († 1037) war auf den Gebieten der Medizin und der Philosophie bis ins 16. Jh. eine Autorität. Gessner zitiert aus lateinischen Übersetzungen seiner Werke. Die Stelle, auf die er hier verweist, liess sich nicht ermitteln. Zu Avicenna und den im 16. Jh. vorliegenden Ausgaben seiner Schriften vgl. Hasse 2016, 357–364 sowie 3–27; zu Avicenna vgl. auch Ullmann 1970, 152–156.

Es sind nämlich auf ersterem mehrere Sterne zu sehen, auf letzterem aber anstelle der Sterne andere Linienzüge, die in etwa Wellen gleichen. Aber den dritten Stein derselben Art habe ich noch nicht gesehen. Man kann einwenden, dass es sich bei den Pontischen Steinen um Edelsteine handelt, während die, die ich [**36r**] zeige, zur Gattung der Steine, nicht der Edelsteine gehören. Georg Agricola [303] zufolge sind auch die Pontischen Steine des Plinius, die man auch «Thrakische Steine» nennt, mit dem Achat verwandt. Der Achat aber ist ein Edelstein. Plinius sagt in Buch 37, Kapitel 10 [37,179], wo er in alphabetischer Reihenfolge einige Edelsteine beschreibt: «Von den Pontischen gibt es mehrere Arten. Bald mit blutroten, bald mit schwarzen Punkten sternartig versehen ist derjenige, der zu den heiligen Edelsteinen gerechnet wird», usw., wie ich gerade eben zitiert habe. Er scheint aber nicht bemerkt zu haben, dass er wiederum den Achat behandelt, den er schon vorher, zu Beginn dieses Kapitels, unter dem Buchstaben A behandelt hatte. Denn es ist eine Eigenschaft des Achats, das Abbild von Bergen und Tälern wiederzugeben, wie auch von Flüssen, Hainen und verschiedene andere [Abbilder]. Und wenn er hier sagt, dass eine Art des Pontischen Edelsteins, verziert mit schwarzen Punkten, zu den heiligen Steinen gerechnet werde: eben das hat er am Beginn des Kapitels [37,139] dem Coralloachat zugeschrieben, der, wie er sagt, sehr häufig auf Kreta vorkomme, heilig genannt werde und wie der Saphir mit goldenen [*aureis*] Punkten (so aber scheint man auch bei den Pontischen lesen zu müssen, nicht: «mit schwarzen» [*atris*][86]) [**36v**] besetzt sei. Folglich ist «der Pontische» an der schon zitierten Stelle eine Gattungsbezeichnung für einen Edelstein, die bei den lateinischen Autoren (freilich nur bei Plinius, soweit ich weiss) für den Achat gebräuchlich ist, sonst aber ein Adjektiv und eine Herkunftsbezeichnung, wie wenn Plinius zum Beispiel in Kapitel 9 desselben Buches [37,127] einigen Chrysolithen den Beinamen «pontische» gibt. Ferner sagt er kurz darauf im Rahmen seiner Ausführungen zu den Arten des Paederos [37,130]: «Schwächer strahlen der pontische und der asiatische».

Der Name Asterias passt gewiss zu dem von den beiden hier [35v] dargestellten Steinen, der mit Sternen besetzt ist. Einige jüngere Autoren nennen ihn Astroites. Diesen Namen möchte ich ihm lieber zuweisen, weil er wie ein Gestirn, das heisst ganz wie ein Sternbild am Himmel, mehrere Sterne auf sich trägt, so dass er von dem dreidimensionalen Asterias unterschieden werden kann. So möchte ich nämlich nun den Stein nennen, dessen Abbildung ich beigefügt habe [37r], der mit seinem ganzen Körper und den reliefartig abgehobenen Strahlen einen einzigen Stern darstellt. Gewöhnlich jedoch entstehen und finden sich meist mehrere von dieser Art miteinander verbunden.

86 Gessner verweist auf die auf fol. 35v angeführten Zitate der Ausführungen des Plinius über Pontische Edelsteine (Plin. 37,179); sein Korrekturvorschlag, anstelle von *atris* («mit schwarzen») *auratis* («mit goldenen») zu lesen, stimmt mit dem Text der Ausgabe von Jan/Mayhoff und der Tusculum-Ausgabe überein.

[37r]

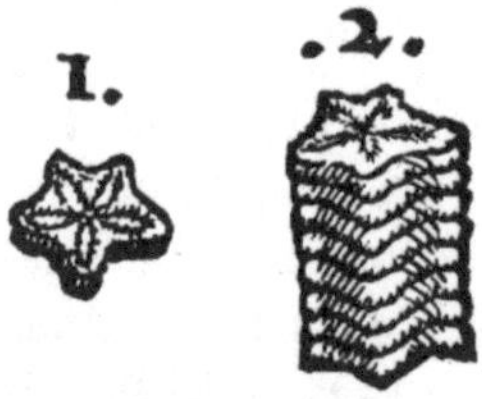

Abb. 16 1. einzelner Asterias, 2. mehrere miteinander verbundene (Crinoiden-Stielglieder, Typus Isocrinus)

1. *Ein abgetrennter Asterias.*
2. *Mehrere miteinander verbundene.*

Asterias oder Sphragis asteros [Sternsiegel] kann man diesen Stein nennen, der in etwa so gross ist, wie hier dargestellt. (Diesen Asterias habe ich von dem berühmten und nicht genug zu lobenden Freiherrn und unvergleichlichen Erforscher der gesamten Antike, Wilhelm Werner bei Rottweil bekommen, wo man sie auf einem hohen Hügel bei der Burg Zimmern findet.)[87] An diesem hingen acht zusammen, so kunstgerecht verbunden und zusammengefügt, als wären sie natürlich übereinander gewachsen (doch trennbar), so dass es kein Künstler besser gekonnt hätte. Den einzelnen scheint von beiden Seiten die Gestalt eines Sterns wie mit einem Siegel eingepresst oder eingraviert zu sein. Fünf Strahlen ragen an seinen Ecken heraus, und in der Mitte befindet sich bei den einzelnen Strahlen eine Vertiefung. Die Ränder werden durch schräge Riefen gefurcht. Ihre Substanz [**37v**] ist äusserst hart. Man kann auf Deutsch **Sternstein** sagen.

Einen Astroites habe ich zuerst von Johann Jakob Clauser, meinem Mitbürger und ehemaligen Schüler, bekommen. Er ist der Sohn des besten und höchst gelehrten Christoph Clauser, des Stadtarztes von Zürich, dessen Nachfolger ich bin, und ist selbst ein erfahrener und gewissenhafter Apotheker. Der Astroites ist etwa so gross, wie er hier erscheint, kreisrund, zusammengedrückt und verdient angesichts der Vielzahl von Sternen durchaus den Namen «Asterias» oder eher ἀστερόεις. Georg Agricola sagt in Buch 6 über die *res fossiles* [304]: «Der weisse oder leicht aschgraue Astroites ist ganz voller Sterne, die schwarze Strahlen werfen, und daher hat er seinen Namen bekommen. Meine Landsleute benennen ihn nach dem Sieg, weil sie glauben, dass, wer ihn trägt, seine Sache gewinne und die Feinde besiege. Meist wölbt er sich in Gestalt eines Auges, selten ist er länglich. Legt man ihn in Essig, bewegt er sich von der Stelle und dreht sich vielfach im Kreis.» So Agricola [475], der Astroites ins Deutsche mit **ein Sigstein** übersetzt, den Edelstein Asterias[88] aber mit **ein Wese**, wie [**38r**] die Edelsteine Paederos, Opal [482] und Eristalis [478]. Sie alle haben die Eigenschaft gemeinsam, dass sich ihre Farben jeweils nach der verschiedenen Stellung und Bewegung zum Licht hin ändern. Über den Astroites hat mir neulich ein Freund, der Arzt ist, Folgendes geschrieben: «Ich habe zu Hause einen sehr hübschen Stein, freilich nicht wertvoll, so dass man ihn als Edelstein bezeichnen könnte, aber einen, der den Betrachtern

87 Wilhelm Werner von Zimmern (1485–1575) gehörte zum Adelsgeschlecht der Herren von Zimmern, das 1538 in den Grafenstand erhoben wurde. Er sammelte Antiquitäten und Kuriositäten. Zu Gessners Besuch bei Wilhelm Werner von Zimmern vgl. fol. 95r.

88 Bei Agricola (1546, 475) findet sich Asterios.

erstaunliche Freude bereitet. Dieser zeigt auf seiner ganzen Oberfläche, von oben bis unten, kleine Sterne, die so kunstvoll sind, dass sie in keinem Kunstwerk besser hätten abgebildet werden können – nicht einmal von einem höchst erfahrenen Künstler.» So jener Freund. Der Gegenstand verdient aber Bewunderung, weil er nicht nur überall an der Oberfläche, sondern auch tief im Inneren Bilder von Sternen hat und durch eine Membran wie durch eine Haut bedeckt wird. Diese wird durch die Säure von Essig oder Zitronensaft zersetzt. In diesen Flüssigkeiten bewegt er sich nämlich, wie man sagt. Agricola [261] berichtet, dass sich auch der Trochites im Essig bewege.

Dass man Asterien oder Astroiten, die im Essig [**38v**] Blasen werfen, manchmal in Krebsen findet, versuchte mir einst ein Edelsteinhändler einzureden. Es gibt Leute, wie Marsilio Ficino [*De vita* III 15; 1529, 148], die glauben, dass dieses durch Sterne auffallende Steinchen, das ich abgebildet habe [37r], in Indien aus dem Kopf eines Drachen herausgezogen werde; siehe dazu die Ausführungen unten im Kapitel über die Schlangen.[89] Pierre Belon hat mir aber berichtet, dass man in einer Gegend Frankreichs durchaus grosse Stücke dieses Steins finde und für Häuser und Wände verwende.[90] Ob diese ebenfalls eine festgelegte Gestalt besitzen und ob sie sich allein durch ihre Grösse von den kleineren unterscheiden, habe ich noch nicht in Erfahrung gebracht. Wie ich höre, zeigt auch ein anderer Stein, im Deutschen ebenfalls **Sigstein** genannt, an seinem Körper etwas, das wie viele von der Natur gemalte Rosen aussieht. Plinius beschreibt in Buch 37, Kapitel 9 [37,131 f.], Asteria und Astrios als wären sie verschieden, obwohl es sich um einen einzigen Edelstein zu handeln scheint, was auch Agricola [287] annimmt. «Unter den weissen Edelsteinen», sagt Plinius [37,129–132], «steht der Paederos obenan, usw. Der nächste unter den weissen Steinen ist die Asteria; sie verdankt ihren Vorrang ihrer natürlichen Eigenart, dass sie [**39r**] das eingeschlossene Licht nach Art einer Pupille festhält und es beim Schräghalten ausströmen lässt, als würde es im Inneren umherwandern, indem sie es von immer wieder anderer Stelle aus von sich gibt. Eben diese wirft gegen die Sonne gehalten weiss-glänzende Strahlen zurück; daher hat sie auch ihren Namen bekommen; sie ist schwer zu schneiden. Gegenüber der Indischen bevorzugt man die, die in Karmanien vorkommt. Ebenfalls weiss ist der sogenannte Astrios (*ich möchte lieber Asterios sagen – nach Dionysios von Alexandria* [328][91]), der dem Kristall nahekommt, und in Indien und an den Küsten

89 Im Kapitel über die Schlangen finden sich keine weiteren Ausführungen dazu. Zu Gessners kritischem Umgang mit der Abhandlung *De vita libri tres* des Humanisten und Philosophen Marsilio Ficino (1433–1499) vgl. Einleitung 2.4.

90 Gessner hatte die Schriften über Fische des französischen Naturforschers Pierre Belon (1517–1564) im vierten Band seiner *Historia animalium* herangezogen; im Fossilienbuch verweist er auf Belons Beschreibung einer Reise in den östlichen Mittelmeerraum (vgl. fol. 94r). Die vorliegende Stelle gibt einen Hinweis auf einen brieflichen Austausch zwischen Gessner und Belon.

91 Vgl. fol. 40r zur Anführung dieser Stelle.

von Pallene vorkommt.[92] Innen leuchtet er vom Mittelpunkt aus wie ein Stern mit dem Glanz des Vollmondes. Manche erklären seinen Namen damit, dass er, gegen die Sterne gehalten, ihren Glanz an sich reisse und zurückstrahle. Der beste soll in Karmanien vorkommen und kein anderer weniger dazu neigen, fehlerhaft zu sein. Als Ceraunia bezeichne man eine Sorte, die schlechter sei; die schlechteste sei dem Lampenlicht ähnlich.» Und kurz darauf schreibt Plinius [37,134]: «Zu den weissen Steinen gehört auch die sogenannte Ceraunia, die den Glanz der Sterne an sich zieht, ebenfalls kristallartig ist, bläulich schimmert und sich in Karmanien findet. Zenothemis[93] sagt, sie sei weiss, habe aber im Innern [**39v**] einen hin- und herlaufenden [*concursantem*] Stern (*vielleicht: einen funkelnden* [*coruscantem*]);[94] es kämen auch matte Cerauniae vor, die – einige Tage in Natron und Essig eingeweicht – diesen Stern entstehen liessen, der nach ebensovielen Monaten wieder verblasse.» Soweit Plinius. Denn zwei andere Arten der Ceraunia, die er bald unter Rückgriff auf die Schriften des Sotakos[95] erwähnt, sind keine Edelsteine; ich werde sie weiter unten [62r; 65r] behandeln. Aus den Worten des Plinius geht also hervor, dass Asteria oder auch Astrios ein Edelstein ist und dessen einzige Unterart die Ceraunia. An eben dieser Stelle aber sagt Plinius [37,133]: «Man rühmt auch den Astroites und, dass Zoroaster ihn in seinen ‹Magischen [Künsten]›[96] ausserordentlich gepriesen habe, berichten einige genauer über ihn.»

Was die Endung des Begriffs «Astroites» angeht, ob sie korrekt und dem Gebrauch der Griechen entsprechend nach dem Begriff ἄστρον, das heisst «Gestirn», gebildet wird, mögen die Grammatiker beurteilen, von denen jedoch nur sehr wenige eine gewisse Neugier auf diesem Gebiet entwickeln. Mir scheint sich Astrites mit drei Silben besser von Astrum ableiten zu lassen als Astroites mit vier Silben, wie bei unseren Ärzten von den Begriffen ῥόδον [Rose], [**40r**] μῆλον [Apfel], μύρτον [Myrtenbeere] die Bezeichnungen οἶνος ῥοδίτης [Rosenwein], μηλίτης [Apfelwein], μυρτίτης [Myrtenbeerwein] abgeleitet werden.[97] «Rhoites» aber wird

92 Pallene ist der antike Name des westlichsten Fingers der griechischen Halbinsel Chalkidiki, heute Kassandra. Nach der Plinius-Ausgabe von Jan/Mayhoff ist *Pallenes* zu *Patalenes* zu korrigieren; Patalene wurde in der Antike die kleinere von zwei Inseln an der Indus-Mündung genannt.

93 Zenothemis hat vermutlich im frühen 3. Jh. v. Chr. eine Seefahrts- und Küstenbeschreibung (*Períplus*) in elegischen Distichen verfasst, von der Fragmente erhalten sind, vgl. Ewen Bowie, s. v. Zenothemis, DNP 12/2, 2002, 756 f. Plinius erwähnt ihn mehrfach.

94 Gessners Konjektur *coruscantem* wurde u. a. in den Plinius-Ausgaben von Jan/Mayhoff und König/Hopp übernommen.

95 Sotakos (4. Jh. v. Chr.) war der Verfasser einer Schrift über wertvolle Steine, die nicht erhalten ist; vgl. König/Hopp (zu Buch 37), 255.

96 Der Titel des von Zoroaster verfassten Werkes wurde nach der Ausgabe von Jan/Mayhoff ergänzt.

97 Diese Weine werden wie der im Folgenden genannte Granatapfelwein aufgrund ihrer Heilwirkung von Dioskurides (5,27; 5,20; 5,28; 5,26) erwähnt.

der aus Granatäpfeln gemachte Wein nach dem Begriff ῥόα [Granatapfel] genannt. Es ist also der Asterias oder auch Astrites oder Astrios oder eher Asterios (ἀστερίας ἢ ἀστρίτης ἢ ἀστέριος ergänze ὁ λίθος) ein wertvoller Stein, der von Plinius an einer anderen Stelle [37,181] auch «Sonnenedelstein» genannt wurde, wie Agricola annimmt [287]; derselbe wurde bei Plinius [37,133] mit einem anderen Namen als «Astrobolos» bezeichnet. Seinen höchst gelehrten Überlegungen stimme ich gerne zu. Agricola [287] sagt: «Geschnitten hat er meist die Gestalt einer Halbkugel. Deshalb hat Sudines[98] [nach Plin. 37,133] gesagt, der Astrobolos sei Fischaugen ähnlich.»

Der Sonnenedelstein ist Plinius zufolge [37,181] «weiss und verbreitet nach der Art eines Gestirns kreisförmig glänzende Strahlen.» Ebenfalls bei Plinius [37,173] wird die Mitrax genannt: «Diese erhielten die Perser von den Bergen des Roten Meeres, sie ist vielfarbig und zeigt an der Sonne einen bunten Glanz.» Auch sie kann Sonnenedelstein genannt werden, wenngleich sie sich von dem vorigen Edelstein, der weiss ist, durch die Vielfalt der Farben unterscheidet. Ich möchte «Mithra» mit einem aspirierten t schreiben, denn so nennen die Perser die Sonne. [**40v**] Aber auch wenn sowohl der Asterias als auch der Paederos von den Deutschen Wese genannt werden, unterscheiden sie sich doch darin, dass letzterer beim Schräghalten die Farbe verändert, während jener beim Schräghalten ein in seinem Inneren eingeschlossenes rundes Licht ausströmen lässt. Dionysios von Alexandria schreibt nicht ἀστερίας nach der ersten Deklination, sondern ἀστέριος nach der dritten in den folgenden Versen [328 f.]:[99]

φύεται Ἀστέριος καλὸς λίθος, οἷά τις ἀστὴρ
μαρμαίρων, Λυχνίς τε πυρὸς φλογὶ πάμπαν ὁμοίη.

(*Manchmal liest man auch* Λύχνις *als Paroxytonon im Maskulinum, und darauf* πυρὸς φλογὶ πάμπαν ὅμοιος.) Das bedeutet: In der Gegend des Pallene-Gebirges in Thrakien,[100]

entsteht der Asterius, ein schöner Stein, der wie ein Stern
funkelt, und die Lychnis, die mit ihrem Glanz einer Lampe gleicht.[101]

98 Die Schrift über Schmucksteine des chaldäischen Astronomen Sudines (3. Jh. v. Chr.) gehörte zu den Quellen des Plinius, ist aber nicht erhalten; vgl. König/Hopp (zu Buch 37), 255.

99 Als *Dionysius Afer* bezeichnet Gessner Dionysios aus Alexandria oder Dionysios Periegetes, der unter Kaiser Hadrian eine poetische Weltbeschreibung in Hexametern verfasste, vgl. Brodersen 1994, 10 f.

100 Gessner paraphrasiert Vers 327, den er nicht im griechischen Original anführt.

101 Obwohl in der Spätantike Priscian und Avien lateinische Bearbeitungen der Weltbeschreibung vorgelegt hatten, überträgt Gessner die Verse des Dionysios eigenständig in die folgenden lateinischen Hexameter: *Nascitur Asterius pulcher lapis et micat instar / syderis et Lychnis similis splendore lucernae.* Der zweite Vers entfernt sich vom Original; πυρὸς φλογὶ πάμπαν ὁμοίη bedeutet wörtlich übersetzt: «einer Feuerflamme ganz ähnlich».

Wenn sich aber irgendein Stein finden würde, der nachts leuchtet, würde jener in der Tat vor allen anderen den Namen «Stern» verdienen.

Von den vorangehenden Steinen unterscheidet sich vielleicht der Asterites, den Suidas unter dem Eintrag ἰχθῦς [ι 783, vgl. αι 333 Adler] mit folgenden Worten erwähnt: «Aesop, der **[41r]** Vorleser des Mithridates, brachte ein Buch über Helena heraus, in dem er berichtet, dass man einen walfischartigen Fisch einen Pan nenne (*vielleicht, weil er Hörner trägt wie der Hirtengott Pan*), in dem sich der Asterites-Stein finden lasse, der von der Sonne entzündet werde und sich zur Herstellung eines Liebestranks eigne.» Es ist aber nicht wahrscheinlich, dass ein Stein, der in einem Fisch oder Walfisch gefunden wurde, durch die Sonne entzündet wird, wie vielleicht auch kein anderer Stein. Wahrscheinlicher dürfte es in der Tat sein, dass derselbe Stein, über den Plinius [37,131] schrieb, auch dieser Asterias ist, und dass er sich nicht tatsächlich entzündet, sondern die Strahlen von Sonne oder Gestirnen zurückwirft und deshalb den Anschein erweckt zu brennen und entzündet zu werden. Vom Astrites unterscheidet sich ferner der Ostrites, über den ich unten im vierten Kapitel [82v] mehr sagen werde, wenn ich auf den Siderites eingehe.

«Die Sandastros, die manche auch Garamantites nennen (*natürlich nach der Gegend, denn auch einige Karfunkel haben den Beinamen ‹Garamantische›*), ist mit den Karfunkeln verwandt. Sie kommt an dem gleichnamigen Ort in Indien vor. Sie entsteht auch im südlichen Teil Arabiens. Sie empfiehlt sich vor allem dadurch, dass gleichsam **[41v]** im durchsichtigen Innern sternartig schimmernd goldene Tropfen glänzen, immer im Körper, niemals an der Oberfläche.[102] Hinzu kommt die religiöse Verehrung, von der Betrachter erzählen, wegen der Verwandtschaft mit den Gestirnen, weil sie mit Sternen besetzt sind, die hinsichtlich Zahl und Anordnung in etwa den Hyaden entsprechen; deshalb verwenden die Chaldäer sie bei ihren religiösen Zeremonien», usw. [Plinius, 37,100]. «Alle sind sich darüber einig, dass mit der steigenden Zahl der Sterne auch der Preis steige», so Plinius [37,101]. Ich vermute, dass in dem Begriff «Sandastros» selbst, der, wie es scheint, von ausländischem oder hebräischem Ursprung ist, die erste Silbe die feurige Farbe bezeichnet, wie auch in *sandaracha* [Sandarak] oder *sandyx* [Mennige]. Ihr kommen auch die Verben *accendere* [entzünden] im Lateinischen und zünden im Deutschen nahe. «Einige berichten, dass in den männlichen karchedonischen Karfunkeln im Innern Sterne funkeln und die weiblichen ihren gesamten Glanz nach aussen ausströmen lassen», so Plinius [37,96]. Und an anderer Stelle [37,182]: «Die Syrtiten findet man an der Küste der Syrten und jetzt auch in Lukanien; sie sind honigfarben mit dem Glanz von Safran, im Innern enthalten sie matte Sterne.» **[42r]** «Der Acopis ist dem Natron ähnlich, bimssteinartig und sternartig mit goldenen Tropfen versehen. Öl, das man damit zusammen erwärmt hat, vertreibt (wenn wir es glauben) die Mü-

102 Der Text moderner Plinius-Ausgaben unterscheidet sich an dieser Stelle (Plin. 37,100) deutlich von dem, der Gessner vorlag.

digkeit bei denen, die damit eingerieben wurden», so ebenfalls Plinius [37,143]. Mit goldenen Sternen ist auch der Saphir verziert. Der Coralloachat [37,139], der anders von Plinius auch als «der Pontische» [37,179] bezeichnet wird (wie ich oben [36r/v] bemerkt habe), ist mit blutroten oder schwarzen (ich lese: mit goldenen) Tropfen verziert. Punkte, die an der Oberfläche eines Körpers ungleichmässig verteilt sind, werden zuweilen bei den antiken griechischen Autoren «Sterne» genannt, besonders wenn sie glänzen; so zum Beispiel beim Jaspis, den sie mit dem Beinamen ἄστριος [vgl. unten Diosk. 5,142] bezeichnen, unter den Vögeln beim Sternenreiher und Sternenhabicht und unter den Fischen beim Galeos, das heisst beim gefleckten Hai. Unter den Arten des Jaspis διαφύσεις ἔχουσα διαλεύκους καὶ ἀποστιλβούσας [hat weisslich schimmernde Trennlinien], Ασσύριος wird er bei Dioskurides [5,142] genannt. Eine andere Lesart lautet ἄστριος, das heisst «mit Sternen besetzt» und passt nicht schlecht. Eine mit roten Punkten «sternartig besetzte» Art des Jaspis wird von Plinius [37,118] erwähnt.

«Es gibt zwei Samische Erden, die Syropicon (*ich bevorzuge Collyrion nach Dioskurides*) [**42v**] und Aster genannt werden; letztere ist kugelförmiger und weiss», sagt Plinius [35,191].[103] Dioskurides [5,153] berichtet, dass der Aster πλακώδης [lamellenartig strukturiert] sei und kompakt wie ein Wetzstein. Über die Farbe sagt er nichts.

Die erste [Samische Erde] heisst Collyrium, wie ich glaube, entweder, weil sie für gewöhnlich Augensalben beigemischt wird, oder, weil sie weich und zart ist und sich leicht auflöst wie Collyrium. Was die zweite, Aster genannte, angeht, so ist, wie Agricola [200] schreibt, «nicht überliefert, ob sie ihren Namen daher habe, dass man sie mit einem Stern kennzeichnet – wie die Lemnische Erde mit einer Ziege –, oder daher, dass an ihr selbst, wie an der weissen Tonerde von Eisleben, viele Körnchen hier und da hervorleuchten». Ich neige zu der Ansicht, dass der Aster eher nach den Körnchen benannt worden ist, das heisst, gleichsam nach den Silberlingen aus Goldsand, die darin verstreut sind. Agricola [200] fügt hinzu, dass der Aster nach Galen [De simpl.; XII 178 K.] fett sei, glatt nach Theophrast [lap. 62] und dass er aus Krusten bestehe, – so hat er ohne Zweifel τὸ πλακῶδες [vgl. oben] übersetzt, wie bei der Samischen Erde τὸ εὔχυλον mit «von gutem Saft», «wie eine süss-fette ist; diesen Saft schmeckt man dann besonders, wenn die Erde an die Zunge gebracht [**43r**] und durch deren Feuchtigkeit flüssig wird» [Agricola 200 zu Diosk. 5,153]. Man muss sich aber fragen, ob εὔχυλον an dieser Stelle weniger mit «von gutem Saft» zu übersetzen ist, so wie Nahrungsmittel, die guten Saft und gutes Blut erzeugen, sondern mit «was leicht flüssig wird»[104] – τὸ εὖ καὶ ῥαδίως χυλιζόμενον –, und auf der Zunge leicht zu Saft wird wegen seiner weichen

103 Nach der Plinius-Ausgabe von Jan/Mayhoff stand bei Plinius (35,191) *collyrium*, nicht *syropicon*, und *glaebosior* («klumpiger»), nicht *globosior* («kugelförmig»).

104 Gessner weist zu Recht daraufhin, dass der Begriff εὔχυλος («saftig») bei Dioskurides (5,153) problematisch ist; in modernen Ausgaben findet sich stattdessen εὔχυτος («leicht auflösbar»).

oder zarten und fetten Substanz. Im Übrigen vermute ich, dass diese drei – die Samische Erde, der Samische Aster und der Samische Stein – sich fast nur durch die Härte unterscheiden. Die Erde ist nämlich leichter und weicher, der Aster ist dichter, klumpiger, härter und fester, und der Stein ist schliesslich schon ein Stein; das heisst er ist im Vergleich mit jenen am härtesten, so dass er sogar zum Glätten und Schleifen von Gold und Silber verwendet wurde. Allen schreibt man auch eine weisse Farbe zu, wenn sie in der höchsten Qualität der jeweiligen Art vorkommen; sonst können sie nämlich auch eine andere Farbe besitzen. So nimmt auch unter den Arten des Erdpechs den ersten Rang Naphtha oder das Flüssige ein; den zweiten etwas Dickflüssigeres, das manche anstelle von Tünchwerk oder Tonmasse zum Bauen gebrauchten; den dritten der Pissasphalt, der den Fingern [**43v**] oder Nägeln noch weicht, sie aber dennoch nicht beschmutzt; den vierten Asphalt, das heisst das Erdpech im eigentlichen Sinne; den fünften schliesslich der Gagat oder thrakische Stein, schon Steine. So findet man beim Ei ausserhalb der weissen Flüssigkeit ein dünnes Häutchen, das der Schale anhaftet, und die Schale selbst. «Aus dem weissen Samischen Stein hat man eine Gemme hergestellt, die Zoroaster Exhebenus nannte [vgl. Plin. 37,159]», so Agricola [269]. Manche jüngeren Autoren nennen auch den mit einem Fremdwort bezeichneten «Talk», der dem Spiegelstein verwandt ist, einen Stern der Erde, nach dem Licht und den Strahlen, mit denen er glänzt, – und ebenso die Magnetis, die mit silberfarbenem Glanz schimmert. Johannes Mesuë[105] [1542, 92] verwendet die von ihm geprägte Bezeichnung «mit Sternen versehener Stein» für zwei Steine: zum einen für den Markasit (man versteht darunter einen silbernen Pyrites), der allerdings auch selbst wie Silber glänzt; zum anderen aber für den Azurstein, gewöhnlich Lapislazuli genannt, aus dem manchmal goldene Tropfen hervorleuchten. Diese machte sich ein bedeutender Steinschneider aus Ferrara zu Nutzen und schnitzte mit erstaunlicher [**44r**] Kunstfertigkeit ein Glühwürmchen in den Stein, so dass die Schwanzspitze entzündet zu sein schien, da sie in einem goldenen Tropfen endete.

Ich werde unter den Echiniten einen Stein von der Form einer Halbkugel anführen (unten im Kapitel über die Wassertiere [166v]), in den die Natur einen Stern mit fünf Strahlen eingraviert hat.

«Der Edelstein Asteria wirft gegen die Sonne gehalten weiss glänzende Strahlen zurück und hat daher seinen Namen bekommen», so Plinius [37,131]. Ich habe vor Kurzem mehr über ihn gesagt [39r]. Hier wiederhole ich es aber wegen der Erwähnung der Sonne. Mit der Asteria scheint auch die Mithrax verwandt zu sein, die nach der Sonne (welche die Perser so bezeichnen) benannt ist; ebenso der Sonnenedelstein, der demselben Plinius [37,181] zufolge «weiss ist und nach der Art eines Sterns kreisförmig seine glänzenden Strahlen verbreitet», und ebenso «der

105 Johannes Mesuë († 857), Yūhannā ibn Māsawayh, war ein syrischer Arzt christlichen Glaubens und Verfasser medizinischer Schriften; zu Mesuë vgl. Hasse 2016, 391–396.

Astrobolos, der Sudines zufolge in weisser Farbe erstrahlt wie die Sonne und Fischaugen ähnlich ist» [Plin. 37,133]. «Zur Sonne gehört auch der Stein, der ‹Sonnenauge› genannt wird und die Gestalt einer Pupille hat, aus der Licht hervorstrahlt, und ebenso der Karfunkel, der nachts rötlich schimmert», wie Marsilio Ficino [*De vita* III 14; 1529, 179] schreibt. Derselbe erwähnt in Kapitel 15 des dritten Buches *De vita coelitus comparanda* [*De vita* III, 15; 1529, 182] den Helioselinos [**44v**], der von Natur aus das Bild der Sonne und des mit der Sonne verbundenen Mondes zeigt;[106] und Ficino schreibt [ebd.], dass die Pantaura, ein Stein bei den Indern, der die übrigen Steinchen an sich ziehe, wie ein Magnet das Eisen, besonders zur Sonne gehöre.[107] Heliotropium ist der Name eines Edelsteins, der sich von der zweiten Art des Prasius, ebenfalls von lauchgrüner Farbe, darin unterscheidet, «dass er selbst durch blutrote Adern gezeichnet ist, jener durch blutrote Punkte», wie Agricola [291] bezeugt. Auch Plinius schreibt in Buch 37, Kapitel 10 [37,165], dem Heliotropium blutrote Adern zu. Der Name käme daher, sagt er, dass der Edelstein Heliotropium, wenn man ihn in ein Gefäss mit Wasser werfe, den hinzutretenden Glanz der Sonne durch einen blutroten Schlag[108] verändere; das gelte besonders für den äthiopischen. Denselben oder einen sehr ähnlichen hat ein italienischer Gelehrter mir als indischen Jaspis geschickt. Diesen werde ich im Kapitel 7 [Kap. 6; 106v] unter den Schmuckstücken darstellen. «Der Mithrax genannte Edelstein zeigt gegen die Sonne [gehalten] einen bunten Glanz», usw. [Plin. 37,173].

«Der Tephrites hat das Aussehen des Neumonds: er ist zu Hörnern gekrümmt, allerdings aschfarben», so Plinius [37,184].[109] Mehr darüber [**45r**] unten [47v]. «Der Selenites ist weisslich und durchscheinend mit honigfarbenem Glanz; er enthält das Bild des Mondes und gibt diesen wieder, wie er von Tag zu Tag zunimmt und abnimmt mit der Zahl [der Tage]; er soll in Arabien vorkommen», so ebenfalls Plinius [37,181]. Georg Agricola sagt in Buch 5 *De natura fossilium* [256 f.]: «Den Spiegelstein nennen einige von den Griechen σεληνίτης [Mondstein], weil man ihn gewöhnlich um Mitternacht bei zunehmendem Mond findet oder weil er das Bild des von Tag zu Tag zunehmenden und mit der Zahl [der Tage] abnehmenden Mondes zeigt, den er, weil er durchsichtig ist, nachts aufnimmt. Andere bezeichnen ihn als ἀφροσέληνος, weil viele überzeugt seien – wie man der Masse das Unsinnigste einreden kann –, es handle sich um den Schaum des Mondes.» So Agricola. Als Mondkrankheit wird die Epilepsie bezeichnet. Die davon Befallenen schäumen

106 Ficino übernimmt den Namen des Steins von Proklos, *De sacrificio et magia* 101.

107 Ficinos Quelle ist Philostratos, *Vita Apollonii* 3,46. Auch Agricola (252) verweist auf diese Philostrat-Stelle, doch lautet der Name des Steins ihm zufolge Pantarbe [πantάρβη, f.].

108 Gessners *percussu* («durch einen Schlag») (Plin. 37,165) wird u. a. in der Plinius-Ausgabe von Jan/Mayhoff zu *repercussu* («durch den Widerschein») korrigiert.

109 Gessner schreibt *curvatus in cornua*, wonach der Stein gekrümmt ist; nach der Plinius-Ausgabe von Jan/Mayhoff (37,184) ist *curvatae in cornua* als Ergänzung zu *novae lunae* zu lesen: «des zu Hörnern gekrümmten Neumonds».

aus dem Mund: – – – καὶ φῶτα ῥοπῇ πίπτοντα σελήνης / ῥύσασθαι [und jeden Sterblichen zu retten, der unter dem Einfluss des Mondes hinfällt], so Orpheus im Proömium zu seinem Gedicht über die Steine [Lith. 50 f.].[110] Plutarch sagt in seinem Buch über die Flüsse [Ps. Plut. fluv. 18,5]: «Das Kraut Selene auf dem Berg Apesantos an dem Fluss Inachos scheidet Schaum aus.» Aus den bereits zitierten [**45v**] Worten Agricolas [256 f.] geht hervor, dass er glaubte, dass der Selenites des Plinius mit dem Spiegelstein identisch sei, auch wenn Agricola den honigfarbenen Glanz nicht erwähnt. Ich besitze Spiegelsteine, von denen die einen farblos und durchsichtig sind, die anderen aber von einer vom Braun ins Goldgelb übergehenden Farbe, die man wohl als honigfarben bezeichnen könnte. «Der Selenites», sagt Dioskurides [5,141], «den einige Aphroselenos nennen, weil man ihn nachts findet – voll beim Glanz des Mondes»: μεστὸς ἐν τῇ τῆς σελήνης παραυξήσει; die Übersetzer geben das wieder mit den Worten «bei der Zunahme des Mondes».[111] Doch παραύξησις scheint richtiger «Abnahme» zu bedeuten und sich so zu αὔξησις zu verhalten wie ἀκμή [Blüte] zu παρακμή [Verfall]. Es ist aber weniger wahrscheinlich, dass man ihn bei abnehmendem Mond findet, als bei Vollmond. Denn dann nimmt er das Bild des vollen Mondes besser und grossflächiger auf, so dass er leichter zu bemerken ist. Deshalb möchte ich vermuten, dass im Griechischen, wie folgt, zu lesen ist: διὰ τὸ εὑρίσκεσθαι αὐτὸν νυκτὸς ἐν τῇ τῆς σελήνης μεστῆς παραυγάσει [weil man ihn nachts beim Schein des Vollmonds findet]. Wenn es aber nicht gefällt ihn μεστή [voll] auf Griechisch zu nennen, wie *plena* auf Latein [**46r**], weil dafür vielleicht die Zeugnisse bei antiken Autoren fehlen – wir lesen nämlich meist πανσέληνος [Vollmond] –, wenngleich der Stil des Dioskurides nicht so rein und präzise ist, und so diese Lesart verteidigt werden könnte, wird es erlaubt sein, auf folgende Art zu lesen: διὰ τὸ εὑρ. α. ν. στιλπνὸν (ἢ λαμπρὸν) ἐν τῇ τῆς σελήνης παραυγάσει: das bedeutet: «weil man ihn nachts bei Mondschein glänzend findet». Plinius [37,181], der sicher nicht über einen anderen Selenites schreibt als Dioskurides, sagt, dass der Mond von diesem wiedergegeben werde, wie er von Tag zu Tag zunehme und abnehme mit der Zahl [der Tage];[112] daher dürfte vielleicht die Stelle bei Dioskurides verderbt sein oder Plinius sie anders gelesen haben. Ich glaube, dass das Bild des Mondes – zu welcher Zeit auch immer

110 Unter dem Namen des mythischen Sängers Orpheus sind die Λιθικά überliefert, ein 774 Hexameter umfassendes Gedicht über die magischen Kräfte der Steine, das in die zweite Hälfte des 2. Jh. datiert wird; zu diesem Text und seiner Datierung vgl. Halleux/Schamp 1985, 51–57.

111 Gessner bezieht sich wohl auf die Übersetzung des Janus Cornarius, mit dessen Kommentar zum Selenites er sich im Folgenden explizit auseinandersetzt, vgl. fol. 46v.

112 Gessner führt das Zitat anders ein als Plinius, nimmt aber die notwendigen syntaktischen Anpassungen nicht vor: die Genitive *crescentis minuentisque* müssten im Lateinischen an das Bezugswort *luna* – nun im Akkusativ – angeglichen werden. Diese Anpassungen setzt die Übersetzung voraus.

er erstrahlt – auf diesem Stein wie von einem Spiegel wiedergegeben wird – mit der grössten Fläche aber, wenn der Mond voll ist, und dass man ihn deshalb gerade dann leichter findet. Ferner [glaube ich], dass das Licht des Mondbildes, das reflektiert wird, auf ihm zunimmt und abnimmt, nicht aber, dass er selbst das tut, wie Marbod [Nr. 26, 386–388] in den folgenden Versen behauptet:

Er bewahrt die Bewegungen des Mondes und die Monatszeiten. Er wächst nämlich mit dem wachsenden Mond, kleiner wird er durch den verminderten [**46v**] *gemacht, gleichsam beunruhigt über die Einbusse des Himmelskörpers.*

Wenn aber der Spiegelstein, von griechischen Ärzten [Gal. XIII 663,9 f. K.] διαφανές und σπεκλάριον genannt, derselbe ist (wie es einige Gelehrte heute glauben und wie es auch mir scheint), wird es leicht zu verstehen sein, wie dieser nachts bei Mondlicht glänzt. Da er Glas an sich trägt und deshalb für Fensterscheiben geeignet ist (meine Landsleute nennen ihn, weil er das Licht durchlässt wie Eis, «das Eis der Heiligen Jungfrau»: **Unser Frauwen eyß**, andere Deutschsprachige bezeichnen ihn als **Spat**), wird er auch wie ein Spiegel Bilder, besonders leuchtende, wiedergeben können. Cornarius [1557, 481][113] glaubt, es könne sich nicht um denselben Stein handeln, weil die antiken Autoren unterschiedliche Dinge über beide berichtet hätten, und keiner von ihnen gesagt habe, es sei derselbe, – doch [glaubt er das] ohne stichhaltige Gründe. Denn es spricht nichts dagegen, dass Unterschiedliches über denselben Gegenstand geschrieben wird, solange nichts Gegensätzliches [geschrieben wird]. Zudem haben die jüngeren Autoren durch scharfsinnige Forschung vieles bemerkt, was den meisten antiken Autoren entgangen ist. Es trifft zu, dass der Name «Aphroselenos» [Mondschaum] zu Schaum gebildet ist, – sei es nach der Heilwirkung gegen die Mondkrankheit oder schäumende [**47r**] Krankheit oder nach der weissen Farbe des Schaums an Splittern, besonders denen, die für Heilmittel abgerieben werden.

«Aphroselenum findet man nur in Ägypten; es entsteht auf folgende Weise: Der Himmelstau, der sich beim Glanz des Mondes niedergelegt hat, gerinnt in der Gestalt des Steines, den man Spiegelstein nennt, und verdichtet sich. Daher scheint er auch seinen Namen bekommen zu haben. Wir wählen den aus, der eine blaue und leuchtende Farbe hat. Er kann aber, wenn man ihn trinkt, alle Kopfleiden heilen und denen, die Kopfschmerzen haben, und den Epileptikern nützen», so der Verfasser der Schrift *De simplicibus medicamentis ad Paternianum* [alph. Gal. 12],

113 Der Arzt und Philologe Janus Cornarius (1500–1558) hatte 1557 eine kommentierte lateinische Übersetzung der Bücher über die Heilkunde des Dioskurides vorgelegt; zu Cornarius vgl. Ralf-Dieter Hofheinz, EM, 274; zur Ausgabe vgl. Riddle 1980 (CTC 4), 39–40. Gessner bezieht sich auf Cornarius' Kommentar zum Selenites, das *Emblema* 122. Das Marbod-Zitat (fol. 46r/v) findet sich bereits bei Cornarius.

die Galen zugeschrieben wurde. «Der Ammonshorn genannte Stein», so Georg Agricola [263], «scheint mit einem goldfarbigen Harnisch überzogen zu sein. Denn (auch) in der ganzen Gegend von Hildesheim findet man einen Stein, der die Gestalt des zu Hörnern gekrümmten neuen Mondes hat und mit einem goldfarbigen Harnisch angetan ist, bald gross, bald klein, ferner mässig hart und manchmal mit Rillen versehen. (*Cardano nennt in seiner Schrift* De gemmis [1562, 336 Nr. 62] [**47v**] *auch diesen Stein «Selenites», soweit ich weiss, ohne Gewährsmann.*) Aber manchmal bedeckt ihn auch ein eisenfarbiger Harnisch oder ein stahlähnlicher, usw. Ebenda gräbt man auch einen Stein von derselben Gestalt, aber ohne jeden Harnisch und von aschgrauer Farbe aus: das ist der Tephrites bei Plinius [37,184].» Soweit Agricola. Ich möchte sowohl den Tephrites als auch den diesem ähnlichen, zweiten Stein, der mit einem Harnisch bedeckt ist, lieber Menoides als Selenites nennen, um sie zu unterscheiden. Denn den hornförmigen Mond oder den dreitägigen Mond, der sich zu Hörnern zu krümmen beginnt, nennen die Griechen μηνοειδής. Doch mir hat neulich ein Freund, der in der Naturkunde höchst erfahren ist, unter dem Namen Menoides einen krustigen Stein aus Ton geschickt, aschfarben, eben und durch keine andere Form auffallend ausser dadurch, dass er durch die Anlagerung vieler dünner Schichten (wie an den Seiten von Kesseln, in denen Wasser gekocht wird, ähnliche Steine entstehen) allmählich zusammengewachsen zu sein scheint. Auch wenn es vielleicht scheinen könnte [**48r**], dass er sich so aus seinen allmählich vermehrten Schichten zu einer Masse verdickt hat, wie der Mond mit seinem Licht zunimmt, möchte ich diesen aber nicht nach dem Mond benennen und noch viel weniger nach dem hornförmigen Mond, da er nicht dessen Gestalt aufweist.

In der Gegend des Pallene-Gebirges in Thrakien entsteht nach dem Zeugnis des Dionysios von Alexandria [328 f.] der Asterius-Stein, wie oben [40v] schon ausgeführt, und die einer Flamme ähnliche Lychnis. Zu dieser Stelle bemerkt Eustathios in seinem Kommentar [in Dion. Per. 327,6–9 Müller]: «Die Lychnis nennen die einen Selenites, da sie durch eine verborgene Kraft mit dem Mond in Verbindung stehe und zugleich mit diesem zunehme und abnehme, wie man auch Electrum [Bernstein] nach dem Borysthenes[114] benennt, βορυσθενίτης ἤλεκτρος.» Aber jener Selenites, der mit dem Mond zunimmt und abnimmt (nicht er selbst, sondern das Bild des Mondes auf ihm), scheint, wie ich gerade eben [46r] ausgeführt habe, kein anderer als der Spiegelstein zu sein, der vielleicht nicht einmal ein Stein im eigentlichen Sinne sein dürfte, aus verschiedenen Gründen und besonders, weil er biegsam ist. Die Lychnis aber, die bei Agricola [299] auch als Lychnites bezeichnet wird, ist ein Edelstein, der mit der Farbe von Feuer oder Lampenlicht [**48v**] glänzt, als würde er brennen. «Er kommt auf den Felsklippen von Pallene vor, das ist eine Halbinsel von Thrakien, um den Felsen Orthosia und in ganz Karien und in den

114 Borysthenes ist der antike Name des Flusses Dnjepr.

benachbarten Gegenden.» [Agricola 299] Der Indische übertrifft die übrigen. Wie Plinius sagt [37,103], haben manche über ihn gesagt, es sei ein matter Karfunkel. Agricola [480] übersetzt das für seine deutschen Landsleute mit **ein gilbichten Rubin**, das heisst ein Rubin von blasser oder hellgelber Farbe. Derselbe oder verwandt mit diesem, mag er auch von weisser Farbe sein, ist der Astrios oder eher Asterios des Plinius und des Dionysios von Alexandria, der in Indien und an den Küsten von Pallene vorkommt. «In seinem Inneren leuchtet gleichsam ein Stern mit dem Glanz des Vollmondes», – das sind die Worte des Plinius [37,132]. «In Persien soll der Selenites-Stein entstehen, dessen innerer Glanz mit dem Mond zunehmen und abnehmen soll», so Augustinus *De civitate Dei* 21 [21,5]. «Auf dem Berg Ballenaion in Phrygien kommt ein Stein mit dem Namen ‹Aster› vor, der gewöhnlich wie Feuer glänzt in tiefschwarzer Nacht zu Beginn des Herbstes (τοῦ [**49r**] φθινοπώρου). Mit dem Namen der Einheimischen wird er aber als ‹Ballen›, βαλλήν, das heisst ‹König›, bezeichnet, wie Hermesianax aus Zypern im zweiten Buch seiner *Phrygiaka* [FGrHist 797 T 1] berichtet», so Plutarch *De fluviis* [Ps. Plut. fluv. 12,4]. Robert Constantin, ein auf verschiedenen Gebieten kundiger Gelehrter, schreibt in seinem Griechisch-Lateinischen Wörterbuch [1562, 310], dass dieser Edelstein im Französischen für gewöhnlich *Rubi balley* genannt werde – durch eine geschickte Vermutung aufgrund der Ähnlichkeit des Namens, dem die Sache selbst entspricht.[115] Es ist aber kaum von Bedeutung, ob man diesem Edelstein nach der thrakischen Halbinsel Pallene oder nach dem Berg Ballenaion in Phrygien den Beinamen «Pallenischer» oder «Ballenischer» gibt, um ihn von ähnlichen aus der Gattung der Karfunkel zu unterscheiden. Als deutsche Übersetzung für den weissen Karfunkel führt Agricola [476] **Ballas** an (sonst auch **schiler Rubin**) und schreibt, dass er offenbar nach seiner Blässe benannt wurde; Asterios aber [übersetzt er mit] **Wese** [475], wie ich oben [37v] erwähnt habe. Es scheint sich bei diesen aber um zwei Arten einer einzigen Gattung zu handeln. Was ferner den Edelstein Lychnites oder Lychnis anbelangt, über den ich gerade gesprochen habe, so muss man aufpassen, dass [**49v**] man ihn nicht mit dem Marmor Lychnites verwechselt, der, wie Varro [nach Plin. 36,14][116] berichtete, bei Lampenlicht ausgegraben wird (woher er zweifellos seinen Namen hat).

Manche glauben, dass auch der Bernstein [*succinum*], den die Griechen Electrum nennen, eine enge Beziehung zum Mond hat, weil er der Mondkrankheit, das heisst der Epilepsie, entgegenwirkt. Auch Dionysios von Alexandria verweist auf dessen natürliche Verbindung mit diesem Gestirn an der Stelle, wo er schreibt,

115 Gessner vermutet aufgrund der lautlichen Ähnlichkeit der Wörter βαλλήν und *balley* einen etymologischen Zusammenhang. Die französische Bezeichnung lautet jetzt *rubis balais*, die deutsche Balas-Rubin.

116 Auf diese Stelle verweist auch schon Agricola (309).

dass an den Mündungen der Flüsse Aldeskos und Pantikapes, die sich ins Eismeer ergiessen, Bernstein entstehe, mit den folgenden Worten [315 f.]:

Ἡδυφαὴς ἤλεκτρος ἀέξεται, οἷά τις αὐγὴ / μήνης ἀρχομένης·

[Wird sanft schimmernder Bernstein erzeugt, gleichwie der Glanz des neu beginnenden Mondes.]

Aus diesen Worten könnte jemand schliessen, Dionysios glaube, dass Bernstein mit dem zunehmenden Mond wachse, was andere über den Selenites berichtet haben. Ich habe über den Bernstein in heutiger Zeit nichts Derartiges erfahren. Es ist jedoch glaubhaft, dass er wie der ganze Ozean die Kraft des Mondes spürt und dessen Zunahme und Abnahme gemäss sparsamer oder reichlicher an die Küsten geschwemmt wird.

Es gibt auch das, was von meinen Landsleuten «Mondmilch» genannt [**50r**] wird und sich in Höhlen in einigen sehr hohen Schweizer Bergen findet, wie dem Stockhorn im Gebiet Bern und dem Mons Fractus bzw. Pilatus im Gebiet Luzern.[117] Über letzteren will ich hier in etwa die Worte wiederholen, die ich vor sechzehn Jahren in meiner Beschreibung des Mons Fractus niedergeschrieben habe, wobei ich einiges geändert oder hinzugefügt habe [1555, 66]:[118] «In einer Höhle in der Nähe des Berggipfels entsteht am Deckengewölbe hängend eine schwammartige, bröcklige, weisse und äusserst leichte Substanz, die man einen Felsenschwamm nennen könnte oder einen Felsenlärchenschwamm, so ähnlich sieht sie diesem. Die Einheimischen nennen sie **Monmilch**, das heisst ‹Mondmilch›, nach der weissen und schäumenden Substanz, aus der dieser Stein verdichtet zu sein scheint, wenn er denn die Bezeichnung ‹Stein› verdient. Wenn er dem Wasser beigemischt wird, färbt er es milchweiss. Er hat keinen Geschmack, macht trocken, ohne zu brennen, ist nicht spröde und, wenn man ihn kaut, verflüssigt er sich ganz mit dem Speichel, besonders der bessere. Denn man findet auch einen dickeren und spröderen, <freilich noch unreifer und roher; dieser hat [**50v**] auch keinen Geruch. Zur Reife gebracht und vollendet, so dass er seine Sprödigkeit verliert, wird er weisser in seiner Farbe, leichter im Hinblick auf sein Gewicht und riecht süss. Er scheint aber eine natürliche Beschaffenheit zu haben, die denen der ‹Holostei› genannten Steine, die man in der sandigen Erde der Pfalz ausgräbt, am nächsten ist und dem Stein, den ich nach seinem Geruch ‹Cydonites› nenne.>[119] Abergläubisch

117 Zu Gessners Exkursionen vgl. Leu 2016a, bes. 265–271.

118 Gessners *Descriptio Montis fracti sive Montis Pilati iuxta Lucernam in Helvetia* erschien 1555 bei Andreas und Jakob Gessner in Zürich in einem Sammelband. Der erste Teil der Ausführung über die Mondmilch wird hier entsprechend als Zitat aus der *Descriptio* (1555) markiert; der in spitze Klammern gesetzte Abschnitt sowie die Bemerkungen im Anschluss an das Zitat wurden von Gessner im Fossilienbuch ergänzt.

119 Der als *Cydonites* bezeichnete Stein dürfte einen Geruch gehabt haben, der an Quitten (*mala Cydonia*) erinnert.

sind manche der Meinung, dass er gegen jede beliebige Krankheit eines beliebigen Kranken heilsam sei, dessentwegen man ihn aus der Höhle hole, nachdem man den Namen des Kranken ausgerufen hat.» In Luzern wird er gewöhnlich in einer Apotheke verkauft. Die Wundärzte streuen sein Mehl auf Geschwüre, um sie auszutrocknen. Manche verabreichen Ammen, um die Menge der Milch zu vermehren, eine Drachme [4,4 g] von seinem Mehl, – und zwar zu Recht, wenn ich mich nicht täusche (es kann aber besser aus durchgeseihter Mandelmilch, in die dieses Mehl für einige Stunden hineingemischt wurde, getrunken werden mit ein wenig Zucker und Fenchelwasser); sie sagen ferner, dass dieses Heilmittel die Brüste deutlich anschwellen und sich mit Milch füllen lässt. Ausserdem finde ich von einem Gelehrten [**51r**] neulich berichtet, dass die Mondmilch bei einem Blutsturz mit Nutzen verabreicht werde – mit gleichsam «schlaffördernder Wirkung» – und dass dies für ihn durch einen Versuch feststehe. Was ihren Namen im Altertum angeht, so glaubte ich einmal,[120] dass sie entweder der Morochthus der antiken Autoren selbst sei oder zumindest dieselben Fähigkeiten wie jener besitze. Doch ein Freund, der für seine Kenntnis aller *res fossiles* berühmt ist, ist eher der Ansicht, dass es eine Art bröckeliger Mergel sei.

Einen Sarder, auf dem von Natur aus ein Baum und der Mond bei einer Mondfinsternis zu sehen sind, hat Gerolamo Cardano mir einst geschickt.

Vom Himmel und den Gestirnen will ich nun zu den Elementen hinabsteigen. An deren höchster Stelle steht das Feuer, das der Sphäre des Mondes am nächsten steht. «Die Chrysolampis kommt in Äthiopien vor; sie ist tagsüber von blasser, nachts von feuriger Farbe», so Plinius [37,156]. «Unter den funkelnden Edelsteinen haben die Karfunkel den ersten Rang inne, die nach ihrer Ähnlichkeit mit dem Feuer benannt sind, während sie selbst gegenüber Feuer unempfindlich sind, weshalb sie von manchen ‹feuerfest› genannt werden», so Plinius [37,92]. «Auch der Orites, von manchen auch Siderites genannt, ist gegenüber dem Feuer [**51v**] unempfindlich», so ebenfalls Plinius [37,176]; darüber mehr im vierten Kapitel [82r–83v]. Auch vom Diamanten sagt man, dass er das Feuer besiege und niemals warm werde. Der Topas verhindert, wie man sagt, dass Wasser kocht, und eine Hand, die einen Topas hält, kann ohne Schaden aus brodelndem Wasser herausgezogen werden. «Im Inneren des Phlegontides scheint eine Art Flamme zu brennen, die nicht nach aussen dringt », so Plinius [37,189].

Albertus [Magnus] [II, ii, 3] bezeugt, dass der Karfunkel von den Griechen Anthrax genannt werde (ἄνθραξ bedeutet auf Griechisch «Kohle», sei sie nun glühend oder erloschen) und dass er in der Dunkelheit wie Kohle leuchte, nachdem klares Wasser – in einem sauberen und polierten Gefäss aus Glas – darüber gegossen

120 Vgl. Gessner 1555, 66 f. zu den Ausführungen über den Morochthus im Anschluss an die Beschreibung der Mondmilch.

wurde. Katharina, die Königin von England, die mit Heinrich VIII. vermählt war, trug, wie ich höre, einen in der Dunkelheit leuchtenden Edelstein in einen Ring gefasst. Man nimmt an, es habe sich um einen Rubin gehandelt. «Unser Rubin ist eine Art des Karfunkel-Edelsteins», sagt Entzelt [1551, 252], «den wir mit einem anderen Namen als Lychnites bezeichnen können». Ich habe den Lychnites oben im Abschnitt über den Selenites [48r] behandelt.

Die Lychnis bezeichnet Dionysios von Alexandria [329] als [**52r**] πυρὸς φλογὶ πάμπαν ὁμοίη.[121] «Zur Art der funkelnden Edelsteine gehört auch die Lychnites, so genannt nach dem angenehmen Schein angezündeter Lampen», so Plinius [37,103].[122] «Im Fluss Hydaspes entsteht ein Stein, Λύχνις genannt (Λύχνις – ein auf der vorletzten Silbe betontes Maskulinum), der die Farbe von Öl hat und sehr geglättet ist (ζεστός, ‹siedend heiss›, ich möchte ξεστός, das heisst ‹geglättet›, bevorzugen), man findet ihn bei zunehmendem Mond zum Flötenspiel; ihn gebrauchen nur die Vornehmsten», so Plutarch [Ps. Plut. fluv. 1,2] in seiner Schrift über die Flüsse. Man muss aber untersuchen, um welche Art von Marmor es sich bei der Lychnites handelt. Varro [bei Plin. 36,14, vgl. unten] berichtet, dass dieser Marmor gewöhnlich bei Lampenlicht ausgegraben wurde; das mag wahr sein, wie ja die meisten Dinge unter der Erde in tieferen Metalladern unter der Verwendung von Lampen ausgegraben werden, oder es mag zur Steigerung des Preises erfunden sein. Die Bildhauer oder Bildschneider haben «alle nur den weissen Marmor von der Insel Paros verwendet; diesen Stein begann man Lychnites zu nennen, weil er bei Lampenlicht in den Gruben gebrochen wurde, wie Varro bezeugt. Später hat man noch viele, die weisser waren, [**52v**] gefunden, neulich auch in den Steinbrüchen von Luna», wie Plinius [36,14] berichtet. Die Erwähnung des weissen Marmors erinnert mich aber an einen anderen durchscheinenden. Von dieser Art besitzt, wie ich höre, der vornehme Kaufmann Leonhartus Cellarius aus St. Gallen in der Schweiz zwei Tafeln, die aus Spanien gebracht wurden; diese sind durchscheinend und haben das Aussehen von weissem Marmor. Aus Alabaster, so die gewöhnliche Bezeichnung, befindet sich ein äusserst weisser und durchscheinender Becher in meinem Besitz. Bei jenem durchscheinenden Marmor aber dürfte es sich vielleicht um den Phengites des Plinius [36,163] handeln, der danach benannt ist, dass er *phengos* [φέγγος], das heisst «Licht», durchlässt. Nachdem ich das geschrieben hatte, habe ich einen Brief von einem Freund erhalten, dem ich, als er gerade nach St. Gallen aufbrechen wollte, den Auftrag gegeben hatte, sich diesen Stein anzusehen und für mich zu beschreiben.

Er sagt: «Gewöhnlich nennt man diesen Stein Alabaster (*vielleicht handelt es sich aber bei dem heute als Alabaster oder Alabastrites bezeichneten Stein in Wirklichkeit gar nicht um den Alabaster der antiken Autoren und somit um eine Mar-*

121 Zur Übersetzung des von Gessner bereits zitierten Verses vgl. fol. 40v.
122 Nach der Plinius-Ausgabe von Jan/Mayhoff ist *lychnis* (37,103) zu lesen, nicht Lychnites.

morart, da er weich ist und kein harter Stein; wegen der Farbe und der Grösse hat man ihn jedoch für Alabaster gehalten). Zwei daraus hergestellte Tafeln oder [**53r**] Platten sind jeweils etwa zwei Fuss lang [60 cm] und eineinhalb Fuss [45 cm] breit. Diese Grösse passt etwa für mittelgrosse Scheiben [*specularia*] (gewöhnlich «Fenster» genannt). Zu diesem Zweck werden sie mit Holzrahmen eingefasst; sie lassen einen mässigen Lichtschein durch zu denen, die sich im Inneren befinden, jedoch so, dass sie niemanden draussen erkennen können; von denen, die draussen stehen oder vorbeigehen, dringt überhaupt kein Blick hindurch. Deshalb verwenden manche sie als Fensterscheiben von Zimmern, die zu den inneren Teilen des Hauses gerichtet sind. In Spanien sollen einige Fensterscheiben von Kirchen aus diesem Stein statt aus Glas hergestellt und mit Malereien geschmückt worden sein. Der Stein ist weisslich und weissem Marmor, der ins Bräunliche geht, oder auch einem glänzenden, weissen Flusssilex sehr ähnlich, hat jedoch einige Flecken. Wo er gebrochen ist, glänzt er wie Alaun. Mit der *planula* (wie die jüngeren Autoren den Gegenstand nennen, meine Landsleute sagen **ein Hobel**) kann er dünner gemacht und geglättet werden. Klopft man ihn mit dem Fingernagel [**53v**], tönt er wie Glas oder Erz. Noch nicht geglättet hatte die Tafel die Dicke eines Daumens [2,5 cm], geglättet aber die eines Fingers [1,8 cm]. In Spanien werden Becher und andere kleine Gefässe aus demselben Stein hergestellt, die in andere Gegenden exportiert werden. Sogar Zerbrochenes kann, wenn die Platten noch ganz sind, zusammengekittet werden.» So die Ausführungen des Freundes. «Unter Neros Herrschaft», sagt Plinius [36,163], «fand man in Kappadokien einen Stein von der Härte des Marmors, weiss und durchscheinend auch dort, wo ihn gelbe Adern durchzogen hatten; aus diesem Grund wurde er Phengites [Leuchtstein] genannt. Daraus hatte Nero den von König Servius geweihten Tempel der Fortuna wiederherstellen lassen, den man Sei<an>us-Tempel nennt.[123] Deshalb herrschte dort auch bei geschlossenen[124] Türen untertags die Helligkeit des Tages, nicht anders als bei Fensterscheiben, gleichsam als wäre das Licht eingeschlossen, und nicht durchgelassen worden.»

Ich komme zum Karfunkel zurück. Epiphanios [1,4] berichtet, dass man ihn nachts finde, da er wie eine Lampe oder eine glühende Kohle von fern funkelt, σπινθηρίζων, das heisst «Funken von sich gebend». Vielleicht ist aber [**54r**] auch der gewöhnlich Spinell genannte Edelstein von der Art der Karfunkel nach derartigen Funken, welche die Griechen *spinthêres* [σπινθῆρες] nennen, benannt worden. «In

---

123 Gessners *Seius* wurde in Anlehnung an die Plinius-Ausgabe von Jan/Mayhoff (36,163) zu *Seianus* korrigiert.

124 Das im Gessner-Text gedruckte *foribus apertis* «bei geöffneten Türen», ergibt keinen Sinn und wurde in der Übersetzung korrigiert; es dürfte sich um einen Fehler – *apertis* statt *opertis* – handeln, der Gessner bzw. dem Drucker unterlaufen ist; in Gessners Plinius-Ausgabe (1539, 648) findet sich *foribus opertis*.

der Anthracitis scheinen bisweilen Funken umherzusprühen», so Plinius [37,189]. «Alle Karfunkel sind rot und schimmern, aber auf unterschiedliche Weise», sagt Agricola [298]: «Denn sie haben [entweder] eine ausnehmend rote Farbe und ebensolchen Schimmer, sind aber meistens klein; diese nennt man Spinelle. Oder die Farbe und ebenso der Schimmer sind ausnehmend rot, aber die Steine in der Regel etwas grösser. Diese nennen die Italiener nach der Farbe Rubine, die Griechen (wie auch Ovid), weil sie stark funkeln, nach dem Aussehen des Feuers Pyropi.» Ich erinnere mich nicht, dass ich bei einem griechischen Autor schon Pyropus als Benennung für einen Edelstein gelesen habe. Epiphanios [1,1] verwendet das Wort adjektivisch, wenn er schreibt, der Sardius sei πυρωπὸς τῷ εἴδει, das heisst «feurig in der Farbe». Unter den lateinischen Autoren haben, glaube ich, nur Dichter diese Wendung für einen Edelstein gebraucht, wie Ovid im zweiten Buch der *Metamorphosen* [met. 2,2]:
«strahlend von gleissendem Gold und dem Pyropus, der Flammen nachahmt».

[**54v**] «Mit dem Pyropus-Lack funkelte der Rundschild», so Properz, Buch 4, Elegie 11 [4,10,21]. «Der Flaum glänzt mit rotem Pyropus», Lukrez, Buch 2 [2,803]. Wie ich übrigens den Edelstein Lychnis als πυρὸς φλογὶ πάμπαν ὁμοίη [40v, 52r] bezeichnet habe, so wird auch ein Stein namens Phloginus bei Plinius [37,179], der von goldener oder feuriger Farbe ist, nach der Feuerflamme benannt: «Denn man nennt diesen Stein auch Chrysites», sagt Plinius, «da er der attischen Auster (dem Ocker) ähnelt, in Ägypten».[125]

Wenn man den Hephaestites in die Sonnenstrahlen hält, entzündet er trockenes Holz wie auch der Kristall; über diesen wirst du mehr im fünften Kapitel [87v–88r] lesen. Im Sonnenlicht entzündet auch «ein Hohlspiegel Schwefelhaltiges, Stroh und Reisig» [Agricola 263], wie auch Wasser in einer gläsernen Schale. Pyrite werden Steine genannt, aus denen Feuer herausgeschlagen wird; es gibt verschiedene Arten: sie unterscheiden sich nicht nur in Farbe und Gestalt, sondern auch in der Substanz. «Es gibt Leute, die den Pyrites», sagt Ermolao [Barbaro] im *Corollarium* [1516, Nr. 978], «auch Siderites sowie Androdamas und Bostrychites nennen. Sie behaupten, dass man auf Zypern einen von silberner Farbe und einen anderen von goldener Farbe finde. [**55r**] Einige gehen von der Existenz einer dritten Art aus, die am meisten Feuer habe und sehr schwer sei. Diese Steine nennen wir auch ‹lebendig›. Sie sind besonders notwendig für diejenigen, die Lager auskundschaften, weil aus ihnen, wenn man sie mit einem Nagel oder einem anderen Stein geschlagen hat, Funken herausgeschlagen werden, die mit Schwefel, trockenen Schwämmen oder Blättern aufgenommen sehr schnell Feuer fangen [vgl. Plin. 36,137 f.]. Der

125 Gessner verweist in Klammern auf *ochrae* zur Korrektur des überlieferten *ostreae*; vgl. unten fol. 74v. Zu «in Ägypten» ist nach der Plinius-Ausgabe von Jan/Mayhoff (37,179) «man findet ihn» [*invenitur*] zu ergänzen; die Übersetzung orientiert sich an dem bei Gessner gedruckten Text (ohne diese Korrektur).

Pyrites ist auch ein Edelstein (für Plinius [37,189]) – vielleicht von diesem verschieden –, ein schwarzer, der beim Reiben der Finger brennt.» So Ermolao. Wie man übrigens aus dem Pyrites, sowohl aus dem metallischen als auch aus dem nicht metallhaltigen (den wir lebendigen Silex oder einfach Silex nennen), Feuer herausschlägt, so auch aus einigen anderen Steinen, die hart und glatt sind, – wenn es auch leichter den Teilen entlockt werden wird, die durch den Schlag darauf aufgeraut wurden. So [schlägt man es] auch aus dem Kristall heraus und aus dem, der gewöhnlich als Chalkedonischer bezeichnet wird, den die Geschützführer (wie ich jene bezeichnen will, welche die Kriegsgeschütze bedienen) gebrauchen, aus dem keilförmigen Ceraunius und aus anderen.

Der Pyrites wird von Aristoteles [meteor. 6,6; 383b, 5 B.] und Theophrast [lap. 9] mit einem anderen Namen auch Pyrimachus genannt, weil er dem Feuer Widerstand leistet, wie Agricola [368] annimmt. [**55v**] Er sagt [368]: «Denn nur wenn er in brennende Öfen geworfen wird, wird er flüssig. Sobald er aber in den Tiegel abgeflossen ist, verdichtet er sich wieder und wird hart», usw. In den «Antiballomena», das heisst in den Galen zugeschriebenen «Ersatzarzneien» [*De succedaneis*], wird der Pyrobolus als Alternative zum Pyrites genannt [Ps.-Galen succ. = XIX 734,16 K.]. Ich kenne nur den Pyrobolus, der mit dem Pyrites identisch ist. Jener Zusammensteller der ἀντιβαλλομένα führt aber auch andere dieser Art an, die Synonyme gemäss den Grammatikern sind, nicht Antiballomena gemäss den Ärzten, wie: καλλικερέα, ἡ τῆλις [Bockshornklee] [Ps. Gal. XIX 731,8 K.]: χαμαίμηλον, ἀνθεμίς [Kamille] [Ps. Gal. XIX 746,13 K.]. Bei Plutarch in der Camillus-Vita [34,3 f.] sind πυροβόλα Kriegsgeräte oder Kriegswerkzeuge, die zum Schleudern von Feuer aufgestellt wurden. «Der Asbestos kommt in den Bergen Arkadiens vor und hat die Farbe von Eisen», so Plinius, Buch 37, Kapitel 10 [37,146]. Asbestos bedeutet bei den Griechen aber «unauslöschlich», und Marbod [Nr. 33, 489 f.] behauptet, dass dieser Stein, wenn er einmal angezündet wurde, nicht mehr gelöscht werden könne. Der eben genannte Plinius sagt in Buch 36, Kapitel 19 [36,139]: «Der Amiant, der dem Alaun (*zweifellos dem faserigen Alaun*) ähnlich ist [**56r**], verliert nichts durch das Feuer.» Was die gewöhnlichen Apotheker als faserigen Alaun verkaufen, ist weiss und nicht eisenfarbig. Der Amiant aber, den man von Zypern bringt, könnte, weil er braun ist, wenn auch vielleicht die Fäden, die sich schon von ihm gelöst haben, weisslich glänzen, der Asbestos des Plinius sein. Denn auch Agricola [258] berichtet, dass der Amiant von antiken Autoren mit anderem Namen auch Asbestos und Asbestlein genannt worden sei. Nach Plinius [37,148] «behält die Apsyctos, im Feuer erhitzt, sieben Tage lang ihre Wärme, ist schwarz und schwer, wobei sie rötliche Adern durchlaufen; sie soll gegen Kälte helfen.» Ich glaube, dass sie heutzutage in unserem Erdteil niemandem bekannt ist.

Zum Feuer gehören gleichsam als Ausscheidungen des Feuers auch Rauch und Asche. «Ein Jaspis ist wie von Rauch gefärbt; man nennt ihn Capnias», so Plinius in Buch 1, Kapitel 9 [37,118]. Über die Chrysolithe sagt Plinius in demselben Kapitel [37,128]: «Zu dieser Art gehören die Capniae.» Und gleich darauf im zehnten Kapitel [37,151]: «Der Capnites scheint manchen eine eigene Art darzustellen und ist rauchig mit überaus zahlreichen Maserungen,[126] wie ich oben [37,118] gesagt [**56v**] habe; er kommt in Kappadokien und in Phrygien vor und gleicht dem Elfenbein.» So Plinius. Agricola aber sagt im siebten Buch *De natura fossilium* [310]: «Ein weisser Marmor ist gewöhnlich wegen überaus zahlreicher Maserungen rauchig; daraus wird wiederum ein Edelstein hergestellt, den Plinius [37,151] Capnites genannt hat.» In Buch 34, Kapitel 10 [34,101], sagt Plinius im Rahmen seiner Ausführungen über die Arten des Galmeis: «Der feinste Galmei befindet sich gerade beim Ofenloch, da wo die Flammen hervordringen, und wird Capnitis genannt; er ist ausgebrannt und wegen seiner allzu grossen Leichtigkeit der Asche ähnlich.» In Buch 17, Kapitel 7 [17,44], schreibt Plinius im Rahmen der Ausführungen über die Arten des Mergels: «Ihr zunächst steht die rötliche, die Capnumargos genannt wird; eine feine, sandige und mit Stein untermischte Erde.» Der Tephrites ist nach der Farbe der Asche benannt, darüber auch oben [47v]. «Die dritte Art des Marmor Ophites ist aschefarben; deshalb nennen sie [die Griechen] ihn *tephria*», so Agricola [313].

«Der Diamant ist farblich der Luft ähnlich», sagt Epiphanios [2,1]. «Unter den Beryllen gibt es welche, die man ‹luftfarben› nennt», so Plinius [37,77]. Und an anderer Stelle [37,115]: «Persien bringt einen Jaspis hervor, welcher der Luft ähnlich ist und deshalb *aërizusa* [ἀερίζουσα] genannt wird.» Und kurz darauf [37,116]: [**57r**] «Den einzelnen (verschiedenen Arten von Jaspissen) haben die Griechen Namen nach ihrer jeweiligen Besonderheit gegeben. Die vierte wird bei ihnen *borea* genannt, sie ist dem Himmel an einem Herbstmorgen ähnlich; dies wird der Jaspis sein, der *aërizusa* genannt wird.»

Der Enhydros, der oben im ersten Kapitel [9v–12r] behandelt wird, hat seinen Namen vom Wasser erhalten. Das Quecksilber nennen die Griechen nach Wasser und Silber ὑδράργυρος [Wassersilber]. Besonders dem geschmolzenen Silber ist es nämlich im Hinblick auf die dunkle Farbe und den Glanz ähnlich. Es ist aber nach der Art von Wasser und Flüssigkeit flüssig; daher nennen sie es auch ἄργυρος χυτός [flüssiges Silber]. Den Beryll nennen die Italiener ‹Aqua marina›, denn farblich ahmt er die dunkelblauen Meeresfluten nach. Anders dagegen Cardano: «Die Calais» (sagt er in seinem Buch *De gemmis et coloribus* [1562, 332f. Nr. 29]) «ist ein Edelstein, der etwas härter ist als der Kristall; von diesem findet sich (in künstlicher Fertigung) eine sehr grosse Menge, während er (echt) äusserst selten ist.

126 Bei Gessner steht: *plurimis spiris fumida* («rauchig mit zahlreichen Maserungen»); die Plinius-Ausgabe von Jan/Mayhoff (37,151) druckt: *pluribus iaspidis fumidae*; demnach kontrastiert Plinius die Ansicht von manchen (*quibusdam*), dass es sich um eine eigene Art handle, mit der Meinung der Mehrheit (*pluribus*); König/Hopp übersetzen: «[...] für die Mehrheit handelt es sich um [eine Art des] rauchfarbenen Jaspis».

Er wird nämlich aus Glas nachgemacht. Denn es findet sich eine Art von Glas,[127] kein Flaschenglas und ziemlich hart; dieses hat unter der Erde begraben eine bläuliche und in etwa dem Meerwasser ähnliche Farbe angenommen. Auch die Calais selbst hat nämlich eine derartige Farbe, die aber eher ins Blau geht, freilich zwischen mässig [**57v**] Grün und Wachsgelb. Aber nicht so sehr aus diesem Grund wird sie – das heisst die Calais, die sich aber von der Calais unterscheidet, – ‹Aqua marina› [Meerwasser] genannt, als weil, wie beim Meerwasser keine bestimmte Farbe festgestellt werden kann, so auch dieser Edelstein keine feste Farbe besitzt. Deshalb wird er, wie ich gesagt habe, auch aus Glas nachgemacht, ausserdem aus schottischem Kristall, aus unreifem Amethyst und sogar aus gekochtem Chrysolith, usw. Sie wird auch Augites von Plinius [37,147] genannt, der berichtet, dass die Calais den Saphir nachahme, aber weiss sei und dem Meer an der Küste gleiche [37,151].[128] Unter ‹an der Küste› möchte ich aber ‹der Küste nahe› verstehen.» So Cardano. Plinius und ihm folgend Agricola [z. B. 292] schreiben Callais mit doppeltem l: ob sie sich aber von der Calais unterscheidet, wie Cardano annimmt, wäre zu untersuchen. Um etwas anderes handelt es sich allerdings bei den Callainae, Schalentieren, die von Ärzten erwähnt werden; über sie habe ich im Band über Wasserlebewesen [1558, 769], im Kapitel über verschiedene Austern geschrieben. Eine Art des Hyazinths bei Epiphanios [1,7] wird nach der Farbe des Meeres θαλασσίτης [Thalassit] genannt. «Der Jaspis mit dem Beinamen παλαιός [alter] ist Schnee oder Meerschaum ähnlich», [**58r**] so ebenfalls Epiphanios [1,6]. «Die Paeantis hat das Aussehen von gefrorenem Wasser», so Plinius [37,180]. Ein gewisser Jaspis «gleicht dem Eiswasser, κρυστάλλου ὕδωρ», so Epiphanios [1,6]. «Alle Arten des Jaspis sind, wenn sie fehlerhaft sind, blau oder dem Kristall ähnlich», so Plinius [37,116]. Die Griechen freilich nennen sowohl den Edelstein als auch das Eis «Kristall». Auch der weisse Spiegelstein (man findet ihn nämlich auch schwarz und gemischt) sieht aus wie Eis, weshalb ihm die Deutschen den Namen **Unser Frawen eyß** gegeben haben [Agricola, 480]. «Als Kaiser Julian», sagt Agricola [257], «dies am Eis der Seine beobachtet hatte, schreibt er [Iul. mis. 7], dass es dem phrygischen Stein ähnlich sei; so aber nennt er den Spiegelstein, weil man ihn in Phrygien findet, obwohl er auch in vielen anderen Gegenden vorkommt.» Aber auch ein anderer Stein ist als «Phrygischer Stein» bezeichnet worden: «eine bimssteinartige Masse», usw. [Agricola 270]. Manche nennen Onyx-Steine ἐξ ὕδατος ἀτάκτου πεπῆχθαι [aus ungeordnetem Wasser gefroren], so Epiphanios [1,12];

127 Bei Gessner steht *species nitri* («eine Art von Natron»), bei Cardano *species vitri* («eine Art von Glas»); der Druckfehler wird in der Übersetzung in Anlehnung an den Text von Cardano korrigiert.

128 Nach der Ausgabe von Jan/Mayhoff stand bei Plinius an keiner der beiden Stellen *calais*, sondern *callaina* (37,147) bzw. *callais* (37,151).

mir scheint die Stelle verderbt zu sein.[129] Eiszapfen nennt man, was aus Wasser gefroren im Winter an Dächern hängt. «Einige Steine und geronnene Flüssigkeiten [**58v**] stehen wie Eiszapfen in Höhlen oder hängen von deren Deckengewölben», so Agricola [181]. Mehr dazu kannst du oben im ersten Kapitel [29r/v] lesen. Achate «zeigen manchmal Abbilder von Flüssen», wie Plinius bezeugt [37,140].

Der Geodes ist ein nahezu kugelförmiger Stein und mit dem Aëtites verwandt; er ist nach der Erde benannt, die er enthält. Von den speziell als «Pontische» bezeichneten Edelsteinen (die mit dem Achat verwandt zu sein scheinen) zeigen einige die Abbilder von Bergen und Tälern [vgl. 35v]. «Die Boleniae findet man bei Sturzregen, sie gleichen einem Erdklumpen», sagt Plinius [37,150].[130] Βῶλος heisst im Griechischen der Erdklumpen, weshalb die korrekte Wortbildung eher βωλίτης als βωλενίας zu sein scheint.

Über die Steine, die nach Himmelserscheinungen, das heisst nach den hoch in der Luft befindlichen Körpern, benannt sind. Drittes Kapitel

Agricola gebraucht die Namen der Steine Brontia, Ombria und Ceraunia im weiblichen Geschlecht. Ich möchte sie lieber nach der ersten [**59r**] Deklination im Griechischen im Maskulinum als Brontias, Ombrias und Ceraunias bezeichnen, wie Aeneas. Das ist in der Regel aber auch die Endung eines Adjektivs, wie ἐρυθρίας von ἐρυθρός [rot]; und das Substantiv λίθος, das heisst «Stein», ist ein Maskulinum, was für beide Sprachen zutrifft. Denn λίθος im Femininum bedeutet bei den besseren Autoren in der Regel «Edelstein», nicht Stein. Indessen wird man auch *Ceraunius lapis*, *Ceraunia*[131] *petra* und *Ceraunium saxum* sagen dürfen. Die *Ceraunia* (ergänze *saxa*) oder Akrokeraunia sind ein Gebirgszug von Epirus, der sich ins Meer erstreckt. Ovid erwähnt sie in den Briefen vom Schwarzen Meer [Pont. 2,6,9 f.] mit folgenden Worten:

Als ich mit senkrechtem Segel die Ceraunia umschiffen konnte, hätte man mir raten müssen, wie ich miede die gefährlichen Felsen.

Ebenso Horaz [carm. 1,3,17]:
Die verrufenen Felsklippen, Akrokeraunia.

---

129 Gessners Einschätzung wird von späteren Editoren geteilt. Die Ausgabe von de Mély/Ruelle (1898, 197) druckt statt ἀτάκτου die Konjektur στακτοῦ; die Worte ἐξ ὕδατος στακτοῦ πεπῆχθαι bedeuten: «aus Wassertropfen gefroren».

130 Der Text der neueren Ausgaben lautet (Plin. 37,150): *Boloe in Hibero inveniuntur* – in der Übers. von König/Hopp: «Bolos-Steine findet man im Ebro».

131 *Ceraunium petram* in der Ausgabe ist zu *Cerauniam petram* zu korrigieren; denn *petra* («Fels») ist ein Femininum.

So auch einige andere. Aber ich bevorzuge, wie ich gesagt habe, die Endung nach der ersten Deklination auf -ίας, die gewissermassen zwischen Adjektiven und [**59v**] Substantiven zu schwanken scheint und besonders gut für eine naturwissenschaftliche Terminologie geeignet ist. So werden beispielsweise Fische als *xiphiae* und *anthiae* bezeichnet, nicht als *xiphii* und *anthii.*[132] Auch die griechischen Grammatiker haben einen Unterschied darin gesehen, dass die auf -ίας ausgehenden Nomina einen Zustand und eine dauernde Qualität bezeichnen, die von den Dialektikern nicht *passio* [Erleiden], sondern *passibilis qualitas* [leidhafte Eigenschaft] genannt wird. So bezeichnet beispielsweise ἐρυθρίας einen Menschen, der von Natur aus, aus Gewohnheit oder wegen einer Krankheit rot ist, und ἐρυθρός einen, der es irgendwie ist, sei es wegen eines Affekts wie Scham oder aus einem anderen Grund; ebenso ὠχρίας und ὠχρός [blass], usw.

«Erhabene Linien und Riefen haben auch Ackersteine.[133] Von diesen nennen die Griechen denjenigen Brontia, der – wie die breite Masse jetzt noch glaubt – mit dem Donner herabfällt; er gleicht Schildkrötenköpfen. Den, der mit Regenschauern herabfällt, [nennen sie] Ombria. Unsere sind bald rötlich-gelb, bald grünlich, bald rötlich und bald bräunlich; jetzt aber haben sie unterschiedliche Farben, poliert man sie, geben sie wie Spiegel Bilder wieder. [**60r**] In der Regel haben sie die Gestalt einer Halbkugel, selten eine längliche. Bisweilen haben sie die Grösse eines Eis, doch öfter sind sie kleiner. Manche besitzen zwei Kreise gewissermassen wie Naben [*moduli*]. (*Für Plinius* [9,8] *sind die* modioli *die hohlen, runden Teile in der Mitte von Rädern, von denen aus Speichen zum Umkreis laufen.*) Vom oberen Kreis gehen fünf erhabene Linien, die durch gleiche Zwischenräume voneinander getrennt sind, zum unteren. Von diesen hat jede auf beiden Seiten eine Riefe. Genauso viele erhabene Linien wiederum laufen vom oberen Kreis in der Mitte der Zwischenräume hinab zum unteren. Von jeder dieser Linien erstrecken sich auf beiden Seiten viele Querlinien zu den nächstgelegenen Riefen. Zwischen diesen gibt es aber immer quadratische Vertiefungen. Manche haben aber nur diese letzten fünf abwärts laufenden Linien mit vielen Querlinien und nicht sehr langen Zwischenräumen. Die übrigen Zwischenräume in der Mitte sind gänzlich erhaben und haben weder Linien noch Riefen. Einige sind genauso gebildet, nur dass sie statt der Linien Riefen haben [**60v**] und die jeweils seitlich liegenden Zwischenräume erhaben sind.» Das sagt Georg Agricola im fünften Buch *De natura fossilium* [262].[134] Er übersetzt zudem Brontia [476] und zugleich Ombria [482] im Deutschen mit **groß Krottenstein**, das bedeutet «Batrachites» (oder Krötenstein) oder «grössere Chelonitis», mit **Donnerstein**, das bedeutet «Donnerstein», und mit

132 Als *xiphias*/ξιφίας wird im Griechischen der Schwertfisch bezeichnet, als *anthias*/ἀνθίας ein nicht näher bestimmbarer Meeresfisch.

133 Mit diesem Satz beginnt ein langes Agricola-Zitat (262), wobei Gessner nur das Zitatende markiert.

134 Bei den von Agricola beschriebenen Ombriae handelt es sich um fossile Seeigel.

Wetterstein, das bedeutet «Unwetterstein». Mit eben diesen drei Namen übersetzt er auch Ceraunia [476], nur dass er einen Unterschied hinsichtlich der Glätte hinzufügt: **groß glatt Krottenstein** usw., da Ombriae und Brontiae nicht glatt sind, sondern uneben, weil einige Stellen hervorstehen und andere vertieft sind. Die Chelonitis [477] aber [nennt er] **ein kleinen Krottenstein**, das bedeutet «kleinerer Batrachites». Ich habe mehr über alle diese, besonders aber über den kleineren, in meinem Buch über die eierlegenden Vierfüsser [1554, 66] im Kapitel über die Kröten im Abschnitt G geschrieben. «Der Edelstein Brontia gleicht Schildkrötenköpfen, er fällt, wie man glaubt, mit dem Donner herab und löscht, was vom Blitz berührt wurde, wenn [**61r**] wir es glauben wollen», so Plinius [37,150]. Daher kann für den Brontias offensichtlich auch die Bezeichnung Chelonitis verwendet werden. Ich habe eine Ähnlichkeit zum Kopf einer Schildkröte bisher an keinem Stein wahrgenommen. Meine sogenannten kleineren Batrachiten aber geben, weil sie in der Regel rund sind und nach innen gewölbt wie eine Halbkugel, mit ihrer zusammengesetzten Gestalt das *chelonium*, das heisst den Panzer oder die Schale der Schildkröte, eher als ihren Kopf wieder. Aber wenn du unter dem Begriff *testudo* ein Deckengewölbe verstehst und bei diesem als den «Kopf» den höchsten, einer Nabe entsprechenden Punkt in der Mitte bezeichnest, den Aristoteles in seinem Alexander gewidmeten Buch *De mundo* [Ps.-Aristot. mund. 399] Nabel [*umbilicus*] nennt, dann scheint der Vergleich freilich schön zu passen, auch wenn beim Ombrias fünf Linien aus der Mitte hervorgehen, bei einem Gewölbe vier usw. Nach der Gestalt eines Schildkrötenpanzers werde ich aber verschiedene Steine mit dem griechischen Begriff «Chelonitides» bezeichnen.

[**61v**] *Eine Art der Ombriae, die mir Johannes Kentmann geschickt hat.*

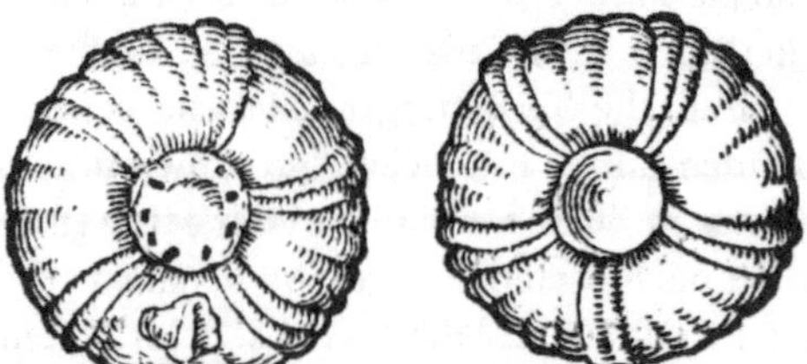

Abb. 17 Ombrias (Ober- und Unteransicht eines Seeigelsteinkerns)

Kentmann sagt: «Dieser goldgelbe Stein ist einer aus der Gruppe der Ombriae, nur dass er eine stärker zusammengedrückte Form hat, so dass die Pünktchen auf ihm weniger sichtbar sind als auf den höheren und grösseren.»

«Auch die Ceraunia» (sagt Georg Agricola [262] – oder besser der Ceraunias, wie ich eben angemahnt habe [59r]) «hat ihren Namen daher, dass sie, wie das Volk glaubt, mit dem Blitz herabfällt. Sie kommt nicht nur in Karmanien vor, sondern auch auf unseren Feldern. Sie hat keine Riefen und Linien und darin unterscheidet sie sich von der Brontia. Sie ist aber glatt und bald rund, [**62r**] bald länglich. Ihre Arten unterscheiden sich farblich: eine ist teils weiss und durchsichtig, teils braun, eine andere schwarz, wieder eine andere rot.» Soweit Agricola. Nach ihm habe ich ihre deutschen Bezeichnungen eben [60v] zusammen mit dem Brontias angeführt. Plinius sagt in Buch 37, Kapitel 9 [37,135], nach der Erwähnung des weissen Edelsteins Ceraunia: «Sotakos unterscheidet auch zwei andere Arten der Ceraunia, nämlich schwarze und rote, sie seien Beilen ähnlich. Durch jene, die schwarz und rund sind, würden Städte erobert und Flotten; man nenne sie Betuli; die langen aber Cerauniae. Man erwähnt noch eine andere, ganz seltene, die von den Magiern der Parther gesucht werde,[135] weil man sie nur an einem vom Blitz getroffenen Ort finde.»

Baetylus oder Abadir wird ja von den Grammatikern (Hesychios [lex. β 99,1 Latte] und Favorino [1523, 100r]) ein Felsgestein genannt, das Saturn auf Ilions Berg Libanon verschlungen haben soll.

Der Stein, den ein vornehmer Mann und Naturforscher mir als [**62v**] Blitzstein (denn auf Deutsch nannte er ihn **Stralhammer**) geschenkt hat und dessen Abbildung ich hier beigefügt habe, ist fünf Finger [9 cm] lang, drei Finger [5,4 cm] breit an der breitesten Stelle, nämlich an der unteren Seite, wo er sich wie ein Keil auf beiden Seiten verdünnt, und er gibt auch als ganzer deutlich einen Keil wieder; wo er am dicksten ist, etwa in der Mitte freilich, hat er die Dicke eines Daumens [2,5 cm]. Dort werden das Haupt und die Seiten durch Ecken abgeschlossen, wie viereckige Körper; auf der Keilseite aber fallen die Ecken zusammen, so dass sie in einen schneidenden Rand auslaufen, wobei sich die Dicke von der Mitte an allmählich verringert.

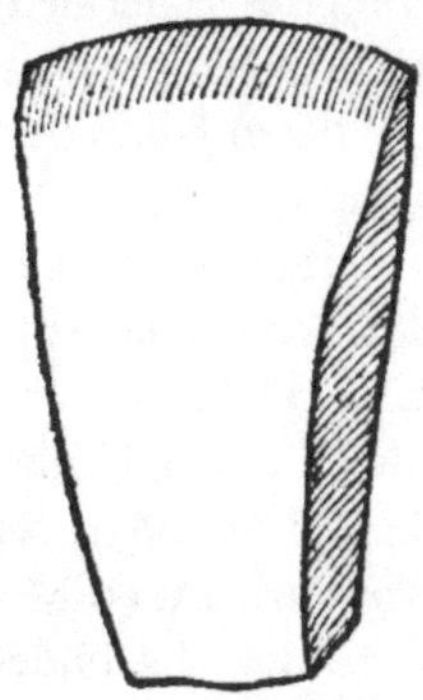

Abb. 18 Stralhammer (prähistorisches Steinbeil)

Er bezeichnete ihn mit dem deutschen Namen **Straalhammer**, das heisst «Blitzhammer». Seine Farbe ist bräunlich-weiss, um das Haupt herum gibt es mehr Schwarz. Er ist überaus schwer und sehr hart. Dem gewöhnlichen Silex, aus dem [**63r**] sich Feuer herausschlagen lässt, gleicht er in der Substanz und man sagt, dass sich aus ihm ebenso Feuer [herausschlagen] lasse. Er begradigt die Schneide von Messern und Eisenwerkzeugen, die an ihm gerieben werden, schärft sie aber nicht auch. An diese Art denkt zweifellos Cardano, wenn er schreibt [1562, 308]: «Dunkel glänzt der Blitzstein, dem die Feile nichts anhat.» Denn auch meiner fühlt sie nicht – nicht einmal an den Ecken –, weil er überaus glatt und hart ist. «Die Ceraunie sind Steine», sagt Christoph Entzelt [1551, 209], «welche die Deutschen **Donnerstein** nennen. Sie fallen mit dem Donner aus den Wolken. In *Grania[136] und

135 Der von Gessner zitierte Plinius-Text ist verderbt.

136 Gessner scheint das Sternchen zu setzen, um anzuzeigen, dass Entzelts Angabe *Grania* nicht korrekt ist.

ebenso in Spanien finden sich welche mit einer hell schimmernden Farbe fast wie Feuer. (*Das dürfte wohl eher einer der antiken Autoren über den Edelstein Ceraunia gesagt haben.*) Man findet sie auch hie und da in Deutschland, vor allem an Flüssen wie etwa an der Elbe, wo ich Cerauniae-Edelsteine (*ich möchte einfach von Steinen sprechen*) gefunden habe, die dem Kristall ähnlich sind, eine blaue Färbung und unterschiedliche Formen haben. Manchmal glichen sie Keulen, manchmal einer Pyramide, so dass sie einen Zuckerhut darstellten [**63v**] (oder einen Kegel aus Zucker). Doch konnte ich niemals welche finden, die noch ganz waren – vielleicht wegen der Wucht des Blitzes, mit der sie aus den Wolken herausgeschlagen werden, und wegen des Aufpralls auf der Erde. Es wird behauptet, dass es ihre Wirkung ist (*das stammt aus Marbod* [Nr. 28, 410–415]), süssen Schlaf hervorzurufen, gegen Blitze zu wirken und ebenso in Schlachten und Prozessen zum Sieg zu führen.» So Entzelt, der sicher den Edelstein Ceraunia, den ich im zweiten Kapitel [36v–40v] unter dem Namen «Asterias» beschrieben habe, mit dem Stein verwechselt, der aus den Wolken fällt, wie es auch Marbod [Nr. 28, 404] tut. Solinus[137] sagt am Ende des Kapitels 23 [20,15], das von Germanien handelt: «Es gibt verschiedene Arten von Cerauniae; die germanische ist weiss, schimmert aber bläulich und zieht im Freien den Glanz der Gestirne auf sich.» Ebenso haben aber auch Marbod [Nr. 28, 417 f.] und Albertus Magnus [II, ii, 3] «germanische» gelesen, obwohl man nach Plinius, Buch 6, Kapitel 23 [6,95], «karmanische» lesen und es auf den Edelstein, nicht auf den Stein beziehen sollte. Ich habe aber auch einen anderen bei demselben vornehmen Mann gesehen, der meinem glich, den er mir [**64r**] schenkte und den ich abgebildet habe. Er hatte dieselbe keilförmige Gestalt, war aber viel grösser, schwarz und von einem runden Loch durchstossen; dieses war, wie er vermutete, nicht künstlich, sondern durch die Gewalt einer Bewegung hervorgebracht worden. Auf diese Weise wurde auch ein steinerner Diskus durchbohrt, so dass er sich zum Werfen (vielleicht auch durch die Einführung eines Holzes) eignete. Eben dadurch unterscheidet sich der Diskus von dem, den die Griechen Solos [σόλος] nennen, wie Ammonios in seinem Werk *Differentiae vocum*[138] [132] mit folgenden Worten anmerkte: Δίσκος μὲν ἐστι λίθος τετρημένος, σόλος δὲ τὸ χαλκοῦν ὁλοσφύριον [Ein Diskus ist ein durchbohrter Stein, ein Solos aber ein Stück geschlagene Bronze.], usw. Von diesen unterschiedlichen Arten der Cerauniae also, die einen keilförmig, andere diskusartig, δισκοειδεῖς, wieder andere keulenförmig [*claviformes*], nicht weil sie einem Nagel [*clavus*], sondern weil sie einer Keule [*clava*] ähnlich sind – so einen hat Entzelt [1551, 209] gesehen, wie er schreibt,

137 Solinus berichtet in seinem im 3. Jh. verfassten Werk *Collectanea rerum mirabilium* über Kuriositäten der Oikumene und schöpft dabei aus der *Naturalis historia* des Plinius.

138 Das aus byzantinischer Zeit stammende Synonymenlexikon wurde seit dem 15. Jh. einem Ammonios zugeschrieben; der Autorname gilt als unecht, vgl. G. Markris, s. v. Ammonios, DNP 1, 1996, 600.

und ich habe eine Abbildung eines solchen von Kentmann erhalten, jedoch auf die Darstellung verzichtet; vier andere Arten von Ceruniae-Steinen aber, die mir ebenfalls Kentmann geschickt hatte, habe ich auf der folgenden Seite angeführt und sie mit den Buchstaben A B C D bezeichnet.

[64v]

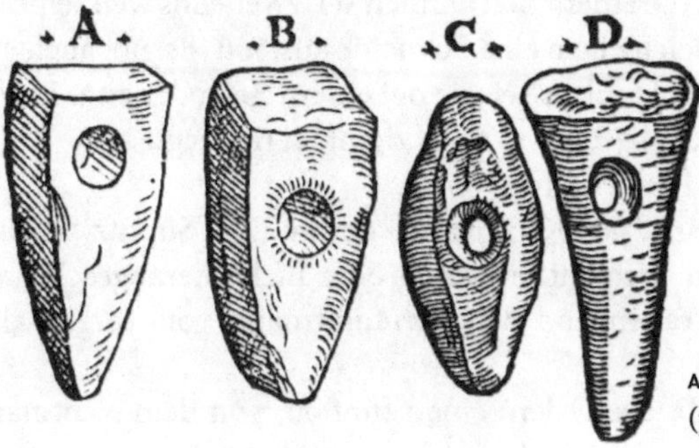

Abb. 19 Cerauniae (prähistorische Steinäxte)

A. [B][139] «Diesen Stein», sagt Kentmann, «hat ein Blitz durch eine Windmühle hindurch mit grosser Kraft in Torgau am 17. Mai im Jahre 1561 herabgeschleudert. Er wurde daraufhin von einem jungen Mann ausgegraben und hat die Form, mit der er hier abgebildet ist. Er ist ungefähr drei Finger [5,4 cm] breit, fünf Finger [9 cm] lang und härter als der Bisaltes-Stein, den die Schmiede bei uns, wo man ihn ausgräbt, anstelle eines Ambosses verwenden.» So Kentmann. Man könnte diese Gestalt aber als σφυροειδής bezeichnen, weil sie eine Art Hammer aus Holz zeigt, den die Griechen σφῦρα, meine Landsleute **ein Schlegel** nennen, und weil sie vor allem doppelt oder auf beiden Seiten mit einem Kopf versehen ist, wie auch der Hammerfisch an seinem Haupt, usw.

[65r] B. [C] «Ein anderer Ceraunius. Er stimmt mit dem vorausgehenden in der Farbe (Schwarz mit einigen ins Blau gehenden Stellen) sowie in der Härte und dem

139 Die bei Gessner unter den Buchstaben A, B, C, D angeführten Beschreibungen passen nicht zu den mit den entsprechenden Buchstaben bezeichneten Abbildungen. Die Reihenfolge der abgebildeten «Steine» – heute als Steinäxte identifizierbar – stimmt hingegen mit der Reihenfolge der Beschreibungen in Kentmanns Verzeichnis seiner Sammlung zu Beginn von Gessners Sammelband überein, vgl. Kentmann 1565a, fol. 30r/v; dabei passt die Abbildung A zu dem von Kentmann unter 1. beschriebenen Stein, die Abbildung B zur zweiten Beschreibung usw. Um die Beschreibungen bei Gessner den Objekten der Abbildung korrekt zuzuordnen, wird im Folgenden im Anschluss an Gessners Angabe in eckigen Klammern der Buchstabe des abgebildeten Objekts genannt, auf das sich der Text tatsächlich bezieht. Gessner selbst scheint sich in seinen Kommentaren auf die Vorzeichnungen zu beziehen, die in einem Album erhalten sind; vgl. «Abbildungen von Mineralien, Corallen usw / von Felix Platter gesammelt», UBH K I 2, fol. 35r und 44r; einsehbar unter: https://doi.org/10.7891/e-manuscripta-12850.

Gewicht überein. Die Form ist anders. Dieser hat nämlich eine keilförmige, jener eine hammerartige Gestalt. Alle sind durchbohrt. Er wurde bei *arx Iulia* (für uns Eilenburg)[140] aus der Erde ausgegraben, nachdem er beim Einschlag eines Blitzes durch eine riesige Eiche herabgeschleudert worden war.» So Kentmann. Es scheint sich um den Stein zu handeln, über den Sotakos bei Plinius [37,135] schreibt, dass er eine Gestalt besitze, die einem Beil ähnlich sei, zweifellos weil seine Gestalt breit ist und in einen Keil gleichwie in eine Schneide ausläuft. Es gibt auch ein Loch, das den Anschein erwecken kann, es sei wie bei einem Beil oder zum Einführen eines Griffes gemacht worden, besonders da es ziemlich tief liegt.

C. Ein anderes Bild des zweiten.[141]

D. [D] «Diesen Stein», sagt Kentmann, «der im Dorf Süptitz[142] beim Einschlag eines Blitzes in einem Weingarten durch eine Eiche herabgeschleudert wurde, haben Bauern ausgegraben und dem Rentamtmann von Torgau als Geschenk gebracht.»

[**65v**] [A?][143] Es gibt ausserdem einen fünften, von dem Kentmann mir eine Abbildung geschickt hat, die ich aber nicht angeführt habe. Er ist schwarz und der grösste von allen anderen und gleicht ungefähr dem zuvor genannten hammerartigen. Über ihn sagt Kentmann: «Diesen grossen Stein von der vorliegenden Form und Grösse (*er hat mir eine Zeichnung geschickt, nach der er etwa zehn Finger lang* [18 cm] *und sechs Finger* [10,8 cm] *breit ist*) hat ein vertrauenswürdiger Bürger von Torgau, ein Maurer, in Wien in Österreich in einem Keller, wo er arbeitete, zwölf Ellen [6,80 m][144] unter der Erde ausgegraben, nachdem er von einem Blitz ebendahin durch das Gewölbe hindurch geschleudert worden war.» Manche [nennen] diese ganze Art von Blitzsteinen mit einem aus Blitzstrahl und Keil zusammengesetzten Wort auf Deutsch **Stralkeil**, andere **Stralpfil**, das heisst «Spiess oder Pfeil des Blitzstrahls». Dieser Name wird auch dem grösseren Belemnites zugewiesen. An diese denkt zweifellos auch Cardano [1562, 336 Nr. 44], wenn er schreibt: «Es gibt, wie man sagt, auch Ceauniae von der Form einer Pyramide.» **Stralhammer**

140 Bei Gessner ist an der vorliegenden Stelle *Eulenbergum* zu lesen (*Culenbergum* ist ein Druckfehler); gemeint ist das heutige Eilenburg bzw. die Burg, die dem Ort den Namen gegeben hat; vgl. Kentmann 1565a, fol. 30v (*prope Ileburgum*). Die Übersetzung wurde entsprechend angepasst.

141 Da keines der Objekte doppelt dargestellt wird, ist keine Zuordnung zur Abbildung (fol. 64v) möglich.

142 Statt dem bei Gessner gedruckten Siplitz ist Siptitz zu lesen, vgl. Kentmann 1565a, fol. 30v und Chladni 1819, 215. Mit «Süptitz» nennt die Übersetzung den heutigen Namen des Ortes, eines Ortsteils von Dreiheide.

143 Die Beschreibung dieses Steins stimmt mit der ersten Steinbeschreibung Kentmanns (1565a, fol. 30r) überein und passt zu Gessners Abbildung A (fol. 64v).

144 Die Angabe basiert auf der Annahme, dass Kentmann die Sächsische Elle (56,652 cm) als Mass verwendet, nicht die Römische Elle (ca. 45 cm); zu den Masseinheiten vgl. Krafft 2006, LIX mit Anm. 16.

aber, das heisst «Blitzhammer», im eigentlichen Sinne [nennen sie] jenen, der wie ein Keil aussieht und ein Loch hat. Einige, denen man [**66r**] Glauben schenken sollte, berichten, dass diese Steine durch den Blitz neun Klafter [16,65 m] tief in die Erde hineingetrieben worden seien und später von Jahr zu Jahr bis zu einem Klafter [1,85 m] hinaufstiegen und sich so allmählich der Erdoberfläche näherten. Ich habe auch gehört, dass man die als erste dargestellte, keilförmige Art manchmal in grüner Farbe finde. Man sagt aber, dass man in Erfahrung bringen könne, ob ein Ceraunias echt sei, wenn man den Stein in der Gänze mit einem dünnen Faden so umwickle, dass der Faden nirgends verdoppelt werde und sich nichts vom Stein zeige. Wenn man den Stein so in glühende Kohlen lege, werde, wenn er echt sei, der Faden nass, verbrenne aber nicht. Die antiken und jüngeren Autoren, welche die Gestalt des Blitzes zu zeichnen versuchen, stellen sie freilich ganz anders dar als die Gestalt dieser Steine. Der im Jahre des Herrn 1492 vom Himmel gefallene Stein, den man in der Kirche von Ensisheim hängen sieht und der, wie ich höre, 300 bürgerliche Pfund wiegt (wenn er nicht vielleicht schon verringert wurde, weil viele Stücke davon mitnehmen), hatte (meiner Meinung nach) keine bestimmbare Gestalt.[145] [**66v**] Ein Stückchen von diesem, das sich in der Härte nur geringfügig von Sandstein unterscheidet, hat mir der hochberühmte Stadtarzt von Ensisheim, Georg Pictorius, geschickt.[146] Im Kapitel über «Fossilien», die Bilder von Wassertieren wiedergeben [167r/v], werde ich einen Stein zeigen, der dem Schwanz eines Flusskrebses nicht unähnlich ist und den mir einst ein gebildeter Mann aus Sachsen unter dem Namen Ombrias geschickt hat. Fast hätte ich übergangen, dass an einigen Orten in der Schweiz ein Kristall von Einheimischen **Straalstein**,[147] das heisst Blitzstein, genannt wird, sei es, weil sie überzeugt sind, dass er mit dem Blitz herabfalle oder von ihm hervorgebracht werde, da die Gestalt des Steins diese Vermutung nahelegt, oder weil der Name unter Auslassung der ersten Silbe des lateinischen oder griechischen Wortes gebildet worden ist. Schliesslich höre ich, dass die Franzosen ein Holzstück, das zu Stein geworden ist, gewöhnlich Blitzstein, «Pierre de foudre», nennen (wenn es überhaupt irgendwann ein Holzstück war, denn Pierre Belon glaubt, dass es niemals Holz gewesen, sondern sogleich von Natur so erschaffen worden sei). Es fänden sich aber an einigen Orten in Frankreich auf den Feldern grosse Bruchstücke davon, die [**67r**] sogar für Gebäude verwendet würden. Manche Leute glauben, dass auch die sogenannten Glossopetrae mit den Ceraunia verwandt seien, nicht wegen ihrer Gestalt, sondern wegen der Substanz, die bei beiden überaus hart und fest ist, und wegen der Oberfläche, die glänzt, stärker allerdings bei den Glossopetrae. Diese werden, wie ich höre, von

145 Der Einschlag des Meteoriten von Ensisheim war u. a. der Gegenstand eines Flugblattes von Sebastian Brand; vgl. Marvin 1992; Dejouy/Thomas 2005.

146 Zu Georg Pictorius, eigentlich Maler (um 1500–1569) vgl. die Anmerkung zu fol. 100v.

147 «Strāl» bedeutet im Schweizerdeutschen u. a. «Blitz(schlag)», «Lichtstrahl» und «Bergkristall».

den Einwohnern von Meißen auch **Donnerkeil** genannt, von den Italienern aber «Saëte», das heisst Pfeile.

«Die Astrapia in Weiss oder Blau hat aus der Mitte auseinanderlaufende blitzartige Strahlen», so Plinius in Buch 37, Kapitel II [37,189]. Gemeint ist, dass sich einige Strahlen wie Blitzstrahlen aus der Mitte wie aus dem Zentrum des Astrapia genannten Steins zum Umkreis hin ausdehnen. Man muss sich aber fragen, ob dieser vielleicht von der gleichen Art wie der Belemnites ist. Eine Art von diesem verbreitet solche Strahlen, gleichsam Blitzstrahlen, sei es, dass es sogar einige Strahlen eines echten Blitzes sind, sei es, dass dieser eine andere Gestalt hat, wie sie von Malern dargestellt wird. An einigen Orten in Deutschland wird dieser gewöhnlich auch strahlender Belemnites nach dem Blitzstrahl genannt. Eine Abbildung davon werde ich unten im Kapitel 6 [91r] anführen.

«Der Chalazias hat sowohl die Farbe als auch [**67v**] die Gestalt von Hagelkörnern und die Härte des Diamanten. Man erzählt, dass ihm sogar, wenn man ihn ins Feuer lege, seine Kälte bleibe», so Plinius [37,189]. Er schreibt, dass der Diamant selbst sogar dem Feuer widerstehe und sich niemals erwärme [37,57]. Chalaza [χάλαζα] bedeutet bei den Griechen ja Hagel. Vielleicht derselbe oder überaus ähnlich dürfte der Alectorias sein, der aus Hühnermägen kommt, das Aussehen eines Kristalls und die Grösse einer Ackerbohne hat; mehr darüber im Kapitel 14 [107r/v; 161v]. Zu der Vermutung kommt hinzu, dass wie der Chalazias so vielleicht auch der Alectorias die Härte des Diamanten hat; «man hält es nämlich für wahrscheinlich, dass Milon von Kroton[148] diesen in Wettkämpfen gebrauchte und dadurch unschlagbar war», wie Plinius schreibt [37,144]. Als könnte er wegen seiner überaus harten natürlichen Beschaffenheit, die durch Schläge nicht zerstört werden kann, wie die des Diamanten, denjenigen, der ihn bei sich trägt, auch unschlagbar und unbezwingbar machen. Denn zum Aberglauben und zur Leichtgläubigkeit geneigt, erdichtet sich der Verstand vieler – besonders bei Dingen, die sie sich sehnlich wünschen – derartige läppische magische Fähigkeiten, die von irgendeiner Ähnlichkeitsbeziehung abgeleitet sind. [**68r**] Aber Marbod [Nr. 37, 526 f.] und Albertus Magnus [II, ii, 7] (in dessen Büchern fälschlich Galasia oder Gelosia statt Chalazias geschrieben steht) fügen hinzu, dass dieser Stein sich durch Feuer nicht erhitze, sondern immer kalt sei. Wer glaubt das wohl bereitwillig, da nicht einmal die Kristalle, Zöglinge des ewigen Eises der Alpen, der Feuerwärme widerstehen und auch nicht die Diamanten, das Härteste, was es auf der Welt gibt. Aber Marbod schreibt das arglos, Albertus zweifelnd; er sagt [II, ii, 7]: «Von so grosser Kälte ist er, dass er nie oder fast nie erhitzt werden kann; deshalb löscht er auch Wallungen des Zorns und der Begierde und derartige heisse Leidenschaften.» Orpheus [Lith. 178–184] dichtet ebenso über den Kristall, dass er, wenn man ihn der Sonne entgegenstelle, in trockenem Holz ein Feuer entfache. Wenn er diesem

148 Milon von Kroton war ein berühmter Ringer im 6. Jh. v. Chr.

bald entrissen werde, sei er noch kalt, und wenn man ihn an die Lenden (die heissen freilich und zur Wollust geneigten) lege, heile er sie [Lith. 188–190]. Daher ist deutlich, dass Chalazias und Kristall in vielen Dingen übereinstimmen. Aber jener zeichnet sich durch die hagelartige Gestalt und die Härte des Diamanten aus.

[**68v**] In seinem Gedicht über die Steine, die gegen Schlangenbisse wirken, erwähnt Orpheus [Lith. 758] an letzter Stelle den Chabazius. Dieses Wort halte ich für eine offensichtliche Verderbnis von Chalazius, wie er aus metrischen Gründen Chalazius statt Chalazias gesagt haben dürfte. Er schreibt aber, dass dieser das Fieber (so verstehe ich nämlich νοῦσος πυρόεσσα [Lith. 760]) senke und Skorpionstiche heile.

Iris [Plin. 37,136–138]. «Der Ceraunia kommt im Hinblick auf das Ansehen (unter den weissen Edelsteinen) bei den Magiern der Parther die sogenannte Iris am nächsten. Man gräbt sie auf einer Insel des Roten Meeres aus, die von Berenike 60 Meilen entfernt liegt. Der übrige Teil der Iris ist ein Kristall. Deshalb haben einige gesagt, sie sei die Wurzel des Kristalls. Die Iris wird nach ihrer Beschaffenheit benannt. Wenn sie nämlich in einem Haus von Sonnenstrahlen getroffen wird, dann wirft sie die Form und die Farben des Regenbogens auf die nächstliegenden Wände, ändert diese wiederholt und vermehrt durch die grosse Abwechslung die Bewunderung, die man ihr entgegenbringt. Sie ist bekanntlich sechseckig wie der Kristall. Aber man sagt, dass es einige mit rauen Seiten [**69r**] und ungleichen Ecken gebe, die unter dem freien Himmel liegend, die auf sie fallenden Sonnenstrahlen zerstreuten, dass aber andere mit dem Schimmer, den sie vor sich hinwerfen, die Umgebung erleuchten. Farben geben die Irissteine aber nur aus dem Dunkeln von sich, und zwar nicht so, dass sie diese selbst haben, sondern dass sie diese durch den Widerschein an den Wänden hervorbringen. Die beste ist diejenige, welche die grössten und dem Regenbogen ähnlichsten Bogen erzeugt. Es gibt auch eine andere Iris, die Wachs ähnlich ist und überaus hart. Horus[149] berichtet, dass sie in Persien vorkomme. Ähnlich im Aussehen, aber nicht in der Wirkung, ist der Zeros genannte Stein, wenngleich ein weisser und schwarzer Fleck den Kristall schräg unterteilen.» So Plinius in Buch 37, Kapitel 9 [37,136–138].

«Ein Kristall (*die Art des Kristalls*), der, wenn er Sonnenstrahlen ausgesetzt ist, die durch eine Tür, eine Öffnung, ein Fenster oder eine Ritze dringen, die Form und die vielfältigen Farben des Regenbogens an die nächste Wand wirft, wird nach seiner Wirkung Iris genannt.[150] Ein solcher ist aber besonders weiss und klar und besitzt eine charakteristische Gestalt, nämlich die eines Sechsecks. Die Ecken sind nämlich der Grund dafür, dass er die Sonnenstrahlen aufnimmt und durch den Widerschein den Regenbogen an der Wand erscheinen lässt. Ja selbst [**69v**] in

149 Zur Frage, wer mit Horus bzw. Oros gemeint sein könnte, vgl. König/Hopp 178 f. zu Plin. 37,138.

150 Der folgende Abschnitt ist mit einigen Kürzungen von Agricola (284 f.) übernommen.

der einen oder anderen Ecke desselben Kristalls sieht man, wenn man ihn gegen das Licht betrachtet, im Innern die Farben des Regenbogens. Die Iris findet sich in den schon genannten Gebieten (*in den Alpen der Seduner und der Germanen usw.*) zusammen mit den übrigen Kristallarten, aber vornehmlich in Sachsen bei der Weser usw. und in dem zwischen Trier und dem Rhein gelegenen Gebirge. Es gibt auch eine andere Iris, weniger weiss als ein Kristall, die gegen das Licht betrachtet mit der gelben Farbe einer Zitrone leuchtet. Deshalb wird sie von den Juwelieren *Citrina* [Citrin] genannt. Die antiken Autoren haben aus eben diesem Grund gesagt, sie sei wachsähnlich. Weil sie aber weniger weiss ist als der Kristall, ist sie weniger durchsichtig und wirft die Farben des Regenbogens gedrängter an die nächsten Wände. Man findet sie in den Bergwerken von Meißen und Böhmen, und zwar beinahe an denselben Stellen wie den Kristall, und in Persien, wie Horus geschrieben hat [nach Plin. 37,138]. Während diese überaus hart ist, ist unsere nicht sehr hart, sondern beinahe weich und zerbrechlich. Ein Kristall wirft jedoch, wenn er zu einer anderen als einer eckigen Gestalt geformt ist, nicht die Farben des Regenbogens [**70r**], sondern ihm selbst ähnliche Farben an die nächste Wand.» Das alles sagt Agricola in Buch 6 *De natura fossilium* [284 f.].

Wie ich höre, soll auch ein anderer Stein, im Deutschen Wese genannt (diesen Namen verwendet Agricola jedoch für verschiedene Edelsteine: den Asterius, die Eristalis und den Opal), die Farben des Regenbogens an Wände werfen. Ich sehe, dass auch einige andere weisse und durchsichtige Körper wie der des Spiegelsteines und des Steinsalzes, wenn ein Teil zerfällt oder einen Riss hat, der vielleicht im Innern verborgen ist und den sie durch einen Schlag oder einen Sturz bekommen haben, innen die Farben der Iris wiedergeben. «Es gibt Leute, die an den murrinischen Gefässen besonders eine Art Schillern von Farben, wie man sie am Regenbogen sieht, an den äussersten Rändern loben», so Plinius, Buch 37, Kapitel 1 [37,22]. Unter den Arten des Jaspis gibt es gemäss Plinius [37,118] «eine, die eine wolkige Stelle einschliesst, und eine andere, die Schnee nachahmt». An anderer Stelle [37,171] sagt er: «Die Leucopetalos ziert das Weiss des Schnees [mit] goldschimmernden [Punkten].»[151] «Der Jaspis mit dem Beinamen παλαιός [alter] [**70v**] ist dem Schnee ähnlich», so Epiphanios [1,6].

«Der Drosolithus ist ein Stein mit verschiedenen Farben, der, wenn er ans Feuer gehalten wird, eine Art Schweiss absondert, weshalb er nach dem Tau benannt ist», wie Camillo Leonardi im zweiten Buch über die Steine [1502, lib. 2, 30r] ohne die

151 Der Text der Plinius-Stelle (37,171) lautet in der Teubner-Ausgabe von Jan/Mayhoff und in der Tusculum-Ausgabe von König/Hopp: *Leucopoecilos candorem minii guttis ex auro distinguit*. – «Die Leucopoecilos ziert das Weiss mit goldschimmernden Zinnoberpunkten.» In der Übersetzung des Plinius-Zitats bei Gessner wird *guttis* als Bezugswort zu *ex auro* ergänzt, da der Satz sonst unvollständig ist. Auf die Korrektur des Namens wird im Sachregister hingewiesen.

Anführung eines Gewährsmannes schreibt.[152] Ich persönlich möchte aber nicht glauben, dass diese Eigenschaft für eine einzige Steinart charakteristisch ist, sondern vielleicht für alle, die sehr fest sind und eine sehr glatte Oberfläche haben, wie für den Ceraunius und die Glossopetra usw. und für die, die Wasser enthalten, wie für den Enhydros.

Zu den Himmelserscheinungen gehören auch der Dunst und der Rauch, da auch sie in der Luft Bestand haben und etwas darin hervorbringen. Unter den Arten des Jaspis «ist einer wie von Rauch gefärbt; man nennt ihn Capnias», so Plinius [37,118]. Und an anderer Stelle sagt Plinius [37,151]: «Der Capnites scheint manchen eine eigene Art darzustellen; er ist rauchig mit überaus zahlreichen Maserungen, wie ich oben gesagt habe; er kommt in Kappadokien und in Phrygien vor und gleicht dem Elfenbein.»[153]

[**71r**] Über Steine und Metalle, die nach unbelebten Dingen aus der Erde benannt werden. Viertes Kapitel

«Eine Ähnlichkeit mit Sand besteht beim Ammochrysos, gleichsam einer Mischung aus Gold und Sand», so Plinius [37,188]. Mehr darüber etwas später [76v].

«Der Hammites ist Fischlaich ähnlich, und eine andere Art ist wie aus Natron zusammengesetzt, ansonsten sehr hart», so Plinius 37.10 [37,167]. Die Stelle ist aber dunkel und (wie ich vermute) verderbt bei den folgenden Worten: «und eine andere Art ist wie aus Natron zusammengesetzt» [*& alia velut nitro composita*]. Wenn man diese Worte auslässt, wäre die Aussage klarer. Wie wäre es, wenn man stattdessen schriebe: «und ganz wie aus Sandkörnern zusammengesetzt» [*& tota velut arenis composita*]? Dann wäre nämlich auch die Etymologie berechtigt, da sich der Begriff von *ammos* oder *hammos*, der griechischen Bezeichnung für «Sand», ableitet. Manche lesen Ammonites, womit ich aber weniger einverstanden bin. Denn aus ἄμμος lässt sich nicht ἀμμονίτης, sondern ἀμμίτης korrekt bilden. «Der Ammonites», sagt Agricola [264], «setzt sich so aus Sand zusammen, dass er im Hinblick auf die Gestalt Fischlaich ähnlich zu sein scheint, und dem Natron † bisweilen († als ob die Lesart bei Plinius korrekt wäre), was aber [**71v**] die Substanz und die Farbe angeht. Derartige Steine finden sich in Sachsen bei Alfeld und Hildesheim von der Grösse einer Walnuss, manchmal auch grösser. Es gibt auch Felsen von dieser Art, mit denen ich mich im siebten Buch befassen werde.» Soweit Agricola.

152 Zu der lithotherapeutischen Schrift Leonardis, dem *Speculum lapidum* (1502), vgl. Saß 2021, 265–273.

153 Vgl. fol. 56r und die Anmerkung zu Plin. 37,151 an dieser Stelle.

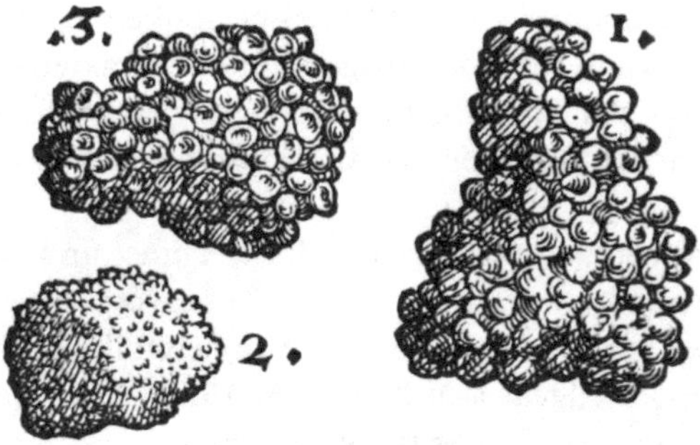

Abb. 20 Erbssteine: 1. Pisolith/Erbsstein/grösserer Amm(on)ites, 2. kleinerer Amm(on)ites/Rogenstein, 3. in erbsenartige Steine verwandelte Tropfen aus Karlsbad

Von den drei hier dargestellten Abbildungen zeigt die erste einen Stein, der gleichsam aus vielen Erbsen zusammengewachsen zu sein scheint und den ich Pisolith oder Orobias nennen möchte (auf Deutsch Erbsstein) oder aber grösseren Ammonites oder Ammites. Siehe dazu unten Kapitel 7 [121r/122v].

Die zweite zeigt einen kleineren Ammonites oder Hammites (die Aspiration kann man nämlich hinzufügen oder weglassen). **[72r]** Dieser gibt kleinere Eier von Fischen oder von Spinnen wieder oder zusammengeklumpte Mohn- oder Hirsesamen (daher könnte er auch mit dem Meconites oder Cenchrites des Plinius [37,174 u. 188] identifiziert werden). Agricola [473] übersetzt Rogenstein oder Ragenstein; diesen Namen hat er jedoch auch dem Sandstein [484] zugewiesen. Zwei Exemplare dieses Steins hat mir aus Bern der überaus gelehrte Ausleger der Heiligen Schrift, Benedikt Aretius,[154] geschickt: einen weissen aus dem Juragebirge und einen roten aus den Aschebergen des Kantons Bern, die man Aeschepirg nennt. Denselben aber (oder mit etwas grösseren Körnern) hatte mir zuvor der bekannte Dresdner Arzt Johannes Kentmann geschickt, der mir auch sehr viele andere zuschickte. Er scheint aber ganz wie aus runden Sandkörnchen gebildet zu sein und deshalb ist er Fischlaich ähnlich, den manche jüngere Autoren mit einem Beiwort als «sandartig» bezeichnen, das heisst als ψαθυρός und «bröckelig». Auch dieser Stein lässt sich aber leicht zerreiben und auflösen in den feinen Sand oder die Körner, aus denen er besteht. Einzeln sind diese freilich **[72v]** sehr hart, ohne Geschmack und ohne Geruch. Agricola [473] führt als Übersetzung den deutschen Begriff Ragenstein an. Ich selbst nenne Fischlaich Rogen (mit einem o in der ersten Silbe, nicht mit einem a). Mit demselben Begriff bezeichnet er auch den Sandstein [*Saxum arenarium*] als Rogenstein (dort [484] schreibt er das Wort nämlich mit o) und Sandstein. Dazu mehr in den Ausführungen zum Stalagmites [73r/v].

154 Der Berner Theologe Aretius (eigentlich Benedikt Marti, um 1522–1574) interessierte sich insbesondere für die Pflanzenkunde; er publizierte 1561 eine Beschreibung der Berge Stockhorn und Niesen und ihrer Pflanzenwelt.

Die dritte Abbildung zeigt Tropfen aus Karlsbad in Böhmen, die sich in eine Art Erbsen von steinerner Form verwandelt haben und im Hinblick auf ihre Farbe und Substanz ganz und gar die Beschaffenheit von Gips oder Kalk aufweisen.

Von diesem Ammonites oder eher Ammites unterscheidet sich sehr deutlich das von Plinius in Buch 36, Kapitel 26 [36,194], erwähnte Ammonitrum. Es handelt sich um eine überaus weiche Masse aus weissem Sand, der mit einem Mörser oder einer Mühle zerrieben wird. Hierauf vermischt man ihn mit drei Teilen Natron nach Gewicht oder Volumen und giesst ihn, wenn er flüssig geworden ist, in andere Öfen. «Dort», sagt Plinius [36,194], «entsteht eine Masse, die man Ammonitrum nennt. Diese wird noch einmal geschmolzen und daraus entsteht reines Glas [**73r**] und die Rohmasse für weisses Glas. Jetzt behandelt man auch in Gallien und Spanien den Sand auf ähnliche Weise». So Plinius. Heute verwendet man an der Stelle von Glas, wie ich glaube, die Asche mancher Kräuter, wie des sogenannten Alkalis, und die des Silex. Manche verwenden jedoch an der Stelle von Glas «Steinsalz oder, wenn es nicht vorhanden ist, Meersalz oder ein anderes, künstlich gewonnenes Salz; manche setzten auch die Asche von Bäumen ein», wie Agricola [274] bezeugt.

Wie im Übrigen der Hammites ganz aus runden Sandkörnchen besteht, so wächst der Stalagmites – so wurde er trefflich von dem hochgelehrten Georg Fabricius[155] genannt – ganz aus ebenso runden Tropfen zusammen, die sich in einen Stein von der Substanz von Gips verwandelt haben. Über diesen hat mir eben jener Fabricius einmal Folgendes geschrieben: «Der Hammites unterscheidet sich vom Stalagmites, so nämlich nenne ich den, der aus Tröpfchen warmen Wassers in sandigem Boden gebildet wird. Dieser ist je nach der Beschaffenheit der Erde bald weiss, bald grau (braun) und je nach der Menge des tropfenweise herabfliessenden Wassers hat er bald die Grösse von Erbsen, bald die von Koriandersamen; zudem finden sich in einer einzigen Masse sehr viele gleichsam wie in Honigwaben eingeschlossen und [**73v**] lassen sich wie Körnchen aus dieser herausnehmen. Der Hammites aber besitzt einen einzigen Körper und die Härte eines Felsens und entsteht aus einem einzigen Stoff: entweder nur aus dem aschfarbenen Sand, den man in Preussen an dem Ort ausgräbt, der Rosengarten heisst, oder aus einem zu Stein werdenden Saft, der weiss ist. Beide sind mit silberfarbigen Körnchen besprengt. Der Stalagmites findet sich in grössten Mengen in Karlsbad in der Nähe von Schlaggenwald, der Stadt von Caspar Pflug in Böhmen.»[156]

155 Von Georg Fabricius (eigentlich Goldschmidt) (1516–1571), dem Dichter, Historiker und langjährigen Rektor der Fürstenschule St. Afra in Meißen, erhielt Gessner mehrere Objekte, zweimal zitiert er aus Briefen von Fabricius. Zu Gessners Sammelband über Fossilien steuerte Fabricius einen Beitrag über Metalle und die dafür gebrauchten Bezeichnungen bei.

156 Der Adelige Kaspar Pflug(k) von Rab(en)stein (†1585) setzte sich für den Bergbau in Schlaggenwald (Horní Slavkov) ein.

Dem schon genannten Stalagmites ist der Stein sehr ähnlich, den ich Pisolith oder Orobias nenne, weil er gleichsam aus vielen Erbsen oder Linsen besteht, die äusserst hart sind, mit den Zähnen nicht zerbissen werden können und eine braune Farbe haben. Man würde ihn nicht unpassend grösserer Hammites nennen, auf Deutsch **grosser Rogenstein oder Erbsstein**. Mehr dazu unten im achten Kapitel [Kap. 7, 121r/122v].

Wie sich im Übrigen der Stalagmites aus Tropfen bildet, die ihre Form bewahren, so entstehen Steine, wo die Tropfen sich in die Länge ziehen und gleichsam Eiszapfen bilden (wie das aus [**74r**] dem Schnee geschmolzene Wasser auf Dächern oder anderswo, bevor es herabfliesst, wiederum durch Kälte erstarrt in der Gestalt von Pyramiden hängenbleibt, – meist mehreren zugleich, aber ungleich in der Grösse) oder ungleichmässig hervorschwellen in der Gestalt von angeschwollenen Drüsen oder Kröpfen. Diese Steine nennt man im Deutschen **Wallstein**, weil man glaubt, dass sie Knochen zusammenkitten, wenn man sie Pflastern beigibt. Sie hängen aber, wenn ich mich nicht täusche, in der Regel von Felsen herab, an denen ziemlich dickflüssiges und kaltes Wasser tropfenweise herabfliesst, wie auf der Burg Brunegg nicht weit von Lenzburg in der Schweiz und beim unteren Rheinfall[157] auf einem sehr nahe bei der Stadt Laufenburg gelegenen Berg. Diese gleichen Eiszapfen völlig, sind länglich, rund – nur laufen sie in eine Spitze aus wie eine Pyramide –, weiss und durchscheinend. Es finden sich anderswo auch welche mit der Substanz von Tuff wie in Ungarn, in den Gebieten Walachai oder Siebenbürgen.

[**74v**]

Die nach Metallen benannten *fossilia*, zuerst die nach Gold benannten.

Chrysites. «Für Wetzsteine, an denen man die übrigen Steine schleift, sind die Gesteinsplatten geeignet und nützlich, die man zwischen der Stadt Penig und dem Schloss Rochsburg im Lande Meißen findet, wie einst der mit goldenen Tropfen besprenkelte thebäische Stein und der aus Chalazius gewonnene Chrysites», so Georg Agricola in Buch 7 *De natura fossilium* [323]. Und an anderer Stelle [272]: «Das Wetzsteinchen nennen die einen Chrysitis, weil es das Gold, das an ihm gerieben wurde, nach der Farbe prüft wie mit einer Waage.»

«Der Phloginos (das heisst ‹flammend›, so lese ich nämlich, nicht Philoginus)[158] wurde Chrysites genannt, weil er mit einem goldfarbenen Harnisch überzogen ist.

157 Gemeint ist die einst als «Kleiner Laufen» bekannte Stromschnelle bei Laufenburg im Rhein. Im Rahmen der Bauarbeiten für das Kraftwerk Laufenburg wurde der Flusslauf an dieser Stelle zu Beginn des 20. Jh. durch eine Sprengung reguliert.

158 Agricola, der sich hier auf eine Stelle bei Plinius (37,179) bezieht, schrieb *Philoginos*, wie auch die von Gessner verwendete Plinius-Ausgabe (1539, 669). Die von Gessner bevorzugte Lesart *Phloginos* ist jedoch korrekt und wird in der Plinius-Ausgabe von Jan/Mayhoff gedruckt.

Er ist der attischen Auster ähnlich und findet sich, wie Plinius [37,179] schreibt, in Ägypten», so Agricola in Buch 5 *De natura fossilium* [265]. Ich setze an die Stelle von «der Auster» [*ostrea*] «dem Ocker» [*ochra*]. Denn Ocker ist für Attika bezeugt und die Farbe Gold kommt ihm nahe. Den Pyrites findet man angeblich auf Zypern, und zwar einen von silberner und einen anderen von goldener Farbe [vgl. 54v].

[**75r**] «Der beste Silberschaum ist der, den man Chrysitis [Goldglätte] nennt, der zweitbeste der, den man Argyritis [Silberglätte] nennt», so Plinius [33,106]. Es handelt sich folglich nicht um einen Namen, der zur Benennung einer einzigen Sache dient, sondern um ein Adjektiv, das im Maskulinum ὁ χρυσίτης und im Femininum ἡ χρυσῖτις lautet. Deshalb nennt man auch die Erde *chrysitis*, das heisst «goldhaltig», wo es Stückchen von Gold gibt. Für Pollux [7,102 Bethe] ist χρυσῖτις λίθος der lydische Stein, mit dem man Gold prüft; für Herodot [3,102] ist χρυσῖτις ψάμμος der Sand, der bei anderen Ammochrysos heisst.[159]

Nach dem Gold werden ausserdem die Chrysocolla, die Chrysolampis, die auch den Namen Topas trägt und Tag und Nacht die blasse Farbe des Feuers hat, und der Chrysolith benannt. «Der Edelstein Chrysophis scheint wie Gold zu sein», so Plinius 37.10 [37,156]. Mir sagt diese griechische Bezeichnung nicht zu, ich bevorzuge χρυσοφανής oder χρυσοφαής im Sinne von ἡδυφαής, das heisst «lieblich glänzend», das Beiwort des Bernsteins bei Dionysios von Alexandria [317] sowie χρυσαυγής [goldglänzend] ebenda bei Dionysios [293]. Diese Art des Bernsteins, die wie Gold glänzt, wird von Plinius Chrysolectrum genannt, gleichsam «von goldener Farbe», 37.3 [37,51]. Diese sehe, wie Plinius [37,51] unter Verweis auf Kallistratos[160] schreibt, am Morgen am schönsten aus und reisse das Feuer sehr heftig an sich, usw. [**75v**] Manche schreiben *chrysoelectrum* mit fünf Silben, aber man schreibt besser *chryselectrum*: χρυσήλεκτρον wie χρυσήλατος, usw. Bei Plinius steht im selben Buch in Kapitel 9 [37,127]: «Manche [*aliqui*] (*ich bevorzuge das Femininum* aliquae, *nämlich Chrysolithi, usw.*) werden auch Chryselectri genannt, weil sie zur Farbe des Electrums [Bernsteins] tendieren; am Morgen haben sie ein angenehmeres Aussehen.» Er scheint aber zu vergessen, was er selbst gesagt hat, wenn er hier zu einem Edelstein im eigentlichen Sinne auch eine Art des Chrysoliths erklärt, oben aber zu einer Art Electrum im eigentlichen Sinne, das heisst Bernstein. Nach dessen Farbe wurde der Namen auch dem Metall Electrum gegeben.

159 Pollux (2. Jh.) ist der Verfasser eines lexikographischen Werks mit dem Titel *Onomastikón*; Gessner zitiert zudem eine Wendung aus den Historien des Geschichtsschreibers Herodot (5. Jh. v. Chr.).

160 Der von Plinius genannte Autor Kallistratos lässt sich nicht identifizieren oder zeitlich einordnen.

«Man unterscheidet zwei Arten des Topases», so Plinius, Buch 37, Kapitel 8 [37,109], «den Prasoides und den Chrysopteros, der dem Chrysoprasus ähnlich ist». «Die eine von diesen Arten scheint die zu sein, deren Glanz in eine Goldfarbe übergeht, die andere die, deren Glanz in eine blassere Farbe übergeht», so Agricola [291]. Chrysoprasus liest man auch im Kapitel 21 der Apokalypse [Apoc. 21,20]. Manche schreiben Chrysoprasius mit fünf Silben, doch das ist nicht korrekt. In Buch 37, Kapitel 5 [37,76 f.], nachdem er die Berylle behandelt hat, fügt Plinius hinzu: «Die nächsten sind die, [**76r**] die Chrysoberylle genannt werden und ein wenig blasser sind, aber einen in Goldfarbe übergehenden Glanz aufweisen. Eine dieser nahestehende Art ist blasser, wird von einigen für eine eigene Art gehalten und Chrysoprasus genannt.» Im Kapitel 8 sagt Plinius [37,113]: «Zur Menge der minderwertigeren grünen Steine gehört der Prasius, dessen zweite Art scheusslich ist von blutroten Punkten.[161] Die dritte Art ist mit drei Streifen verziert und weiss.[162] Man zieht diesen (*so lese ich nämlich*) den Chrysoprasus vor, der ebenfalls die Farbe des Lauchsafts hat, aber ein wenig vom Topas zum Gold hinüberspielt.» Im Kapitel 11 sagt Plinius [37,191]: «Der Chrysoprasus verdankt seinen Namen seiner grasgrünen Farbe.»[163] Anstelle von Chrysoprasus schreiben Ungebildete Chrysopassus. Im Griechischen bedeutet χρυσόπαστος ja «mit Gold oder goldenen Punkten besprengt»; χρυσόπαστος τάπης, «mit Gold durchwirkte Satteldecke», findet sich bei Johannes Chrysostomus [*Quod nemo laeditur*, 3,3 f.]. Epiphanios [1,5] nennt den königlichen Saphir χρυσοστιγής [mit goldenen Punkten besprenkelt]; er berichtet auch, dass der Chrysolith mit anderem Namen Chrysophyll [1,10] genannt werde. «Der Coralloachat ist wie der Saphir mit goldenen Tropfen besetzt», [**76v**] so Plinius [37,139].

«Eine Ähnlichkeit mit Sand besteht beim Ammochrysos (*auch Hammochrysos*), gleichsam einer Mischung aus Gold und Sand», Plinius [37,188]. «Wie die Magnetis», sagt Agricola [260], «ein Stein von silberner Farbe ist, so der Ammochrysos einer von goldener. Er ist jedoch mehr Sand als Stein und in der Farbe dem Gold ganz und gar ähnlich. Daher hat er seinen Namen bekommen, und nicht daher, dass die Sandkörnchen gleichsam mit Gold vermischt sind, wie Plinius [37,188] schreibt. Unsere Bergleute bezeichnen ihn mit einem von ‹Katze› und ‹Gold› hergeleiteten Namen (Katzengold oder Strägold [473]), denn er enthält gar kein Gold. Hieraus wird der Goldstaub hergestellt, den Schreiber anstelle von Sand

161 Zu Text und Übersetzung vgl. die Anmerkung zu Plin. 37,113 auf fol. 3v.

162 Der Prasius ist ein grüner Stein; die Plinius-Ausgabe von Jan/Mayhoff druckt an dieser Stelle (Plin. 37,113) statt *candidum* das ebenfalls bezeugte *candidis*; demnach werden die Streifen als weiss beschrieben.

163 Nach der Ausgabe von Jan/Mayhoff stand an dieser Stelle bei Plinius (37,191) *drosolithum*; zu Plinius' Verweis auf den Chrysoprasus vgl. Plin. 37,109.

verwenden», so Agricola [260]. Meiner Meinung nach kann man den Ammochrysos auch als «goldene Magnetis» bezeichnen, weil er dem Gold so ähnlich ist, wie die Magnetis dem Silber; später mehr dazu. Ich habe einen Ammochrysos in einem Klümpchen, das sich sehr leicht zu Sandkörnchen zerreiben lässt, alle gleichmässig von goldener Farbe, so dass die zusammengesetzte Bezeichnung Ammochrysos nicht das gleiche bedeutet wie die getrennt geschriebene Wendung ἄμμος oder ψάμμος χρυσῖτις, das heisst «goldhaltiger Sand», wie die Bezeichnung bei **[77r]** Herodot [3,102] lautet; ein solcher Sand findet sich zweifellos in einigen Flüssen, welche die lateinischen Autoren «Gold führend» nennen. Χρυσορρόαι werden von den Griechen einige Flüsse genannt, als wäre es ein Eigenname. Von diesen führen einige nicht nur goldene Sandkörnchen mit sich, sondern auch Goldkörnchen und -klümpchen. Derartige ψήγματα oder Goldkörnchen, die mit Sand und Erde vermischt sind, werden von Goldwäschern [*chrysoplytae artifices*], wie Budé [1528, 204 f.][164] sie nennt, in Goldwäschereien [*chrysoplysiae officinae*] durch Auswaschen davon getrennt. Es gibt Budé zufolge auch Scheidewasser [*chrysulca aqua*], mit dem sie Vergoldetes so waschen, dass nichts verloren geht. Über den Ammochrysos wirst du weitere Ausführungen bei Georg Fabricius finden, in dem Büchlein *De Metallicis*, im Kapitel über das Gold [1565, 2r].

Zu den Chrysolithen gehören auch «die Melichryse, die so aussehen, als schimmere reiner Honig durch Gold. Diese bringt Indien hervor, obgleich sie bei äusserer Einwirkung zerbrechlich sind», Plinius 37.9 [37,128].[165] «Es entstehen auch Leucochryse, die von einer weissen Ader durchzogen sind», sagt Plinius ebenda [37,128] in den Ausführungen zu den Chrysolithen. «Die Leucopetalos ziert das Weiss des Schnees [mit] goldschimmernden [Punkten]»,[166] so ebenfalls Plinius [37,171].

[77v] Es könnte den Anschein haben, dass auch Aurichalcum von der goldenen Farbe seinen Namen erhalten hat, wenn die Griechen nicht ὀρείχαλκος schreiben würden, sogar die älteren Autoren. Es besteht aber kein Zweifel daran, dass dem Auripigment die goldene Farbe, die damit gemalt wird, den Namen gegeben hat. «Das Ammonshorn und einige andere Steine haben manchmal einen Harnisch, der meist so aussieht, als wäre er aus Gold oder aus poliertem Messing [*orichalcum*] gemacht», so Agricola [260].

164 Gessner bezieht sich auf das berühmte Werk *De asse et partibus eius* des französischen Humanisten Guillaume Budé (1468–1540).

165 Der von Gessner zitierte Plinius-Text (37,128) ist verderbt; nach der Ausgabe von Jan/Mayhoff ist zu lesen: *has India fert, quamquam in duritia fragiles, non ingratas*. Die Übersetzung von König/Hopp lautet: «Indien bringt diese hervor; obgleich sie wegen ihrer Härte zerbrechlich sind, sind sie nicht unbeliebt.»

166 Vgl. die Anmerkung zum Zitat dieser Plinius-Stelle (37,171) auf fol. 70r.

«Die zweite Art des Aspilates ahmt die Farbe des Silbers nach», so Plinius [37,146]. «Der (Edelstein) Androdamas hat wie der Diamant den Glanz von Silber, ist viereckig und immer Würfelchen ähnlich, usw. Ob der Argyrodamas derselbe Stein ist oder ein anderer, erklären die Gewährsmänner nicht», so Plinius 37.10 [37,144].

«Der Galaicos ist ebenfalls dem Argyrodamas ähnlich, aber etwas schmutziger» [Plin. 37,163]. «Auch die Atizoë schimmert mit silbernem Glanz, usw.» [Plin. 37,147]. Quecksilber, das die Griechen ὑδράργυρος [Wassersilber] und ἄργυρος χυτός [flüssiges Silber] nennen, ist allen sehr gut bekannt. Beim λιθάργυρος, das heisst Silberschaum, ist «der Beste die sogenannte Chrysitis [Goldglätte], der Zweitbeste die Argyritis», so Plinius [33,106]. **[78r]** «Der Argyrites ist ein Stein von der Farbe des Silbers und hat goldene Male», so ein unbekannter Autor.[167] «Es wird behauptet, dass sich auf Zypern zum einen ein silberfarbener Pyrites finde – es scheint der zu sein, den Demokrit[168] mit einem Beinamen als Argyritis bezeichnet, – und zum anderen ein goldfarbener», so Ermolao [Barbaro] [1516, Nr. 978 nach Plin. 36,137]. Man nennt auch die Erde ἀργυρῖτις, aus der man Silber ausgräbt, und der Ausdruck ἀργυρῖτις ψάμμος, das heisst «silberfarbener Sand», findet sich bei Dioskurides in Buch 5, Kapitel 101 [5,94]; den Ausdruck ἀργυρίτιδες φλέβες, «Silberadern», benutzt Aristeides [or. I 23].

Wie ich übrigens oben [76v] bei der Erwähnung des Goldes darauf hingewiesen habe, dass sich Ammochrysos und ἄμμος oder ψάμμος ἀργυρῖτις unterscheiden, so tue ich das auch im Hinblick auf das Silber: Die Magnetis dürfte ganz wie ein Ammochrysos sein, das heisst ein Körper, der Silber ähnlich ist. Im Deutschen nennt man ihn **Katzensilber** und **Silberweyß** oder auch **Glimmer/Talk**. Die Mica aber ist ganz wie Sand, ἀργυρῖτις ψάμμος. Man bezeichnet sie im Deutschen ebenso mit den gleichen Begriffen als **Glimmer** oder **Katzensilber**, obwohl diese Bezeichnungen für die Magnetis zutreffender sind. Die Mica aber sollte besser mit einer mit Stein- oder Sand- zusammengesetzten Bezeichnung **[78v]** als **Steinglimmer** oder **Sandtglimmer** bezeichnet werden. Die Magnetis besteht aus Tafeln wie der Spiegelstein und glänzt silbern; sie ist nicht bröckelig wie die meisten ausgegrabenen Dinge, sondern zerbrechlich, da sie in zwei Teile zerteilt werden kann. Eingehende Ausführungen dazu finden sich bei Georg Agricola in Buch 5 *De natura fossilium*

167 Ein sehr ähnlich formulierter Eintrag, in dem ebenfalls die Namensform Argyrites (lapis) verwendet wird, findet sich bei Isidor (etym. 16,15,7, ed. Lindsay 1911): *Argyrites similis argento, habens stigmata aurea*. – «Der Argyrites ist Silber ähnlich und hat goldene Male.» Auf Isidor greift Bartholomäus Anglicus in seiner Enzyklopädie *De proprietatibus rerum* (lib. 16, cap. 15) zurück; dort wird der Stein als Argiri(s)tis bezeichnet.

168 Plinius verweist mehrfach auf nicht erhaltene Schriften des griechischen Philosophen Demokrit (5./4. Jh. v. Chr.) bzw. solche, die unter dem Namen Demokrits im Umlauf waren.

[259 f.]. «Dem Magnet [*Magneti*][169]» – *ich lese «der Magnetis» [Magnetidi], um den Stein vom Magneten zu unterscheiden, wenngleich diese Unterscheidung meines Erachtens nicht auf die antiken Autoren zurückgeht* –, so sagt Agricola an eben dieser Stelle [259 f.], «ist die Mica in der Farbe ähnlich, in ihrer Beschaffenheit aber keineswegs. Sie ist nämlich silberfarben, wird aber vom Feuer verzehrt. In Steinen, Marmor und Sand leuchtet sie und ist mit ihnen so verwachsen, dass sie sich nicht abtrennen lässt.»

Nach dem Kupfer, im Griechischen χάλκος, wird das Chalcanthum, χάλκανθον, sozusagen «Kupferblüte» [*aeriflora*], mit einem zusammengesetzten Begriff benannt. Das Chalcanthum, das aus Kupfer oder kupferhaltigen Metallen gewissermassen auszublühen scheint, nennen die jüngeren Autoren Vitriol nach einer gewissen Ähnlichkeit zum Glas, besonders zum grünen Glas; es ist nämlich ähnlich durchscheinend. Auf Deutsch wird es üblicherweise Kupferwasser genannt. Celsus (med. 5,1) übersetzt *atramentum sutorium* [Schusterschwärze]. **[79r]** Verwandt mit diesem ist die Chalcitis, χαλκῖτις, ἡ, die so eine Art roter Stein ist, aus dem das Kupfer selbst ausgeschmolzen wird. Von dem Chalcanthum aber unterscheidet sich sehr deutlich das χαλκοῦ ἄνθος, das heisst die «Kupferblüte», mit zwei Begriffen bezeichnet, wie sie die Ärzte kennen. Der Farbe des Kupfers ähnelt der Chalcites, wie Plinius in seinen Ausführungen über die Steine in Buch 37, Kapitel 11 [37,191] bezeugt.[170] Wie es scheint, handelt es sich dabei aber um eben jenen metallischen Stein, den ich oben erwähnt habe, und dieser kann entweder χαλκίτης, ὁ, genannt werden, so dass gedanklich λίθος [Stein] zu ergänzen ist, oder χαλκῖτις, ἡ, – absolut oder mit zu ergänzendem γῆ [Erde] oder στυπτηρία [Alaun]. Denn bei Hippokrates liest man γῆ χαλκῖτις – das heisst «kupferhaltige Erde» und bedeutet nichts anderes als einfach Chalcitis [Alaun], wie Galen im Glossar hippokratischer Termini [γ 7 = CMG V 13,1, p. 184] bezeugt, – und man liest χαλκῖτις στυπτηρίη ebenfalls für den einfachen Begriff Chalcitis [χ 1 = CMG V 13,1, p. 284]. Indes schreibt Plinius in Buch 35, Kapitel 15 [35,186], wo er die Arten des Alauns behandelt: «Auch dieser [Alaun] entsteht aus dem Stein; danach nennen sie auch ihn Chalcitis, so dass er eine Art von Ausscheidung dieses zu Schaum verdichteten Steins (doch wohl der Chalcitis) ist».[171]

[79v] «Die zweite Art des Balanites gleicht farblich korinthischem Erz», wie Plinius berichtet [37,149]. «Der Chalcophonos ist schwarz, aber er gibt beim Anschla-

169 Nach Krafft (2006, 384) verwendet Agricola den Begriff Magnetis bzw. Silberweiss sowohl für Asbest als auch für Nickelminerale und eventuell für Glimmer.

170 Nach der Plinius-Ausgabe von Jan/Mayhoff steht bei Plinius (37,191) *chalcitis*.

171 Nach der Plinius-Ausgabe von Jan/Mayhoff lautet die Stelle (35,186): *hoc fit e lapide, ex quo et aes – chalcitim vocant – ut sudor quidam eius lapidis in spumam coagulatus*. Die Übersetzung von König/Winkler lautet: «Dieser ⟨Alaun⟩ entsteht aus einem Stein, aus dem sich auch das Erz bildet, man nennt ihn Chalcitis: er ist eine Art von Ausscheidung dieses Steins, zu einer schaumartigen Masse verdichtet.»

gen den Klang von Bronze von sich; Tragödienschauspieler sollen ihn tragen, wie man rät», so Plinius, Buch 37, Kapitel 10 [37,154]. «So gibt auch der dem Pirnaer Marmor ähnliche Hannoveraner, wenn man ihn mit einem Stein anschlägt, einen klirrenden Ton von sich», wie Agricola [324] beobachtet hat. In den Alpen findet sich eine Art rötlicher Schiefer, der durch das Zusammenstossen der Platten, in die er zerfällt, beinahe den durchdringenden Klang von Bronze ausstösst. Über die Beschaffenheit einer Art des Alabastrites oder Phengites, aus der man Fensterscheiben herstellt und die, wenn man sie mit dem Finger anschlägt, wie Glas oder Bronze tönt, habe ich bereits oben in meinen Ausführungen über die nach dem Feuer benannten Objekte gesprochen [52v–53r]. «Auch der Ostracias tönt, wenn man ihn mit den Fingern anschlägt, wie ein Topf», wie Agricola [270] bezeugt.[172]

Den Chalcedonius gibt es bei den antiken Autoren nicht; daran erinnere ich, damit niemand glaubt, dass auch dieser Edelstein nach dem Kupfer benannt sei. Freilich wird im Kapitel 21 der Apokalypse [Apoc. 21,19] der καλκιδῶν zu den zwölf Edelsteinen gezählt, wo [**80r**] Hieronymus und Erasmus [1535, 428] *Calcedonius* übersetzen.[173] Doch, wie mir scheint, ist das griechische Wort verderbt und man sollte καρχηδόνιος lesen, das heisst *Carchedonius*. Es handelt sich dabei um eine Art des Karfunkel-Edelsteins, heute bekannt unter dem Namen «Granat», von Carchedon, das heisst Karthago, der einst mächtigsten Stadt ganz Afrikas. Dass sie nach dem Reichtum Karthagos die «Carchedonischen» genannt wurden, nicht weil man sie in der Umgebung von Karthago fand, sondern weil sie von punischen Händlern nach Rom gebracht wurden, berichtet Plinius, Buch 37, Kapitel 7 [37,92]. Ich zweifle nicht daran, dass gerade die Gelehrten meine Meinung billigen werden. Wenn dennoch jemand allzu eigensinnig an dem Begriff «Calcedonius» festhalten will, weil es auch beinahe so auf Griechisch in der Apokalypse geschrieben wurde und heute der calcedonische Stein in vieler Munde ist, mag er sich mit seiner Meinung zufriedengeben. Doch müsste man dann im Griechischen ebenfalls χαλκηδόνιος lesen und im Lateinischen *Chalcedonius* mit einem aspirierten c. Chalkedon ist eine Stadt in Bithynien, am Thrakischen Bosporus, [**80v**] gegenüber von Byzanz. Keiner der antiken Autoren hat jedoch, soweit ich weiss, berichtet, dass irgendein Edelstein nach dieser Stadt benannt werde. Die Steine, die man heute – warum auch immer – gemeinhin als die «Chalcedonischen» bezeichnet, werden von den antiken Gelehrten mit dem Onyx oder der Murrhina in Beziehung

172 Agricola spricht vom Ostracites. Nach Plin. 37,177, der von Gessner (fol. 84v) zitiert wird, werden Ostracias und Ostracites synonym verwendet.

173 Gessner bezieht sich auf Erasmus' Überarbeitung der Vulgata-Übersetzung des Neuen Testaments nach dem griechischen Text. Zwischen 1516 und 1535 erschienen fünf zweisprachige Ausgaben des *Novum instrumentum* (1516) bzw. *Novum testamentum* (1519–1535) in der Offizin Frobens in Basel sowie etliche Nachdrucke. Gessner besass eine Ausgabe im Oktavformat, die nur den lateinischen Text enthielt (Froben 1523), sowie die Folio-Ausgabe von 1535; vgl. Leu/Keller/Weidmann 2008, 71 f. Nr. 55 und 56.

gebracht.[174] «Chalcidia[175] liefert einen trüben Jaspis», so Plinius [37,115]. «Der Chalcosmaragdos kommt aus Zypern, er ist durch kupferfarbige Adern getrübt», Plinius, Buch 37, Kapitel 5 [37,74]. Chalcolibanon, χαλκολίβανον, in der Heiligen Schrift, Apokalypse, Kapitel 1 [Apoc. 1,15], ist ein aus «Kupfer» und «Weihrauch» zusammengesetztes Wort, wie manche schreiben, oder vielleicht von dem Libanon-Gebirge abgeleitet; Suidas [χ 52 Adler] berichtet, dass Chalcolibanon eine Art Electrum sei, wertvoller als Gold. Electrum sei aber ein Stück Gold von anderer Form (χρυσίον ἀλλότυπον) und werde aus Glas und Stein (ὑέλῳ καὶ λιθείᾳ) zusammengeschmolzen, wobei er bezeugt, dass der Altar in der Grossen Kirche (wie er sie nennt) daraus geschaffen war.[176] Doch scheint λιθεία nicht irgendeinen Stein, sondern einen kostbaren Stein zu bezeichnen, und vielleicht wurde diese Art des Electrums – anderswo ὁμωνύμως [zweideutig] «Gold» genannt – hergestellt, indem Glas und einige durchsichtige Edelsteine in eins zusammengeschmolzen wurden.

[81r] Eine Art des Diamanten wird «zyprisch» genannt; «sie tendiert farblich zu Kupfer» [Plin. 37,58]. Der Harnisch einiger Steine ist poliertem Eisen oder Kupfer ähnlich. Orichalcum [Bergerz] ist gemäss den Grammatikern [Calepino 1562, s. v. *orichalcum*] ein goldfarbenes Erz, das man in den Bergen findet; danach wurde es benannt. Doch unser Orichalcum [Messing] ist nicht natürlich, sondern künstlich entstanden; man gräbt es nicht aus irgendwelchen Bergen oder Gruben aus, sondern das Kupfer wird mit einer bestimmten Art Galmei so gefärbt, dass es wie Gold erscheint [vgl. Agricola, 187]. Cicero sagt im dritten Buch *De officiis* [off. 3,92]: «Wenn jemand Gold verkauft und glaubt, er verkaufe Orichalcum [Messing], macht ihn ein rechtschaffener Mann darauf aufmerksam, dass es Gold ist?» «Eine Flöte in Orichalcum [Messing] gefasst», sagt Horaz in *De Arte* [ars 202] unter Kürzung der ersten und der zweiten Silbe. Es gibt Autoren, die Aurichalcum schreiben. --- κνημῖδας ὀρειχάλκοιο φαεινοῦ [Beinschienen aus glänzendem Oreichalkos] sagt Hesiod im *Clypeo Herculis* [*Schild des Herakles*] [Ps.-Hes. scut. 122]. Dazu

174 Gessner übernimmt diese Angaben vermutlich von Agricola [296]: *onyx in Germanis et Sequanis reperta eisque similis vocatur nunc Chalcedonius.* [...] *reliquae onyches vetus obtinent nomen; attamen Plinius in Carmania natam nunc onycha nominat, nunc murrhina.* – Übers. Fraustadt/Prescher 1958, 171 (Krafft 2006, 216): «Der auf deutschem Gebiete und im Elsass gefundene Onyx und der ihm ähnliche heisst jetzt Chalchedonius. [...] Die übrigen Onyxe behalten ihren alten Namen bei; doch nennt Plinius den aus Karmanien bald Onyx [36,59], bald Murrhina [37,21].» Plinius verweist an der genannten Stelle eher auf Gefässe aus Murra (Flussspat); bei Agricola (und auch Gessner) erscheint Murrhina daher fälschlicherweise als Bezeichnung des Steins; vgl. die Erklärung bei Lüschen 1979, 280 f.

175 In der Ausgabe von Jan/Mayhoff findet sich hier (Plin. 37,115) die Konjektur *Chalcedon*.

176 *Electrum* bezeichnet sowohl Bernstein als auch ein farblich ähnliches, aus einer Verbindung von Gold und Silber künstlich hergestelltes Metall. Im zitierten Eintrag aus dem byzantinischen Lexikon Suda scheint an Emaille gedacht zu sein; zur Verwendung von Emaille für den beschriebenen Altar in der Hagia Sophia vgl. Pentcheva 2010, 108.

bemerkt der Kommentator[177] [schol. scut. p. 622,15 Gaisford]: Ὀρείχαλκος· τὸ λευκὸν χάλκωμα, ἐν ὄρεσι γὰρ εὑρίσκεται. ἄλλοι δέ φασιν ὀρείχαλκον εἶναι ὕλην τινὰ μεταλλικὴν, χαλκοῦ τιμιωτέραν [Oreichalkos: das weisse Erz; denn man findet es in den Bergen; andere sagen aber, dass Oreichalkos ein metallisches Material sei, wertvoller als Erz].

[**81v**] Eisen heisst im Griechischen σίδηρος, und Eisenrost [*ferrugo*], d. h. Rost des Eisens [*rubigo ferri*], ἰὸς σιδήρου. Seine Farbe geht aussen aus einer Mischung von Braun und Rot ins Blau über; eisenartig [*ferrugineus*] ist daher die Farbe, die man an Hyazinthen und Violen preist. Heute nennt man die Farbe «Violett», wie es manchen gefällt. Mir scheint die Farbe bei der Hyazinthe ein wenig schwärzer oder von kräftigerem Blau zu sein als bei der Viole, auch wenn man bei Claudian in *De raptu Proserpinae* 2 [rapt. 2,93] liest: --- *er bemalt die Violen mit lieblichem Eisenrost*. Das ist die Farbe, die ihm am nächsten kommt, wenn nicht dieselbe Farbe; nach den Violen wird sie «Violett» [*ianthinus*], nach den Hyazinthen (die Vergil [georg. 4,183] als «eisenfarbig» bezeichnet) «Hyazinth» [*hyacinthinus*] genannt. Manche behaupten, dass die Kastanie dieselbe Farbe hat (in der Volkssprache **Kestenenbraun/Nägelefarb**); diese scheint jedoch ein wenig rötlicher, dafür aber weniger blau zu sein. Anders ist die Farbe, wenn der Eisenrost abgeschabt wurde, und wird unter Abnahme der Schwärze rötlicher wie Weinlaub. Σιδηρίτις [Eisen-] ist der Name oder vielmehr Beiname der Erde, wo Eisen ausgegraben oder aus der [**82r**] es ausgeschmolzen wird. Der Magnet bzw. der herakleische oder herkuleische Stein (doch diesen Namen weisen manche auch dem Wetzsteinchen zu) wird zu Recht auch Siderites genannt, wie auch Plinius [36,127] bezeugt. Denn er gleicht dem Eisen im Hinblick auf die Gestalt, das Gewicht und die Beschaffenheit und zieht Eisenspäne oder kleinere Teilchen wie Nadeln und Ringe auf wundersame Weise an sich.

«Der Orites hat ein kugelförmiges [*globosa*] Aussehen (anderswo: klumpenförmiges [*glebosa*], was besser ist) und wird von manchen auch Siderites genannt; er ist Feuer gegenüber unempfindlich», so Plinius, Buch 37, Kapitel 10 [37,176]. Im vierten Kapitel desselben Buches sagt Plinius [37,57 f.]: «Die Härte des Diamanten ist unbeschreiblich und zugleich hat er eine Beschaffenheit, die das Feuer besiegt,[178] und erwärmt sich niemals. Eine Art des Diamanten, die ‹zyprische› genannt, tendiert farblich zu Kupfer. Nach diesem kommt der Siderites, der den Glanz des Eisens hat, die übrigen im Gewicht übertrifft, ihnen aber in seiner Beschaffenheit nicht gleicht. Denn er lässt sich durch Schläge zerbrechen und kann mit einem anderen Diamanten durchbohrt werden, was auch beim zyprischen Diamanten

177 Bei dem nicht namentlich genannten Verfasser der Scholien zur pseudo-hesiodischen *Aspis* handelt es sich um Johannes Pediasimos bzw. Pothos (13. Jh.).

178 So auch Theophrast (lap. 19); der Diamant hat zwar eine grosse Widerstandskraft, doch kann er verbrennen, wie König/Hopp 157 zu Plin. 37,57 bemerken: «In einer Sauerstoffatmosphäre auf über 800° erhitzt, verbrennt er zu Kohlendioxid.»

möglich ist. Kurz gesagt: Sie haben wie Abarten nur das Ansehen des Namens.» So Plinius [37,57 f.]. Daher könnte jemand vermuten, Orites und [**82v**] Siderites gehörten zur Gattung der Diamanten, aber obwohl Plinius im zehnten Kapitel [37,176] behauptet, dass dieser Edelstein (der Siderites) dem Feuer widersteht, weist er im vierten Kapitel [37,57 f.] diese Eigenschaft nur dem besten Diamanten zu wie auch die Widerstandskraft gegenüber Schlägen. Er sagt, dass der gemeine Siderites sich durch Schläge zerbrechen lässt. Deshalb dürfte es wahrscheinlich sein, dass derselbe auch dem Feuer nachgibt; wenn nicht ohnehin jeder Diamant dem Feuer wenigstens insoweit nachgibt, dass er warm wird. Orpheus führt unter den *lapides theriaci*, wie ich sie nennen will, das heisst den Steinen, die gegen das Gift der Schlangen wirken, den Ostrites, ὀστρίτης, an, wenn die Lesart im Gedicht und im Lemma korrekt ist [Lith. 344]:

Νῦν δὲ καὶ ὀστρίτην οἴνῳ λίθον ἐντρίψαντας. [Darüberhinaus (sc. empfehle ich) auch den Ostrites-Stein in Wein zu zerreiben.]

Vielleicht ist aber ὀρίτην zu lesen oder auch ὀρείτην oder οὐρίτην – aus metrischen Gründen. Weiter unten liest man nämlich [Lith. 457]:

Τοῖον γαῖα βροτοῖσιν ἀρηγόνα τίκτεν ὀρείτην. [So beschaffen ist der Oreites, den die Erde als einen Helfer für die Sterblichen hervorbringt.] (Eine andere Lesart ist ὀφείτην, was ich aber ablehne.)

Denselben nennt er aber auch Siderites [Lith. 361] und behauptet, dass es ein etwas rauer, schwärzlicher Stein sei, von hoher Dichte und fest, wobei ihn auf allen Seiten faltenartige Fasern umgeben [Lith. 364 f.]:

[**83r**] Ἀμφὶ δέ μιν κύκλῳ περί τ᾽ ἀμφί τε πάντοθεν ἶνες
ἴκελοι ῥυτίδεσσιν ἐπιγράβδην τανύονται.

[Um ihn herum im Kreis breiten sich rings umher von allen Seiten, in die Oberfläche geritzt, faltenartige Fasern aus.]

Agricola hat dies nicht bedacht und auch kein anderer, soweit ich weiss. Man muss sich aber davor hüten, irgendwo Magnet und Diamant miteinander zu verwechseln, wenn beide als Siderites bezeichnet werden. Das hat vielleicht Plinius [37,176] getan, wenn er berichtet, dass der Orites das Aussehen eines Klumpens habe, was zum Magnet oder zur Magnetis passt, und unempfindlich gegenüber dem Feuer sei – eine Eigenschaft, die man dem Diamanten zuschreibt. Der Orites des Orpheus dürfte gewiss eher mit der Magnetis als mit dem Diamanten verwandt sein, da man ihn gegen Schlangenbisse einnimmt; der Diamant hat aber, wenn man ihn einnimmt, die Wirkung von Gift. Ja Orpheus empfiehlt sogar, den Orites zerrieben mit Wein zu trinken, obwohl sich der Diamant nicht zerreiben lässt, und ihn ins Feuer zu werfen, damit er durch seinen Geruch die Schlangen vertreibe [vgl. Lith. 472 f.]. Der Diamant, der dem Feuer widersteht, gibt aber zweifellos keine Ausdünstung und keinen Geruch von sich. Man könnte einwenden, dass Orpheus den Magnet gerade behandelt hat, so dass es sich bei diesem nicht um den Magnet handeln könne. Darauf entgegne ich: Der Dichter hat den Magnet schon früher behandelt [**83v**], und zwar an letzter Stelle unter den Steinen, die den Göttern willkommen sind und bei Opferhandlungen verwendet werden sollen [Lith. 306–343]. Der Orites, nicht einfach der Magnet selbst, sondern eine Unterart davon, steht bei ihm an erster Stelle unter den Steinen, die giftigen Bissen entgegenwirken. Zu untersuchen sind jene faltenartigen Fasern, die den Stein von allen Seiten umgeben. Es handelt sich aber wohl um nichts anderes als Linien oder Riefen, wie man sie auch beim Schistus sieht. Das ist eine Art des Haematites, wie der Haematites des Magnets (weshalb er von Plinius [36,129] auch Haematites Magnes statt einfach Haematites genannt wird), wenngleich er nicht über dieselbe natürliche Fähigkeit verfügt, Eisen anzuziehen. Was den Namen selbst angeht, so schreiben die lateinischen Autoren, Plinius und andere, *magnes*, die griechischen in der Regel μαγνῆτις, ἡ (ἡ μαγνῆτις τε καὶ Ἡρακλεία καλουμένη, Galen, in Buch 9 der *Simplicia* [XII 204,11 K.]), so dass man λίθος [Stein] sinngemäss ergänzen muss; bei Orpheus findet sich auch μάγνησσα [Lith. 307]. Nach dem Stadtnamen Magnesia (es gibt eine Stadt Magnesia in Makedonien und eine weitere in Kleinasien, aber in beiden kommt dieser Stein vor, wie Plinius [36,128] dem Sotakos folgend berichtet) werden die Magnesier oder [**84r**] magnesischen Völker im Maskulinum bezeichnet. Denn auch das makedonische Gebiet selbst heisst Magnesia. Μαγνῆτις und μάγνησσα aber sind Bezeichnungen des Volkes im Femininum. Um etwas ganz anderes handelt es sich aber bei jener Magnetis, die dem Spiegelstein gleicht und die ich oben [78v] beschrieben habe.

Abb. 21 Magnet, der Eisenspäne an sich zieht

Ich habe beschlossen, hier auch eine Abbildung eines Magneten anzuführen. Da der Magnet allein nicht gut dargestellt werden kann, habe ich gezeigt, wie Eisenspäne, die er an sich zieht, an ihm hängen sowie eine Nadel, damit man versteht, dass es sich um Eisen handelt.[179]

Ich komme zur Bezeichnung ὀστρίτης zurück. Sie scheint mir zwar an der schon genannten Stelle bei Orpheus [Lith. 344] unpassend statt ὀρίτης gesetzt worden zu sein. Doch möchte ich nicht abstreiten, dass es sich auch hier um den Namen eines Steins handelt, und zwar eines, der einer Auster ähnlich ist, so dass von Auster [*ostreum*] ὀστρεΐτης mit vier Silben abgeleitet wird oder ὀστρείτης mit drei Silben – unter Rücksicht auf das Versmass. Dennoch möchte ich nicht glauben, dass es sich um den Philoginos handelt (*wo* [**84v**] *vielleicht nach seiner feurigen Farbe phloginos zu lesen ist oder philogynos mit y in der vorletzten Silbe*); er gilt sonst als der Edelstein, «den man auch Chrysites nennt», sagt Plinius [37,179], «und gleicht der attischen Auster in Ägypten». Ich glaube,

[179] Zum Magnet und dem Magnetismus vgl. Sander 2020.

dass man an dieser Stelle *ochra* [dem Ocker] und nicht *ostrea* [der Auster] lesen sollte, worauf ich auch oben [74v, 54v] hingewiesen habe. «Der Ostracitis haben die Austern Namen und Ähnlichkeit gegeben», so Plinius [37,177].[180] Ich möchte behaupten, dass sich Plinius darin getäuscht hat, dass er scheinbar *ostracum* im Sinne von *ostreum* verstanden hat, während sowohl die Dinge unterschiedlich sind als auch ganz besonders die Steine, die nach den beiden benannt sind. Denn von *ostracum*, das heisst «Tonscherbe», sind *ostracias* oder *ostracites* abgeleitet; mit der Tonscherbe werden freilich auch die Schalen der Muscheln und der kegelförmigen Meerestiere verglichen; denn diese werden eben danach auch mit einem Sammelbegriff als ὀστρακόδερμα [Schalentiere] und als ὄστρεια mit dem Diphthong ει in der vorletzten Silbe bezeichnet; die ὄστρεα [Austern], mit einem einfachen ε in der vorletzten Silbe, sind nämlich nur eine Unterart der Schalentiere. Beide Begriffe liest man bei Plinius, Buch 37, Kapitel 10 [37,177]: «Der Ostracias oder Ostracites ist ziegelfarben und ziemlich hart; eine zweite Art des Ostracias [**85r**] ist dem Achat ähnlich, nur dass der Achat beim Glätten fettig wird;[181] dem härteren wohnt eine so grosse Kraft inne, dass man mit seinen Bruchstücken andere Edelsteine schneiden kann.» Plinius sagt in Buch 36 [36,139]: «Die Ostraciten haben Ähnlichkeit mit einer Scherbe. Man verwendet sie anstelle des Bimssteins zum Glätten der Haut.» Agricola [428] gibt für Ostracites die deutsche Übersetzung **Topffstein** an, für den zweiten, den Ostracias aber **Luxsaffyr**. Mir wurde unter diesem Namen einmal ein Edelstein von tiefstem Indigoblau gezeigt. Der Juwelier, der ihn mir zeigte, sagte, er sei sehr wertvoll und äusserst hart, so dass er andere Edelsteine schneiden könne. Noch wertvoller sei bei dieser Art aber einer, dem etwas Goldfarbe beigemischt sei. Ob er seinen deutschen Namen vom Luchs oder anderswoher erhalten hat, weiss ich nicht. Mit dem Luchsstein verbindet ihn jedenfalls nichts, soweit ich sehe. Agricola [254] sagt: «Auf natürliche Weise entsteht aus dem Ostracites in der Gegend von Hildesheim zwischen Höhle und Schlucht der Haematites, auf künstliche Weise entsteht er aus dem Magnet, in beiden Fällen durch Feuer.» An anderer Stelle sagt Agricola [270]: «Zum Glätten der Haut und zur Entfernung von Haaren

---

180 Der von Gessner zitierte Plinius-Text (37,177: *ostraciti ostrea nomen et similitudinem dedere*) ergibt keinen Sinn. Die Textverderbnis erklärt auch den vermeintlichen Irrtum des Plinius, den Gessner diskutiert. Nach der Ausgabe von Jan/Mayhoff lautet die Stelle: *ostritidi ostrea a similitudine nomen dedere*. König/Hopp übersetzen: «Die Ostritis hat ihren Namen von der Ähnlichkeit mit der Auster erhalten.»

181 Der von Gessner zitierte Plinius-Text (37,177) lautet: *Ostracias sive ostracites est testacea, durior: altera Achatae similis, nisi quod Achates politura pinguiscit: duriori tanta inest vis* [...]. Bei Jan/Mayhoff lautet der Text hingegen: *Ostracias sive ostracitis est testacea, durior ceramitide, achatae similis, nisi quod illa politura pinguescit. huic tanta duritia inest* [...]. – «Der Ostracias oder die Ostracitis ist ziegelfarben, härter als die Ceramitis, dem Achat ähnlich, nur wird er nicht wie dieser beim Glätten fettig; er hat eine solche Härte [...].» (Übers. König/Hopp)

eignet sich der Ostracites, so genannt, weil er einer Tonscherbe ähnlich ist. Die jüngeren griechischen Autoren scheinen ihn λιθόστρεον [Steinauster] [**85v**] genannt zu haben, um ihn von den Schalen der Tonscherben zu unterscheiden, die antiken Autoren auch Ceramites, da er die Farbe einer Tonscherbe hat, und Cheramides, besonders dann, wenn ihn blaue Buckel umsäumen. Er besteht aus Tafeln und lässt sich leicht spalten. Wenn man ihn mit den Fingern anschlägt, tönt er wie ein Topf. Heute findet man ihn im Gebiet von Hildesheim bei der nach Zwergen benannten Höhle; er ist rötlich. Wie ich schon gesagt habe, deutet vieles darauf hin, dass dieses Gebiet einmal gebrannt hat. Der Ostracites wirkt austrocknend und zusammenziehend», usw. Was allerdings die Heilmittel angeht, so macht es vielleicht keinen grossen Unterschied, dass der den Scherben ähnliche Ostracites und der den Austern ähnliche Ostreites-Stein verwechselt werden. Wie im Übrigen die Schale von Austern, die im eigentlichen Sinne so genannt werden, eine sehr raue und unebene Oberfläche hat, so dass sie aus diesem Grund anstelle des Bimssteins verwendet werden kann, so auch der Ostracites oder vielmehr Ostreites-Stein.

(Über die verschiedenen Schalentiere, die in Steine verwandelt wurden, werde ich unten an geeigneter Stelle etwas sagen [ab 163v].) «Ein mit Schwarz vermischtes, durchsichtiges Grün ist die Farbe der zweiten Art des Ostracias. Mit Bruchstücken von ihm [**86r**] schneiden manche noch heute andere Edelsteine», so Agricola [303].

Von den beiden oben genannten Arten des Siderites scheint sich derjenige zu unterscheiden, den Plinius auf ähnliche Art in Buch 37, Kapitel 10 [37,182], mit folgenden Worten erwähnt: «Die Siderites ist dem Eisen ähnlich und, wenn sie zu einem kleinen Zank mitgebracht wird, verursacht sie Uneinigkeiten; aus der, die in Äthiopien vorkommt, entsteht der Sideropoecilos mit bunten Tropfen.» «Manche nennen auch den Pyrites Siderites», sagt Ermolao Barbaro [1516, Nr. 978; vgl. fol. 54v]. Ein weiterer Siderites scheint schliesslich für Agricola mit dem Basalt identisch zu sein: Zu Beginn des sechsten Buches *De natura fossilium* [276] schreibt er, dass einige kleine Steine, die in der Regel zu den Edelsteinen gezählt werden, sich von einigen grossen allein in der Grösse unterscheiden.

«Die idäischen Fingersteine auf Kreta haben die Farbe von Eisen und die Form eines menschlichen Daumens», so Plinius [37,170]. Der Basalt gleicht dem Eisen in seiner Farbe und seiner Härte und wurde danach benannt, wie ich in Kapitel 1 [23v/24r] gezeigt habe. «Der Asbestos kommt in den Bergen Arkadiens vor und hat die Farbe von Eisen», so Plinius [37,146; vgl. 55v]. Der dem Eisen ähnliche Machaera-Stein wird bald im nächsten Kapitel behandelt werden. Der sogenannte Harnisch einiger [**86v**] Steine weist eine Ähnlichkeit mit Eisen oder Bronze auf.

Schliesslich wird nach dem Blei, im Griechischen: μόλυβδος, der Bleistein benannt. Der Bleiglanz, im Griechischen μολύβδαινα, wird mit einer anderen Bezeichnung auch Galena genannt [vgl. Plin. 34,173]. Eben danach wird desgleichen die dritte und billigste Art des Lithargyrus, das heisst des Silberschaums, als Molybditis bezeichnet. «Der sogenannte Wolfsschaum hat die Farbe des Steins, aus dem Zinn geschmolzen wird», so Agricola [260]. Sotakos [Plin. 36,147] berichtet, dass die vierte Art des Haematites, wenn sie geschmolzen wurde, Miltites genannt werde. «Die Boleniae findet man bei Sturzregen, sie gleichen einem Erdklumpen», so Plinius [37,150; vgl. 58v].

Über die *res fossiles*, die von Natur aus einem künstlichen Gegenstand ähnlich sind, in alphabetischer Reihenfolge. Fünftes Kapitel

Harnisch [*armatura*]: «Das, was die Bergleute Harnisch nennen», sagt [**87r**] Agricola [260] – **ein Harnisch** auf Deutsch [475] –, «weil es Ähnlichkeit mit poliertem Eisen oder Bronze aufweist. Doch ist es nicht nur keines der beiden Metalle, es kann auch nicht die kleinste Menge von diesem daraus gewonnen werden; vielmehr ist es gleichsam ein erster Versuch der Natur, als sie lernte, diese Metalle herzustellen. Ein Stein aber, der schliesslich mit diesem Harnisch überzogen ist, kann auf Griechisch ‹Hoplites› genannt werden. Mit einem Harnisch ist aber gewöhnlich der Schiefer versehen, daher glänzt manchmal die eine Seite der Ader auf eine Länge von sechs Fuss [1,8 m], oder mehr, wie poliertes Eisen. Ebenso haben das Ammonshorn und andere Steine einen Harnisch. Doch ihre Rüstung sieht meist so aus, als wäre sie aus Gold oder poliertem Orichalcum [Messing] gemacht.»

«Ein μάχαιρα, das heisst ‹Messer› oder ‹Schwert›, genannter Stein findet sich auf dem Berg Berekynthos in Phrygien und ist dem Eisen ähnlich. Wenn diesen jemand zu der Zeit findet, wenn die Mysterien der Göttermutter gefeiert werden, soll er in Wahnsinn verfallen», so Plutarch in der Schrift über die Flüsse [Ps. Plut. fluv. 10,5].

[**87v**] «Die Achate zeigen mitunter das Abbild von zweirädrigen Wägen und Reisewägen», so Plinius [37,140].[182]

«Ein Mühlstein, der in Volsinii gefunden wurde, zeigt die Gestalt einer Handmühle», so Agricola [181, vgl. Plin. 36,135].

«Anderswo gräbt man Töpfe aus, die von Natur aus entstanden sind, in der Erde weich sind und aussen zu Stein werden», wie Georg Agricola [329] berichtet; er

182 Der Plinius-Text (37,140) ist verderbt und stark gekürzt. Der von Jan/Mayhoff emendierte Text und die darauf basierende Übersetzung von König/Hopp lauten: *reddunt enim fluminum species, nemorum, iumentorum. etiam essedariis staticula, equorum ornamenta inde medicisque coticula faciunt.* – «Sie zeigen nämlich die Abbilder von Flüssen, Hainen und Zugtieren; man stellt aus ihnen auch Statuetten von Wagenkämpfern, Schmuck für die Pferde und kleine Reibmörser für die Ärzte her.» Die Bedeutung «Statuette» wird für *staticulum* auf der Grundlage von Plin. 34,163 vermutet, vgl. OLD s. v. 1; ferner bezeichnete *staticulum* eine Art Transportmittel; vgl. OLD s. v. 2; die Bedeutung «Kutsche» führt Kirsch (1774) für die Plinius-Stelle an.

führt die deutsche Übersetzung Erdtöpff an wie für den Ostracites Topffstein [428, korr.: 482]. «An einigen Orten in Deutschland gräbt man auch Tonurnen aus, in denen die Asche der verbrannten Toten beigesetzt worden war, bevor man die christliche Religion angenommen hatte. Das unkundige Volk redet sich ein, dass diese Urnen in der Erde entstanden seien», so ebenfalls Agricola [329].

Dem Brot ist ein runder Stein ähnlich, den man in der Nähe von Rottweil, einer den Schweizern benachbarten Stadt, Teufelsbrot nennt [vgl. 13r].

Ausgehöhlt wie eine Pfanne: «Plinius [37,166] sagt, dass der Hephaestites aus Korykos die Eigenschaft eines Spiegels habe, Abbilder wiederzugeben, jedoch rötlich sei. Seinen Namen hat er bekommen, weil er in die Sonne gebracht (*gelegt*) trockenes Brennholz entfacht [**88r**], nicht anders als ein Hohlspiegel Schwefelhaltiges, Stroh und Reisig entzündet. Derartige Steine von rötlich-schwarzer Farbe findet man in Hildesheim in dem nach Norden hin gelegenen Mauergraben. Sie sind aber ausgehöhlt wie eine Pfanne und schimmern mit ihrem goldenen Harnisch rötlich. Deshalb geben sie auch ein Bild wieder und entzünden, gegen die Strahlen der Sonne gewandt, trockenes Brennholz», so Agricola [263].

Nach der Gestalt eines Rades sind die eben danach benannten Trochiten gebildet. Dazu bemerkt ebenfalls Agricola [261]: «Mit dem Judenstein verwandt ist der Trochites. Die Natur hat ihm nämlich die Gestalt eines Tamburins gegeben; sein gerundeter Rahmen ist glatt, die beiden Seitenflächen haben aber gewissermassen eine Nabe [*modulus*] (*modiolus*). Von ihr laufen auf allen Seiten Strahlen zum äussersten Rand des Kreises, der gleichsam den Reifen darstellt, und ragen so hervor, dass Rillen entstehen. Die Trochiten unterscheiden sich stark in der Grösse, aber der kleinste ist so klein, dass der grösste um ein Zehnfaches grösser ist. Der grösste aber hat die Breite eines [**88v**] Querfingers [1,8 cm] und die Dicke des dritten Teils davon [0,6 cm] oder mehr. Er hat verschiedene Farben. Denn er ist entweder aschgrau oder geht ins Schwärzliche oder ist goldgelb, aber so ist er gewöhnlich wohl eher wegen der Berührung mit der Erde, denn in seinem Inneren ist er weisser als die übrigen. Zerbrochen ist jeder glatt wie der Judenstein und glänzt. Er lässt sich aber ebenso wie jener in die Länge, die Breite und die Schräge zerbrechen. In Essig gelegt wirft er Blasen wie der Astroites und es findet sich bisweilen sogar einer, der sich wie der Astroites von der Stelle bewegt. Aus Trochiten, die noch nicht voneinander getrennt sind, besteht der Entrochos. Er ist bald aus zwei, drei oder vier, bald aber aus mehreren zusammengesetzt; bis zu zwanzig findet man nämlich so verbunden. Es gibt zwei Arten davon: er ist nämlich entweder gleichmässig rund oder zwar rund, aber sein mittlerer Teil schwillt an, während die beiden Enden stärker zusammengezogen sind. Bei dem, dessen Trochiten erhabene Strahlen haben, scheint an der Seite, wo zwei sich verbinden, immer ein mäanderförmiger Gürtel zu sein. Doch bei dem, dessen Trochiten flache Strahlen haben, die haben [**89r**] keinen Gürtel und sind ganz glatt. Die Trochiten verbinden sich aber so, dass die Strahlen des einen sich in die Rillen des anderen einfügen. Trochiten eines geschwollenen Entrochos haben meist sehr flache Strahlen. Ja sehr häufig findet sich zusammen mit einem Trochites und einem Entrochos ein unförmiger Stein, der die Gestalt eines Rades in sich enthält. Diese blieb darin gleichsam wie eine Wurzel zurück, nachdem die Trochiten schon abgebrochen waren. Diese Steine bringt Sachsen bei Hildesheim oberhalb des Moritzberges in den Fugen aschgrau-weissen Marmors und in klebriger Erde hervor», usw. Soweit Agricola [261 f.], der Trochites übersetzt mit **Spangen oder Rederstein** [486]. Ich führe eine Abbildung eines Trochites, den ich von einem vornehmen Herrn erhalten habe, auf der folgenden Seite an: einmal einen einzelnen, dann drei miteinander verbundene. Der Stein ist braun, ziemlich hart und hat in der Mitte ein Zentrum mit der leichten Andeutung einer Nabe. Ringsherum zeigen sich erhabene Strahlen, wobei die Zwischenräume zwischen ihnen jeweils vertieft sind. Wenn man die zusammenhängenden Trochiten trennt, ist auf jedem einzelnen auf beiden Seiten wie durch ein Siegel eingedrückt das Abbild eines Rades zu sehen [**89v**], so dass dieser Stein trefflich als «Radsiegel» [*rotae sigillum*] bezeichnet werden könnte. Er sieht aber folgendermassen aus:

Abb. 22 1. Trochites, 2. drei verbundene Trochiten (Entrochos) (fossile Crinoiden-Stielglieder, Typus Encrinus)

«Der Belemnites gibt das Bild eines Pfeils (der auf Griechisch βέλεμνον genannt wird) wieder. Deshalb bezeichnen ihn die Sachsen mit einem aus ‹Alb› und ‹Geschoss› zusammengesetzten Wort (**Alpfesscht/Alpschoß** [Agricola, 475]) und behaupten, dass er, wenn man ihn trinke, gegen derartiges Drücken und nächtlichen Spuk helfe und gegen Hexenzauber wirksam sei. Diesen Stein halten noch heute manche Ärzte für Lyncurium und verwenden ihn entsprechend. Er hat sich aber nicht aus dem Luchsurin gebildet, denn es hat niemals solches Lyncurium gegeben. Vielmehr haben die antiken Autoren, wie schon gesagt, den Bernstein so genannt, weil sie zu der Überzeugung gelangt waren, er entstehe aus Luchsurin. Wenn dennoch einer von den Griechen jemals Lyncurium, das kein [**90r**] Bernstein war, gesehen hat, dann hat er meiner Meinung nach diese Belemniten gesehen. Denn von ihnen haben einige die Farbe des Falerner Bernsteins und sind durchsichtig. Manche ziehen auch wie der Bernstein Spreu und andere kleine Dinge an. Der Belemnites findet sich an mehreren Orten in Deutschland.[183] Der Belemnites ist entweder aschgrau oder weiss glänzend oder rötlich-schwarz – diese finden sich alle in Hildesheim – oder er hat die Farbe des Falerner Bernsteins wie der aus Preussen oder Pommern. Wenn man ihn verbrennt, wird er entweder weiss oder weissgrau. Beide findet man zwischen Hildesheim und dem Schloss Marienburg im Marmor der Höhle,

183 Gessner zitiert Agricolas Ausführungen zum Belemnites (266 f.) mit kleineren Abweichungen; während Agricola im Folgenden die Orte nennt, an denen man den Belemnites findet, überspringt Gessner diese Passage.

die nach den Zwergen benannt ist, auf der linken Seite. Denn darauf, dass es an diesem Ort einmal gebrannt hat, verweisen neben dem Geruch dieses Steins auch viele andere Anzeichen. Ein goldener Harnisch überzieht von aussen nicht nur den Belemnites, der im Mauergraben von Hildesheim entstanden ist, sondern sogar seinen Fuss. Dieser Harnisch glänzt ohne Bearbeitung auf wundersame Weise und [**90v**] gibt wie ein Spiegel ein Abbild wieder. Wenn man die Belemniten aneinander reibt, riechen einige von ihnen nach geglättetem oder verbrannten Rinderhorn, wie die, die in Hildesheim in den Fugen des ebenso riechenden Marmors entstanden sind; andere sind geruchlos wie die übrigen. Unterschiedlich ist ihre Grösse. Während nämlich die grössten gewöhnlich die Länge und Dicke eines Fingers [1,8 cm] haben, haben die, die man in Hildesheim – in dem nach Norden zu gelegenen Mauergraben – gefunden hat, manchmal eine Länge von anderthalb Fuss [45 cm] und die Dicke eines Armes. Doch alle haben die Gestalt eines Pfeils, der von einer breiten Wurzel in eine sehr dünne Spitze ausläuft. Alle haben von Natur aus gleichsam eine Art Spalt, der bewirkt, dass sie sich ziemlich leicht der Länge nach spalten lassen, doch ist dieser Spalt bei den durchsichtigen besser sichtbar als bei den übrigen. Eben dieser Spalt ist bisweilen auch innen mit einem goldenen Harnisch versehen. In den einen ist ausserdem Erde enthalten, in anderen Sand und in wieder anderen Stein. Nicht nur dieser ist zu einem spitzen Kegel gedreht wie Belemniten, sondern auch der [**91r**] Sand und die Erde. Doch besteht der Stein, den der mit einem goldenen Harnisch bedeckte Belemnites enthält, meist aus Schichten, gleichsam einer Art Häuten, die anfangs breit sind und bald immer schmaler. Da die Belemniten aber austrocknend wirken, heilen die Wundärzte mit denen aus Preussen und Pommern Wunden. Mit eben diesen – und die Sachsen mit ihren eigenen – teilen die Ärzte Steine nicht anders als mit dem Judenstein.» Soweit Agricola [266 f.].

Die hier angeführten Abbildungen des Belemnites
werde ich der Reihe nach entsprechend der Nummerierung erläutern.

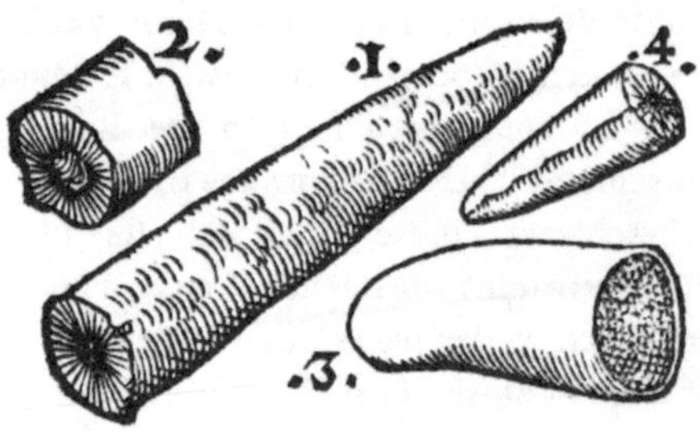

Abb. 23 Belemniten (1, 2, 4 Belemnitenreste, d. h. Rostren bzw. Skelett-Elemente fossiler Kopffüsser)

[**91v**] 1. Ein Belemnites oder grösserer idäischer Fingerstein, so nach der Gestalt eines Pfeils genannt, weshalb ihn einige im Deutschen auch Alpschoß, das heisst «Pfeil des Albs» nennen. Er ist schwärzlich, sendet vom Mittelpunkt Strahlen aus,

wie man sehen kann, und ist abgesehen von der Basis fest, wie auch die Hörner von Tieren bis zu einem Punkt hohl sind und dann fest. Die Belemniten kommen im Hinblick auf den Geruch verbranntem Horn oder Knochen nahe oder fast Katzenurin. Sie sind gewöhnlich bröckelig in ihrer Beschaffenheit und haben eine schwärzliche Farbe. Manche von ihnen waren, wie es scheint, zerbrochen und sind von allein wieder zusammengewachsen.

2. Die in der Mitte hohle Basis desselben, die Erde oder Dreck enthält.

3. Eine andere Art desselben, innen schwarz und äusserst glatt, ohne Strahlen, aussen weisslich gleichsam mit einer Schicht aus Kreide überzogen. Seine Beschaffenheit ist äusserst hart, so dass er Funken versprühen kann wie der Silex. Er hat keinen üblen Geruch; hinsichtlich der Grösse und der Gestalt einer leicht abgeknickten Spitze gibt er das obere Glied eines Daumens wieder.

4. Eine kleinere Art des mit Strahlen versehenen Belemnites [**92r**], durch eine Linie in der Mitte geteilt und gegen das Licht gehalten durchsichtig, weniger schwarz und von Braun ins Weiss gehend oder sogar ein wenig rötlich, mit ziemlich unauffälligen Strahlen versehen und nicht so stinkend. Viele Apotheker halten diesen für den Luchsstein, und zwar besonders die Art, die auf einer der beiden Seiten durchscheinend ist und eine etwas rötliche Farbe hat, wobei eine Linie sie in der Mitte der Länge nach unterteilt. «Hier in Preussen bei Königsberg wird eine grosse Menge aus dem Berg ausgegraben; von den antiken Autoren wurde er wegen seiner Durchsichtigkeit ‹Lyncurius› genannt», wie Johannes Kentmann mir schrieb.[184] Mit dem Begriff Pfeil bezeichnet man, wie ich höre, im Italienischen nicht unseren Belemnites, sondern die Glossopetra, in der Volkssprache «Saëta»; an ihr zeigt sich freilich nicht das ganze Pfeilgeschoss, sondern nur die eiserne Spitze mit ihren Bärtchen – meine Bezeichnung für das, was die Griechen ἀκίδες [Spitzen] nennen, so erklären nämlich manche ὄγκοι τοῦ βέλους καὶ πώγωνες [Widerhaken und Bärte eines Pfeils] bei Hippokrates (Galen sagt einfach «Eisengeschosse» [Voc. Hipp. gloss. α 35 = CMG V 13,1, p. 156]). Ich möchte nicht ὄγκοι, sondern ὄγκινοι (das heisst «Haken») lesen. Βέλους δ᾽ ἀκίδες ὄγκοι [**92v**] καὶ πώγωνες καλοῦνται [die Spitzen eines Pfeils heissen Haken und Bärte], so Pollux [7,158 Bethe]. Aber anderswo sagt er besser: καὶ τῆς ἀκίδος ὄγκινοι μὲν οἱ πρὸς τῷ καλάμῳ [die Haken an der Spitze, die beim Rohr] [1,137 Bethe].[185] Jeder Belemnites-Stein besteht grösstenteils aus Rinde und der innere Teil gleichsam aus Fleisch, in manchen findet sich sogar ein noch weicheres Mark. Auf Deutsch nennen manche diesen Stein Luchßstein, das heisst «Luchsstein» (wenn auch manche Apotheker, obgleich nicht die Art des Beschriebenen, wie ich gesagt habe, sondern einen kleineren, etwas rötlichen und an einer Seite durchscheinenden als Luchsstein ausgeben), andere nennen ihn Schoß-

184 Möglicherweise hat Gessner auch die Beschreibung und den Verweis auf die Apotheker von Kentmann übernommen; doch nur der letzte Satz lässt sich aufgrund der Ortsangabe mit Sicherheit Kentmann zuweisen und ist daher als Zitat gekennzeichnet.

185 Nach der Ausgabe von Bethe ist auch hier (1,137) ὄγκοι zu lesen.

stein nach der Ähnlichkeit zu einem Wurfgeschoss, das wir schoß nennen. Deshalb nehmen sie auch an, er nütze bei Wunden und bei Seitenstechen, das wie eine Art inneres Wurfgeschoss an einer einzigen Stelle einen stechenden Schmerz verursacht. Als würde die Natur eben durch die Formen und Gestalten der Dinge ihren Gebrauch als Heilmittel anzeigen. Wieder andere nennen ihn Rappenstein, das heisst «rabenschwarzer Stein» [*coracias*] oder «Rabenstein» [*corvinus lapis*], sei es nach der schwarzen Farbe, mit der bestimmte Arten davon gefärbt sind, sei es, weil er dem Glied eines Raben ähnlich ist, wie einige scherzen. [**93r**] Ich habe gehört, dass er in Spanien gegen Nierensteine verwendet wird. Verbrannt scheint er mir nützlicher zu sein, besonders wenn Steinbrech und andere Kräuter beigemischt sind, oder noch eher als abgeseihte Flüssigkeit, in der diese Dinge eingeweicht wurden. Verbrannt reinigt er auch die Zähne; um den Geruch zu verbessern, könnte man aber etwas Iriswurzel beimischen. Schlägt man ihn mit einem Hammer, bricht er meist quer durch und stinkt innen stark, wie schon gesagt; und nicht einmal, wenn man ihn verbrennt, legt er diesen Gestank ab. Manche verbrennen ihn und blasen die Asche in die Augen von Pferden, um Narben abzureiben. Ich höre auch, dass er bei der Glasherstellung von irgendeinem Nutzen sei und Alabandicus genannt werde, – ob korrekt, weiss ich nicht. Man findet ihn in der Umgebung des Dorfes Siblingen, das von der Stadt Schaffhausen in der Schweiz einen zweistündigen Fussmarsch entfernt ist, und in der Nachbarschaft, oberhalb von Hallau und neben Erzingen, in unebenen und steinigen Äckern aus rötlicher Erde, wenn ich mich nicht täusche. Bisweilen findet man ihn auch auf Feldern, wo sie vom Pflug aufgebrochen werden. Man sagt, sie fänden sich auch unversehrt, gewissermassen vom Aussehen einer Spindel [**93v**] oder eines länglichen Kreisels, der an beiden Seiten in eine Spitze ausläuft, oder eher wie die miteinander verbundenen Basen einer doppelten Pyramide, deren Spitzen einander gegenüberliegen. Doch ist es mir bisher nicht gelungen, solche zu sehen. Der Belemnites, der an dritter Stelle von mir dargestellt wurde, scheint mir eher als die übrigen die Bezeichnung «idäischer Fingerstein» zu verdienen wegen der Ähnlichkeit zu einem *dactylus*, das heisst zu einem menschlichen Finger, und besonders zum Daumen. Denn er hat ungefähr die Dicke eines Daumens und seine runde Gestalt ist zu den Seiten hin etwas breiter und am obersten Ende ziemlich abgestumpft. Wie ein ausgestreckter Daumen neigt er sich ganz oben etwas zur Seite und ist von einer weissen Haut überzogen. «Die idäischen Fingersteine [*Idaei dactyli*] auf Kreta haben die Farbe von Eisen und die Form eines menschlichen Daumens», so Plinius [37,170]. Wenn man allerdings unter «eisenfarben» «schwarz» versteht, dürfte Plinius' Beschreibung noch besser zu diesen passen, wie auch die Härte des Eisens. «Idäisch» scheinen sie aber nach dem Ida-Gebirge auf Kreta genannt zu sein, auf dem sie zweifellos vorkommen. Nach dem Namen dieses Gebirges oder vielleicht nach einem zweiten, gleichnamigen, das neben Troja liegt, bezeichneten die Ärzte im alten Griechenland einige Pflanzen, die in diesem Gebirge vorkommen oder auch in anderen, aber [**94r**] nur in sehr hohen, wie unseren Alpen. Nach eben diesem Gebirge auf Kreta wurden auch die Korybanten einst ebenso *Dactyli Idaei* genannt. Man erzählt, sie hätten Jupiter ernährt. Damit der Knabe nicht durch sein Plärren verraten würde, dachten sie sich ein neuartiges Spiel aus und, indem sie mit kleinen Schilden aus Bronze untereinander zusammenliefen, täuschten sie Saturn durch das Klirren der Bronze und die Komposition eines taktmässigen Rhythmus, der danach «Daktylus» genannt wurde. Pierre Belon berichtet im Kapitel 15 des ersten Buches seiner *Singularitez*[186] [1553, 16v], dass dieser Stein, der idäische Fingerstein oder Belemnites (er unterscheidet sie nämlich nicht), auf dem sogenannten Mont St. Jean [Johannisberg] bei Luxemburg in einer so grossen Menge vorkomme, dass, als der französische König François auf diesem Berg Schanzarbeiten verrichten liess, diejenigen, die den Graben aushoben, als sie zu einer Tiefe von drei Schritten vorgedrungen waren, nichts reichlicher als diese Steine fanden; eben diese würden Apotheker unter der falschen Bezeichnung «Luchssteine» verkaufen. Ich habe beobachtet, dass die Pfingstrose einst mit verschiedenen anderen **[94v]** Namen, aber auch als *Dactylus Idaeus* bezeichnet wurde, und zwar zweifellos deshalb, weil die Wurzeln der weiblichen Pfingstrose meist knollig und knotig sind und hinsichtlich ihrer Gestalt diesem Stein gleichen wie gewöhnlich auch die Wurzeln des Königsstabes. Den grössten Stein dieser Art nennen manche Ceraunites. Wie ich schon oben bemerkt habe, glaube ich, dass es die Astrapia des Plinius ist. Der überaus aufmerksame Kentmann hat einen von diesen gezeichnet und mir geschickt: Er ist neun Finger [16,2 cm] lang, hat an der Basis (die mit Strahlen besetzt ist) einen Durchmesser von zwei Daumen [5 cm] und eine braungraue Farbe. Folgende Bemerkung stand dabei: «Diesen ziemlich grossen Stein nennt man gemeinhin ‹Ceraunites›.» – Aber das passt nicht. Er findet sich nämlich in Hildesheim im Graben um die Stadtmauer und durch das Reiben an einem anderen Stein oder Gegenstand stinkt er wie angesengtes Horn. Es finden sich aber ebendort auch andere ohne Geruch. Ihn gräbt man in grosser Menge auch in Göppingen im Herzogtum Württemberg, vier Meilen von Tübingen entfernt,[187] auf den Äckern beim **[95r]** Pflügen aus. Es gibt mehrere unterschiedliche Arten davon. Es findet sich nämlich einer, der aschgrau ist und stinkt wie das verbrannte Horn eines Rindes, ein anderer, der auch aschgrau ist, aber nicht stinkt und einen Stein in sich enthält, und noch ein anderer von derselben Farbe, ohne Geruch, der Erde enthält; [es finden sich] ein durchsichtiger, ein weis-

186 Der französische Naturforscher Pierre Belon (1517–1564) hatte in dem 1553 publizierten Werk *Les observations de plusieurs singularitez et choses memorables* seine Reise in den östlichen Mittelmeerraum und nach Ägypten in den Jahren 1546 bis 1549 beschrieben. An der von Gessner im Folgenden referierten Stelle berichtet Belon jedoch von einer Entdeckung im Umland von Luxemburg im Jahre 1542, zu Beginn der kriegerischen Auseinandersetzungen zwischen dem französischen König und dem deutschen Kaiser.

187 Die Angabe «vier Meilen» (*quatuor miliaribus*) bezieht sich auf die deutsche Meile, die zwischen 4000 und 5000 Schritte bzw. Doppelschritte (1,48 m) umfassen konnte; vgl. Kirsch s. v. *miliarium;* LexMA s. v. Meile; nach Herrmann 2013, 51 entsprach die «deutsche Meile» im 16. Jh. etwa 8,5 km ± 1,5 km.

ser, ein schwarzer mit Strahlen, ein heller, der Asche ähnlicher, der, wie ich höre, in Italien von einigen «Pnigitis» [ital. pnigite] (ob korrekt, weiss ich nicht) und Alabandicus-Stein genannt wird. Ich habe bei dem Freiherrn Wilhelm Werner auf seiner Burg in der Nähe von Rottweil einen Stein gesehen, der einem Belemnites ähnlich ist, ungefähr einen Fuss [30 cm] lang und ohne Strahlen; auf dessen Oberfläche ragten einige Tierchen wie Eidechsen hervor. Eine Ähnlichkeit zum idäischen Fingerstein weist ein Stein auf, den ich unter der Bezeichnung «Steatites» unten [150r] darstellen werde; er wurde vielleicht künstlich so geschnitten, denn ich habe nur einen einzigen gesehen.

«Der Androdamas hat wie der Diamant den Glanz von Silber, ist viereckig und immer kleinen Würfeln ähnlich», so Plinius [37,144]. So auch einige Pyrite.

[**95v**] Nach der Ähnlichkeit zu einer Tonscherbe scheint der Ceramites,[188] κεραμίτης, von den Griechen benannt worden zu sein sowie auch der Ostracites. Diesen hielt Plinius jedoch für den Ostreites (das heisst für den Stein, welcher der besonders als Auster bezeichneten Meermuschel ähnlich ist, oder für eine in Stein verwandelte Auster), wie ich ausführlicher oben im Kapitel 4 [85v] bei der Erwähnung des Siderites angedeutet habe. «Die Ceramites wäre dieselbe wie die sogenannte Ostracitis, ausser dass diese bisweilen blaue Buckel umsäumen», so Plinius [37,151]; er nennt auch eine Art des Galmeis Ostracitis, einen, der «ganz schwarz ist und der schmutzigste von den übrigen» [34,103]. Das griechische Wort κέραμος, das «Scherbe» oder «Ziegel» bedeutet, entspricht in etwa dem deutschen Scherb; und den Buchstaben κ sprechen einige Griechen wie «sch» aus. Einige Handschriften des Plinius [37,151] haben *cheramides*, ich möchte *ceramites* oder *ceramoides* (κεραμοειδής) lesen wie κηποειδής für *cepionides*[189] ebenfalls bei Plinius [37,156].

«Eine Ähnlichkeit zu einem aufrechtstehenden Baumstamm besitzen der Meißner Basalt und der Syenites und eine Ähnlichkeit zu einem Balken [**96r**] (*querliegend*) die Felsen in der Gegend von Hildesheim», so Agricola [181]. Siehe unten Kapitel 10.

«Ein Edelstein mit dem Aussehen von Glas, der Belus genannt wird, kommt in Arbela vor und hat die Grösse einer Walnuss», so Plinius [37,149].

Über künstliche Gegenstände oder Artefakte aus Metallen, Steinen und Edelsteinen. Sechstes Kapitel

Die *res fossiles*, die von Natur aus einem künstlichen Gegenstand ähnlich sind, wurden im vorausgehenden Kapitel behandelt. In diesem aber werde ich Artefakte behandeln, die von Menschen aus Metall, Stein oder Edelstein gefertigt werden, –

188 Gessners *Ceraunites* wurde zu *Ceramites* korrigiert, denn es muss sich angesichts des ebenfalls angeführten griechischen Wortes um einen Druckfehler handeln.

189 Nach der Plinius-Ausgabe von Jan/Mayhoff ist *cetionides* zu lesen.

aber nur wenige und exemplarisch, denn es würde allzu weit führen, auf alle einzugehen. Ich werde aber auch hier einer alphabetischen Ordnung folgen.

A. Für Gebäude [*aedificia*] und Mauerwerk werden verschiedene Marmorarten verwendet, besonders für die Säulen und, um Wände und Grabmäler zu verkleiden, usw. Agricola sagt [480]: «Die Marmorarten haben keine [**96v**] Eigennamen, sondern werden entweder nach den Farben benannt, die sich an ihnen zeigen, oder nach den Gebieten, in denen sie entstehen.» Über den Alabastrites, der seinen Namen in sehr vielen Sprachen bewahrt, im Lateinischen, Griechischen, Deutschen und in anderen Sprachen (wie auch der Oberbegriff Marmor selbst), habe ich oben [52v–53v] bereits einiges gesagt, ebenso über den Basalt [20r–25r]. Für den Marmor, den man in Bergwerken findet, bietet Agricola die Übersetzung **Spat** [481]. Für Gebäude sind auch andere Steine, Felsgesteine, Kalk und Sand notwendig, über die einzelnen Materialien findet man viel bei Vitruv und Plinius. Sogar die Edelsteine werden bisweilen so gross, dass sie beinahe an die Stelle von Felsgesteinen oder Marmor treten, besonders bei der Ausschmückung von Kirchen. Denn Erasmus Stella hat mit Jaspis verkleidete Kirchenwände gesehen. «Mit Jaspis», so Stella [1530, B6r], «wird unser Zwickau herausgeputzt, wo man eine so grosse Menge ausgräbt, dass er von den Vorfahren in öffentliche Gebäude eingelassen wurde (jedoch im unbearbeiteten Zustand)». Und wiederum sagt Stella [1530, B2v]: «Juba [Plin. 37,73] bezeugt, dass der Smaragd, den man [**97r**] Chola nennt, in Gebäude eingelassen wird, und das sehen wir in sehr vielen deutschen Kirchen. Denn auch dort findet man sie [diese Smaragde] in Silberbergwerken». Theophrast [lap. 25] erwähnt den Pseudo-Smaragd; um einen solchen handelt es sich vielleicht bei demjenigen, den man in Prag in Böhmen im Veitsdom sieht; damit sind dort die Wände vertäfelt.

«Alabastren [*alabastra*] oder Salbendöschen stellt man schon seit alter Zeit aus Alabastrites oder lygdinischem Stein her», so Agricola [316].

Ringe [*annuli*]. Von den Ringen stellt man einige ohne Edelstein aus einem beliebigen Metall her; bei anderen, besonders bei goldenen, fasst man einen Edelstein in den Teil ein, den man Boden nennt (die Griechen nennen ihn σφενδόνη [Ringkasten], πύελος, πυελίς, σφραγιδοφυλάκιον). Der Edelstein zeigt entweder irgendein Bild oder nicht. Von den Bildern sind einige in den Stein geschnitten, andere treten hervor; diese nennt man «erhaben» [*ectypus*] ἀπὸ τοῦ ἐκτὸς εἶναι ἢ ἐξέχειν τὸν τύπον [danach, dass sie aussen sind oder dass das Bild hervorragt]. Und weil wir bei den antiken Autoren bisweilen von Gemmen und erhabenen Reliefschnitzereien[190] lesen, werde ich hier etwas mehr darüber sagen. Seneca sagt in *De beneficiis*, Buch 4 [3,26,1]: «Der ehemalige Praetor Paulus [**97v**] speiste bei irgendeinem Gast-

190 Der Begriff «Gemme» kann allgemein für geschnittene Steine verwendet werden, bezeichnet aber vor allem das Intaglio, d. h. den vertieft geschnittenen Stein. Beim Kameo handelt es sich um eine Reliefschnitzerei, bei der sich das Bildmotiv plastisch vom Bildgrund abhebt; vgl. dazu Weiß 2010.

mahl und trug ein Bildnis des Kaisers Tiberius auf einem erhabenen und hervorragenden Edelstein [*ectypa et eminente gemma*].» Daraus geht ganz klar hervor, dass man «erhaben» [*ectypus*] sagt, wenn das Bild sich hervorhebt und deshalb umso sichtbarer ist: τὸ κατ' ἐξοχήν τετυπωμένον [das Geformte par excellence]. Deshalb erklären auch die griechischen Grammatiker ἐκτυπώτερον [stärker herausgearbeitet] durch φανερώτερον [deutlicher] [Hesychios, lex. ε 1775,1 Latte]. Für gewöhnlich werden meist die ersten Bilder oder Muster, οἱ τύποι, τὰ πρωτότυπα, αἱ σφραγῖδες, der Bildhauer und anderer Künstler durch Vertiefung wiedergegeben und geschnitzt; von diesen, die in einen weicheren und nachgebenden Stoff eingedrückt wurden, werden Bilder (εἰκόνες, ἀπεικάσματα, ἐκσφραγίσματα, ἐκμαγεῖα, ἐκμάγματα) hervorgetrieben und erhaben wiedergegeben. Diese bilden ihre Grundformen und ursprünglichen Ideen (τὰς πρὸ τῶν πολλῶν [die vor den vielen/Einzeldingen], um mit Platon zu sprechen) ganz und gar nach [*imitantur*], weshalb sie sowohl Bilder [*imagines*] heissen als auch Bilder wiedergeben. So ist auch bei Siegelringen das vertiefte Bild τὸ πρότυπον [das Vorbild], das mit dem Siegel versehene Wachs aber ἔκτυπον σχῆμα [Abdruck]. Die Bildner verwenden für ihre Formen Ton, Gips und anderes. Die Steinschneider und Edelstein-Graveure [**98r**], οἱ λιθογλύφοι, wählen dafür weniger harte Edelsteine, wie die, welche man im Deutschen – meines Erachtens nach ihrer sanften Weichheit – Speckstein und Gammenhü nennt. Anders jedoch Agricola [305]: «Eine weisse Linie trennt bald ein schwarzes, bald ein aschgraues Stück des Steins, den man auf Deutsch, weil seine hell-weisse Farbe ziemlich fett zu sein scheint, nach dem Schweinespeck benannt hat (manche nennen ihn Gemma huia). Vornehmlich sein breiterer weisser Teil und der Sarder werden heutzutage am allermeisten für Reliefschnitzereien verwendet.» [Agricola, 172] «Die Natur freilich hat den ganzen Körper des Steins durch eine Art Wechsel von Schwarz und Weiss verziert.» Erasmus Stella [1530, D1v] nennt sie Gemmohuidae und behauptet fälschlicherweise, sie seien mit den Paeantides der antiken Autoren identisch: «Zu ihnen gehören auch die Mesomelae (*Mesomelanes oder im Femininum Mesomelaenae*); sie kommen in jeder beliebigen Farbe vor und werden in der Mitte von einer schwarzen Ader durchzogen. Ich habe welche von weisslicher Farbe gesehen, in die das Gesicht eines Menschen eingeschnitzt war; sie hatten etwa die Grösse und Gestalt eines Denars.» So Stella.[191]

[**98v**] Zu den Ausführungen über Ringe füge ich auf der folgenden Seite eine Abbildung bei, auf der zwei Ringe und ringsherum zwölf Edelsteine dargestellt sind.[192] Der kleinere Ring enthält einen Diamanten. Der grössere Ring besteht

191 Gessner markiert das Ende des Zitats von Erasmus Stella mit den Worten *sic ille* – «So jener [Stella]». Doch findet sich der dieser Bemerkung vorausgehende Satz *vidi … denarii* – «Ich habe gesehen […] eines Denars» nicht bei Stella. Möglicherweise endet das Zitat bereits nach dem vorausgehenden Satz, und es ist Gessner, dem diese letzte Äusserung zuzuweisen ist.

192 Der hier beschriebene und auf fol. 99r gedruckte Holzschnitt wurde auch als Titelbild für den Sammelband verwendet.

ganz aus Bernstein, und zwar aus dem Falerner Electrum oder Chryselectrum, das heisst er hat eine goldene und durchscheinende Farbe. In diesem befindet sich von Natur aus ein kleines Tier, das man in Gärten findet. Es hat das Aussehen einer Wanze und ist rot und schwarz gemustert. Der Künstler hat, als er das Klümpchen zu einem Ring formte, dem kleinen Tier den Platz des Ringkastens gegeben. Diesen Ring hat mir mein lieber Anton Schneeberger aus Polen als Geschenk übersandt. Die zwölf Edelsteine ringsherum zählen zu den Wertvollen, die man in Ringe einzufassen pflegt. Es wird erlaubt sein, sie mit den Namen der zwölf Edelsteine auf dem Brustschild oder der Lostasche des Hohenpriesters im Alten Testament [Ex. 28,17–20] zu benennen und bei jedem die Farbe hinzuzufügen, wozu ich auch in meinem Zusatz zu Epiphanios' Schrift über die Edelsteine [1565, 16r–17r] aufgefordert habe.

[**99r**]

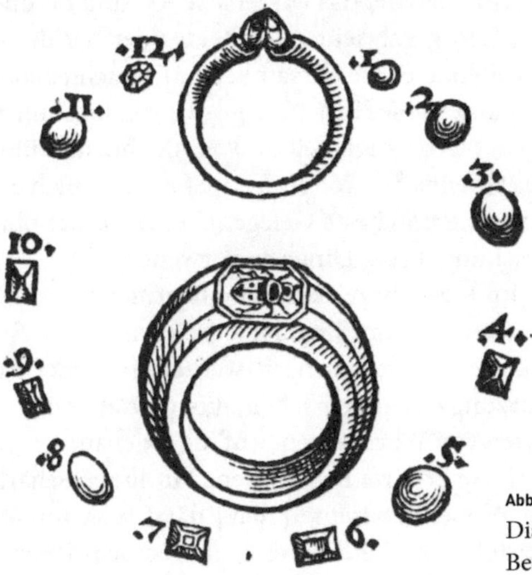

Abb. 24 Ein Ring mit einem Diamanten, ein Ring aus Bernstein, zwölf Edelsteine

Ein Ring mit einem Callimus-Steinchen, der durch ein doppeltes menschliches Gesicht auffällt, wird unten im Kapitel 11 [142v] angeführt.

C. Für die Griffe [*capulae*] von Messern und Lanzetten werden Kristalle, Jaspisse und vielleicht andere Edelsteine verwendet.

Äusserst feine Löffel [*cochlearia*] werden aus Bernstein gefertigt. «Ebenso stellen die Bewohner von Meißen Löffel und Becher aus dem Marmor von Zöblitz her», wie ihn Agricola [313] nach der Stadt im Meißner Land nennt, bei der man ihn ausgräbt; er scheint [**99v**] aber mit dem Ophites verwandt zu sein, denn man nennt ihn gewöhnlich auch Serpentaria, «weil sie überzeugt sind, er wirke gegen Gift, – und auch die Kugeln, mit denen die Frauen ihre leinenen Kopftücher trocknen, wenn sie diese gewaschen haben, [fertigt man daraus], ausserdem die flachen und gekrümmten Platten, die meine Landsleute im Winter heiss machen und mit denen sie, wenn sie im Bett sind, ihre kalten Glieder wärmen; mit den flachen

Platten [wärmen sie] Brust und Bauch, mit den gekrümmten die Seite, Füsse und Arme.» [Agricola 316] Die Darstellung eines aus diesem Stein gefertigten Löffels findest du weiter unten in diesem Kapitel unter dem Buchstaben V bei den Gefässen [111r].

Die Abbildung einer Gebetskette [*corolla precaria*], die einer Halskette ähnlich ist, habe ich unten unter dem Buchstaben O [105r] angeführt.

Ein metallisches Gebilde [*corpus metallicum*],[193] das in etwa wie ein Berg aussieht, kann aus allen Arten unterschiedlicher Metalle und Steine, die von einem Künstler mit bindendem Bergteer und Mörtel mit grösstem Fleiss zusammengeleimt wurden, hergestellt werden; es ist bewunderns- und sehenswert, zumal wenn noch aus Silber einige Werkzeuge für den Bergbau und Nachbildungen von Bergleuten, das heisst von den in den Bergwerken tätigen [**100r**] Arbeitern, hie und da hinzugefügt wurden. So ein Gebilde, das äusserst schön und besonders vielfältig ist, besitzt, wie ich höre, Georg Fabricius, der Rektor der berühmten Schule zu Meißen, ein Mann von vollendeter Gelehrsamkeit auf verschiedensten Gebieten. So eines aus beinahe allen unterschiedlichen *res fossiles* von Joachimsthal liess eben jener Fabricius – aus eigener Grosszügigkeit und der des hochberühmten Freiberger Ratsherrn Valentinus Gravius[194] – vor einigen Jahren für mich anfertigen. Das war für mich beinahe die erste und beste Gelegenheit, etwas der übrigbleibenden Studierzeit für die Erforschung dieser Dinge zu verwenden.

Der Wetzstein [*cos*]. Im Plural bezeichnen die Begriffe *cautes* und *cotes* in der Regel harte und raue Felsen. *Cos* im Singular bezeichnet einen Stein, mit dem Messer und andere Eisenwerkzeuge geschärft werden, [gebildet ist der Begriff] zweifellos durch eine Kürzung des griechischen ἀκόνη [Wetzstein]. «Es gibt mehrere unterschiedliche Arten von Wetzsteinen. Auf die sogenannten Ölschleifsteine streicht man Öl, wodurch sie Schärfe bekommen. Mit ihnen schärft der Barbier seine Rasiermesser. Die Wasserwetzsteine [**100v**] nässt man mit Wasser. In der Farbe sind sie schwarz, grün, braun und bei einigen wechseln Weiss und Schwarz. Sie haben eine viereckige Gestalt oder werden so geformt. Einige sind aus Marmor, wie die Naxischen aus Marmor von Naxos. Die grossen Wetzsteine aber von der Gestalt einer Rahmentrommel werden aus hartem Mühlstein hergestellt; diese dreht entweder ein Mensch oder ein Rad. Einige Wasserschleifsteine werden auch aus versteinertem Holz hergestellt in Böhmen bei Schloss Krakau; sie sind fast zur Gestalt eines Dreiecks gebildet.» So Agricola [270 f.], bei dem man im fünften Buch

193 Es handelt sich um einen Handstein, d. h. um eine künstlerisch bearbeitete Erz- oder Mineralienstufe. Zu dem im Folgenden erwähnten Handstein in Gessners Besitz vgl. Kusukawa 2012, 171 f.; Kusukawa 2014; Leu 2016a, 191.

194 Dem Freiberger Ratsherrn Valentinus Gravius († 1555) hatte Gessner den zweiten Band seiner *Historia animalium* (1554) gewidmet. Im Juni 1554 äusserte sich Gessner in einem Brief an Georg Fabricius zu den von Gravius erhaltenen Geschenken, vgl. Gessner 1577, fol. 131r/v und dazu Kusukawa 2014, bes. 332 f.

De natura fossilium weitere Ausführungen findet.[195] Es gibt ein Gedicht über den Wetzstein von Georg Pictorius [1555, 79 f.].[196]

Auf der folgenden Abbildung sind zu sehen:
Zwei Wetzsteine, ein Wasserschleifstein und ein Ölschleifstein; der Unterschied zwischen ihnen lässt sich in der Barbierstube leicht hören.
Ein Wetzsteinchen [Probierstein] mit Strichen von Goldabstufungen und Strichen in Silber- und Kupferfarbe.
Eine Schreibtafel aus schwarzen Schieferplatten mit einem Griffel, der ebenfalls aus schwarzem Schiefer ist.

[101r]

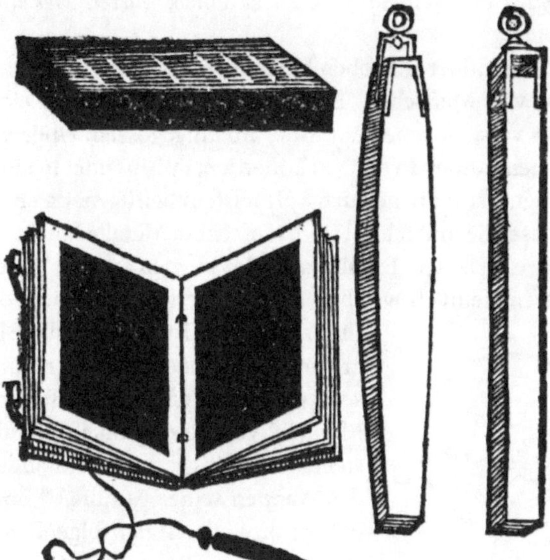

Abb. 25 Zwei Wetzsteine, ein Wetzsteinchen, eine Schreibtafel aus Schieferplatten

Wetzsteinchen [*coticula*] ist der Deminutiv von Wetzstein [*cos*]; das Wetzsteinchen wird nämlich gewöhnlich in die viereckige Form eines Wetzsteins gebracht, mit dem man Messer schärft, ansonsten ist es von ganz anderer Beschaffenheit,

195 Gessner kürzt Agricolas Ausführungen zum Wetzstein stark und verändert die Aussage dabei bisweilen; so wird bei Agricola (271) viel deutlicher, dass die Verwendung von versteinertem Holz für Wetzsteine die Ausnahme darstellt.

196 Der aus Villingen stammende Georg Pictorius (eigentlich Georg Maler, um 1500–1569) war ab 1540 in Ensisheim als Arzt tätig. Bereits 1531 hatte er unter dem Namen Pictorius Villingensis das von Marbod von Rennes verfasste Gedicht *De lapidibus* mit Erläuterungen publiziert; der Ausgabe gab er ein eigenes Gedicht über den Mühlstein bei. Hier wird auf die 1555 von Heinrich Bebel in Basel gedruckte Ausgabe verwiesen, die Pictorius u. a. um ein Gedicht über den Wetzstein ergänzt hatte.

wie ich im ersten Kapitel über den Basalt [23v] gesagt habe. Aus dieser Art eines äusserst harten und eisenartigen Marmors stellt man es gewöhnlich her oder kann es herstellen. Bisweilen wird der Begriff jedoch auch für einen kleinen Wetzstein verwendet, den die Griechen ἀκόνιον [**101v**] [nennen]. Zum Reiben von Augensalbe gebrauchen es die Ärzte. «Gegen blutunterlaufene Augen[197] wird [Salz] mit Milch in kleinen Reibemörsern [*in coticulis*] zerrieben», Plinius lib. 31 [31,100]. Das Wetzsteinchen, mit dem man Gold und Silber prüft, nennen die Griechen βάσανος [Prüfstein], manche χρυσῖτις, andere Lydischen Stein oder Herakleos nach den Fundorten [Lydien bzw. Heraklea]. Siehe dazu Agricola *De natura fossilium* Buch 5 [272]. Ovid [met. 2,705–707] [nennt es] Index:

– – – *und verwandelt die meineidige Brust zu einem harten Kiesel, den man heute noch Index nennt.*

Eine Abbildung davon findet sich oben bei den Wetzsteinen [101r].

F. Porträts [*facies*] von Menschen, Bilder von Gegenständen, Zeichen und Buchstaben werden in verschiedene *res fossiles* hineingegossen, eingeprägt oder eingeschnitzt. Prototypen werden in einigen Tonerden, in Gips oder in einer künstlichen Masse angefertigt, der manche auch Spiegelstein beifügen, da er sich nicht verbrennen lässt. In diese, die innen hohl sind, giesst man Metalle hinein, um erhabene Bilder hervortreten zu lassen. Erhabene Bilder werden auch in Tonerde oder [**102r**] in einem anderen ziemlich weichen Stoff hergestellt, und zwar durch das Einprägen von Typaren, in die Bilder eingraviert sind. Johannes Kentmann hat mir sein so auf verschiedenen Tonerden und Mergeln von kreisrunder Gestalt dargestelltes Porträt geschickt, auf anderen aber das Wappen seiner Familie.[198] Ein Beispiel dafür führe ich auf der folgenden Seite an, wenngleich das Porträt nicht zufriedenstellend dargestellt wurde, besser gelungen ist das Porträt zu Beginn des Katalogs der *res fossiles* [1565, a8v], den er herausgegeben hat.[199] Dort ist auch das Familienwappen etwas anders, da einige Schmuckelemente

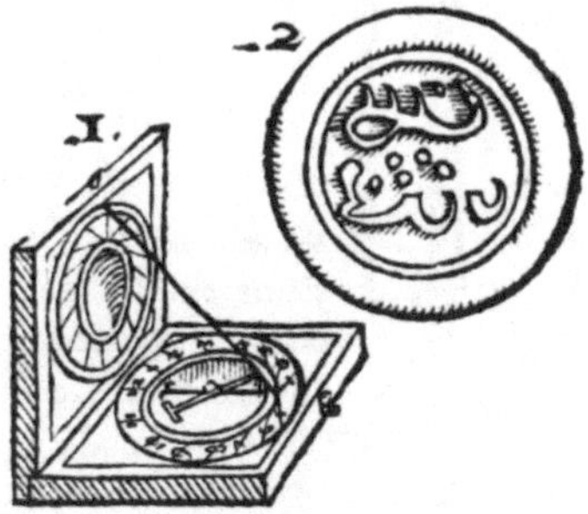

Abb. 26 1. Tragbare Sonnenuhr mit Kompass, 2. Siegelerde von Lemnos mit arabischer Aufschrift

197 Die Übersetzung folgt der Tusculum-Ausgabe, vgl. König/Hopp/Glöckner 67 und 119 f. zu Plin. 31,100.

198 Zum kulturgeschichtlichen Kontext vgl. Pfisterer 2008, bes. 81 f. zu Kentmanns Porträt und dem im Folgenden beschriebenen Pilgerandenken.

199 Kentmanns Katalog eröffnet Gessners Sammelband und wird im Inhaltsverzeichnis unter dem Titel *Nomenclaturae rerum fossilium* angeführt; vgl. Kentmann 1565a. Vgl. Helm 1971, 75 f. und 82–86 zu den beiden Porträts von Kentmann und dem Familienwappen, das den für seine Kenntnisse in der Heilkunde bekannten Kentauren Chiron als Schützen zeigt und symbolisch auf Kentmanns Tätigkeit als Arzt verweist.

durch die Güte des Kaisers Ferdinand hinzugefügt wurden: die Krone auf dem Haupt nämlich und das Armband, wie Tugend und Gelehrsamkeit des Mannes es verdienten. (So prägen die Türken in die Lemnische Erde und andere Erden arabische Buchstaben ein, wie es die angeführte Abbildung zeigt; dieser ist auch eine Sonnenuhr beigegeben wegen des von mir skizzierten Magneten.)

[102v]

Abb. 27 Ton-Medaille mit dem Porträt von Johannes Kentmann und seinem Familienwappen

Ich habe auch ein Bildnis des wiederauferstehenden Heilands, eingeprägt in syrische Tonerde, beigefügt. Johannes Kentmann hat es mir neulich als ein höchst ausgefallenes Geschenk gegeben, wobei er in seinem Brief die folgenden Worte dazu geschrieben hat: «Ich schicke [103r] dir ein kleines Bild, das aus der Erde gemacht wurde, die der Sohn Gottes selbst mit seinen Füssen betreten hat, als er für uns Elende zum Opfer wurde. Dieses Bild habe ich von dem adeligen Herrn Vollrath von Watzdorf als Geschenk erhalten. Er hat es aus dem Heiligen Land mitgebracht und mir berichtet, dass die Mönche dieser Gegend einige Reisende, die in das Heilige Land kommen, mit einem grossen Beweis ihrer Liebe mit einem derartigen Geschenk beehren.» So Kentmann.

Abb. 28 Bild des auferstehenden Heilands auf Tonerde aus dem Heiligen Land; Siegelerde aus Lemnos mit dem Abbild einer Ziege

Ich habe auch eine andere rötliche, mit dem Bild einer Ziege versehene beigefügt, die mir Francesco Calzolari, ein höchst tüchtiger Apotheker in Verona, als echte Lemnische Erde geschickt hat.

[**103v**] Die Farbe dieser syrischen Erde changiert ein bisschen von Weiss zu Rosa. Wenn man sie kostet, erscheint sie etwas sandig, jedoch nicht rau und nicht klebrig wie andere Tonerden. Auf der anderen Seite befindet sich ein Bild des Gekreuzigten.

In den Bergen bei uns, besonders am Bözberg und an dem noch näher bei uns gelegenen Albis, findet sich eine Art aschefarbiger und etwas zu harter Ton, so dass er fast versteinert. Diese Art des Tons nennen einige in der Volkssprache «Leberstein» (**Läberstein**) nach seiner Weichheit, wie ich glaube, andere **Mergel** gleichsam «Mergel» [*marga*]. Wie ich höre, ist der Mergel sowohl für Prototypen geeignet, so dass in seine Hohlformen Metalle hineingegossen werden, wenn er hart geworden ist, als auch für die erhabenen Bilder, wenn er selbst noch weich in die Prototypen hineingedrückt wird. Auf Griechisch möchte ich ihn mit einem aus «Stein» und «Ton» zusammengesetzten Wort λιθάργιλλος nennen. An einigen Orten düngt man mit dieser Art Ton auch die Äcker, wie ich höre. Auch das Entalium, wie es von Apothekern genannt wird, von anderen Ament (es handelt sich aber um einen weissen und glänzenden Stein, der ganz aus Fasern und Fadengeweben besteht, mit dem Amiant verwandt und dem [**104r**] gewöhnlichen flaumfederartigen Alaun) wird zu Kalk gemacht. Daraus wird mit etwas Wasser gleichsam ein dicker, schneeweisser Brei, dem erhabene Bilder eingeprägt werden; die allerschönsten Bilder dieser Art wurden mir aus Antwerpen geschickt. Es werden aber nicht nur Metalle, Steine und Edelsteine geschnitten, sondern auch Muscheln und Meerschnecken, besonders die ziemlich dicken und schön geformten wie die sogenannten Porzellanschnecken.

H. Die Abbildung einer Sonnenuhr [*Horologium sciatericum*] (in der Volkssprache sagt man «Kompass») habe ich etwas weiter oben [102r] angeführt. Ihr Eisenzeiger ist mit einem Magneten überzogen, damit er den Zeiger nach Norden lenkt, von dem er angezogen wird wie das Eisen von ihm.

I. Bilder [*imagines*]. Siehe weiter oben die Ausführungen zu den «Porträts».

Die Ambosse [*incudes*] der Schmiede werden aus Eisen hergestellt, bei den Bewohnern von Meißen auch aus dem Basalt-Stein, der die Farbe und die Härte von Eisen hat.

Die verschiedenen Werkzeuge [*instrumenta*] unterschiedlicher Handwerker werden aus unterschiedlichen Metallen hergestellt.

Der weiter unten [104v] dargestellte Griffel wurde zum Schreiben aus einer Art Blei hergestellt (aus [**104v**] künstlich hergestelltem Blei meiner Meinung nach, das manche, wie ich höre, Stimmi Anglicum nennen); man hat es zu einer Spitze geschabt und in einen Griff aus Holz gesteckt.

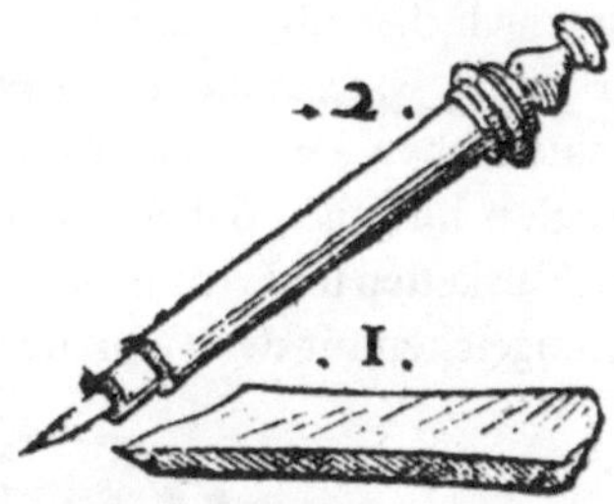

Abb. 29 1. von Gessner nicht bestimmt (eventuell ein Ziegel), 2. Bleistift

L. Ziegel [*lateres*] werden aus Lehm gebildet und gebrannt; man verwendet sie für die Wände von Gebäuden, für Fussböden, Kamine und ebenso für Öfen und zu anderen Zwecken.

Lithostrota werden Orte genannt, die mit Steinen gepflastert sind, wie bei Varro [rust. 3,1,10] die «edlen Mosaikfussböden» [*pavimenta nobilia lithostrota*]. Sie wurden aber aus kleinen Stückchen gefertigt, besonders solchen aus Marmor, mit denen der Untergrund des Bodens überzogen wurde. Siehe Agricola, Buch 7 *De natura fossilium* [316].

M. Tische [*mensae*] werden nicht nur aus Holz gemacht, sondern auch aus Steinen und Marmor, und zwar entweder ganz oder auch nur überzogen mit Marmor oder einem spaltbaren Stein.

Das Bild eines Mühlsteins [*molaris lapis*] wurde im [**105r**] Kapitel 1 [30r] angeführt und einem Stein beigegeben, der aus Wasser entsteht. Die Griechen nennen ihn μυλίτης und μυλίας. Georg Pictorius rühmt ihn in einem Gedicht [1555, 77 f.]. Aus einem härteren Mühlstein werden Wetzsteine von der Gestalt einer Rahmentrommel hergestellt, wie weiter oben gesagt wurde [100v].

Handmörser oder Mörser [*mortaria seu pilae*] werden zu unterschiedlichen Zwecken, besonders medizinischen, aus verschiedenen Metallen hergestellt, wie etwa aus Kupfer, Orichalcum [Messing] und Blei, manche aus hartem Marmor und anderen Steinen, wie aus dem grünlichen äthiopischen Stein, bei den Ägyptern Thyites genannt [vgl. Agricola 323] – nach *thyiae*,[200] das heisst «Mörser»; seine Gestalt ist rund, usw. Nach Agricola [309] wird er aber auch aus dem sogenannten Meroctes hergestellt,[201] ebenso «aus ägyptischem Alabastrites und aus weissem

200 Gessner transkribiert den Plural des griechischen Wortes für Mörser (θυία, -ας, f.), um den Namen des Steins zu erklären.

201 Agricola (1546, 309) verweist darauf, dass der Meroctes aus dem Thyites entsteht.

Ophites. Aus unserem Jaspis und Onyx werden jetzt kleine Mörser hergestellt, in denen Schmirgel und die übrigen harten Steine, deren Sand die Steinschleifer verwenden, zerrieben werden.» [Agricola 323 z. T. nach Plin. 36,157 f.]

O. Verschiedene Schmuckstücke [*ornamenta*]: Manche werden gewöhnlich als Schmuck um den Körper gehängt oder an ihm getragen. Ich vermute aber, dass auch diejenigen, die man zu Beginn trug, weil man sich davon Gesundheit versprach, wie Amulette, [**105v**] – fast alle freilich aus Aberglauben – bald der prahlerischen Zurschaustellung der Pracht bei den Heiden dienten. In unserer Religion hingegen haben manche versucht, einige von diesen Schmuckstücken, wie Halsketten und Armbänder, zur Glaubensausübung heranzuziehen, und haben Betkügelchen für den Gebrauch hergestellt.

Abb. 30 Kette mit Betkügelchen

Ich stelle hier eine Kette mit Kügelchen von unterschiedlicher Gestalt dar, da gewöhnlich alle mit einer anderen Gestalt geschaffen werden: rund, glatt, eckig und mit Rauten verziert. Unter den übrigen Kügelchen erscheint eine einzige grossenteils zerfressen zu sein. Diese habe ich deshalb beigefügt, da ich so eine aus den Edelsteinen, die man gewöhnlich die Chalcedonischen nennt, in einem Hühnermagen gefunden habe; mit der Zeit wurde sie durch seine Hitze, wie ich vermute, an dieser Seite zerstört. Fliegen zeigen sich in zweien [**106r**], die aus Bernstein sind, in dem oft Insekten vorkommen. Ich besitze einige kleine Bernsteinkränze, die mir von Freunden geschenkt wurden; fast jedes einzelne Kügelchen von diesen enthält ein Tierchen. Diese Kügelchen [der abgebildeten Kette] werden aber aus verschiedenen Materialien hergestellt: aus Jaspis, aus dem, der gewöhnlich chalcedonischer Edelstein genannt wird, aus Kristall, Amethyst, weissem Silex, Koralle, Bernstein, Gagat, usw. Galen [De simpl. = XII 207,9 K.] nennt in seinen Ausführungen über den grünen Jaspis eine derartige Kette ὁρμάθιον ἐκ λιθιδίων [Kette aus Steinchen]; sie müsse man sich so an den Hals hängen, dass der Magenmund berührt werde, um diesen Teil und den Bauch zu stärken.

Die Edelsteine im eigentlichen Sinn wurden meist – in runder oder viereckiger Form – in Ringe eingefasst (von denen ich oben gesprochen habe). Schmuckstücke von anderer Gestalt aber, bei denen Edelsteine in Gold und Silber gefasst waren, wurden um den Hals gehängt oder auf eine andere Art getragen. Manchen Beryllen «geben die Inder lieber eine zylinderförmige Gestalt als die eines Ringsteins», so Plinius [37,78]. Rahmentrommeln, Tropfenperlen, Prismen und die Namen anderer Formen bei den Schmuckstücken lasse ich jetzt beiseite. Zu [**106v**] den Schmuckstücken gehören auch die unten angeführten Abbildungen.

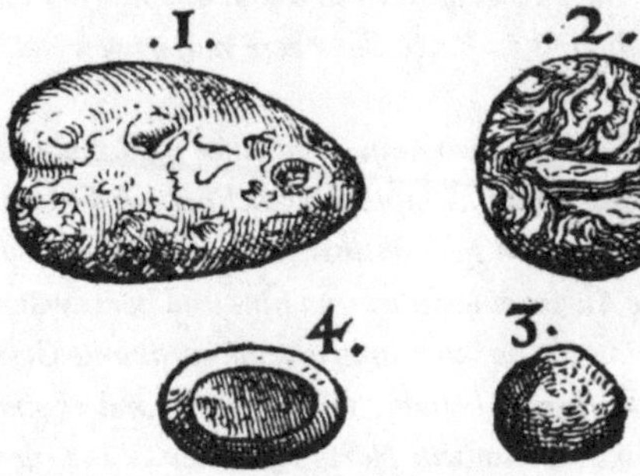

Abb. 31 Schmuckstücke: vier Jaspisse

Vier Arten von Jaspissen

1. *Ein Jaspis von der Gestalt eines Herzens, rot mit weisslichen Flecken.*
2. *Ein runder Jaspis, äusserst hübsch wegen seiner vielfältigen Maserung mit Linien und Flecken, der wie ein Spiegel Bilder wiedergibt.*
3. *Ein indischer Jaspis, grün mit grösseren rötlichen Flecken, wie der folgende mit kleineren, selbst ebenfalls grün.*
4. *Ein grüner orientalischer Jaspis. Siehe dazu, was ich zum dritten Jaspis geschrieben habe.*

[**107r**]

1. *Ein Jaspis von roter oder dunkelroter Farbe, mit braunen Flecken gezeichnet.*
2. *Ein anderer Jaspis, durchsichtig und – allerdings eher an der oberen Seite – blassgrau oder beinahe hornfarben, von drei rötlichen Linien umgürtet.*

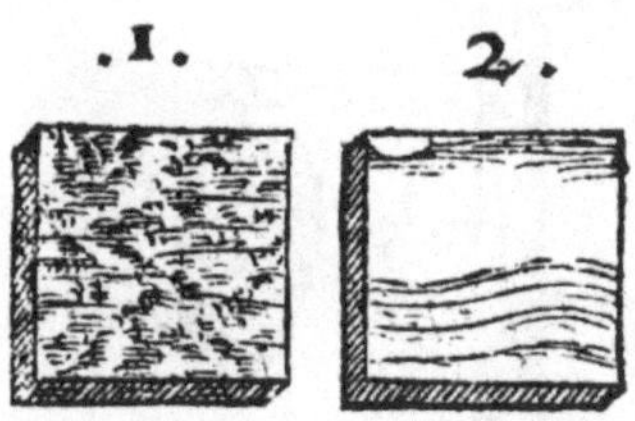

Abb. 32 Schmuckstücke: zwei weitere Jaspisse

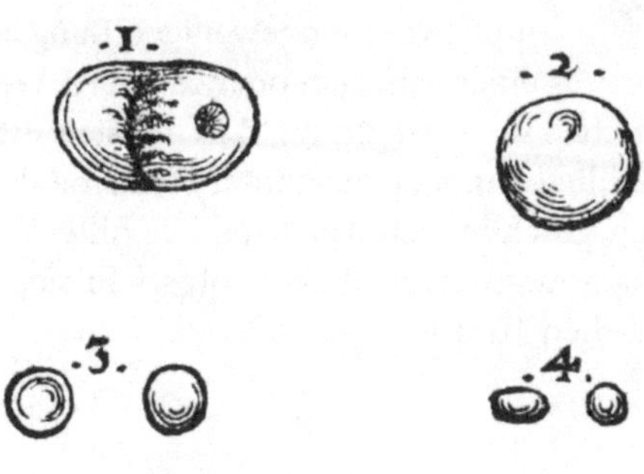

Abb. 33 Schmuckstücke: 1. Carneolus, 2. Alectorias, 3. Chelidoniae (fossile Fischzähnchen), 4. Augensteinchen

1. *Der Carneol, gewöhnlich auch als Carneola bezeichnet, auf dem man Bilder eines Baumes und des Mondes während einer Mondfinsternis erblickt, ist ein Geschenk von Gerolamo Cardano.*

2. *Ein Alectorias, ein weisser Edelstein, äusserst klar,* [**107v**] *durchsichtig und kugelförmig. Domenico Montesauro, ein Arzt aus Verona, hat ihn mir geschenkt.*
3. *Steinchen, Chelidoniae genannt, die Linsen ähnlich sind und ihnen in der Grösse entsprechen, rötlich-gelb, aber der untere Teil ist flach, der obere mässig gewölbt wie bei einer Linse:* **Schwalmensteinle.**
4. *Steinchen, die in Frankreich bei Grenoble, wo man sie in einer bestimmten Quelle findet, gewöhnlich als Augensteinchen [ophthalmici lapilli] bezeichnet werden. Da sie nämlich äusserst glatt und schlüpfrig sind, können sie – natürlich nur die kleinsten von ihnen, die ziemlich rund sind – leicht in die Augen eingeführt und hin- und her gewälzt werden, um sie zu reinigen, wie die Chelidoniae. Sie haben nämlich keine bestimmte Gestalt und nicht ein und dieselbe Grösse: die kleinsten sind beinahe Linsen gleich, andere sind viel grösser. Sie besitzen eine braune Farbe, eine erstaunliche Härte und einen Glanz, als wären sie mit Öl eingerieben.*

1. Ein grüner Stein oder Edelstein, den die Bewohner von West-Indien verwenden. Sie durchbohren sich die Lippen und führen ihn durch das Loch so ein, dass der dickere Teil im Mund steckenbleibt und der herausstehende Rest herabhängt. Man könnte dafür den Namen «Oripendulus» [Mundgehänge] prägen, wie wir ein Kraut Filipendula [**108r**] nennen.

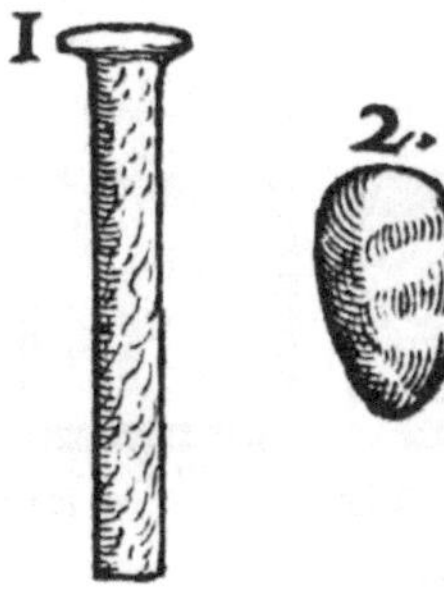

Abb. 34 1. Lippenpflock (Oripendulus), 2. Molochites

Diesen Stein hat mir der Piemonteser Giovanni Ferrerio, ein höchst gebildeter Mann, geschenkt.[202] In seinem Brief schreibt er mir Folgendes: «Ich schicke ein grünes Steinchen, länglichrund und von der Länge eines Mittelfingers an der Hand eines Menschen. An dem einen Ende ist er mit zwei Henkelchen befestigt. Wenn die führenden Brasilianer öffentlich auftreten, stecken sie ihn durch ihre Lippen, die seit ihrer Jugend durchbohrt sind, und zwar dem jeweiligen Rang entsprechend einen einzigen oder mehrere. Wenn sie essen oder wann immer sie wollen, ziehen sie sie wiederum dort, wo sie hängen, heraus.»

2. Ein im Deutschen gewöhnlich Molochit genannter Stein, mit dem Azurstein verwandt, grün, undurchsichtig, geschliffen und glänzend. Achilles Pirmin Gasser, ein hochberühmter Arzt der Stadt Augsburg wollte ihn mir schenken. Einige [**108v**] nennen den Stein einen «deutschen Türkis».

202 Giovanni Ferrerio (1502–1579) stammte aus dem Piemont, verbrachte mehrere Jahre in Schottland und zog dann nach Paris; vgl. Durkan 1980. Er schickte Gessner schon für die *Historia animalium* Material aus der Neuen Welt, das er von einem Freund erhalten hatte; vgl. Leu 1992, 298 f.

P. Die billigsten Böden [*pavimenta*] werden aus Kalkmasse hergestellt, die wir gewöhnlich mit dem Begriff *emplastrum*, **Pflaster**, bezeichnen, andere aus Ziegeln; selten und sehr teuer sind Böden, die mit Marmorstückchen überzogen werden, wie ich in meinen Ausführungen über Mosaike gesagt habe. Den Boden nennen die Deutschen **Esterich**, die Italiener «Estrico», beides scheint aber zum griechischen «Ostracon», das bedeutet Scherbe, gebildet zu sein.

Becher [*pocula*] werden aus verschiedenen Metallen hergestellt, besonders aus Gold und Silber. Gewöhnliche Becher werden aus dem Rohstoff für Glas gegossen oder aus Lehm oder Ton von Töpfern geformt. Aus Edelsteinen aber, Murrhina, Jaspis und Kristall, ebenso aus Marmoren, besonders Alabastrites, die durchscheinend sind (einen solchen, überaus schönen hat der höchst gelehrte Arzt, mein Mitbürger Caspar Wolf, einst in Venedig gekauft und mir als Geschenk überreicht), auch aus Ophites und bei den Bewohnern von Meißen aus dem damit verwandten Zöblitzer Marmor […].[203]

Schöne Schreibtafeln [*pugillares*] werden aus schwarzem spaltbarem Stein [Schiefer] hergestellt wie auch [**109r**] einzelne Täfelchen, die man an Wänden aufhängt. Die Abbildung einer Schreibtafel aus diesem Stein wurde etwas weiter oben [101r] zusammen mit den Wetzsteinen angeführt.

S. Salzgefässe [*salina*]; siehe dazu weiter unten in den Ausführungen über Gefässe [111r/v].

Steine, die mit einer Säge [*serra*] für verschiedene Zwecke zerschnitten werden, werden von den Griechen πριστοί genannt [vgl. Theophr. lap. 5], wie diejenigen, die in Schichten gespalten oder zertrennt werden können, σχιστοί, das heisst «spaltbar» [genannt werden]. Wenn die Steinbrüche nicht von Natur aus genügend Marmorplatten bereitstellen, stellt man sie gewöhnlich künstlich her, indem man Blöcke zersägt. «Das geschieht mit Sand», so Plinius [36,51], «und scheint doch durch das Eisen bewirkt zu werden, indem die Säge auf einer sehr schmalen Linie auf den Sand drückt und beim Hin- und Herbewegen durch blosses Ziehen [den Marmor] schneidet», usw. Siehe Agricola, Buch 7 *De natura fossilium* [317] zu der Frage, welcher Sand für diesen Zweck am besten ist. Der Basalt lässt sich mit der Säge zwar teilen, aber nur sehr schwer, wie in Kapitel 1 [22r] dargelegt wurde.

Verschiedene Abzeichen [*sigilla*] werden aus Gagat gebildet, wie sie diejenigen, welche die Reliquien des Heiligen Jakobus von Compostela besuchen, gewöhnlich an ihren Kappen befestigt tragen.

specularia, die man gewöhnlich Fenster [**109v**] nennt, werden vor allem aus Glas hergestellt, bisweilen aus Phengites, den ich oben im zweiten Kapitel [52v–53r] behandelt habe, – relativ häufig auch aus Spiegelstein [*specularis lapis*], der gerade

203 Den gewöhnlichen Bechern werden wertvolle Becher gegenübergestellt; Gessner führt den Satz jedoch nicht zu Ende.

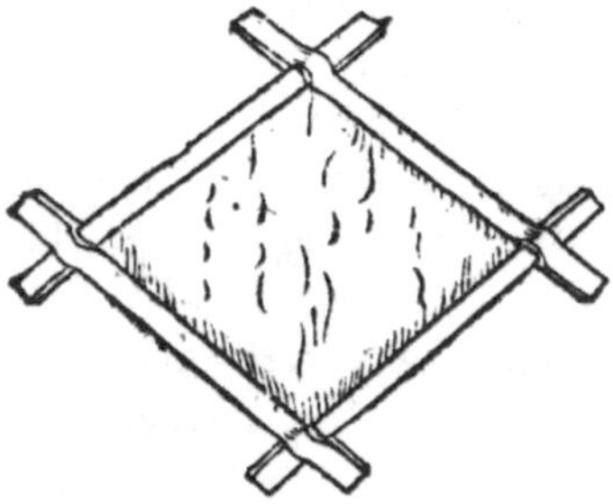

Abb. 35 Fensterscheibe aus Spiegelstein in einem Rahmen

nach ihnen benannt wurde. Gewöhnlich wird der Spiegelstein aber in Form einer Raute in einen kupfernen Rahmen eingeschlossenen, nicht wie Glas in einen aus Blei, wie es die beigefügte Abbildung zeigt. Mehr über diesen Stein, wenn es denn ein Stein ist, findet man oben in Kapitel 2 [45r] bei den Ausführungen über den Selenites.

Spiegel [*specula*] werden heute vornehmlich aus Glas hergestellt und aus Stahl. Früher wurden sie auch aus anderen Metallen, vor allem aus Silber, hergestellt, und die Spiegel aus Brundisium aus einem Gemisch von Werkblei und Kupfer. Siehe dazu Plinius, Buch 33, Kapitel 9 [33,129 f.], wo er schreibt, dass auch Becher auf diese Weise gestaltet werden, indem man innen gleichsam mehrfache Spiegel hervortreibt (*hervorstösst*), so dass, wenn nur eine einzige Person hineinblickt, ein Volk von ebenso vielen Bildern erscheint.[204] Heute werden auch sogenannte *conspicilia*[205] gemacht, voller Ecken, die das wahrgenommene Objekt [**110r**] vervielfältigen. Der Spiegelstein [*specularis lapis*] ist, wie schon bemerkt wurde, nach den Fensterscheiben, nicht nach den Spiegeln benannt. «Der Catopyrites kommt in Kappadokien vor», so Plinius in Buch 37, Kapitel 10 [37,152], wo, wie ich vermute, Catoptrites zu lesen ist (denn Catoptron [κάτοπτρον] bedeutet im Griechischen «Spiegel») und es sich um denselben handelt, zu dem er sogleich bemerkt: «Die Cepites oder Cepocapites ist weiss mit Knoten aus zusammenlaufenden Adern und wirft durch ihren Glanz ein Bild zurück.»[206] Und eben sie sind es vielleicht, über die er etwas weiter unten schreibt [37,156]: «Die Cepioniden kommen in der Äolis zu Atarne vor, jetzt ein Dorf, einst eine Stadt; sie sind durchscheinend in vielen Farben, bald wie Glas, bald wie ein Kristall, bald wie Jaspis; aber selbst die schmutzigen haben einen so grossen Glanz, dass sie wie Spiegel Bilder zurückwerfen.» Cêpus [κῆπος] bedeutet im Griechischen Garten. Deshalb hat auch der vierbeinige Cepus [κῆπος/

204 Vgl. den Kommentar von König/Winkler 173 zu Plin. 33,129 f.

205 *Conspicilium* bzw. *conspicillum* kann «Brille» oder «Fernglas» bedeuten, Gessner scheint hier jedoch an die Vervielfachung von Bildern durch Spiegelung zu denken, d.h. an eine Art Kaleidoskop.

206 Die Fähigkeit der Spiegelung dürfte bei Plinius dem Catoptrites zugeschrieben worden sein; in der Ausgabe von Jan/Mayhoff lautet die Stelle (Plin. 37,152): *Catoptritis in Cappadocia provenit candore imaginem regerens. Cepitis sive cepolatitis candida est, venarum coeuntibus lineis in unum.* – Vgl. die Übersetzung von König/Hopp: «Die Catoptritis kommt aus Kappadokien und wirft durch ihren Glanz ein Bild zurück. Die Cepitis oder Cepolatitis ist weiss und hat Adern, deren Streifen in einem zusammenlaufen.»

κῆβος][207] seinen Namen von der Vielfalt der Farben, und der Edelstein heisst zweifellos Cepites oder Cepoides, κηποειδής, (nicht Cepionides) oder Capites (nicht Cepocapites); dass α an die Stelle von η tritt, ist ein Kennzeichen des Äolischen. Es passt aber [**110v**] ein äolischer Name zu einem in der Äolis vorkommenden Stein. In Venedig wird eine Art durchbohrter Kugeln aus Glas hergestellt, wunderschön mit verschiedenen Farbtönen, die man zu Recht κηποειδεῖς nennen dürfte. Ich habe ein ähnliches Stück einer Kugel aus einer Jaspisart gesehen. «Der Edelstein Heliotropium nimmt die Sonne wie ein Spiegel auf und fängt ihre Verfinsterungen ein, indem er den Mond zeigt, der sich vor die Sonne schiebt», so Plinius ebenda [37,165]. «Der Hephaestites hat ebenfalls die Eigenschaft eines Spiegels, Bilder zurückzuwerfen, obgleich er rötlich ist», [so Plinius] ebenda [37,165]. Ich sage oben im Kapitel 5 [87v] mehr über ihn; er ist nämlich einer Pfanne ähnlich. «Von den Glänzenden geben einige Bilder von Gegenständen wieder, wie der Karfunkel aus Orchomenos in Arkadien und alle harten Steine, wenn sie poliert sind», so Agricola [173 f.]. «Von den Smaragden geben die, welche eine flache Gestalt haben, Bilder von Gegenständen wieder, die sich hinter dem Rücken befinden. Deshalb hat Kaiser Nero Gladiatorenkämpfe mit einem Smaragd angesehen.» [Plin. 37,64]

T. «Spielbrettern [*tabulae aleatoriae*] werden Jaspisse eingepasst», so Erasmus Stella [1530, B6r].

Für Dächer [*tecta*] werden Dachziegel und [**111r**] Hohlziegel aus Ton verwendet oder Platten aus spaltbarem Stein.

Welche Steine sich dazu eignen, mit dem Dreheisen [*tornus*] geformt zu werden, wird sogleich unter dem Buchstaben V ausgeführt werden; man könnte sie auf Griechisch als τορνευτοί [drechselbar] [vgl. Theophr. lap. 5] bezeichnen, denn sie weichen dem Eisen, und ebenso sind sie τμητοί [schneidbar], das heisst sie lassen sich schneiden.

V. Verschiedene Gefässe [*vasa*] (wie auch Becher, über die ich schon oben gesprochen habe) werden aus Metallen aller Art hergestellt, und zwar durch Giessen oder die Bearbeitung mit dem Hammer. Noch mehr werden aus Lehm und Ton von Töpfern gebildet und Tongefässe genannt.

Aus Tongefässen soll Agathocles gespeist haben.[208]

Andere aber werden aus verschiedenen Steinen und Felsblöcken, die durch Behauen ausgehöhlt wurden, von Steinmetzen und Steinhauern hergestellt. Andere eben daraus mit dem Dreheisen.

207 Bei dem Cepus/κῆβος handelt sich um einen geschwänzten Affen, vielleicht eine Meerkatze; vgl. LSJ s. v. und König/Winkler 195 zu Plin. 8,70.

208 Die von Gessner zitierte Redensart geht auf ein Epigramm des Ausonius (13,9,1) zurück: *Fama est fictilibus cenasse Agathoclea regem.*

1. *Ein Löffel aus Ophites oder Zöblitzer Marmor. Siehe dazu oben die Ausführungen über die Löffel* [99r/v].
2. *Ein Salzgefäss aus Alabastrites. Daraus werden auch die Salbendöschen, die man Alabastren nennt, hergestellt.*
3. *Ein aus dem sogenannten «Lapis lebetum» [Topfstein] gedrechselter Kessel mit einem eisernen Henkel.*

[**111v**]

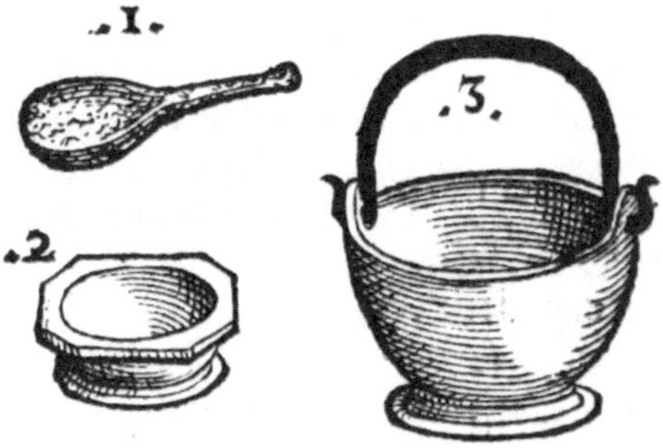

Abb. 36 1. Löffel aus Zöblitzer Marmor, 2. Salzgefäss aus Alabastrites, 3. Kessel aus Lapis lebetum bzw. Topfstein

Plurs ist ein bedeutendes Dorf der Räter südlich der Alpen, sehr nahe bei der Stadt Chiavenna in der Nähe des *Lacus Larius*, den man heute Comer See nennt. Dort wird eine Art dunkelfarbiger und eher weicher Steine, die man auf einem Berg ganz in der Nähe ausgräbt, mit einem Dreheisen zu Kesseln und Gefässen gedrechselt. Von Plurs werden sie dann in verschiedene Regionen Italiens und benachbarte Gebiete exportiert. Der Alchemist Giovanni Agostino Panteo [1550, Voarchadumia, 44v] bezeichnet diesen Stein als «Lapis lebetum» [Topfstein] und, wenn ich mich nicht täusche, auch als «Petra Columbina». Den Grund dafür kenne ich nicht. «Auf Siphnos», sagt Plinius in Buch 36, Kapitel 22 [36,159], «gibt es einen Stein, der ausgehöhlt und gedrechselt wird zu Gefässen zur Speisenzubereitung oder zu [**112r**] Essgeschirr, was meines Wissens auch mit dem Stein von Como in Italien geschieht; der Stein von Siphnos weist die Besonderheit auf, dass er in Öl erhitzt schwarz und hart wird, obgleich er von Natur aus sehr weich ist.» Auch Agricola erwähnt diese Steine in Buch 7 *De natura fossilium* [322 f.]: «Aus weichen Felsgesteinen, die leicht zu bearbeiten sind, stellen die Kupferschmiede für den Erzguss geeignete Formen her, weil sie das Feuer aushalten. Derartig sind die bräunlich-grauen Felsgesteine in Hessen. In die daraus hergestellten Formen wird jedes flüssige Metall gegossen. Diese Gesteinsart wird auf Siphnos und in Italien in der Umgebung von Como ausgehöhlt und zu Gefässen zur Speisenzubereitung gedrechselt, um die man eiserne Ringe legt. Doch das harte Gestein muss man unmittelbar, nachdem man es aus den Steinbrüchen herausgeholt hat, mit Eisen behandeln; denn an der Luft wird es noch härter. Man stellt daraus die Mörser der Apotheker her und Wetzsteine», usw. Oben (unter dem Buchstaben F in diesem Kapitel [103v]) habe ich gesagt, dass manche Deutsche als Hepatites einen Stein bezeichnen, der fast in der Mitte zwischen Ton und Stein ist. Dieser kann auch mit dem Dreheisen gedrechselt werden [**112v**] ähnlich wie der schon genannte Stein von Como, allerdings leichter, da er weicher ist als dieser. Vielleicht wurde er, weil er allzu weich ist, noch nicht für Gefässe verwendet. Ich habe mir daraus jedoch einige kleine Gefässe anfertigen lassen. Auch der Gagat wird mit dem Dreheisen zu manchen kleineren Gefässen wie Salzgefässen verarbeitet, und auf dieselbe Art und Weise Bernstein zu kostbarem Schmuck wie kleinen Fläschchen, usw.

«Aus weissem Ophites stellten die Alten Gefässe und Krüge her». [Agricola, 316 nach Plin. 36,158]

Erasmus Stella [1530, B2v–B3r] sagt: «Heutzutage bewundern wir eine Schüssel aus Smaragd in der Stadt Genua in Ligurien: Niemals hat man eine kostbarere als diese gesehen, keinen Edelstein, der schöner wäre, keine Erscheinung eines Gefässes, das man mehr bewundern könnte. Christus soll sie bei seinem letzten Abendmahl gebraucht haben [und sie soll] aus dem Hausrat des Königs Herodes [stammen]; dieser habe beschlossen von Galiläa nach Jerusalem zu kommen, um das Osterlamm zu essen, aber die göttliche Vorsehung habe eine Änderung des Plans bewirkt und ihn an einen anderen Ort verschlagen. Im narbonnensischen Frankreich sieht man in einem Kloster im Gebiet von Lyon eine andere Schüssel [**113r**], von der ebenso behauptet wird, dass Christus sie bei diesem Abendmahl verwendet habe; sie ist aber viel kleiner als die oben erwähnte und weniger edel.»

Beigefügt ist hier die Abbildung eines Gefässes, das einer Schüssel gleicht; dieses nennen manche Porcellana, manche Maiorica nach der Insel im Mittelmeer [Mallorca].[209] Es handelt sich aber um ein irdenes Gefäss oder etwas Getöpfertes, mit Weiss und Blau unterschiedlich gemustert durch die Töpferkunst und ganz von einer harten und festen weissen Substanz. Mehr über derartige Gefässe habe ich in meinem Buch über die Wasserlebewesen [1558, 336 f.] im Nachtrag zu den Muscheln auf Seite 336 f. geschrieben. Über die Becher findet man oben etwas unter dem Buchstaben P dieses Kapitels [108v].

Abb. 37 Porcellana oder Maiorica genannte Schale aus Keramik

Die sogenannten Wirtel [*verticelli*] oder Spindelwirbel, mit denen Frauen ihre Spindeln beschweren, können ebenfalls aus allen genannten Materialien, aus denen Gefässe gemacht werden, hergestellt werden. Die Gewöhnlichen sind aus gebrannter Erde oder aus Glas. Ich habe aber auch Wirtel aus Bernstein gesehen.

Soweit meine Ausführungen über die verschiedenen Gestalten von Gegenständen, die aus Steinen oder Metallen künstlich hergestellt werden zu irgendeinem für den Alltag nützlichen Zweck. Über die [**113v**] Gestalten, Zeichen und Male aber, die aus Aberglauben auf Edelsteine oder andere *fossilia* gemalt oder auf sonst eine

209 *Maiorica* ist die lat. Bezeichnung der Insel Mallorca. Nach dem altitalienischen Namen der Insel, Majolica, wird die bemalte und glasierte Keramik als Majolika bezeichnet.

Weise auf ihnen dargestellt werden, werde ich nichts sagen, da ich sie nach dem Grundsatz meiner Religion keineswegs billige, weil sie entweder lächerlich oder gottlos sind und in jedem Fall wirkungslos. Der Magier Kiranides[210] sagt viel über sie, Plinius äussert sich gelegentlich nebenbei und mit Spott, ebenso andere. Eben diese behandelt Camillo Leonardi aus Pesaro aber fast im gesamten dritten Buch seines *Speculum lapidum* [1502, lib. 3].

Ein grüner Jaspis ist, wenn man ihn umhängt, wie Galen [De simpl. = XII 207,10f. K.] bezeugt, gut für den Bauch und den Magenmund [106r]: «Deshalb wird er auch in Ringe eingefügt, wobei in ihn ein schimmernder Drache eingraviert ist.» Ich erinnere mich, dass ich so einen einmal bei einem Bürger von Lausanne, der als Schreiber tätig war, gesehen habe. Galen [De simpl. = XII 207,10f. K.] sagt: «Ich habe jedoch durch Prüfung festgestellt, dass er auch ohne diese Gravur wirksam ist, wenn man aus solchen Steinchen eine Kette macht, so dass sie um den Hals gehängt den Magenmund berühren.»

[**114r**] Über die Lithophyten und über jene *res fossiles*, die Pflanzen nachahmen, zuerst im Allgemeinen, dann über einzelne, die irgendeine Ähnlichkeit zu krautigen Pflanzen zeigen, in alphabetischer Reihenfolge.
Siebtes Kapitel

Lithophyten oder *lapides* φυτοειδεῖς [pflanzenartige Steine] (so wie wir Zoophyten sagen) sind etwas in der Mitte zwischen Pflanzen und Steinen, wie die Koralle, die versteinerte Binse und einige andere Dinge, die besonders im Meer vorkommen. Diese aber, wenn ich mich nicht irre, und alle, die im Gestein ihre Wurzeln treiben, bringen, da sie sich von unvollkommener oder allzu trockener Nahrung ernähren, weder einen Stengel im eigentlichen Sinne noch eine Blüte oder Samen hervor. Diesbezüglich gleichen ihnen unter den nicht versteinerten krautigen Pflanzen, die meistens auf Gestein und Mauern wachsen, die Arten des Frauenhaars [Adiantum], Phyllitis [Hirschzunge], Hemionitis [Streifenfarn] und derartige Pflanzen. Aber diese haben sichtbare Wurzeln und eine natürliche Beschaffenheit, die dem auf erdigem Boden wachsenden Farn ähnlich ist. Die aber, die sich der Form von Steinen annähern, haben wenigstens an der Aussenseite [**114v**] keine Wurzeln; ihre Unterseite, mit der sie an Steinen oder Muscheln haften, strecken diejenigen, die angewachsen sind, aus, wobei sie wie Schalen festhaften. «Wurzeln, Stämme, Äste, Rinden, Blätter, Blüten und Früchte werden in Stein verwandelt in den Quellen

210 Gessner hielt Kiranides für den Namen eines Autors, doch handelt es sich bei den «Kyraniden» (Κυρανίδες) um einen mehrere Bücher umfassenden iatromagischen Traktat der Antike, der auf Griechisch verfasst wurde und im Mittelalter durch eine lateinische und eine arabische Übersetzung Verbreitung fand.

und Flüssen, die ich im zweiten Buch *De natura eorum quae effluunt ex terra* [116] erwähnt habe», so Agricola [327]. Es finden sich auch welche, die nicht so sehr im Hinblick auf ihre Form oder Substanz, sondern vielmehr aufgrund eines Akzidens wie Farbe oder Geruch irgendeiner Pflanze ähnlich sind. «Der Telirrhizos zeigt sich aschfarben oder rötlich mit weissen Wurzeln», so Plinius [37,183]. Von den Meeres- oder Küstenpflanzen werde ich einige, die vor allem an der Oberfläche aus Stein zu sein scheinen (denn darunter findet sich bei den meisten Holz), in meiner Pflanzenkunde darstellen, wie ich hoffe. Plinius zählt in Buch 37, Kapitel 11 [37,188] einige Edelsteine auf, die nach Pflanzen benannt sind; diese werde ich hier auch erwähnen, jeden an der jeweils geeignten Stelle. Die Cepites oder Cepoides, die wegen der Vielfalt der Farben nach den Gärten benannt ist, habe ich im vorigen [**115r**] Kapitel [110r] unter jenen erwähnt, die wie ein Spiegel Bilder zurückwerfen. Einige Steinchen, weiss und maserig in ihrer Erscheinung, sind Samen oder anderen Dingen ähnlich, welche die Apotheker mit Zucker überziehen und gewöhnlich als Konfekt bezeichnen; man findet sie bei den Bullicame oder Oche genannten Thermen im Gebiet von Viterbo.

A. Das indische Schilfrohr [*arundo Indica*], das zu Stein geworden in etwa der Beschaffenheit der Koralle ähnlich ist, erwähnt Theophrast [lap. 38] in seinem Buch über die Steine. «Der Calamites ist nach dem Rohrhalm [*calamus*] benannt; man sagt, dass mehrere zusammenhängend gefunden werden», so Plinius [37,151].[211] Ich finde auch einen Jaspis, der einem Rohrhalm ähnlich ist, erwähnt. Die Griechen nennen den Rohrhalm *calamus* [κάλαμος] und bezeichnen eine bestimmte Art davon als *syringia* [συριγγιάς].[212] «Der Syringites ähnelt dem Zwischenknotenstück [*internodium*] an einem Halm und ist mit einer fortlaufenden Röhre ausgehöhlt», so Plinius [37,182].

C. Korallenmoos [*corallina*] nennen die Ärzte gewöhnlich ein Meerespflänzchen, das sowohl ohne Wurzeln aus Felsgestein herauswächst als auch aussen eine fast versteinerte Substanz hat, gleichsam aus einer Art weisslichem Schlamm, der um es herumgewachsen ist. [**115v**] Eine Abbildung davon wirst du etwas weiter unten bei den Meeresschwämmchen [117r] finden.

Der von mir [72v] erwähnte Stalagmites, der sich in Karlsbad in Böhmen aus Tropfen bildet, gibt manchmal im Hinblick auf seine Grösse und Form Koriandersamen [*coriandri semina*] wieder, sonst aber Erbsensamen. Siehe in Kürze die Abbildung unter dem Buchstaben P [71v].

---

211 Nach Jan/Mayhoff lautet die Stelle (Plin. 37,151) wie folgt: *Callaicam vocant e turbido callaino. ferunt plures coniunctas semper inveniri*; in der Übersetzung von König/Hopp: «Callaïca nennt man einen trüben, blassgrünen Callaïs. Man sagt, es würden immer mehrere zusammenhängend gefunden werden.»

212 Zu dieser Art der Rohrpflanze vgl. Theophrast (hist. plant. 4,11,10) und Dioskurides (mat. med. 1,85).

«Die Farbe des Safrans [*crocum*] hat dem Stein Crocias den Namen gegeben», so Plinius [37,191]. Und an anderer Stelle [37,128]: «Es gibt auch Chrysolithen, die Glas ähnlich sind und gleichsam safranfarben glänzen.» Es dürfte sich aber auch bei diesen um Crociae handeln.

«Eine weitere Art des Diamanten ist der Makedonier; er gleicht einem Gurkenkern [*cucumeris semen*]», so Plinius [37,57].

F. Von der Grösse einer Ackerbohne [*faba*] ist der Alectorias. «Die Cyamea ist schwarz, aber bringt, wenn sie zerbrochen wurde, etwas der Ackerbohne Ähnliches hervor», so Plinius [37,188]. Sie besteht vielleicht aus mehreren ackerbohnenartigen Gebilden wie andere Steine aus Erbsen usw., in die sie aufgelöst werden, so dass Plinius «zerbrochen werden» für «aufgelöst werden» sagte. Ein Stein (ein schwarzer, wie es bei Stobaios steht, nicht aber bei Plutarch [vgl. unten]), der einer Ackerbohne ähnlich ist, kommt im Nil vor. Wenn Hunde diesen gesehen haben, [**116r**] bellen sie nicht. Derselbe «wirkt sehr gut bei Menschen, die von einem Dämon besessen sind. Man sagt nämlich, dass der Dämon ausfahre, sobald der Stein an die Nase gehalten wurde», so Thrasylos bei Stobaios im *Sermo* 98 [1559, 541; 4,36,18;][213] und Plutarch in *De fluviis* [Ps. Plut. fluv. 16,2]. Der Lithodaemon ist für Sylvaticus [1474, cap. 446 u. 406] der Dämonenstein, den man Gagat nennt [Nicolaus 1512, 92v[214]]; er ist selbst schwarz und soll durch Räuchern die Dämonen vertreiben. Aber dieser hat keine bestimmte Gestalt. Vielleicht ordnete einer der Autoren an, von ihm die Grösse einer Ackerbohne, ὅσον κυάμου, zum Räuchern zu entzünden, und jemand las statt ὅσον οἷον oder ὅμοιον. Christoph Entzelt [1551, 220 f.] schreibt, er habe einen Stein besessen, den man gewöhnlich als Krötenstein bezeichnet: schwarz, mit bläulichschwarzen Pünktchen, von der Grösse und der Gestalt einer mittelgrossen Ackerbohne. Als Seebohne [*faba marina*] bezeichnen einige den steinernen Deckel einer gewissen Meeresmuschel; mehr darüber unten bei den Muscheln [163v]. Entzelt [1551, 270 f.] scheint im letzten Kapitel des dritten Buches über Steine und Edelsteine eine kleine Porcellana-Muschel, die kleinste nämlich ihrer Art, unter dem Namen Seebohne und Venusnabel zu verstehen.

[**116v**] Farne [*filices*] und anderes wird in einigen Quellen, wie denen des Sarno in Italien, zu Stein, so Pontano in den *Meteora* [1514, 136r/v].[215]

---

213 Gessner zitiert die lateinische Übersetzung, die er für seine zweisprachige, in *Sermones* unterteilte Stobaios-Ausgabe (Erstausgabe 1543) angefertigt hatte.

214 Im *Opus pandectarum Medicinae* des Matthaeus Sylvaticus (1285–1342), eines Vertreters der Schule von Salerno, wird zwar der Dämonenstein erwähnt, nach Sylvaticus ist dieser jedoch zweifarbig. Die von Gessner vorgenommene Gleichsetzung von Lithodaemon und Gagat findet sich etwa im *Dispensarium magistri Nicolai* (hier zitiert nach dem Druck von 1512) des französischen Arztes Nicolaus Prepositi bzw. Prévost (um 1470).

215 Gessner paraphrasiert eine Beobachtung, die der Humanist Giovanni Pontano (1429–1503) in den *Meteora*, seinem Lehrgedicht über meteorologische Phänomene, anstellte; die entsprechenden Verse werden von Gessner später (fol. 126v) angeführt.

Blumen [*flores*]. «Die Ärzte [Meder] liefern den [die] Gasidanes von der Farbe eines Schwans und wie mit Blumen bestreut,» so Plinius [37,163].[216] An anderer Stelle schreibt Plinius [37,141], man finde in Thrakien und anderswo Achate, die Blumen am Wegrand ähnlich seien.

Blätter [*folia*] nennen die Griechen φύλλα und πέταλα. «Der Eupetalos hat vier Farben: er ist himmelblau, feuerrot, zinnoberrot und apfelgrün», so Plinius [37,161].

Χρὴ δὲ καὶ εὐπέταλον πετράκεα λᾶαν ἔχοντας / ἀρᾶσθαι παρὰ βωμὸν ἐναιρομένης ἑκατόμβης. [Es ist notwendig, dass diejenigen, die vor dem Altar beten, wenn ein Opfertier geschlachtet wird, einen felsartigen Eupetalos Stein haben] Orpheus, «Über die Steine» [Lith. 230 f.]. Ich möchte als Lemma für diese Verse nicht Πετράκης angeben, wie es in der Aldine [1517, 70][217] steht, sondern Εὐπέταλος. «Die Leucopetalos ziert das Weiss des Schnees [mit] goldschimmernden [Punkten]», so Plinius [37,171; vgl. fol. 70r].

Galeazzo Mondella aus Verona, der Onkel des grössten Arztes Luigi, besass einen Stein, der nichts anderes zu zeigen schien als miteinander zusammengewachsene Getreidekörnchen.

Kleine Schwämme [*fungi*], aus Stein und ganz weiss, [**117r**] bringt das hier dargestellte Meerespflänzchen hervor; darunter ist die von mir auch schon weiter oben [115r/v] erwähnte Corallina abgebildet.

Der Meinung derjenigen, die diese Schwämmchen mit dem von den Griechen Androsaces genannten Gewächs identifizieren, wie zuerst (soweit ich weiss) Antonio Musa Brasavola [1537, 62–64] und nach ihm Mattioli aus Siena [1559, 463], stimme ich nicht zu. Theophrast berichtet in Buch 4, Kapitel 8 seiner Geschichte der Pflanzen [hist.

Abb. 38 1. Meerespflänzchen, das kleine Schwämme hervorbringt (Kalkalge Acetabularia), 2. Corallina (Kalkalge Jania)

216 In der von Gessner verwendeten Plinius-Ausgabe (1539, 667) stand: *Gasidanem Medi mittunt coloris olorini, veluti floribus sparsam*. Entsprechend ist das im Gessner-Text gedruckte *Medici* (Ärzte) zu *Medi* (Meder) zu korrigieren, ferner *sparsum* zu *sparsam*. Nach der Ausgabe von Jan/Mayhoff (Plin. 37,163) lautet der Text: *Gassinnaden Medi mittunt, coloris orobini, veluti floribus sparsam*. – «Die Gassinnades liefern die Meder; sie hat die Farbe einer Kichererbse und ist gleichsam mit Blumen bestreut.» (Übers. König/Hopp)

217 Gessner bezieht sich auf die 1517 in der von Aldus Manutius gegründeten Offizin erschienene Ausgabe Μουσαίου ποιημάτιον, in der auch das Orpheus zugeschriebene Gedicht über die Steine enthalten ist.

plant. 4,7,2], dass im Meer bei den Säulen des Herkules[218] (*so gibt es Athenaios in Buch 2* [2,59,20] *an, im Theophrast-Codex steht: im Roten Meer*), wenn es Hochwasser gegeben hat, am Meeresrand Schwämme wachsen, die von der Sonne versteinert werden.

«Der Stein, der Schwämme hervorbringt [*lapis fungifer*], ist erstaunlich und auch in Rom viel wert. [**117v**] Ich habe in Neapel, dem Königreich, in dem man ihn finden soll, einen einzigen gesehen. Seine Schale ist dick. Sie bringt, wenn man sie mit neun Unzen [246 g] Erde bedeckt und lauwarmes Wasser darauf geträufelt hat, nach vier Tagen Schwämme hervor», so Julius Caesar Scaliger [Exerc. 137; 1557, 192r]. Ermolao [Barbaro] schreibt im *Corollarium* 698 [1516, Nr. 698], dass diese Schwämme aus dem gewöhnlich als Lyncurium oder Luchsstein bezeichneten Stein entstehen; danach habe auch ich es in der Geschichte des Hirschwolfs im Teil C [1551, 772] übernommen. Man muss aber untersuchen, ob dieser identisch ist mit dem *lapis fungifer*, der von manchen Apothekern als Lyncurium verkauft wird, eine bimssteinartige Masse usw., wie ich ausführlicher an eben dieser Stelle dargelegt habe.

H. Der Edelstein Hyazinth [*hyacinthus*] wurde zweifelsohne nach der Farbe der Blume benannt.

I. «Dass steinerne Binsen [*iunci lapidei*] am Roten Meer vorkommen, die niemand allein durch den Anblick von den echten unterscheiden könnte, berichteten diejenigen, die von Alexander von Indien ausgeschickt wurden und dieses Meer mit dem Schiff befahren haben. Ebenso erzählten sie, dass dort Meerespflanzen, solange sie im Wasser seien, die Farbe von ganz kleinem Seetang hätten, dass sie aber, wenn sie herausgenommen und an die Sonne gelegt würden, bald dem Salz ähnlich [**118r**] würden», so Theophrast in der Geschichte der Pflanzen, Buch 4, Kapitel 8 [hist. plant. 4,7,3]. Dort schreibt er auch, dass es in einer Bucht eben dieses Meeres mit dem Namen Heldenbucht Lorbeer, Ölbaum und Thymian gebe, die aber an dem Teil, mit dem sie aus dem Wasser herausragten, nicht grün, sondern steinartig seien; dennoch seien sie sowohl hinsichtlich der Blätter als auch der Knospen den grünen ähnlich; selbst die Farbe der Blüte, und zwar einer noch nicht vollständig aufgeblühten, lasse sich am Thymian feststellen [4,7,2]. Zwei Arten der versteinerten Binse besitzt Ulisse Aldrovandi, der herausragendste Arzt in Bologna.[219] Ein Freund von mir hat in Montpellier einen Stein in einer Binse gefunden, der in so etwas wie einer Art Knoten der Wurzel ganz verborgen und eingewachsen war. Ein gelehrter Mann bezeichne diesen als Zypergras-Stein, wie er sagte, und man schätze ihn sehr als Amulett gegen Epilepsie, wenn ich mich recht erinnere.

---

218 Gemeint ist die Meerenge von Gibraltar; die sie flankierenden Felsenberge waren in der Antike als «Säulen des Herkules» bekannt.

219 Ulisse Aldrovandi (1522–1605) befasste sich wie Gessner mit der Tier- und Pflanzenkunde und auch mit «Fossilien»; das von ihm vorbereitete *Musaeum metallicum* wurde erst 1648 von seinem Schüler Bartholomaeus Ambrosinus publiziert. Zu Gessner und Aldrovandi als Botanikern vgl. Riedl-Dorn 1989, 66–69.

L. Es finden sich einige Steine, welche die Gestalt von Hülsenfrüchten [*legumina*] haben und Erbsen (darüber mehr unter P) oder Linsen ähnlich sind; teilweise sind sie gleichsam aus mehreren Körnern oder Samen zusammengefügt, teilweise handelt es sich auch um [**118v**] einzelne oder getrennte Körner. Diese Körner werden aussen von einer eigenen Hülle bedeckt, so wie sie auch im Inneren ganz echten Hülsenfrüchten gleichen; ihre Härte ist äusserst gross und gibt nicht einmal dem Biss starker Zähne nach. Man könnte sie auf Griechisch Lithosprea nennen. Wie ich höre, gibt es mancherorts Äcker, die voll von derartigen Körnern sind, als wären sie damit besät worden. «Die Gestalt einer Linse zeigen ein afrikanischer Sand und Steinchen bei einem Hügel in Kappadokien», so Agricola [181]. Galen schreibt in Buch 9 *De simplicibus medicamentis* [XII 205,16–18 K.], dass auf dem Argaios [Erciyes Daği] in Kappadokien (dieser Berg ist Strabon [12,2,7] zufolge sehr hoch und hat einen stets mit Schnee bedeckten Gipfel) einige Steine vorkommen, die ähnlich wie die Schwammsteine gegen Nierensteine helfen und sich in einen milchweissen Saft auflösen lassen. Plinius sagt in Buch 37, Kapitel 10 [37,151]: «Der Capnites kommt in Kappadokien und in Phrygien vor und gleicht dem Elfenbein.» Dieser wird ohne Zweifel auch einen Saft von derselben Farbe ergeben. Ich glaube, dass es sich bei diesem nicht um den «mit überaus zahlreichen Maserungen rauchigen Capnites» [Plin. 37,151][220] handelt, sondern um den Cepites oder Capites (den ich weiter oben [110r] in diesem Kapitel erwähnt habe);[221] er wird ebenso [**119r**] Catoptrites genannt, kommt in Kappadokien und auch in der Äolis vor und hat eine weisse Farbe, usw. Das nebenbei, denn jene Steinchen aus Kappadokien von der Gestalt von Linsen unterscheiden sich zweifelsohne von dem kappadokischen Capites. Strabon äussert sich in Buch 17 [17,1,34] mit folgenden Worten über die Pyramiden in Ägpyten: «Von dem Behauen (ἐκ τῆς λατύπης) der Steine liegen einige Haufen vor den Pyramiden, in denen sich Steinchen von der Gestalt und Grösse einer Linse finden (ψήγματα καὶ τύπῳ καὶ μεγέθει φακοειδῆ); bei manchen ist auch ein Stückchen von einer Art Rinde vorhanden, wie bei einer halbenthülsten Linse (ἐνίοις δὲ καὶ ὡς ἂν πτίσμα, οἷον ἡμιλεπίστων ὑποτρέχει).»[222] Der Übersetzer [1549, 766][223] gibt das nicht gut wieder, wenn er sagt: «einige sind

220 Vgl. fol. 56r und die Anmerkung zu Plin. 37,151 an dieser Stelle.

221 Die Ausführungen finden sich bereits im vorausgehenden sechsten Kapitel des Buches; im siebten Kapitel findet sich lediglich ein kurzer Verweis auf den Cepites [114v].

222 Auch Agricola (181) erwähnt die Steinchen bei den Pyramiden; es handelt sich um eozäne Foraminiferen, vgl. Fraustadt/Prescher 1958, 275 Anm. 20 zu S. 35.

223 Gessner kritisiert die lateinische Strabon-Übersetzung: *quidam ut hordei grana* (*quae semidecorticata excurrunt*); diese Übersetzung findet sich in der 1549 in der Offizin von Heinrich Petri in Basel gedruckten zweisprachigen Strabon-Ausgabe. Die von Gregorio und Guarino angefertigte und dann sowohl von Conrad Heresbach als auch von Hieronymus Gemuseus revidierte lateinische Übersetzung wurde für diese Ausgabe von Marcus Hopper und Johannes Hartung überarbeitet, die als Professoren für Griechisch in Basel bzw. Freiburg i. Br. tätig waren.

wie Gerstenkörner (die halbenthülst hervorbrechen)». «Man sagt, Überreste des Essens, mit dem sich die Arbeiter ernährten, seien versteinert; das ist ziemlich wahrscheinlich. Denn auch bei uns gibt es einen länglichen Hügel, in der Ebene gelegen, der voll von linsenförmigen Tuffsteinchen ist (οὗτος δ' ἐστὶ μεστὸς ψήφων φακοειδῶν λίθου πορείας, ich lese πωρείας).» So Strabon [17,1,34].[224] Aldrovandi aus Bologna besitzt so ein Steinchen von den Pyramiden [**119v**] und sagt, dass es dem gewöhnlich nach den Schwalben benannten Chelidonias sehr ähnlich sei. «Dass der Edelstein Atizoë in Indien, in Persien und auf dem Ida-Gebirge vorkomme, berichtet Demokrit; er glänze mit silbrigem Schimmer, sei drei Finger [5,4 cm] gross, nähere sich der Gestalt einer Linse an und habe einen angenehmen Geruch», so Plinius [37,147].[225]

Lilien [*lilia*]. «Wie der Entrochos zerteilt das Abbild von Rädern bietet, so der Encrinos das von Lilien. Wenn nämlich ein eckiger Teil von dem anderen getrennt wird, zeigen beide fünf Lilien. Denn die erhabenen Stellen des einen fügen sich in die Vertiefungen des anderen ein. Jeder derartige Teil aber hat fünf Ecken, ebensoviele Seiten und auf beiden Seiten fünf Lilien. Deshalb kann man ihn auf Griechisch als Pentacrinos bezeichnen. Er besteht aber manchmal aus mehreren, die miteinander verbunden sind. Er entsteht an Steinen von rötlich-schwarzer Farbe und ist selbst rot. Doch die einzelnen, abgebrochenen Stücke haben innen Farbe, Glätte und Glanz des Judensteins. Deshalb besitzt er dieselbe Heilkraft. Man findet ihn im Mauergraben der Stadt [**120r**] Hildesheim», so Agricola [262 f.]. Auf Deutsch nennt er ihn **Lilgenstein** [477].

Asbestlein ist identisch mit Agricolas Amiant [258]. «Im Fluss Acheloos kommt ein bleifarbiger Stein vor, der nach einem Phänomen ‹Linurgus› (Λινουργός [Leinenweber]) genannt wird: Wenn man ihn nämlich auf ein Leintuch legt, δι' ἔρωτος ἕνωσιν τὸ σχῆμα λαμβάνει καὶ ἄργιον γίνεται [übernimmt er durch eine Liebesvereinigung die Gestalt und wird ἄργιον[226]]», Plutarch *De fluviis* [Ps. Plut. fluv. 22,3]. Die Stelle scheint aber verderbt zu sein. Vielleicht haben arglose Leute abergläubisch den Stein in ein Leintuch gewickelt. Wenn der Stein dann seine bleierne Farbe ablegte und die Farbe (χρῶμα, nicht σχῆμα) des Leintuchs, ἄργιον oder

224 Strabon bezieht sich auf Amaseia; vgl. zum Strabon-Zitat den Kommentar von Radt 2009, 464 f.

225 In der Plinius-Ausgabe von Jan/Mayhoff steht an dieser Stelle (Plin. 37,147): *Atizoen in India et Persidis Acidane monte nasci, argenteo nitore fulgentem* […]. König/Hopp übersetzen: «Die Atizoë komme in Indien und Persien auf dem Berg Akidane vor, glänze mit silbrigem Schimmer […].»

226 Gessner fasst das Neutrum ἄργιον offensichtlich als Farbbezeichnung auf (als stünde hier ἀργόν), denn er nennt im Folgenden ἀργεννόν («weiss») als Synonym zu ἄργιον. Das Substantiv ἄργιον, n., bezeichnet gemäss einigen Handschriften der Heilkunde des Dioskurides (mat. med. 4,134) das Adiantum/Frauenhaar. Die Editoren sind der Ansicht, dass die Stelle verderbt ist; zu einer Diskussion der Textverderbnis vgl. Delattre 2011, 206 Anm. 1.

ἀργεννόν, das heisst Weiss, annahm, deuteten sie das als gutes Vorzeichen und hofften auf Liebesglück.

Die Pflanze Lithospermon wurde nach ihrem steinartigen Samen benannt. Sie hat nämlich einen harten, zerbrechlichen, weissen Samen, der Perlen im Hinblick auf Grösse, Gestalt und Farbe gleicht. Manche nennen eben diese Pflanze Leontion oder leoninischen Stein, heutzutage gewöhnlich Sonnenhirse. Ihr Same ist vielleicht mit der Bezeichnung Sonnenstein [**120v**] bei Haly Abbas im zehnten Buch der *Practica* im Antidotum über Kampfer gemeint.[227] Eine Pflanze, von manchen Hiobsträne genannt, mit schilfähnlichen Blättern, bringt dem Lithospermon ähnliche Samen hervor, nur dass sie viel grösser sind und von Natur aus Löcher haben; deshalb zieht das einfache Volk sie auf einen Faden auf und verwendet sie mancherorts als Betkügelchen. Davon unterscheidet sich die Leontice, die mit anderem Namen auch als Cacalia bezeichnet wird. «Ihr Same ist kleinen Perlen ähnlich und hängt zwischen grossen Blättern herab», [so steht es] bei Plinius [25,135] und Dioskurides [3,96].

M. Auf Griechisch nennt man die Malve *malache* [μαλάχη], bisweilen *moloche* [μολόχη]; daher kommt der Namen eines Edelsteins. «Nicht durchscheinend ist der Molochites; er ist von ziemlich sattem Grün und hat seinen Namen von der Farbe der Malve erhalten; man lobt ihn für die Wiedergabe von Zeichen und als eine Art Schutzmittel für Kinder, da ihm ein Mittel gegen Gefahren für eben diese innewohne», so Plinius [37,114].[228] Agricola [481] übersetzt Molochit; der Name ist auch im Deutschen bewahrt worden. Siehe oben Kapitel 5 [108r].

Plinius [37,188] nennt Cenchrites einen Stein, der sich dadurch auszeichnet, dass er gleichsam mit Hirsekörnern [*milii grana*] besprenkelt ist [**121r**]. Damit identisch dürfte aber vielleicht der kleinere Ammonites oder kleinere Ammites sein, der Fischrogen ähnlich ist, usw.

Und vielleicht identisch oder ähnlich ist der Meconites. Siehe dazu unten die Abbildung unter dem Buchstaben P.

Zum Lithospermon, das man heutzutage «Sonnenhirse» nennt, habe ich mich gerade eben geäussert [120r].

N. Den Narcissites-Stein erwähnt Dionysios von Alexandria. Nach seinem Zeugnis [Dion. Per. 1031] gibt es im Kolcherland Felsen, αἵ φύουσιν ἀφεγγέα

227 Gessner verweist auf den Autor mit den Worten *apud Haliabatbē*, gemeint ist der in lateinischen Texten als Haliabate, Halyabate, Haly Abbas oder Haly filius Abbas bezeichnete persische Arzt ʿAlī ibn al-ʿAbbās al-Maǧūsī (10. Jh.), der Verfasser des *Liber regalis*; vgl. Hasse 2016, 370 f. und Ullmann 1970, 140–146. Die von Gessner genannte Stelle liess sich nicht nachweisen.

228 Nach Jan/Mayhoff endet die Beschreibung des Molochits bei Plinius (37,114) mit den Worten: *reddendis laudata signis et infantum custodia quodamque innato contra pericula medicamine.* – Übers. König/Hopp: «man lobt ihn für Siegel und als Schutzmittel für Kinder; auch ist ihm eine gewisse Abwehrkraft gegen Gefahren eigen.»

ναρκισσίτην [die den glanzlosen Narkissites hervorbringen]. Eustathios [in Dion. Per. 1031,1 Müller] erklärt, dass er der Pflanze Narzisse (der Blüte) in der Farbe ähnlich und durchscheinend sei, so dass man ἀφεγγέα vielleicht im Sinne von πολυφεγγέα [den stark leuchtenden] verstehen muss.

«Die Cissites leuchtet von allen Seiten in Weiss mit Efeublättern, die sie gänzlich ausfüllen; auch den Narcissites zieren Efeuadern», so Plinius im elften Kapitel des 37. Buches [37,188].[229] Er liess aber Raum für Zweifel, ob er vielleicht den Narcissites mit dem Cissites verwechselt hat, da er beide dem Efeu, nach dem der Cissites benannt ist, ähnlich sein liess; die Narzisse erwähnte er im Zusammenhang mit dem Narcissites hingegen nicht.

[**121v**] P. «Der Meconites sieht aus wie Mohn [*papavera*]», so Plinius [37,173]. Siehe dazu oben die Ausführung zum Meconites, der an Hirsekörner erinnert [121r]. Sowohl die Grösse als auch die Gestalt von Hirse- und Mohnsamen ist aber beinahe identisch.

«Die medischen Smaragde enthalten Bilder von Gegenständen, wie zum Beispiel von Mohn, von Vögeln oder Federn, usw.», so Plinius [37,71]. Auf Griechisch wird der Mohn *mecon* [μήκων] genannt, wie mit eben diesem Begriff nach Pollux [7,100 Bethe] eine bestimmte Art Sand [bezeichnet wird], zweifellos ein ziemlich feiner.

«Der Phycites hat seinen Namen nach seiner Ähnlichkeit zu Seetang erhalten», so Plinius [37,180].

Dass einige Steine Erbsen [*pisa*] und Linsen ähnlich sind, wurde oben unter dem Buchstaben L gesagt. *Eine Abbildung davon habe ich oben kurz nach dem Beginn des vierten Kapitels* [71v] *beigefügt.*

Siehe weiter oben zum Koriander. Wie ich höre, findet man viele steinerne Erbsen auf einem Feld in der Nähe einer Stadt im Gebiet der Berner an der Aare, die nach der Brücke über diesen Fluss benannt ist [Brugg]. Einen Erbsstein hat mir Johann Placotomus geschickt, ein vorzüglich [**122r**] gebildeter Arzt unserer Zeit in Danzig: «Ich schicke dir einen Stein, aus vielen Körnern gleichsam zusammengefügt. Er findet sich in grosser Zahl in der Stadt Alsleben und man gräbt ihn aus Bergen aus, um Mauern zu errichten. Eine Art dieses Steins ist bröckelig, die andere nicht in gleichem Masse. Man nennt ihn **Erbßstein**».

Die Farbe des Lauchs, der auf Griechisch *prason* [πράσον] heisst, hat dem Edelstein Prasius seinen Namen gegeben. «Es gibt mehrere Arten von grünen Edelsteinen», sagt Plinius [37,113]: «Zur Menge der minderwertigen gehört der Prasius, dessen zweite Art scheusslich ist von blutroten Punkten.[230] Eine dritte Art ist mit drei Streifen verziert und weiss. Man zieht ihnen den Chrysoprasius vor, der auch

229 Im Plinius-Zitat wird *cissites* als Femininum («die Cissites») aufgefasst, in modernen Ausgaben findet sich daher *cissitis* mit der weiblichen Endung. Dass Gessner *cissites* («der Cissites») als Maskulinum verstanden hat, zeigt die Verwendung auf fol. 123r.

230 Zu Text und Übersetzung vgl. die Anmerkung zu Plin. 37,113 auf fol. 3v.

selbst den Lauchsaft [farblich] wiedergibt; aber er spielt vom Topas ein wenig ins Gold hinüber.» Orpheus [Lith. 757] nennt ein Gestein, τῆς ὄνομα χροιή τε πέλει χλοεροῖο πράσοιο [das Name und Farbe von grünem Lauch hat] und preist es [als Heilmittel] gegen Natterngift.

Zum Chrysoprasus siehe oben im Kapitel 5 [Kap. 4, 75v/76r] die Ausführungen über das Gold. «Die jüngsten Autoren behaupten, es gebe zwei Arten des Topases, [**122v**] den Prasoides und den Chrysopteros, der dem Chrysoprasus ähnlich ist; seine Ähnlichkeit geht nämlich in die Richtung [der Farbe] des Lauchsaftes», so Plinius [37,109].

T. «Die Thyrsitis ist der Koralle ähnlich und soll in einem Trank den Schlaf herbeiführen», so Camillo Leonardi [1502, lib. 2, 46r].

V. Das Veilchen [*viola*] nennt man auf Griechisch *ion*. «Das Ion (ein Edelstein)[231] bei den Indern ist veilchenblau, leuchtet aber selten mit gesättigter Farbe», so Plinius [37,170]. «Der Jaspis ahmt auch Veilchen nach», so Erasmus Stella [1530, B6r]; zweifellos denkt er dabei an die veilchenartige, das heisst violette, Farbe. Ich habe von Georg Fabricius einst einen Stein erhalten, der Veilchen sogar durch seinen Geruch nachgeahmt hat. «Doch der Geodes aus Meißen und der Stein vom Berningerberg», sagt Agricola [175], «riechen nicht selbst nach Veilchen, wie auch die Bruchstücke des Altenberger Steins, sondern das Moos, das ihnen anhaftet, riecht so.» «Mit violetten Flüssen malen die Maler», so Agricola [273].

[**123r**]

Über die Sträucher, die in Steine verwandelt wurden, und über irgendeine Ähnlichkeit von Sträuchern und Teilen davon zu *fossilia*.
Achtes Kapitel

Ein Strauch, der in Tivoli in einen Stein verwandelt wurde, [befindet sich] bei Ulisse Aldrovandi in Bologna. Zweige, Laub und anderes versteinert, wenn es in manche Quellen eingetaucht wird, wie ich im Kapitel 1 [Kap. 7, 114v] berichtet habe. Silber und manche anderen Metalle kommen in Bergwerken manchmal von Natur aus mit strauch- oder haarähnlichem Aussehen vor. «Es finden sich manche Silices, die nach Art einer Koralle verästelt sind», so Entzelt [1551, 269]. Siehe die Ausführungen über die Stelechiten im nächsten Kapitel [125v].

H. Der Cissites ist nach dem Efeu [*hedera*] benannt. Siehe dazu im vorausgehenden Kapitel die Ausführungen über den Narcissites [121r]. Mit diesem scheint Plinius ihn nämlich in Buch 36, Kapitel 2 [37 Kap. 11; 37,188] zu verwechseln. Es scheint sich aber um zwei verschiedene Steine zu handeln, und wieder ein anderer

231 Der lat. Text des Plinius-Zitats (37,170) lautet bei Gessner: *Ion* (*gemma*) *apud Indos violacea est*; Gessner fügt den Verweis *gemma* hinzu, um zu erklären, weshalb Plinius das weibliche Prädikatsnomen *violacea* verwendet, obwohl das Bezugswort *ion*/ἴον (Veilchen) – hier zur Bezeichnung des Veilchensteins verwendet – ein Neutrum ist.

dürfte vielleicht jener Cissites[232] sein, von dem Plinius im zehnten Kapitel desselben Buches [37,154] berichtet, er komme in der Gegend von Koptos vor, sei weiss und scheine im Inneren [**123v**] eine Leibesfrucht zu haben, die man auch durch Geräusche wahrnehme. Aus diesen Worten geht hervor, dass dieser Stein auf Aëtiten zu beziehen ist, und sich vielleicht nicht von *cissos* [κισσός], das heisst Efeu, sondern von einem anderen Wort herleitet. Das Wort κισσᾷν freilich liest man für «empfangen» in den heiligen Liedern, die von den Siebzig übersetzt wurden: Ἐν ἁμαρτίαις ἐκίσσησέ με ἡ μήτηρ μου [in Sünde hat mich meine Mutter empfangen] [Septuaginta, Ps. 50 (51),7]. Κυεῖν scheint aber in derselben Bedeutung in der Dichtung gebraucht zu sein.

Ein versteinertes Efeublatt bewahrt Aldrovandi in Bologna auf.

P. «Der Pfefferstein [*lapis piperis*], der sich zwischen Pfefferkörnern findet, ist ihnen hinsichtlich der Farbe und der Grösse nicht unähnlich», so Andrea [Alpago] aus Belluno [Arab. nom. 1555, 10v].

R. Der Rhodites, der nach der Ähnlichkeit zu einer Rose (zweifellos in der Farbe, denn es folgt auch der Melites von der Farbe eines Apfels) benannt ist, wird bei Plinius [37,191] erwähnt. Wie übrigens der Astrites von Natur aus mit vielen Sternchen gemustert ist, auf Deutsch wird er Sigſtein genannt, so findet sich, wie ich höre, eine andere Art, die sich durch viele Rosen auszeichnet.

S. «Die Polia (πολιά) offenbart die graue Farbe [**124r**] des Spartum [Pfriemengras] und dieselbe, aber härter, die schwarze Spartopolios», so Plinius [37,191; vgl. fol. 143v]. Agricola [258] meint, dass diese Steine sich nicht vom Amiant unterscheiden. Es gibt freilich einige spaltbare Steine, welche die Apotheker mit dem Begriff «Ament» bezeichnen. Diese ahmen durch die spaltbare, gerade und dichte Gestalt der feinen Fasern und durch die weiss-glänzende Farbe die Haare von alten Leuten nach.

Über Bäume und Teile davon und die Verwandtschaft von *res fossiles* zu ihnen. Neuntes Kapitel

«Eine Ähnlichkeit zu Hainen zeigen der Achat (auch Plinius [37,140] ist Zeuge) und der grüne Marmor», so Agricola [182]. Der Dendrites-Stein hat seinen Namen zwar vom Baum entlehnt, man versteht darunter aber eine Koralle. Dazu unten im folgenden Kapitel [131v].

«Der Dendrachat zeichnet sich gleichsam durch ein kleines Bäumchen aus», Plinius Buch 37, Kapitel 10 [37,139]. «Wo die Weichsel zur Linken an der Küste der Putziger Bucht ins Meer mündet usw., finden sich [**124v**] ziemlich harte Klumpen

232 Nach dem Text der Ausgabe von Jan/Mayhoff bespricht Plinius an dieser Stelle (37,154) die *Cyïtis*, nicht den *Cissites*.

geronnenen Erdpechs von verschiedenen Farben, die brennen, wenn man sie anzündet, aber nicht mit lieblichem Duft. An ihnen wachsen kleine blasse Bäumchen an, die nach Fischen riechen, und zwar Eichen und Buchsbäume; sie sind drei oder höchstens vier Spannen [22,2 oder 29,6 cm] hoch. Sie haben aber keine Wurzeln und haften wie Napfschnecken – λεπάδες im Griechischen – an den Klumpen. Solcher Art scheinen die Steine zu sein, an denen im Meer, wie Theophrast [hist. plant. 4,6,2] schreibt, Eichen und Tannen anwachsen. Jedoch sagt er, dass eben diese auch an Schalen von Austern anwüchsen», so Agricola in Buch 4 *De natura fossilium* [245 f.]. Auf Deutsch aber übersetzt er **kleine Meerbóumle** [474], das heisst «kleine Meerbäumchen». Und in Buch 7 [327 f.] desselben Werkes sagt Agricola: «Da die Natur baumähnliche Steine hervorbringt, muss man sorgfältig prüfen, ob sie Rinde, Mark und dergleichen haben. Wenn das fehlt, sind es nicht versteinerte Baumstämme, sondern die Natur hat Steine gebildet, die Baumstämmen ganz ähnlich sind, wie diese Stämme aus Hildesheim da», usw. Kurz zuvor aber hatte Agricola gesagt, man habe im [**125r**] Gebiet von Elbogen sehr grosse Tannen gefunden, die mitsamt ihrer Rinde versteinert seien. Weitere Ausführungen dazu an eben dieser Stelle [327].

Einen Sarder-Edelstein, auf dem die Natur einen Baum und eine Mondfinsternis hervorgebracht hat, habe ich oben im Kapitel 6 [107r] bei den Schmuckstücken dargestellt. Johannes Kentmann hat mir ein Stückchen eines Baums geschickt, den man in Joachimsthal ausgegraben hat. Er schreibt, dass dieser Baum intakt, mit Zweigen und Blättern, gefunden worden sei, und zwar versteinert auf dem Gelände eines Bergwerks,[233] und er messe 70 sogenannte **Lachter** (jedes einzelne davon umfasst die Höhe eines auf einem Pferd sitzenden Menschen [2 m]); und nicht nur der Baum, sondern auch die Erde ringsum war bis zu einem Mass derselben Höhe zu Stein verhärtet. Ebenfalls von Kentmann habe ich Hölzer, Kohlebrocken, Blätter, Rindenstücke, Knochen und Muscheln, die mit einem steinartigen Stoff überzogen sind, aus einer Quelle in Frankfurt an der Oder erhalten. Weitere Ausführungen über Hölzer, die versteinert wurden, werden in den Einträgen zur Tanne, Erle, Eiche und zur Bergulme gebracht werden.

[**125v**] Über die verästelten Silices habe ich oben im ersten Kapitel [15r] geschrieben. «Der Stelechites zeigt die Gestalt eines Baumstammes, dessen Äste gestutzt wurden; einer von aschgrauer Farbe findet sich in Hessen bei der Burg Spangenberg», so Agricola [266]. Eine Abbildung werde ich unten im Kapitel 11 [Kap. 12, 151v] zusammen mit den Osteocollen anführen. Als Stelechiten können (nach der Ähnlichkeit zu Baumstümpfen, welche die Griechen στελέχη nennen) auch Steine bezeichnet werden, die ich unten im Kapitel 11 [Kap. 12, 151v] erwähne und die auch Ansätze von Ästen haben.

233 Die Übersetzung basiert auf der Annahme, dass es sich bei *in fodina, loco* um einen Druckfehler handelt, der zu *in fodinae loco* zu korrigieren ist.

Die folgende Abbildung zeigt unter der Ziffer 1 das Stückchen eines versteinerten Baumes, über das ich gerade eben [125r] *geschrieben habe. Die Ziffer 2 aber zeigt einen Stein, der dem Kern eines Pfirsichs ähnlich ist.*

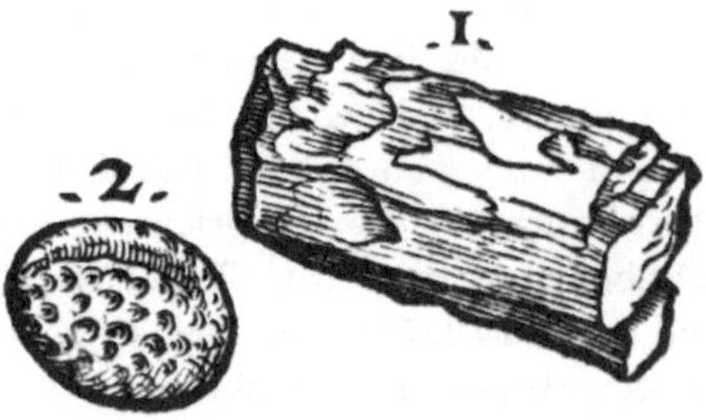

Abb. 39 1. Ein Stück eines versteinerten Baumes, 2. Stein, der wie ein Pfirsichkern aussieht

[**126r**] Holz aus dem Erdinneren, das, wie manche glauben, aus Holz zu Stein verwandelt wurde, nennt man im Französischen gewöhnlich «Blitzstein», wie ich oben in Kapitel 3 [66v] geschrieben habe. Es gibt auch Orte, wo das Holz so hart wird, dass man daraus sogar Wetzsteine herstellt oder herstellen könnte.

«Die Insel Samothrake liefert einen gleichnamigen Edelstein: schwarz, sehr leicht und holzähnlich», so Plinius [37,181]. Vielleicht handelt es sich bei diesem um Gagat. Ein in Armenische Tonerde verwandeltes Holz besitzt Aldrovandi in Bologna. «Die sogenannte Windung (σπεῖρα) in Hölzern, unebener und schwieriger zu behandeln als ein Knoten, ist für einen Bearbeiter hinderlich; sie scheint aber in ähnlicher Weise zu entstehen wie bei den Steinen der sogenannte Stachel (κέντρον)», so Theophrast in der Geschichte der Pflanzen in Buch 5, Kapitel 3 [hist. plant. 5,2,3]. Es finden sich bisweilen auch Steine und andere Dinge in Pflanzen (besonders in Baumhölzern) eingeschlossen: Siehe dazu die bereits angeführte Stelle von Theophrast [hist. plant. 5,2,4] und Scaliger *Exercitatio* 137, Teil 1 [1557, 191v]. «Der Stein, der gewöhnlich nach Art eines Keils in einen Baumstamm hineingetrieben wird, hält das Kind im Leib zurück», so Aëtios[234] [lib. med. XVI 24].

[**126v**] A. Die Tanne [*abies*] heisst bei den Griechen ἐλάτη; daher hat der Elatites-Stein seinen Namen. Dass der Haematites der vierten Art Elatites[235] genannt werde, berichtet Sotakos bei Plinius [36,147]. Vielleicht gibt er aber das Tannenholz irgendwie durch ein kammartiges Aussehen oder auf andere Weise wieder.

Versteinertes Erlenholz [*alni lignum*] wird heute von manchen Clethrites genannt. Denn die Erle nennt man auf Griechisch *clethra* [κλήθρα]. Ein solches mit einem eingewachsenen Pyrites hat mir Georg Fabricius geschickt. Pontano schreibt in den *Meteora*, Kapitel 44 [1514, 136r/v] über bittere Quellen: «– – – *Du dürftest sehen, wie unter dem blauen Quell des Sarno Erle und Farnbüschel versteinern und mit biegsamer Weide umwundene Strohhalme.*»

234 Aëtios von Amida (6. Jh.) war ein byzantinischer Arzt und Verfasser medizinischer Schriften.

235 Moderne Plinius-Ausgaben folgen dem Bamberger Codex, demzufolge Plinius (36,147) nicht auf den Elatites, sondern auf den Hepatites [Leberstein] verweist.

Amygdaloides kann der Stein genannt werden, der dem Mandelkern sehr ähnlich ist; einen solchen habe ich aus Verona geschickt bekommen. Eben dieser findet sich auch derselben Frucht mit Zucker überzogen ähnlich.

B. Ein Stein, der aussieht wie ein Tropfen Benzoeharz [*belzoinum*], befindet sich bei Aldrovandi in Bologna.

C. «Der Crocallis sieht aus wie eine Kirsche», so Plinius 37.10 [37,154].[236] Ebenfalls einer Kirsche gleicht ein Kügelchen [**127r**], das aus einer Koralle geformt wurde. Κρόκαλον und κροκάλη erklären die Grammatiker [Hesychios, lex. κ 4169,1 Latte; Favorino 1523, 320r] mit «ein Steinchen», «ein weisslicher Stein» und «Küstensand». Diese Steinchen sind aber fast rund und vom Aussehen einer Art Kirsche, wenn sie farbig wären.

E. Ebenholzbaum [*ebenus*], der Name eines exotischen Baumes, ist im Griechischen und Lateinischen gebräuchlich, stammt aber aus dem Hebräischen, von dem Begriff *eben*, der Stein bedeutet. Einem Stein aber entspricht das Holz des Ebenholzbaumes im Hinblick auf sein Gewicht.

Etwas anderes ist aber das Ebenum fossile, das Agricola [477] auf Deutsch als **Erdstöcklein** bezeichnet (gleichsam als sagte man «kleiner unterirdischer Stamm oder Stumpf») und gemeinsam mit Gagat, Bimsstein und Tuffen zu den leichten *res fossiles* zählt [176]. Und er sagt gegen Ende des siebten Buches *De natura fosslium* [328]: «In Hildesheim findet man in alaunhaltiger Erde bei (neben) versteinertem Holz und in dessen Fugen Ebenum fossile, das sich auch, wie Theophrast [lap. 5] wohl wusste, verstreut in den Höhlungen anderer Steine wie in einem Mutterleib verbirgt. [**127v**] Es ist ein schwarzer Stamm, ohne Blätter und Frucht, glänzend wie geglättetes Horn, fest, aber leicht und in seinem Aussehen ganz und gar dem Gagat ähnlich, aber in seinem Wesen sehr unterschiedlich, da es ja gegen Feuer unempflindlich ist. Ein solches Ebenholz mit Ästen hat mir in Venedig einst jemand als Koralle gegeben. Pausanias [1,42,5] erfuhr über dieses Ebenholz von einem Arzt aus Zypern, es sei eine in der Erde verborgene Wurzel, usw.»

Davon unterscheidet sich die Exhebenus (ein Edelstein), «der, wie Zoroaster berichtet, auffallend schön und weiss ist; die Goldschmiede glätten damit Gold», wie Plinius [37,159 f.] bezeugt. Eben diesen nennt Agricola [269] Samischer Stein und er berichtet auch, dass dieser Edelstein aus dem weissen Samischen Stein (denn er findet sich auch andersfarbig) entstehe. Siehe dazu oben im Kapitel 2 [42v–43r], was ich über den Samischen Aster geschrieben habe.

F. Buche (*fagus*) nennen die jüngeren Autoren die *Oxya* [ὀξύα] der Griechen, die Deutschen **Büch** und nach der dreieckigen Gestalt der Früchte dieses Baumes

236 Gessner las *cerasum* (Kirsche) in seiner Plinius-Ausgabe (1539, 667); nach modernen Plinius-Ausgaben lautet der Text dieser Stelle (37,154): *crocallis ceras repraesentat*, in der Übersetzung von König/Hopp: «Der Crocallis sieht aus wie Bienenwachszellen.»

Bůchle die diesen ähnlichen Goldklümpchen, die sich in den Bergen Böhmens finden.

«Der Sycites-Stein ist nach [**128r**] der Farbe der Feige [*ficus*] benannt», so Plinius, Buch 37, Kapitel 11 [37,191].

G. Die Eichel [*glans*] nennen die Griechen *balanos* [βάλανος]; danach ist der Balanites-Stein benannt. «Die Balaniten haben zwei Arten: grünliche und solche, die korinthischem Erz ähnlich sind. Jene kommt aus Koptos, diese aus dem Gebiet der Troglodyten – eine feurige Ader schneidet sie mittendurch», so Plinius [37,149]. Siehe unten zum Phoenicites. *Phoenix* ist nämlich die Palme; ihre Frucht nennen die Griechen ebenfalls *balanos* [Dattel].

Ich erinnere mich, dass ich einmal eine steinerne Eichel gesehen habe, die man im Bauch eines Schweines gefunden hat, und ein anderes Mal wiederum einen ziemlich ähnlichen Stein, der aus der Blase einer geschlachteten Sau hervorgeholt worden sein soll.

P. *Phoenix* [φοῖνιξ] heisst bei den Griechen die Palme; ihre Frucht wird, wie ich gesagt habe, auch mit dem Begriff *balanos*, das heisst *glans* [Dattel],[237] bezeichnet. «Der Phoenicites hat seinen Namen nach der Ähnlichkeit zur *balanos* erhalten», so Plinius [37,180]. «Einige Steine entstehen aus Marmorarten oder Felsgesteinen; zu dieser Art gehören Judensteine, Trochiten, idäische Daktylen und ähnliche. Der von Dioskurides [5,137] als Judenstein bezeichnete Stein wird Stein des syrischen Gebiets [**128v**] von Aëtios [lib. med. II 19 = CMG VIII 1, p. 162 f.] genannt, von anderen Phoenicites oder Pyrene nach der Ähnlichkeit zum Olivenkern oder Tecolithos nach der Kraft, einen Stein (der Nieren oder der Blase) aufzulösen. Von einigen wird er Eurrhoeus genannt, weil er leicht zu fliessen scheint, da er Steine im Körper zerkleinert und harntreibend wirkt», usw. Das in etwa sagt Agricola im fünften Buch *De natura fossilium* [260 f.]. Ich habe hier vier unterschiedliche Arten dieses Steins abgebildet.

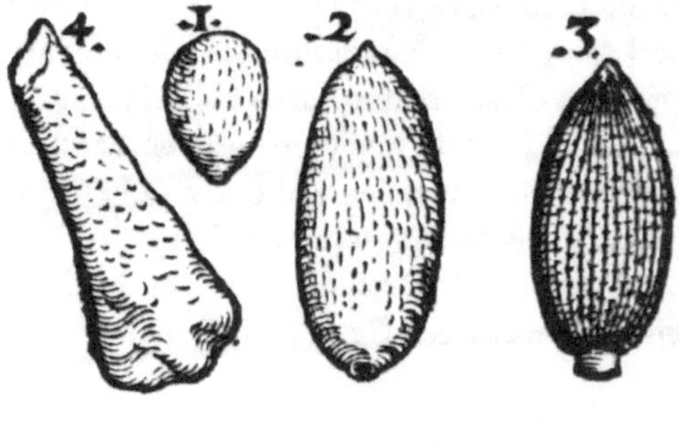

Abb. 40 Judensteine (Stacheln von fossilen cidaroiden Seeigeln)

237 *Glans* kann verschiedene Kernfrüchte bezeichnen u. a., wie griech. βάλανος, Eichel und Dattel.

1. Der kleinste und ziemlich runde, etwa von der Gestalt eines Eis; er wurde von den antiken Autoren, wie ich vermute, für weiblich gehalten; bei den Apothekern findet er sich häufig und gilt als ziemlich gewöhnlich. Die drei übrigen sind länglich, vergleichsweise selten, männlich, usw. [**129r**] Für den dritten lässt sich auch sagen, dass er mit Rillen versehen ist. An diesem aber und an dem zweiten zeigt sich eine Art Keimzelle, aus welcher der Stein zu entstehen scheint, wie ein Henkel oder Nabel so wie bei einigen Aëtiten.

Es gibt Leute, die ihn Cysteolith nennen, das heisst «Blasenstein», weil man annahm, er zerkleinere Blasensteine. Galen [De simpl. = XII 199,14 f. K.] verneint das und lässt ihn allein bei der Zerkleinerung von Nierensteinen wirksam sein. «Dass auch die Schwammsteine von einigen nach einer ähnlichen Wirkung Tecolithen genannt werden», überliefert Plinius [36,143]; dort lesen einige Cysteolithen, was ich nicht befürworte. «Die Eureos ist einem Olivenkern ähnlich, gerillt nach der Art von Muscheln, aber nicht besonders weiss», so Plinius [37,161]. Bei Galen [De simpl. = XII 199,8 K.] ist der Judenstein εὔρυθμος κατὰ τὸ σχῆμα (das heisst «von einer klug zusammengefügten Gestalt»; dieses Wort scheint Eureos ähnlich zu sein) und hat Linien, «die aussehen, als wären sie auf einer Drehbank hergestellt» [Agricola 261], was auf den dritten von den vier Steinen, die ich abgebildet habe, zu passen scheint.

«Die Pyrene ist nach dem Olivenkern benannt; [**129v**] in ihr scheinen manchmal Fischgräten zu sein», so Plinius [37,188]. Und an anderer Stelle [37,184]: «Der Tecolithos scheint einem Olivenkern ähnlich zu sein; er besitzt nicht den Rang eines Edelsteins, aber zerbricht und vertreibt die Steine bei denen, die an ihm lecken.»

L. Den Lorbeer [*laurus*] nennt Griechenland Daphne. «Die Daphnia empfiehlt Zoroaster gegen Epilepsie», so Plinius [37,157]. «Bei Paris hat ein Felsstück, das man neulich zerschnitt, das Abbild eines Lorbeerkranzes gezeigt», so Agricola [322].

M. Ein Stein hat fast den Geruch einer Quitte [*malum Cydonium*]; er ist weiss und bröckelig; man kann ihn als Cydonites bezeichnen; er gehört zu den Osteocollen, die von Natur aus Ähnlichkeit zu Menschenknochen haben und eben diese, wenn sie gebrochen sind, zusammenkitten. «Den Indischen (Edelstein, den man glättet,) von der Farbe eines Apfels oder der von grünem Öl verwerfen alle», so Plinius [37,102]. Er erwähnt auch, dass der Melites nach der Farbe des Apfels benannt sei [37,191; vgl. 123v]. Die Griechen meinen aber gewöhnlich, wenn sie einfach vom Apfel sprechen, den Quittenapfel.

Cardano [1562, 336 Nr. 45] sagt: «Ich habe einen Mespileus-Stein oder Pentexoche von brauner Farbe, [**130r**] hart, von der Grösse einer Mispel; man könnte sagen, diese sei versteinert [vgl. 17v]. Wo vom höchsten Punkt Rillen hinablaufen, hat der Stein die Farbe von Buchsbaumholz, weil jene Teile abgerieben sind.» Cardano glaubt ferner, dass ihm beachtliche, aber uns unbekannte Kräfte innewohnen. Wenn man aber aus natürlichen Kennzeichen auf innewohnende Kräfte schliessen darf, wie manche glauben, dann möchte ich vermuten, dass der Mespileus-Stein vielleicht mehr Kräfte zum Schutz der Mispeln als der Menschen besitzt.

«Der Myrrhites hat die Farbe der Myrrhe, das Aussehen eines sehr kleinen Edelsteins und den Geruch von Salbe, gerieben auch den der Narde», so Plinius [37,174].[238] Nach Plinius [37,145] entsteht die Aromatitis in Arabien, «aber auch in Ägypten in der Nähe von Pisa [Philai];[239] sie ist überall steinartig, hat die Farbe und den Geruch von Myrrhe und wird deswegen von Königinnen häufig verwendet.» Auch der Antachat, wenn er verbrannt wird, riecht gemäss Plinius [37,139] nach Myrrhe. «Der Antipathes-Stein macht, wenn man ihn in Milch gelegt hat und darin kocht, diese der Myrrhe ähnlich», so ebenfalls Plinius [37,145].

«Der Myrsinites ist honigfarben und riecht nach Myrte», so Plinius [37,174].

N. «Ein Belus genannter Edelstein von der Grösse einer Walnuss [*nux iuglans*] und dem Aussehen von Glas kommt [**130v**] in Arbela vor», so Plinius [37,149].

O. «Olive [*olea*] heisse ein Stein nach seiner dunkelgelben, schwarzen und grünlich-weissen Farbe», so Camillo Leonardi [1502, lib. 2, 41v] ohne Gewährsmann.

Einem Olivenkern ähnlich sind Pyrene, Eureos und Tecolithos, wie ich oben in meinen Ausführungen zum Judenstein unter dem Buchstaben G dargelegt habe [vgl. 128r/v].

«Den Indischen (Edelstein) von der Farbe eines Apfels oder der von grünem Öl verwerfen alle», so Plinius [37,102].

O. Dass er Holz des Baumes Ostrya (wir nennen ihn im Lateinischen Carpinus, im Deutschen Hagenbůch), das sich in einen äusserst harten und silexartigen Wetzstein verwandelt habe, bei Frankfurt am Main und im württembergischen Schwaben gesehen habe, teilte Valerius Cordus [1561, 219v] mit.

P. «Steine mit einer palmartigen Zeichnung [*palmati lapides*], und zwar an jeder Bruchstelle, findet man bei Munda in Spanien, wo der Diktator Caesar Pompeius besiegt hat», so Plinius [36,134]. Jene scheinen allerdings so beschaffen zu sein, wie die Trochiten und Asterien, die ich dargestellt habe [37r; 89v], das heisst, mehrere sind miteinander verbunden und alle untereinander ähnlich. Aber weshalb man sagt, sie hätten «eine palmartige Zeichnung», [**131r**] könnte ich nicht leicht sagen. Über die Hirsche mit einem palmartigen Geweih habe ich in der *Historia animalium* [1551, 356] gesprochen.

238 In der Plinius-Ausgabe von Jan/Mayhoff (Plin. 37,174) steht statt *minimae* das ebenfalls überlieferte *minime*; mit *faciem minime gemmae* würde von Plinius zum Ausdruck gebracht, dass der Myrrhites «keineswegs das Aussehen eines Edelsteins» besitzt.

239 Gessner übernahm die Ortsangabe *Pisas* der ihm vorliegenden Plinius-Ausgabe. Jan/Mayhoff korrigieren den Text durch die Konjektur *Philas*; bei Philai (lat. *Philae*) handelt es sich um eine kleine Insel im Nil.

Der Phoenicites-Stein ist nach seiner Ähnlichkeit zu einer *balanos* [Dattel] benannt, das heisst zu einer Frucht des Palmbaums, den die Griechen *phoenix* nennen.

«Der Circos ist Birnen [*pira*][240] ähnlich», so Plinius [37,153].

Q. *Drys* [δρῦς] nennen die Griechen die Eiche [*quercus*]; daher hat der Dryites-Stein seinen Namen erhalten. «Der Dryites ist Baumstümpfen ähnlich und brennt auch wie Holz», so Plinius [37,188]. Wenngleich aber das Eichenholz unter der Erde wie auch viele andere Dinge mit der Dauer der Zeit oder durch eine andere Kraft zu Stein werden und Dryites genannt werden kann, scheint dennoch der Dryites des Plinius ein anderer zu sein, da er nicht aus Holz in Stein verwandelt worden ist, sondern von der Natur so geschaffen ist. Aufgrund der Tatsache allerdings, dass er wie Holz brennt, möchte ich vermuten, dass ihm etwas Erdpech beigemischt ist oder dass er ganz erdharzhaltig ist und mit dem Gagat verwandt. Einen Pyrites aus Eichenholz besitzt Johannes Kentmann. Er hat mir auch einen Dryites geschickt vom Aussehen eines Scheites, schwarz, bröckelig, tintenartig im Geschmack und von schwefeligem Rauch, wenn man ihn verbrennt.

Im Wasser versenktes Eichenholz [**131v**] wird so schwarz und hart, dass manche es als Ebenholz verkaufen.

T. «Die Libanochrus zeigt eine Ähnlichkeit zu (die Farbe von) Weihrauch [*thus*], ist aber dickflüssig wie Honig», so Plinius [37,171 f.].

V. «Die Dionysias ist schwarz und hart, mit roten Flecken durchsetzt; in Wasser zerrieben erzeugt sie den Geschmack von Wein [*sapor vini*] und soll der Trunkenheit entgegenwirken», so Plinius [37,157].

Über die Koralle.
Zehntes Kapitel

Die Koralle ist eine Meerespflanze aus einem Saft, der zu Stein wird, wie auch das Antipathes. «Dieser Saft wird nämlich hart, wenn er, nachdem die Pflanze aus der Tiefe des Meeres gezogen wurde, die Temperatur der ihn umgebenden Luft annimmt und sich verfestigt wie ein glühendes Eisen, das man ins Wasser taucht», so Agricola [*De ortu*, 56 nach Diosk. 5,121]. Derselbe sagt am Ende des vierten Buches *De natura fossilium* [247]: «Theophrast [lap. 38] nennt sie Curallium [κουράλιον], andere Lithodendron, weil sie einerseits versteinert und andererseits ein kleiner Baum ist. Deshalb ist die Koralle auch Dendrites genannt worden (*von Plinius*

240 Jan/Mayhoff übernehmen in ihrer Plinius-Ausgabe (37,153) anstelle des überlieferten *piris* die Konjektur *accipitri*; demnach ist der Stein, wie es auch der griechische Name (κίρκος) andeutet, einem Habicht (*accipiter*) ähnlich.

[37,192] [**132r**] *Dendritis im Femininum*). Denn, wie es der Gegenstand selbst zeigt, handelt es sich um einen Strauch unten im Meerwasser, einen grünen, der Beeren trägt, die den einheimischen Kornelkirschen in Gestalt und Grösse ähnlich sind» usw. Das Übrige lasse ich der Kürze halber beiseite.

«Die Gorgonia ist nichts anderes als eine Koralle. [**132v**] Der Grund für den Namen ist, dass sie so hart wird wie Stein», so Plinius [37,164]. Die Abbildung von einer, wie ich sie zur Verfügung habe, habe ich oben angefügt; jedoch nicht etwa

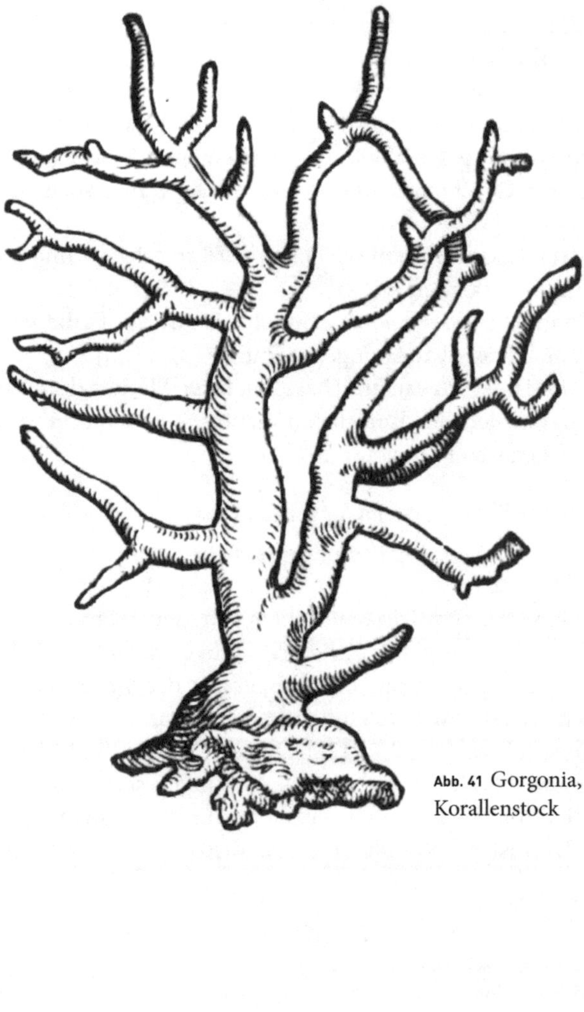

Abb. 41 Gorgonia, verzweigter Korallenstock

aus dem Grund, weil alle ganz und gar dieselbe Form hätten; sie variiert nämlich bei den verschiedenen [Exemplaren]. Sie hat keine Wurzel, sondern wie die meisten anderen Meerespflanzen klebt sie ganz nach der Art von Napfschnecken an Felsen. Sie kommt in Rot, in Weiss und in Schwarz vor. Bei den einzelnen Farben gibt es aber wiederum grosse Unterschiede. Es gibt eine, die aussen weisslich ist und innen rot. Sie unterscheiden sich auch im Geschlecht. Das Männchen der roten Koralle ist röter, das Weibchen blasser. Bisweilen reichen sie, wie ich höre, bis an die Körpergrösse eines Menschen heran.

1. Gips, den man mit einem Beinamen als «korallenartig» bezeichnen könnte; denn er sieht der weissen Koralle sehr ähnlich und hat eine verästelte oder buschige Gestalt.

Abb. 42 1. Korallenartiger Gips, 2. Koralle mit warzenartigen Ausstülpungen, 3. weisse Pseudo-Koralle

2. Eine Art der Koralle [**133r**], die «grösser» oder «warzig» genannt werden kann. Der Apotheker Peeter Coudenberghe hat mir aus Antwerpen eine Abbildung davon geschickt und in einem Brief beschrieben: «Eine solche Koralle besitze ich von der Grösse, wie du sie siehst (*ungefähr vier kleine Spannen* [29,6 cm], *wenn auch die beiden obersten Teile verstümmelt sind; die Breite am abgebildeten Stumpf, die wohlgemerkt beinahe die Hälfte des Umkreises ausmacht, beträgt an der breitesten Stelle fast eine Spanne* [7,4 cm]; *sie hat beinahe die Farbe einer Rose, das heisst sie ist rötlich-weiss*); im Inneren ist sie aschfarben, wie sich an Bruchstellen zeigt. Härte und Gewicht entsprechen denen einer roten Koralle. Mit dem untersten Teil hing sie an einem Felsen. Die ganze Oberfläche ist voller ungleichmässiger Linien, die in dieser Abbildung nur an einem Teil am untersten Zweig, und zwar vom Betrachter aus gesehen links, dargestellt sind.[241] Überall hat sie auch zahlreiche Warzen, von denen ich ein paar dargestellt habe. Die Male, die du auf ihnen siehst, sind offene Röhren. Diese Warzen haben, wenn sie im Meer sind, Bläschen, welche die Meeraale einsaugen. Die Koralle blieb im spanischen Meer in den Fischernetzen [**133v**] hängen, als man Meeraale fing. Wie ich höre, findet man auch viel grössere Pflanzen dieser Art.» So Coudenberghe.

241 Coudenberghe beschreibt die Pflanze, wie sie auf der Gessner geschickten Abbildung zu sehen ist (vgl. UBH, Handschriften, K I 2, 110r); der im Druck abgebildete Holzschnitt ist seitenverkehrt.

3. Diese scheint man weisse oder schwammartige Pseudo-Koralle nennen zu können. Es handelt sich aber gleichsam um eine Art von kurzen Zylindern, ungleichmässig, voller Erhöhungen und als wären sie leicht in Glieder unterteilt, zerbrechlich und etwa so dick wie Gänsekiele. Sie bestehen aber aus einer weisslichen Schale, die sie umgibt, und aus einem inneren Teil, der ganz schwammartig und bröckelig ist und voll von zahlreichen, winzigen Strahlen, die von einem gemeinsamen Zentrum ausgehen und in die Schale münden. Die Beschaffenheit scheint ziemlich rau zu sein und für Zahnpulver geeignet. Man könnte darüber wohl sagen, was Aristoteles [hist. an. 9,14; 616a, 27–29 B.] über Halosachne [Meeresschaum] und Alcyonium sagt: Wenn man es mit einem eisernen Gerät, selbst einem scharfen, schneide, gebe es nicht leicht nach, es lasse sich aber schnell zerbröckeln, sobald jemand es mit den Fingern reibe. Es hat [**134r**] keinen unverkennbaren Geschmack. Die Zeichnung, die ich oben angeführt habe, zeigt eine echte weisse Koralle (oder zumindest wird sie überall bei den Apothekern für echt gehalten); sie unterscheidet sich von der echten roten Koralle nicht in der Beschaffenheit, sondern nur in der Farbe. Gleichwohl glauben manche, dass sich keine weisse Koralle finden lasse oder dass sie keinen Nutzen habe, wenn man sie fände. Polo nennt man in Spanien, wie ich höre, gewöhnlich das, was überall bei den Apothekern als weisse Koralle gilt. Es werde in Katalonien in Spanien von Leuten gefunden, die nach roten Korallen fischen, und dann, am Strand weggeworfen, werde es von Passanten als weisse Koralle aufgelesen. Man könne ein Pfund davon für sieben oder acht Silberdrachmen bekommen, während man diesen Preis sogar für nur eine Unze [27,3 g] der echten weissen Koralle bezahlen müsse. Das sogenannte Polo habe keine Rinde und wachse auf dem Boden des Meeres, die echten Korallen entstünden abwärts gewandt an Felsen. Polo breite sich ferner genau an den Orten über den Meeresboden aus, wo Korallen wachsen. Ob sich dies so verhält, ist zu prüfen. Die weisse Koralle der Apotheker scheint eine Art kleines [**134v**] Stämmchen zu sein, wie der marine Stelechites, mit hohlen Gängen, die sie ganz durchziehen (während die echte Koralle vielleicht dicht ist), äusserst dicht und glatt mit wenigen und kurzen gleichsam verstümmelten Zweigen.

Abb. 43 Weisse Koralle

Plinius [37,145] schreibt, dass der Antipathes-Edelstein schwarz und undurchsichtig sei. Dioskurides [5,122] behauptet, dass er mit der Koralle verwandt und stärker verästelt sei als diese usw. Heute ist Antipathes sehr selten. Dennoch besitzen es, wie ich höre, einige Naturforscher wie Peucer in Wittenberg, und Aldrovandi in Bologna besitzt eines mitsamt seiner steinernen Schale. Das echte schwarze findet man in Galicien in Spanien, wie ich höre, und das unechte wird aus der Berberei oder Afrika geschickt und gewöhnlich Savalia genannt; darüber werde ich im folgenden Kapitel mehr sagen und auch eine Abbildung zeigen [138r/v]. Dass den Namen der schwarzen Koralle einige auch dem Ebenum fossile zuweisen, wurde oben [127v] gesagt.

«Die Corallis gleicht der Mennige und kommt in Indien und Syene vor», so Plinius [37,153]. «Der Coralloachat gleicht einer Koralle, die mit goldenen Tropfen besetzt ist», so ebenfalls Plinius [37,153].[242] An anderer Stelle aber [**135r**] berichtet Plinius, dass er mit goldenen Tropfen besetzt sei wie ein Saphir [37,139]; ein solcher komme, wie er sagt, in sehr grossen Mengen auf Kreta vor und werde dort heilig genannt.

«Die Thyrsitis ist der Koralle ähnlich», so Camillo Leonardi [1502, lib. 2, 46r] ohne Gewährsmann.

Für eine Art des Alcyoniums halten einige etwas Schwammartiges oder vielmehr Löcheriges von der Farbe der roten Koralle. Es gibt nämlich parallele und gerade Gänge oder kleine Röhren, die leer und durch einige Gelenke unterteilt sind. Indem diese Gelenke sich miteinander verbinden, bilden sie durch Zwischenräume einige Flächen. Diese Art lässt sich mit den Zähnen leicht brechen und ist fast ohne Geschmack, nur etwas salzig. Einige bezeichnen sie, wie ich glaube, als Felsen-Alcyonium, denn sie hat die Beschaffenheit eines Steins. Ob sie allerdings auf Felsen wächst, kann ich nicht sagen.

Über einige andere Meerespflanzen, die versteinern. Elftes Kapitel

Unter den Pflanzen, die im Meer oder an Küstenorten, Felsen, Schalen oder anderem [**135v**] entstehen und zu Stein werden, ist die Koralle die Edelste. Sie und ihr verwandte Pflanzen wurden gerade eben besprochen. Es gibt aber auch einige, die weniger edel und bekannt sind, die ich nachfolgend kurz behandeln will.

Zum Buchs und der Eiche, die an Erdharzklumpen wachsen, siehe oben bald nach dem Beginn des neunten Kapitels [124v]. Corallina, Binse, Lorbeer, Olive, Phycites und Thymian werden in Kapitel 7 erwähnt.

---

242 Der von Gessner zitierte Plinius-Text lautet: *Coralloachates similis est Corallo aureis guttis distinctae*; *distinctae* scheint als Dativ auf *corallo* bezogen zu sein; entsprechend wurde der Text hier übersetzt. Dagegen spricht jedoch, dass *corallum* Neutrum ist und dass eine Aussage über den Coralloachates gemacht wird. In den Plinius-Ausgaben von Jan/Mayhoff und König/Hopp wird *distinctae* zu *distincta* korrigiert und auf die *gemma*, d. h. den Coralloachates, bezogen; eine wörtliche Übersetzung der Stelle (Plin. 37,153) lautet dann: «Der C. gleicht einer Koralle und ist mit goldenen Tropfen besetzt». Für den Namen des Steins übernehmen die modernen Ausgaben die Konjektur *corallachates* (so auch für Plin. 37,139).

Abb. 44 1. Meereslithophyton mit Schwämmchen (vielleicht Hornkoralle), 2. Schwammstein mit dem Blatt einer Meerespflanze (vielleicht Dörnchenkoralle Antipathes)

1. *Ein Meereslithophyton mit einem Schwämmchen, das aus derselben Wurzel wächst.*
2. *Ein Schwammstein mit dem Blatt irgendeiner Meerespflanze, das durch seinen Hohlraum hindurchgeht.*

Dieses Meeresbäumchen habe ich von Johann Bauhin, dem Sohn, [**136r**], einem äusserst gewissenhaften Arzt, erhalten.[243] Ich hatte aber früher schon ähnliche an der französischen Mittelmeerküste gesehen und gesammelt. Es gibt zwei Arten davon: Die, die hier abgebildet wird, ist an der Aussenseite ganz weiss, das heisst von einer Art Kruste aus Dreck. Sie kommt in ihrer Beschaffenheit beinahe einem Stein nahe, ist aber weicher, sandig und bröckelig, wenn man sie mit den Zähnen zerkaut. Die Kruste der zweiten Art hat an manchen Teilen eine rote oder purpurne Farbe. Daher haben einige vermutet, dass diese Pflanze mit Korallen verwandt sei. Jene purpurfarbenen Teile bestehen aber aus einer viel dickeren Kruste mit Buckeln. Beide haben im Inneren schwärzliches, äusserst hartes Holz ohne Kern, ähnlich etwa dem Holz des Schneckenklees. Die Kruste sieht rau aus, wie die Äste einer Pechföhre, bei der die Nadeln abgefallen sind und Spuren hinterlassen haben. Diese Spuren erheben sich bei der ersten Art mässig von jedem Teil der Ästchen, sie sind rund, haben gleichsam als Zentrum einen nach innen gewölbten Punkt und gleichen äusserst kleinen Schüsseln. Drinnen hat aber jede einzelne ein sehr kleines rötliches Ding [**136v**] ganz wie ein vielfüssiges Würmchen. An der zweiten Art sind diese Spuren ausgehöhlt, wenn ich mich recht erinnere, sei es von Natur aus oder weil sie abgesunken sind. Es gibt keine andere Rinde ausser der Kruste, von der ich gesprochen habe. Im Hinblick auf die Härte des Holzes könnte man von einer Meereseiche, von Meeresebenholzbaum oder Meeresschneckenklee sprechen und im Hinblick auf die rauen Spuren an den Zweigen von Meerespechföhre oder -heidekraut. Von den Bäumchen dieser Art strecken die einen ihre Zweige aufrecht in die Höhe, die an-

243 Der Arzt und Botaniker Johann Bauhin (1541–1613) war ein Sohn des aus Frankreich nach Basel geflohenen hugenottischen Arztes Jean Bauhin (1511–1582).

deren auch in die Quere. Ich werde aber auch andere Abbildungen davon in meiner Geschichte der Pflanzen anführen. Als ich gerade dabei war, dies niederzuschreiben, erhielt ich einen Brief von einem Freund,[244] der mir über eben diese Pflanze Folgendes schrieb: «Diesen Meeresstrauch nennen die Einheimischen an der Küste von Baiae in ihrer Sprache Parma. Als ich ihn Männern, die in der Pflanzenkunde äusserst erfahren sind, gezeigt hatte, nannte ihn jeder anders: unvollendete Koralle, Adarce, Antipathes und Autolides des Aristoteles.» So jener. Aber da sich auch viele andere einer derartigen Pflanze ähnliche Pflanzen finden, die, wenngleich sie an der Oberfläche versteinert zu sein scheinen, jedoch im Innern ihr hölzernes [**137r**] oder krautiges Wesen immer bewahren, werden jene entweder alle mit der Koralle (von dieser ist auch das Antipathes eine Unterart) verwandt sein, was ich nicht befürworte, oder es dürfte vielmehr jede Art ihre eigene Form haben, wobei sich die einzelnen durch ihre Anlagen voneinander unterscheiden und bei jeder einzelnen eine Kruste aus Dreck oder aufgrund einer anderen äusseren Ursache entsteht. Ob derartige Bäumchen anfangs eine Rinde haben, die später der Kruste einverleibt und von ihr vernichtet wird, müsste man sorgfältiger prüfen. Wer sie im Übrigen als Autolides des Aristoteles bezeichnet hat, scheint mir geträumt zu haben. Ich kann mich nicht daran erinnern, etwas Derartiges in seinen Schriften gelesen zu haben. Im zweiten der beiden Bücher über die Pflanzen, die man ihm zuschreibt, wo er die Pflanzen, die Felsen bewohnen, mit folgenden Worten behandelt: τὸ φυτὸν τὸ ἐν τοῖς λίθοις τοῖς στερροῖς γινόμενον, μακρῷ χρόνῳ συμβαίνει, usw. [Ps.-Aristoteles, *De plantis* 2, 826a, 20 B.: «die Pflanze, die auf festen Steinen entsteht, hat eine lange Wachstumsdauer»], schreibt er weder den Namen dieser Pflanze noch den der zweiten, sondern spricht nur allgemein über sie. Die Adarce schliesslich ist keine Pflanze, sondern haftet an Pflanzen wie an Schilfrohren und Seegräsern in Seen (Salzsümpfen) [**137v**]; sie ist eher mit der Schale der Pflanzen, von denen ich spreche, verwandt als mit ihnen selbst. Theophrast sagt im Buch 4, Kapitel 7 der Geschichte der Pflanzen [hist. plant. 4,6,9], dass der Seefeigenbaum keine Blätter habe, nicht gross sei und dass seine Rinde eine purpurrote Farbe habe. Um diesen also scheint es sich bei dem handeln zu können, den ich dargestellt habe, besonders um die zweite Art; oder es ist einer, der jenem sehr ähnlich ist, wie auch jener, von dem ich eine Abbildung unten beifüge, die zeigt, wie er aus dem Stein emporwächst.

244 Es handelt sich um Joachim Camerarius d. J. wie aus einem Brief Gessners an Camerarius vom 27. August 1565 hervorgeht, vgl. zu diesem Brief Rath 1950, 163 und 166 mit Anm. 56.

Abb. 45 1. Meerespflanze, die aus einem Stein wächst, 2. an diesem Stein angewachsene Schale einer Auster, 3. steinerne Schale einer Auster

1. *Ein Stein, aus dem eine Meerespflanze, vielleicht dieselbe wie die eben erwähnte oder eine mit ihr verwandte, entsteht oder vielmehr einer, in dem sie entsteht, wobei sich anstelle einer Wurzel ein Fuss in die Breite erstreckt. Aus eben diesem Stein wächst auch ein Moos hervor.*
2. *Die Schale irgendeiner Muschel [ostreum] ist an eben diesem Stein* [**138r**] *angewachsen oder gleichsam angeklebt.*
3. *Die steinerne Schale von einer, die insbesondere Auster [ostreum] genannt wird, aus Preussen. Ich möchte sie Lithostreum nennen.*

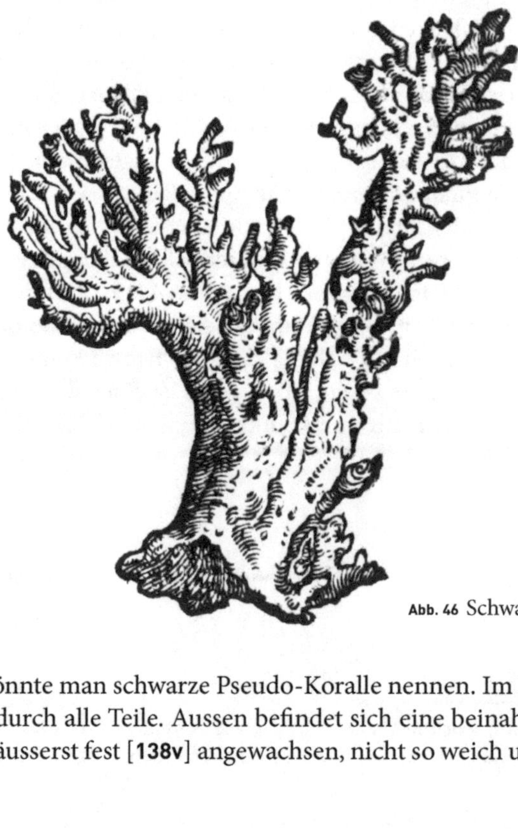

Abb. 46 Schwarze Pseudo-Koralle

Diese Pflanze könnte man schwarze Pseudo-Koralle nennen. Im Inneren nämlich zieht sich Holz durch alle Teile. Aussen befindet sich eine beinahe steinerne Substanz, dick und äusserst fest [**138v**] angewachsen, nicht so weich und bröckelig wie die der eben Erwähnten. Wenn man die äusserste Hülle wegnimmt und glättet, wird sie mit schwarzer Farbe schön glänzen. Ich habe sie von einem Krämer, der sie aus Italien gebracht hat. Er sagte, dass es eine echte schwarze Koralle gebe und eine unechte ὑπόξυλον [mit einem hölzernen Kern], und zwar eben diese, und dass sie unter dem Namen Savalia aus der Berberei bzw. aus Afrika importiert werde. Sie hafte an Felsen im Meer und werde aus einer Tiefe bis zu etwa sechzig Klafter [111 m] herausgezogen. Der innere Teil ist, wie ich gesagt habe, Holz, als nächstes umgibt sie teilweise eine ziemliche festhaftende Schale aus Horn, teilweise eine aus Stein, das heisst eine härtere und zerbrechlichere, die aber nicht bröckelig ist. Die Farbe der Hülle setzt sich aus Braun, Gelb und etwas Grün zusammen. Aber jene dicke Schale, die schwarz oder in einer anderen Farbe glänzt, wenn man sie glättet, findet sich nur an den kleineren Ästen, die weiter oben sind und hervorragen und nur ganz wenig Holz im Inneren haben. Die meisten dickeren Teile – wenn ich mich nicht täusche, oder wenigstens die, die weiter unten liegen, – werden nur von der Hülle bedeckt. Wenn man sie abschabt, nimmt man einen fischigen Meeresgeruch wahr und [**139r**] das Holz liegt bald darunter. Geglättet glänzt auch das Holz selbst. Die Pflanze, die ich besitze, ist etwa fünf Spannen [37 cm] lang. Die Wurzel oder vielmehr der Fuss ist ziemlich flach und breit, aber uneben und rau von einer tuffsteinartigen und löchrigen Substanz, fünf Finger breit [9 cm] und sieben Finger lang [12,6 cm]. Der Stamm und einige Teile, die von ihm ausgehen, sind breit und spalten sich in Äste wie der Handteller oder die Handfläche in Finger. Daher könnte man sie mit gutem Grund *Palma marina* [Meereshand] nennen. Nicht identisch, aber verwandt mit ihr scheint die *Palma marina* Theophrasts zu sein (in der Geschichte der Pflanzen 4,7 [hist. plant. 4,6,10], wo er auch andere Meeresgewächse behandelt); dieser wurde, wie es scheint, eher wegen ihrer tiefroten oder purpurroten Farbe der Name *Palma* gegeben als wegen ihrer Gestalt, wenngleich auch diese wie fast alles andere (mit Ausnahme der Farbe und der Blätter) damit übereinzustimmen scheint. «Ein Stengel», sagt Theophrast [hist. plant. 4,6,10], «geht in der Mitte durch alles hindurch; es ist eine Meerespflanze mit einem sehr kurzen Stamm und geraden Zweigen, die sich von dem unteren Teil nach oben strecken, nicht rings um den Stengel, sondern gleichsam in die Breite», usw. Das [**139v**] ist bei dieser Pflanze erwähnenswert, weil sie ähnlich wie einige Äste bei der Koralle gleichsam von gegenüberliegenden Seiten einander treffen und sich zu Einem verbinden. Eine Zeit lang habe ich vermutet, dass Agricola diese Pflanze als Ebenum fossile beschrieben habe. Siehe dazu oben in Kapitel 9 [127v].

Über die Steine, die man nach dem Menschen oder einem Vierbeiner benennt oder die man in diesen findet. Zwölftes Kapitel, das ich in drei Teile untergliedert habe.

Erster Teil über die Steine, die nach dem Menschen benannt sind oder in diesem entstehen.

«Der Androdamas hat den Glanz von Silber wie der Diamant», usw., Plinius [37,144].

Über Steinchen, die im menschlichen Körper entstehen, hat Johannes Kentmann ein bewundernswertes Buch herausgegeben und mir gewidmet.[245] Zur Entstehung von Steinen in Lebewesen siehe Alessandro Benedetti, Kapitel [**140r**] 846 [1539, 846; Buch 22, Kapitel 35] zu den Steinchen. Einige Steine, die nach Körperteilen von Menschen und nach Tieren benannt sind, bespricht Plinius in Buch 37, Kapitel 11 [37,186–192].

Von den Teilen des menschlichen Körpers sind die einen einfach, die anderen zusammengesetzt. Ich werde mit ersteren beginnen, zu denen Haare, Fleisch, Knochen und Nägel gehören. «Die Gestalt von Haaren zeigen Amiant, Alaun und gediegenes Silber», so Agricola [181]. Mehr darüber in den Ausführungen zu den Linien in Kapitel 1 [5r–8v].

Abb. 47 Lockensilber

Hier habe ich eine Abbildung von Silber beigefügt, das durch seine Verästelung Kraushaar und Haarlocken wiedergibt.

«Das Venushaar hat einen tiefschwarzen Glanz und enthält eine Art rötliches Haar», so Plinius [37,184]. «Die Polythrix [Vielhaar] ist auf grünem Grund [**140v**] von Haaren überzogen, soll aber Haarausfall verursachen» (ich lese: und soll bei Haarausfall gut sein), so Plinius [37,190]. So auch Polytrichum [Vielhaar], das heisst Adiantum [Frauenhaar], das man gemeinhin auch als Venushaar bezeichnet [Plin. 22,62]. Es ist zwar ein Kraut, entsteht aber auf Steinen und an Wänden. Es hat schwarzglänzende, haarähnliche Triebe. Daher nennen es manche Ebenotrichon [Ebenbaumhaar], Erdhaar und gekräuseltes Kraut. Wenn Plinius dieses Kraut vielleicht für einen Stein gehalten und es Polytrichum und Venushaar genannt hat, ist seine Vorgehensweise genau umkehrt

245 Es handelt sich um den zweiten Beitrag in dem von Gessner herausgegebenen Sammelband *De omni rerum fossilium genre* (1565).

zu der bei der Leucographis, die er, obwohl es sich um einen Stein handelt, bei den Kräutern bespricht [27,103].[246]

«Bostrychites nennt Zoroaster einen dem Frauenhaar ähnlicheren Stein», so Plinius [37,150], ich bevorzuge «ähnlichen». Denn die Botryitis, die vorangeht, ist nicht Haaren, sondern Trauben ähnlich. «Manche nennen den Pyrites auch Siderites und Bostrychites», so Ermolao Barbaro [1516, Nr. 978; vgl. fol. 54v]. Ich glaube aber, dass man eine Art des Pyrites findet, die ausieht wie Haare oder βόστρυχοι, das heisst Haarlocken und das gekräuselte oder geflochtene Haar von Frauen. Der Bezeichnung Bostrychites [**141r**] ähnelt Borsycites; welcher Stein so benannt wurde und wonach, weiss ich nicht. Auch Plinius scheint diesbezüglich Zweifel gehabt zu haben. «Keine Namenserklärung», sagt er [37,191], «gibt es bei der Borsycites, die auf schwarzem Grund mit weissem oder blutrotem Laub verästelt ist.» Ebenfalls muss man sich fragen, ob der Sycites nach der Feige benannt ist [vgl. Plin. 37,191].

«Im Blut bekommen wir bisweilen grobkörnigen Sand zu fassen», so Scaliger [Exerc. 108, Teil 3; 1557, 172r]. Den Edelstein Sarder oder Sardius nennt man gewöhnlich Carneola (einige Corneola, was aber nicht korrekt ist) nach der frischen und rosigen Farbe von Menschenfleisch. Der Sarcophagus, auch Assischer [Stein genannt], verzehrt Fleischstücke und Leichname; danach wurde vielleicht die deutsche Bezeichnung Sarch [Sarg] geprägt. Onyx bedeutet auf Griechisch Nagel; daher kommt auch der Name des Edelsteins. «Sudines sagt, im Onyx sei ein Weiss, das dem eines menschlichen Nagels ähnlich sei», so Plinius [37,90]. Ein solcher finde sich in Altenburg in Meißen, schreibt Valerius Cordus [1561, 218r]; myrrhenfarbiges Onyxgefäss, [schreibt] Properz [3,10,21]. Eine Art des Galmeis hat bei Plinius [34,103] den Beinamen Onychitis.

Über Enostei und Osteocolle werde ich im zweiten Teil dieses Kapitels sprechen.

[**141v**] «Pyrrhos, der gegen die Römer Krieg führte, soll einen Achat besessen haben, auf dem man die neun Musen und Apollo, der eine Kithara hielt, sehen konnte; nicht durch Künstlerhand, sondern von Natur aus verliefen die Maserungen so, dass sogar jeder Muse ihr eigenes Abzeichen gegeben wurde», so Plinius [37,5]. Scaliger[247] wendet sich in der *Exercitatio* 117 [1557, 180r] gegen Cardano [1554, 198–199], der betont, dass dies nicht durch Zufall geschehen sein könne: «Warum wolltest du glauben, dass Apollo oder die Musen auf den Achat gemalt worden sind? Wir haben viele Maserungen auf Steinen gesehen; nach meiner Er-

246 Nach der Plinius-Ausgabe von Jan/Mayhoff bespricht Plinius (27,103) die *leucographis* unter den Kräutern und erwähnt unter den Steinen die *leucographitis* (37,162).

247 Die *Exotericae exercitationes* des Arztes und Humanisten Julius Caesar Scaliger (1484–1558) sind eine kritische Zurückweisung der Thesen, die Gerolamo Cardano in *De subtilitate* ([1]1550, [2]1554) vertreten hatte; zu diesem Gelehrtendisput und wegweisenden Positionen Scaligers vgl. Maclean 1984. Gessner verweist häufig auf Scaligers Beobachtungen; Scaligers Kritik an Cardano zeigt sich bei Gessner nur an dieser Stelle.

fahrung geben diesen die Mächtigeren, ein jeder nach seinem Gutdünken, verschiedene Namen. Ein Stück Marmor, das geschnitten wurde, um eine Ziegelwand zu verkleiden, hat das Bild eines bärtigen Alten gezeigt. Darin erkannten alle übereinstimmend den ersten Eremiten Paulus. Freilich malt man ihn auch so: stehend und in einen Umhang aus Palmblättern gehüllt. Diesen Stein liess mein Mitbürger Leonardo Crasso zu Maximilian bringen, als wir in Regensburg waren.» So Scaliger. «In parischem [**142r**] Marmor tritt Wunderliches zutage: Als ein Block eines einzigen Steins durch die Keile der ihn spaltenden Arbeiter losgelöst wurde, sei im Inneren ein Bild des Silen zum Vorschein gekommen», so Plinius [36,14]. «In dem phrygischen Fluss Sagaris kommt ein Stein vor, dem man den Namen Autoglyphus gegeben hat, weil sich auf ihm von Natur aus ein Bild der Göttermutter finde», Plutarch, *De fluviis* [Ps. Plut. fluv. 12,2]. Und wiederum sagt Plutarch [Ps. Plut. fluv. 14,3]: «Im skythischen Fluss Tanais kommt ein dem Kristall ähnlicher Stein vor, der das Abbild eines Menschen mit einem Kranz auf dem Kopf zeigt», usw. «In Konstantinopel befinden sich in der Sophienkirche zwei Tafeln eines zerschnittenen weissen Marmorblocks. Auf beiden verlaufen etwas aschgraue Maserungen so, dass sie ein vollständiges Bild des Heiligen Johannes des Täufers, der mit dem Kamelfell bekleidet ist, darstellen, von einem Fuss abgesehen, den sie nicht recht zum Ausdruck bringen», so Agricola [312]. Bei Eustathios [in Hom. Od. 10,247, vol. II, p. 202, 18–20 Stallbaum] lesen wir irgendwo, dass die Kerkopen ἀπολιθωθέντες, das heisst in Stein verwandelt wurden; die Dichter erzählen, sie seien in Affen verwandelt worden; wie Ovid [berichtet], dass Niobe zu Stein erstarrt sei [met. 6,303–309] und andere durch den Anblick des Hauptes der Gorgo [met. 4–5], und in der Heiligen Schrift [Gen. 19,26] [steht], dass Loths Frau zu einer Salzsäule geworden sei.

[**142v**] Auf einem Callimus, der in einem Geodes gefunden wurde, fanden sich wundersame Bilder eingeprägt. Davon hat Georg Fabricius mir sowohl eine in einen Ring gefasste Nachbildung geschickt, die ich hier darstelle, als auch eine Beschreibung.

Abb. 48 Nachbildung des in einen Ring gefassten Callimus des Georg Fabricius; Ansicht des Ringsteins von zwei Seiten

«Dieser Callimus», sagt er, «hat beinahe die Grösse eines Lupinensamens, seine Form ist länglichrund, sein Körper teilweise durchsichtig, wie der eines Kristalls, teilweise neblig-trüb, wie der Körper des Sarders oder des Edelsteins, den man huia [Gemma huia] nennt [vgl. fol. 98r]. Man hat das Steinchen in einem grossen Geodes gefunden, der verschiedene Flüsse eingeschlossen hielt, aber es lag getrennt davon in der Mitte, so wie man Haarsilber in einem Stein oder Pyrites findet, gleichsam als sei es aufgesetzt worden und nicht Teil eines ganzen Körpers. Folglich erregen sowohl die Form als auch die Durchsichtigkeit als auch der Ort τῆς γενέσεως [der Entstehung] von sich aus Aufmerksamkeit; [**143r**] aber noch viel mehr muss man die von der Natur eingeprägten Bilder bewundern. Auf der einen Seite gibt nämlich das Steinchen, zur Linken gewendet, zwei Gesichter wieder und gleichsam den Schatten eines dritten: das erste ist einem Mönch mit einer Kapuze ähnlich, das zweite einem grossen, bartlosen Mann, das dritte lässt sich schattenhaft, wie es ist, nicht erkennen. Zur Rechten gewendet hat es nur ein einziges Gesicht, das dem vorherigen mit der Kapuze sehr ähnlich ist. Wohin es den Blick wendet, die Seite des Steinchens schimmert hervor wie «der höckerige oder sichelförmige Mond», wie Lactanz [inst. 3,3,4] sagt, der im Griechischen ἀμφίκυρτος [auf beiden Seiten gekrümmt] genannt wird. Ich habe ihn aber in eine Fassung einpassen lassen, die an der Oberseite des Rings gedreht werden kann, so dass die durch die Kunstfertigkeit der Natur eingravierten Bilder von beiden Seiten betrachtet werden können. Die Beschreibung, die Georg Agricola im fünften Buch seiner zweiten Fossilien-Ausgabe [1558, 263–264] gegeben hat, ist ein wenig anders. Freilich entspricht offenbar auch diese Beschreibung, da das Steinchen auf andere Weise gewendet wurde, durchaus der Wirklichkeit. Diese Vielfalt in einem winzigen Körper dürfte kein Künstler hinlänglich zum Ausdruck bringen.» So Fabricius.

[**143v**] «Der Corsoides ist dem grauen Haar des Menschen ähnlich», Plinius [37,153]. Κόρση und κόρρη bedeutet auf Griechisch «Haupt» und daher κορσοειδής «dem Haupt ähnlich». Um denselben dürfte es sich beim κορσιόεις oder Corsius des Orpheus handeln; diesen empfiehlt er gegen giftige Bisse und Stiche, besonders des Skorpions [Lith. 498–500]:

Οὐδ' ὅ γε κορσιόεντα λίθον κλύεν, οὕνεκα μιχθεὶς
δριμέος ἐν σκορόδοιο καρήατι, τοξευτῆρα
ἠπεδανῶν ὤκιστα βελέμνων σκορπίον εἴργει.

[Was den Corsius-Stein angeht, er [sc. Orion][248] hatte nicht gehört, dass er in einen scharfen Knoblauchkopf gemischt schnellstmöglich den Skorpion abwehrt, den Schützen schwächender Pfeile.]

Ich möchte aber vermuten, dass er mit dem Achat verwandt ist. Auf diesem finden sich nämlich gewöhnlich verschiedene Bilder, und eine bestimmte Art davon preist man als Heilmittel gegen die Stiche von Spinnen und Skorpionen. Wenn jedoch jemand meint, dass sich nicht das Abbild eines Hauptes, sondern die graue Farbe an dem Corsoides zeige, mag er meinetwegen mit der Polia identisch sein, die nun folgt. «Die Polia [Πολιά, ergänze λίθος] offenbart die graue Farbe des Spartum [Pfriemengras] und dieselbe, aber härter, die schwarze Spartopolios», so Plinius in

248 Orion wird in einer Marginalie zum griechischen Text ergänzt.

Buch 37, Kapitel 11 [37,191]. Ich vermute, dass die Stelle in den Worten «dieselbe, aber härter» möglicherweise verderbt ist.[249] Agricola [258; 276] hält sowohl die Polia [**144r**] als auch die Spartopolios für denselben Stein und versteht darunter den Amiant.

«Vom Rand des Augenlids, wo sich Gerstenkörner ansammeln, habe ich ein Steinchen entfernen lassen, gleich einem Weizenkorn in Gestalt, Farbe und Grösse, doch härter als dieses», so Scaliger [Exerc. 108, Teil 3; 1557, 172r].

«Das Belus-Auge ist weisslich und malt eine schwarze Pupille, die aus der Mitte golden glänzt. Diese ist wegen ihres Aussehens dem heiligsten Gott der Assyrer geweiht», so Plinius [37,149]. Agricola sagt in Buch 6 *De natura fossilium* [304]: «Die Jüngeren nennen ihn mit verderbtem Wort Belloculus (Belokel), wenngleich sie selbst behaupten, dass sie diesen Edelstein so nennen, weil er schön sei und eine Ähnlichkeit zum Auge besitze.» «Adadu nephros (νεφρός bedeutet Niere) wird das Auge desselben genannt; auch dieser Gott wird von den Syrern verehrt», so Plinius [37,186]. Es kann aber derselbe Stein teils eine Ähnlichkeit zur Niere, teils zum Auge aufweisen, besonders aufgrund seiner runden Gestalt. «Die Leucophthalmos weist eine Ähnlichkeit zum menschlichen Auge auf», so Agricola [182]. Doch Plinius sagt in Buch 37, Kapitel 11 [37,171]: «Die [**144v**] Leucophthalmos, ansonsten rötlich, enthält das Bild eines Auges in weisser und schwarzer Farbe.» Und bald darauf im folgenden Kapitel [37,187]: «Die Lycophthalmos hat vier Farben – auf einem rötlich bis blutrotem Grund zeigt sich Schwarz in der Mitte, das ein weisser Kranz umgibt, – wie die Augen der Wölfe; ihnen ist der Edelstein in jeder Hinsicht ähnlich.» Daraus wird ersichtlich, dass es sich um denselben Edelstein handelt und man auch im vorausgehenden Kapitel Lycophthalmos, nicht Leucophthalmos lesen muss und dass sich Agricola [182] getäuscht hat, der dem Edelstein eine Ähnlichkeit zum menschlichen Auge zugeschrieben hat. Die Triophthalmos des Plinius [37,186] entsteht aus der sogenannten Ionace und zeigt gleichzeitig drei Menschenaugen.

«Eine Ähnlichkeit zum Ohr zeigen bisweilen Steine, die Edelsteinen ähnlich sind», so Agricola [181].

«Ich habe einen Stein gesehen, der unter der Zunge eines Mannes entstanden war und ihn am Sprechen hinderte. Nachdem er entfernt worden war, konnte der Mann wieder sprechen», so Abynzoar[250] [lib. II, tract. II, cap. 2, 1531,71v].

«In den Lungenflügeln des Quästors Albreticus habe ich einige sehr harte Steine mit gleichmässiger Oberfläche und von der Farbe von Tonerde gefunden», so Sca-

249 Es liegt eine Textverderbnis vor, wie Gessner vermutet. Vgl. Saint-Denis (1972) für einen Vorschlag zur Textkonstitution. Zu einem Zitat dieser Plinius-Stelle vgl. auch fol. 123v.

250 Als Abynzoar bezeichnet Gessner den andalusischen Arzt Avenzoar (Abū Marwān ibn Zuhr) († 1162, Sevilla); vgl. Hasse 2016, 340.

liger [Exerc. 108, Teil 3; 1557, 172r]. Neulich hat ein Freund [**145r**] von mir, ein gelehrter Arzt in Schwaben, wie folgt, an mich geschrieben: «Der Stein (den ich schicke) ist kürzlich aus der Brust einer Klosterfrau unter grösstem Husten stossweise hervorgekommen; [das passiert] einmal oder zweimal im Jahr, wobei mit dem Husten ein blutiger Auswurf aus den Atemorganen hervorbricht. Sie arbeitet, geht von hier nach da und reist über Land. Sie hat eine gesunde Farbe, ist verständig und klagt nicht über irgendwelche Schmerzen, ausser dass ihr Atem übel rieche und sie Beschwerden beim Atmen habe. Der Husten ist selten und trocken; man muss ihn wohl als Schwindsucht bezeichnen.» Mattioli und ein anderer Arzt behaupten in den *Epistolae*, dass keiner von den älteren Autoren über Lebersteinchen geschrieben habe [Mattioli 1561, 323–325]. Ganz im Gegenteil: Nicolus behandelt sowohl Leber- als auch Lungensteinchen [Nicolaus Falcutius,[251] 1507; lib. V, tract. IX, sermo V]; und ausserdem findet man eben diese sogar in geschlachteten Tieren.

Bei der Obduktion eines jungen Mannes in Montpellier wurde beobachtet, dass sehr viele Steine den Lungenflügeln eingewachsen waren.

Zu einigen Steinchen im menschlichen Körper [**145v**], aus dem Thorax, der Leber, den Gedärmen, der Galle und zu den tuffartigen Steinen in Gelenken und Gedärmen siehe Weyer, *De praestigiis libri* 3, Kapitel 11 [1564, 330 ff.] und ebenso Johannes Lange in den *Epistolae medicinales*, Band 2, Brief 57 [1560, II, 232–235] zu den Steinchen, die in der Lunge, der Gallenblase, den Nieren und der Blase entstehen. «In Saalfeld in Thüringen hat man aus einem 22 Klafter [40,7 m] tiefen Brunnenschacht einen Stein ausgegraben, der das Aussehen einer dreidimensionalen Brust zeigte, eineinhalb Fuss lang [45 cm], drei Spannen [22,2 cm] breit. An der vorderen Seite, wo die Rippen endeten, war er sechs Finger [10,8 cm] dick. Doch das Rückgrat enthielt nichts, was das Mark darstellte», so Agricola [364].

Dass man in Nürnberg im Magen eines Mannes runde Steinchen fand, die hart waren und eine weisse Farbe hatten, berichtete mir ein Freund, der Erfahrung in der Anatomie hatte.

«In der Leber, sowohl einst in der von anderen Leuten als auch neulich in der eines Senators, fand man schwarze Steine, die aufschwollen, wenn man sie ins Wasser legte; in der Leber eines Ruderknechts fand man einen äusserst harten Stein von blasser Fleischfarbe», so berichtet Julius [**146r**] Caesar Scaliger [Exerc. 108, Teil 3; 1557, 172r]. «Nachdem der venezianische Patrizier Agostino Barbarigo an einer unbekannten Krankheit gestorben war, fand man bei seiner Obduktion einen Stein in der Leber neben der Gallenblase; er war grösser als ein Olivenkern und, was noch erstaunlicher ist, er war von einem ins Schwarz gehenden Grün; diese Farbe haben sonst nur ziemlich harte Steine», so Cardano in *De rerum varietate* [1557,

---

251 Gessner bezieht sich auf das mehrbändige Werk des Florentiner Arztes Nicolaus Falcutius bzw. Niccolò Falcucci († 1411/1412), das u. a. 1507 in Venedig gedruckt wurde; vgl. zu diesem Autor Rhodes 1979.

334]. Zu den Steinen in der Leber und im Gallengang siehe 323 und 324 in Mattiolis *Epistolae* [1561, 323–325] auf dieser ganzen und der darauffolgenden Seite.

«Als ich sah, dass ein alter Mann mit grössten Darmschmerzen, an dessen Genesung alle verzweifelten, kein Fieber hatte, sich keine Schwellung zeigte und sich der Darm in täglichen Durchfällen entleerte und sich eine Last ebenda fühlen liess, glaubte ich nach einer gewissermassen unvermeidlichen Schlussfolgerung, dass ein Stein die Ursache sei, und liess ihm Klistiere aus Bdelliumharz und aus Öl von unserem Bockshornklee, mit einem safranfarbigen Umschlag aus Butter, freilich geschmolzener, einführen. Durch das dritte Klistier wurde eine grosse Menge an Steinen ausgeschieden», so Scaliger [Exerc. 108, Teil 3; 1557, 171v–172r]. «Im Darm [**146v**] bleiben bisweilen Exkremente vollständig wegen ihrer dicken und harten Substanz zurück, so dass sie gleichsam zu Steinen werden», so Abynzoar [lib. II, tract. 1, cap. 4, 1531, 69v].

Zu dem Adadu nephros (das heisst Niere) genannten Stein siehe oben [144r] unter denen, die nach dem Auge benannt sind.

Die folgende Abbildung stellt drei Steine dar: der erste ist aus der Blase eines Menschen entnommen und ungefähr so beschaffen und so gross, wie er tatsächlich ist, rau und vom Aussehen einer Traube; der zweite, ebenso aus der Blase, ist kleiner und glatt; der dritte ist aus den Nieren und war offensichtlich angewachsen.

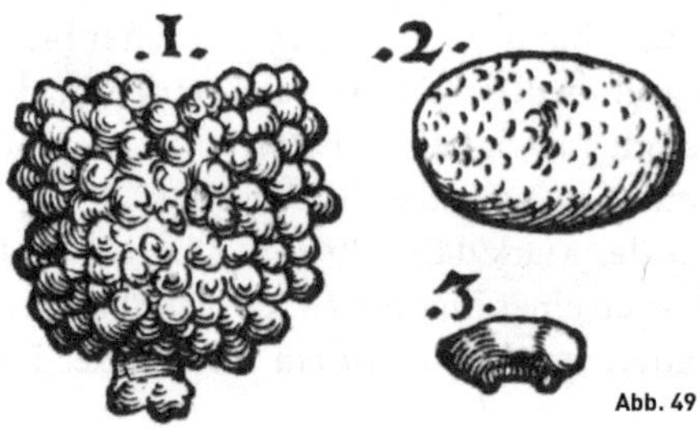

Abb. 49 1. u. 2. Blasensteine; 3. Nierenstein

«Ich habe festgestellt, dass viele Steine aus der Blase nach der Art von Zwiebeln mit Schalen überzogen sind, wobei die jeweils darunterliegende eine andere Farbe hat. [**147r**] Ausser diesen gibt es zwei Arten. Beide besitze ich. Ein Bewohner aus unserem Bovillae hat mithilfe meiner Medikamente etwas Glasartiges ausgeschieden, in der Tat aus jenem bekannten Schleim, von dem Praxagoras schreibt. Beim Ausscheiden war es so weich wie Eiweiss; ausgeschieden hatte es die Härte und den Glanz von Natron. Der Sohn eines Senators hat viele, sehr grosse, breiartige Steine ausgeworfen; diese verhärteten sich später an der Luft zu einer sowohl im Hinblick auf das Aussehen als auch auf die Festigkeit gipsartigen Masse. Auch er ist jetzt wieder wohlauf», so Scaliger [Exerc. 108, Teil 3; 1557, 172r].

Tuffartige Steine und Haare, die sich in den Nieren bilden, haben die gleiche Entstehungsweise, so Galen im Kommentar I zu Buch 6 der *Epidemiae* des Hippokrates, Kapitel 5 [CMG V 10,2,2, p. 23,14 f. = XVIIA 831,6 f. K.]. In den Nieren des verstorbenen Kaisers Ferdinand wie auch in seiner Blase fanden die Ärzte viele Steine. Zu Lebzeiten schied er manchmal mehr als dreissig ohne irgendeinen Schmerz, unter leichtem Brennen aus. Dennoch hat nicht diese Krankheit seinen Tod herbeigeführt, sondern schlimmere Ursachen. Denn als die Ärzte am Tag nach seinem Tod den Darm und die Eingeweide herausnahmen, stellten sie fest, dass das Bauchfell an einer Seite [**147v**] nicht mehr intakt war und ohne jegliches Fett, ebenso der Darm und der Magen und dass die Lunge grossteils verfault war und übel roch zusammen mit Schleim und Eiter, die der Brusthaut auf der linken Seite so anhafteten, dass sie nur mit Mühe entfernt werden konnten.

In Montpellier hat man bei der Obduktion eines Leichnams Hoden voller Steinchen gefunden.

«Die Diphris (*ich lese mit Agricola* [263] *Diphyes*, διφυής, *nach dem doppelten Geschlecht*) ist von zweifacher Art, weiss und schwarz, männlich und weiblich, wobei eine Linie die beiden Geschlechter trennt», so Plinius [37,157].

«Als man im Bistum Trier Bruchsteine ausgrub, um das Mauerwerk der Burg Ehrenbreitstein, das Schaden genommen hatte, auszubessern, fand man schwärzliche, harte Steine, die wie die weibliche Scham aussahen», so Agricola [263]. Cardano [1560, 509] hat für diesen Stein den Namen Hysterapetra geprägt, aber nicht zu Recht; denn ὑστέρα [Gebärmutter] bedeutet nicht τὸ γυναικεῖον μόριον [Scham]. Er fügt hinzu, dass man den Stein auch in Marienburg finde.

[**148r**] «Der Grund für die Bezeichnung ist beim Borsycites nicht bekannt, usw., und auch nicht beim Gemites, wobei gleichsam in einem Stein weisse Hände ineinander verschlungen sind», so Plinius [37,191].[252] Ich habe einmal vermutet, dass Plinius anstelle von Gemites Gamites gelesen haben muss, so dass die Erklärung und der Ursprung des Namens in der Hochzeit bestünde, welche die Griechen γάμος nennen; dabei werden die Hände von Bäutigam und Braut verbunden, die sich gleichsam gegenseitig die Treue versprechen.

«Die idäischen Fingersteine auf Kreta haben die Farbe von Eisen und die Form eines menschlichen Daumens», so Plinius [37,170]. Siehe oben Kapitel 5 [Kap. 4; 86r]. Es finden sich auch einige Pyrite, die Fingern ähnlich sind.

---

252 Gessner zitiert Plinius mit einer Auslassung wie folgt: *Ratio nominum non constat in Borsycite, etc.: nec in Gemite, velut in petra candidis manibus inter se complexis.* Die Bemerkung *ratio nominum non constat in* wird in der Plinius-Ausgabe von Jan/Mayhoff (Plin. 37,191) als Interpolation betrachtet und nicht in den Text aufgenommen, zudem wird die Konjektur *chernitis* für *gemites* übernommen, so dass der Text lautet: *bostrychitis in nigro ramosa candidis vel sanguineis frondibus chernitis velut in petra candidis manibus inter se complexis*; die Übersetzung von König/Hopp folgt dem Text von Jan/Mayhoff ändert *chernitis* aber zu *chernites*: «[D]ie Bostrychitis ist auf schwarzem Grund mit weissem oder blutrotem Laub verästelt, der Chernites zeigt gleichsam in einem Stein ineinander verschlungene weisse Hände.»

«Aus den Gelenken von Podagristen habe ich, nachdem ich die Haut durch Salzlake, alten Käse oder die Späne von verbranntem Pyrites aufgebrochen hatte, sehr viele Steinchen herausgezogen, die so weiss wie der Steatites sind und von unübertroffener Härte», so Scaliger [Exerc. 108, Teil 3; 1557, 172r].

«Die Myrmecias ist schwarz und hat Erhebungen, die Warzen ähnlich sind», so Plinius [37,174]; daran billige ich nicht, dass er die griechische Endung *ias* weiblich sein lässt und gleichsam *gemma* [Edelstein] ergänzt, während die Griechen gewöhnlich einfach λίθος [Stein] ergänzen, im [**148v**] Maskulinum nach der ersten Deklination. Es gibt Steine, die nach einer gewissen Ähnlichkeit zu Kröpfen an der menschlichen Kehle **Kropfstein**, das heisst Kropfsteine, genannt werden; davon habe ich am Ende des ersten Kapitels [19r] gehandelt. Dasselbe Aussehen haben auch die im Deutschen als Flüsse bezeichneten Steine [26r] und manchmal Kristalle.

Zweiter Teil des zwölften Kapitels.
Über diejenigen Steine, die nach Vierbeinern benannt sind usw. Und zuerst allgemein über die, die nach den Teilen, die sie mit irgendwelchen Lebewesen gemeinsam haben, benannt sind, dann über die ähnlichen, dann über die zusammengesetzten.

Manche Lebewesen leben in Steinen oder Felsen eingeschlossen, wie die Krötenart, die Agricola [1549, 72] giftiger Steinfrosch [*rana venenata fossilis*] nennt; darüber handle ich in meiner Geschichte der eierlegenden Vierfüsser, Seite 74 [1554, 74]. Bekanntlich hat man auch eine Art Austern [*ostrea*] gefunden, die im Inneren von Felsgestein leben.

Albertus Magnus sagt in *De rebus metallicis* I, Traktat 2, Kapitel 9 [min. I, ii, 8]: «Für alle scheint es staunenswert zu sein, dass sich [**149r**] bisweilen Steine finden, die innen und aussen Bilder von Lebewesen zeigen. Aussen haben sie nämlich Konturen und, wenn man sie zerbricht, findet man in ihnen Eingeweide dargestellt. Avicenna [min. 30–40 Rubino] sagt, dass der Grund dafür sei, dass Lebewesen bisweilen so, wie sie sind, ganz zu Steinen geformt werden und vor allem zu salzartigen Steinen, in der Regel nicht allzu harten usw.».[253] «Tuffsteine entstehen in den Körpern von Lebewesen aus feuchtem Eiter oder aus einer Mischung aus diesem und Schleim, wie es bei der Gicht geschieht», so Galen im Kommentar I zu

253 Albertus Magnus († 1280) zitiert eine Passage aus *De mineralibus* (auch: *De congelatione et conglutinatione lapidum*), der lateinischen Übertragung bzw. Bearbeitung einer Passage aus Avicennas *Kitāb al-Šifā* («Buch der Heilung») durch Alfred von Sareshell (oder Sareshill); zum Text von Albertus Magnus vgl. Wyckoff 1967, 52; zum Traktat *De mineralibus* vgl. Einleitung 2.1 mit Anm. 92.

Buch 6 der *Epidemiae* [des Hippokrates], Kapitel 5 [CMG V 10,2,2, p. 25,22–24 = XVIIA 835,7–9 K.].

Der Haematites-Stein zeigt die Farbe von Blut und ist Ärzten und Apothekern bekannt. **Ein blůtstein** im Deutschen nach der Übersetzung von Agricola [479]. Eine zweite Art davon nennt man Schistus, das heisst «faserig» oder «spaltbar». «Es gibt von dieser Art schwarze, die aufgetürmt sind», bemerkt Valerius Cordus [1561, 218r]. Der Haemachat ist ein Achat von blutroter Farbe bei Plinius, Buch 37, Kapitel 10 [37,139]. Auf Deutsch freilich nennen meine Landsleute eine Art des Jaspis [**149v**] mit derselben Farbe **Blůtstein** nach der Überzeugung, er stille das Blut, wenn man ihn bei sich führe oder mit der Hand drücke, bis er warm werde.

Bei Säugetieren entsteht Milch aus Blut, das in den Brüsten der Weibchen zur Reife gebracht wurde. Danach wurde der Name Galactites einem Stein gegeben, weil er an einem Wetzsteinchen oder in einem Mörser zerrieben zusammen mit Wasser in einen milchfarbenen Saft als Augenheilmittel aufgelöst wird, wie auch einige andere und besonders der nach der Süsse eben dieses Saftes benannte Melitites, ebenso der als Leucographis oder Morochthus bezeichnete Stein und diejenigen, die auf dem Argaios in Kappadokien vorkommen und die Galen [De simpl. = XII 206,3 f. K.] erwähnt.

Talg nennt man auf Griechisch insbesondere στέαρ und das Fett πιμελή; das scheint Plinius [37,186] beim Steatites-Stein nicht bemerkt zu haben; er sagt: «Nach Körperteilen sind benannt: der Hepatites nach der Leber, der Steatites nach den zahlreichen Fettarten einzelner Tiere.» Man könnte aber vermuten, dass Plinius das schlecht aus irgendeinem griechischen Schriftsteller übersetzt hat und dass dort stand: στεατίτην τῇ τε τῶν ζώων [**150r**] στέατος ὁμοιότητι διάφορον, das heisst: auffallend aufgrund der Ähnlichkeit zu Tiertalg. Διάφορος aber scheint im Griechischen sowohl im Sinne von «auffallend» oder «hervorragend» als auch im Sinne von «zahlreich» oder «vielfältig» mit einigen Unterschieden verstanden zu werden.

1. *Ein Bruchstück eines Steins, den manche als Amiant bezeichnen. Den echten aus Zypern habe ich im ersten Kapitel angeführt* [5v].
2. *Vielleicht ein Steatites oder ein mit der Leucographis oder dem Morochthus (auch Moroxus) verwandter Stein.*

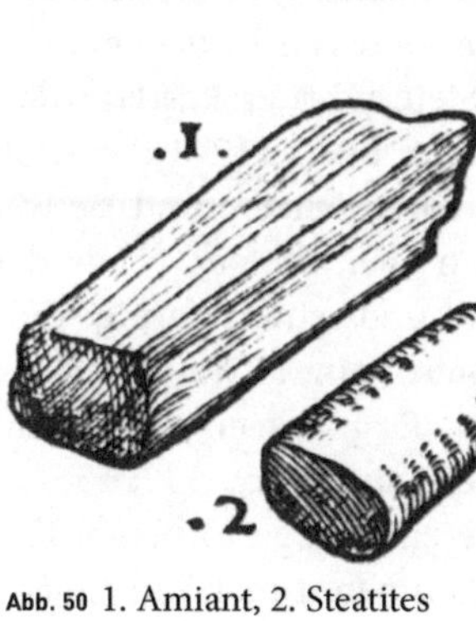

Abb. 50 1. Amiant, 2. Steatites

Den hier angeführten Stein scheint man als Steatites bezeichnen zu können, weil seine weiche Substanz dem Talg sehr ähnlich ist, aber etwas härter und, wie ich vermute, dem Morochthus verwandt. Mag er nämlich auch von braunroter Farbe sein, so malt er dennoch weisse Linien auf das Holz, wenn man ihn daran reibt. Wenn sich nun ein anderer Stein fände, der im Hinblick auf seine Substanz, und zwar zugleich im Hinblick auf seine Fettigkeit und [**150v**] seine Farbe, dem Steatites ähnlicher ist, soll dieser der Steatites sein. Einen solchen wird man vielleicht in einer Art von Erden oder Erdklumpen (wie man gemeinhin sagt) finden, wie besonders der, die man als **Fulerde**, das heisst «Walkererde», oder **Seifferde**, das heisst «Seifenerde», bezeichnet. Wenn diese recht hart ist und einem Stein gleicht, wird nichts dagegensprechen, sie στεατίτης λίθος [Steatites-Stein] zu nennen.

Ich habe eine Art von ausgrabbarem Galmei [*cadmia fossilis*] gesehen, den die Deutschen «Kobalt» nennen; er hat die Farbe von Eisen, einen üblen Geruch, das Aussehen einer Kruste und ist ungefähr dem Gehirn ähnlich.

«Theophrast [lap. 5] ist der Gewährsmann dafür, dass Knochen aus der Erde wachsen und knochenartige Steine vorkommen», so Plinius [36,134]. «Manche glauben, dass diese Feuchtigkeit der Erde, aus welcher der Spiegelstein entsteht, nach Art eines Kristalls fest werde; und, dass sie sich zu einem Stein verdichtet, ist ganz offensichtlich, da, wenn wilde Tiere in solche Gruben fallen, auch (sogar) das Mark aus ihren Knochen nach einem einzigen Winter eben diese Beschaffenheit eines Steins annimmt», so ebenfalls Plinius [36,161].

Einige Quellen lassen, was man in ihnen versenkt hat, zu Stein werden. In [**151r**] Frankfurt an der Oder gibt es eine Quelle, durch deren Kraft Hölzer, Blätter, Rinden, Knochen und Muscheln mit einem steinartigen Stoff überzogen werden [vgl. 125r]. «Einige *res fossiles* sind Knochen ähnlich; von dieser Art ist der arabische Stein; andere sind dem Mark ähnlich, das die Knochen enthalten; derart ist der weissfarbige flüssige Mergel», so Agricola [182]. Der Begriff «Mergel» [*marga*] scheint freilich aus dem Deutschen zu kommen. Die Deutschen nennen nämlich Mark [*medulla*] **Marck**, meine Landsleute **Marg**. «Der Enosteos-Stein zeigt zerteilt das Abbild von Knochen», so Agricola [181]; als deutsche Übersetzung für diesen Stein führt er **Knochenstein** an [478]. Ebenfalls schreibt Agricola in *De natura fossilium* Buch 5 [271]: «Nur den grossen Wasserschleifsteinen gibt man die Gestalt einer Scheibe und sie werden aus hartem Mühlstein hergestellt. Von eben diesen aber, die aus Niederdeutschland gebracht werden und die abwechselnd weiss- und schwarzfarbig sind, zeigen einige, wenn man sie zerbrochen hat, das Aussehen eines Knochens. Deshalb würde man sie auf Griechisch ἐνόστεοι nennen.» «Es gibt in einem Lebenwesen einen Porus von der Härte eines Knochens», so Scaliger [Exerc. 135; 1557, 190v], «den die Natur gleichsam als Ersatz an der Stelle eines abgestorbenen Knochens hat nachwachsen lassen [**151v**]. Im Lateinischen nennt man ihn *Callus*. So hat sich die Natur auch in der Erde steinerne Knochen oder knochenartige Steine ausgedacht, wie wir bei Plinius [36,134] lesen.»

Die vier Abbildungen, die unten angeführt werden, zeigen Steine, die mir von Freunden zugeschickt wurden; man könnte sie Osteolithen nennen.

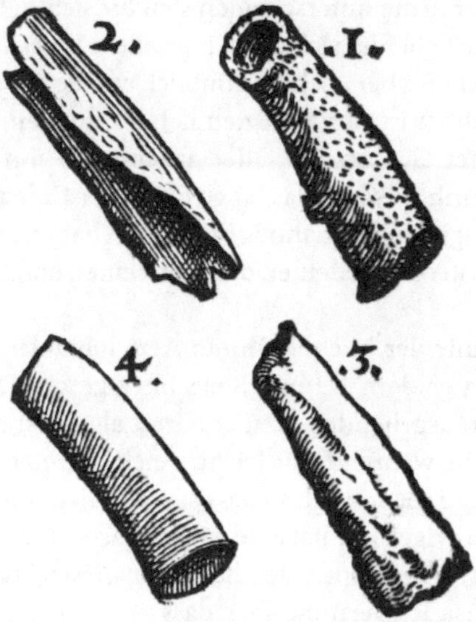

Abb. 51 Osteolithen

Der erste von diesen entsteht in grossen Mengen aus dem Sand an sandigen Orten in der Pfalz und mit dem Aussehen von Knochen, στελεχοειδῶς [baumstumpfartig], das heisst [**152r**] sozusagen nach der Art von Baumstümpfen mit den Anfängen der Äste. Deshalb kann man auch von Στελεχῖται sprechen oder von Ὀστεῖται nach der Ähnlichkeit zu Knochen oder von Ammostei mit einer aus Sand und Knochen zusammengesetzten Bezeichnung oder von Osteocollen nach der Fähigkeit, mit der sie, wenn sie in den Körper eingenommen oder von aussen mit Pflastern umgebunden wurden, gebrochene Knochen auf wundersame Weise zusammenkitten. Nach eben dieser Fähigkeit können sie auch als Holostei bezeichnet werden, weshalb man sie auf Deutsch auch **Beinwell** und **Walstein** nennt. Sie können ferner auch **Sandtstein** und **Steinbein** genannt werden, aber den Begriff **Sandtstein** weist man eher dem Sandstein [*saxum arenarium*] zu. Manche nennen sie **Bruchstein**, wie auch Steine, die sich aus Tropfen bilden, von denen ich oben [74r] gesagt habe, dass sie bei Beinbrüchen helfen, **zů den beinbrüchen**. Meine Landsleute nennen die Felsblöcke, die man aus Steinbrüchen ausgräbt und gleichsam aufbricht oder herausbricht, **Bruchstein**. Über die Beschaffenheit und Verwendung dieser Steine hat Thomas Erastus, Professor für Medizin in Heidelberg, ein führender Mann in jeder Form des Weisheitsstrebens, eine hochgelehrte Abhandlung verfasst, um mir einen Gefallen zu tun.[254] Diese konnte ich [**152v**] wegen der Eile des Druckers nicht in

254 Thomas Erastus (1524–1583), eigentlich Lüber oder Liebler, stammte aus Baden im Aargau und lehrte als Professor für Medizin in Heidelberg und später in Basel. Bei der Abhandlung, auf die Gessner verweist, handelt es sich um die *Epistola de natura, materia, ortu atque usu*

mein Werk aufnehmen, wie ich das wünschte. Ich werde sie deshalb zur erstbesten Gelegenheit andernorts herausbringen lassen, wie sie es verdient.

Der zweite und der dritte unterscheiden sich hinsichtlich der Gestalt von dem ersten. Der dritte unterscheidet sich allerdings allein hinsichtlich der Gestalt vom ersten, der vierte [zweite?] aber auch im Hinblick auf die Substanz, die nicht sandig oder erdig und zerreibbar ist, sondern ziemlich fest und einem Knochen ähnlich. Sein Geruch oder eher Geschmack – der gleiche, wie ihn das fälschlich so bezeichnete Horn des Einhorns hat, das lange unter der Erde faulte, – ist angenehm und ein wenig adstringierend. Johannes Kentmann hat ihn mir geschickt und mit der Bezeichnung Enosteos angedeutet, dass er in einen anderen Stein eingeschlossen war.

Den vierten hat mir der hochberühmte Arzt Johannes Dryander, Gott habe ihn selig, für sich unter dem Namen Stelechites geschickt.[255] Er unterscheidet sich aber von den vorausgehenden, weil er härter als sie ist und eher wie ein Stein (ja sogar ein fester Stein, während jene leicht, weich, zerreibbar und weiss sind, und der erste und der zweite sogar hohl, so dass sie sich nicht nur von aussen, sondern [**153r**] auch von innen zeigen); er hat eine dunkle Farbe und seine Gestalt ist mässig gebogen nach der Art von Rippen. Ich habe nur diesen einen gesehen, der zwei Daumen [5 cm] lang ist. Ich vermute aber, dass es nur dieser ist, von dem Agricola [323] schreibt, man finde ihn in Felsen, aus denen man Wasserschleifsteine herstelle. Diese gibt der Stein nämlich im Hinblick auf Farbe und Substanz wieder.

Was ihre Wirkung angeht, so zweifle ich nicht, dass sie bei vielen Leiden hervorragend helfen – besonders jene, die weiss und ganz reif sind –, wenn die Ärzte sie nur mit Vernunft erproben wollten. Aber allzu gross sind bei den meisten Trägheit und Feigheit, bei vielen auch die Torheit; sie sagen, dass nur das Alte beibehalten werden solle und keine neuen Versuche angestellt werden dürften, gleichsam als seien sie gefährlich. Ja sogar dem Alten geben sie kaum eine Chance, wenn es nicht von Galen oder den Ärzten in seiner Nachfolge überliefert wurde, sondern nur bei wenigen oder dem einfachen Volk und vielleicht den Bauern in Gebrauch sein sollte. Dass die Fähigkeit der Ammostei, Knochen zu festigen, die sowohl gewöhnlichen Wundärzten als auch Landleuten, sogar Analphabeten, von [**153v**] ihren Vorfahren übermittelt und über einige Jahrhunderte hin bestätigt wurde, da die Natur selbst sie anzeigt und beinahe durch die Form, die sie haben, verkündet, nicht gewöhnlich ist, glaube ich aufgrund der Erfahrungen vieler vertrauenswürdiger Leute, sowohl Ungelehrter als auch einiger Gelehrter. Ich ermahne die Ärzte,

lapidis sabulosi qui in Palatinatu ad Rhenum reperitur. Da Gessner die Abhandlung nicht mehr veröffentlichen konnte, liess Thomas Erastus, sie schliesslich 1572 in der Offizin von Petrus Perna in Basel drucken; vgl. dazu Ziehen 1984, bes. 7–11.

255 Johannes Dryander (1500–1560), eigentlich Eichmann, war Arzt und Anatom und übernahm die Professur für Medizin an der Universität Marburg.

dass sie die Apotheker anweisen, diese Steine immer bereitzuhalten. Diese werden zweifellos auch für vieles andere nützlich sein, was immer getrocknet, gestillt und zum Gerinnen gebracht werden muss ohne jegliche Säure. Man wird sie auch waschen können, so dass sie von dem dickeren Sand befreit werden, und zu Pastillen formen können wie Lemnische Erde. Wie diese dürften sie vielleicht auch die Kraft haben, Körper sogar vor der Pest zu bewahren, besonders diejenigen von dieser Art, die ziemlich wohlriechend sind, so wie derjenige, den man im Gebiet der Fürsten von Solms, nicht weit von der Stadt Jena, aus einem sandigen Berg ausgräbt; er hat zuweilen die Gestalt und die Grösse eines Oberschenkelknochens, zuweilen die Gestalt anderer Knochen. «Man nennt ihn **Bainbruch** [**154r**] und verwendet ihn zur Fixierung gebrochener Beine, wobei er für einige Tage eingenommen wird, und, um die Zähne zum Glänzen zu bringen.» So schrieb mir Lorenz Hiel, der hochgebildete Professor für Medizin an der Akademie Jena,[256] in einem Brief und schickte zugleich den Stein, der mir beinahe wie eine Quitte zu riechen schien. Nur sehr leicht bleiben dessen Stückchen an der Zunge hängen; er hat nämlich nur ein Minimum an klebriger Substanz, und zwar ordentlich ausgetrocknet. Durch kleine Höhlungen ist er mässig porös und deshalb leichter. Gänzlich die gleiche Fähigkeit und Substanz scheint auch die Mondmilch, wie sie meine Landsleute nennen, zu haben und auch sie hat manchmal einen recht guten Geruch. Ihre Gestalt kenne ich nicht. Mehr über sie habe ich oben im zweiten Kapitel [49v] geschrieben.

Neulich aber hat mir der Apotheker Peeter Coudenberghe aus Antwerpen einige Steine geschickt, die verbrannten Knochen sehr ähnlich sind, aber massiv und an der Oberfläche voller kleiner Löcher; sie wurden in den Samen von Muskatnüssen gefunden: der eine ist beinahe gerade, der andere gekrümmt und auffallend wegen einer [**154v**] knotenartigen Erhebung in der Mitte. Dieser weist drinnen auch das poröse Gefüge einiger Knochen auf. Ich möchte sie stinkende Osteiten nennen. Denn gerieben oder verbrannt stinken sie wie alter Urin oder verbrannter Knochen, so dass man meinen könnte, es seien echte Knochen gewesen, die in Stein verwandelt wurden.

Keinen Unterschied zu jenen Ammostei, die man im Gebiet der Kurpfalz nicht weit von der Bischofsstadt Speyer am Rhein ausgräbt, und anderen, die man nicht weit von Jena in Sachsen ausgräbt, weist der *Darmstetensis lapis* [Stein von Darmstadt] auf, den ich von dem berühmten Johann Wilhelm Reiffenstein bekommen habe und den man ebenso bei Knochenbrüchen an Beinen oder Armen empfiehlt, wenn drei Tage lang täglich eine oder eineinhalb Drachmen [4,4 g oder 6,6 g] gegeben werden und unterdessen auch Wundpflaster angelegt werden, denen er beigemischt wird. Indessen sagt man, dass er auch ohne diese nützen kann, wenn die

256 Lorenz Hiel († 1566) war Professor für Medizin und Botanik an der Hochschule in Jena und hatte 1562 das Amt des Rektors inne.

Knochen nur von Anfang an auf die rechte Weise in die vorige Position gebracht wurden.

An eben diesen Orten nicht weit von Speyer, wo man, wie ich schon gesagt habe, jene knöchernen Steine ausgräbt, findet man auch Hörner oder Hörnern ähnliche Steine, die man Ceratiten [**155r**] nennen könnte. Das Volk glaubt, dass es die Hörner von Einhörnern seien, die gleichsam bei der Sintflut über den Erdkreis verteilt worden seien. Aber ihre Grösse und Gestalt sind ganz anders als die der echten Hörner eines Einhorns, von denen ich eines in Strassburg gesehen habe.[257] Die Gelehrten zweifeln freilich nicht daran, dass sie ebenso von Natur aus unter der Erde entstehen wie die schon genannten Osteiten, jedoch vielleicht nicht aus Sand, sondern aus Ton. Das Stückchen, das mir der hochgelehrte Erastus geschickt hat, ist weiss, weich und geschmeidig, dem Mark ähnlich, porenlos wie die Osteiten, völlig fest, zerbrechlich und bröckelig; es wirkt äusserst austrocknend und viel stärker adstringierend als die Osteiten und haftet stark an der Zunge an; es ist angenehm zu kauen und hat einen mandelartigen Geruch. Ich möchte ihm wohl beinahe dieselbe Wirkung gegen Gift usw. zuschreiben wie der Armenischen Tonerde. Man findet sie auch andernorts, wie in der unterirdischen Höhle (die das Volk Baumanßhol nennt) bei Elbingerode im Harzwald oder Cheruskerwald im Gebiet der Grafen von Stolberg. In [**155v**] seiner noch nicht veröffentlichten «Beschreibung des Harzwaldes» schreibt der durch vornehme Abkunft und Gelehrsamkeit herausragende Johann Wilhelm Reiffenstein: «Die Knochen aber von ungewöhnlicher Grösse, die man dort ausgräbt, verkaufen viele Betrüger Leuten mit einem recht einfachen Gemüt als Bruchstücke eines Einhorns. Weil aber die Nachbarn den Betrug kennen, begeben sich die Windbeutel an entferntere Orte.»

Über den Edelstein Asteria, der ein Licht nach Art einer Pupille eingeschlossen hält und es mit einer Beugung ausstrahlt, als würde es im Inneren umherwandern, und es bald von einem und bald von einem anderen Ort reflektiert, habe ich im zweiten Kapitel [38v/39r] gesprochen.

«Zur Sonne gehört auch der Stein, der ‹Sonnenauge› genannt wird und die Gestalt einer Pupille hat, aus der Licht hervorstrahlt», so Marsilio Ficino [*De vita* III 14; 1529, 179].

«Die Zmilaces entsteht im Euphrat, gleicht prokonnensischem Marmor und ist in der Mitte grünlich», so Plinius [37,185]. Für Agricola [306] scheint sie aus der Art von Marmor entstanden zu sein, deren Bruchstücke der Fluss herabgeführt hat, wie es zu geschehen pflegt. Camillo Leonardi [1502, lib. 3, 47r] liest bei Plinius [37,185]: «Die Zmilaces oder [**156r**] Zmilanthis hat in der Mitte eine Art grünliche

257 Bei dem vermeintlichen Horn eines Einhorns aus dem Strassburger Münster handelt es sich um einen Mammutstosszahn. Eine Abbildung des «Hornes» findet sich in den *Icones animalium* von 1560, wo Gessner vermutet, es könne sich um das Horn eines Auerochsen handeln; vgl. Gessner 1560, 34 und Leu 1999, 18.

Pupille.» Orpheus [Lith. 261 f.] erwähnt einen Stein [sc. den Zamilampis], der im Euphrat entsteht, den er Barbarenstein nennt; und er ist der Annahme, dass er dem Bacchus lieb ist, dem freilich auch die Kletterpflanze Smilax willkommen sein soll. «Die Callais tritt auf unwegsamen und vereisten Felsen in der Gestalt eines Auges hervor und haftet nur leicht an», so Plinius 37.8 [37,110]. «Der Ocellus [das Äuglein] ist ein dreifarbiger Edelstein, der in der Mitte weiss ist; von seinen Aussenseiten ist die eine eisenfarbig und die andere dunkelschwarz», so Cardano [1562, 341 Nr. 86]. Um denselben oder vielleicht einen ähnlichen dürfte es sich bei der Leucophthalmos oder Lycophthalmos des Plinius handeln, über die ich im ersten Teil dieses Kapitels gesprochen habe [144r/v]. Sie hat nämlich eine rötliche Farbe, und die schwarze Pupille in der Mitte wird von einem weissen Ring umgeben, was eher dem Auge entspricht als das, was Cardano in seiner Schrift *De gemmis* [1562, 341 Nr. 86] über den Ocellus schreibt. Im siebten Buch seines Werkes *De subtilitate* [1560, 465] aber schreibt er: «Die dritte Art des Onyx ist oben eisenfarbig, unten schwarz und in der Mitte weiss; die meisten nennen sie Oculus [Auge]», so Cardano; vielleicht haben Ungebildete [**156v**] den Begriff «Oculus» fälschlich statt «Onychius» geschrieben, wie auch den Begriff «Nicolus» für die zweite Art ebenfalls beim Onyx [Cardano 1560, 464]. Um einen anderen handelt es sich bei dem, der von Plinius [37,183] wegen seiner Dreifarbigkeit Trichrus genannt wird. Er ist selbst schwarz, gibt aber Flüssigkeiten von sich: unten eine schwarze, in der Mitte eine blutrote und oben eine weisse. Auch jener Chelonites, den man in der Volkssprache nach der Kröte bezeichnet, ein vom Weiss ins Dunkelbraun gehender Stein, hat bisweilen in der Mitte ein dunkelblaues Auge. «Zenothemis berichtet, dass es beim Onyx mehrere Arten gibt, eine feurige, eine schwarze, eine hornfarbige, wie ein Auge mit weissen Adern umgeben, einige auch mit dazwischenlaufenden, schrägen Adern versehen», ebenso Plinius [37,90].

Es finden sich mancherorts auch Zähne in der Erde, sei es, dass sie aus den Kadavern irgendwelcher Lebewesen stammen, oder natürlich entstanden sind. Einen versteinerten Zahn bewahrt Aldrovandi in Bologna auf.

1. *Ein sogenannter Hyänen-Stein wurde mir von dem vortrefflichen Arzt aus Ensisheim, Georg Pictorius, geschickt; er ist vielleicht mit denen verwandt, die manche Ombriae nennen,* [**157r**] *äusserst hart und gelblich.*
2. *Ein versteinerter Zahn oder* lapis odontoides, *das heisst ein zahngestaltiger Stein oder ein einer Brustwarze ähnlicher: θηλοειδής. Ich habe ihn von Johannes Fabricius Montanus bekommen, einem äusserst gelehrten Pfarrherren der Kirche von Chur in Rätien.*[258]

258 Johannes Fabricius Montanus (1527–1566), eigentlich Schmid, war nach dem Studium der Theologie in Marburg an der Grossmünsterschule in Zürich als Lehrer tätig und wirkte im Anschluss bis zu seinem Pesttod als reformierter Pfarrer in Chur. Er ist für seine lateinischen Gedichte bekannt, vgl. Amherdt 2018. Aus der Korrespondenz mit Gessner sind zahlreiche Briefe erhalten; vgl. Leu 2016a, 396 f.

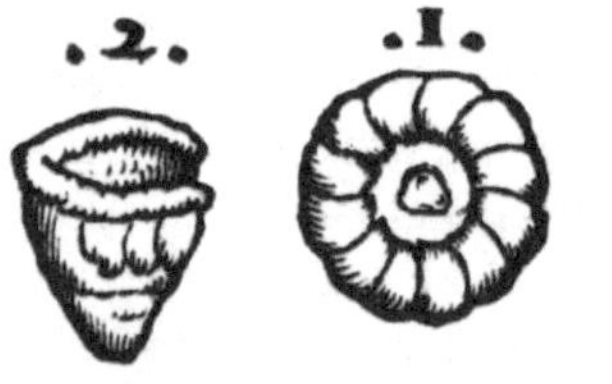

Abb. 52 1. Hyänen-Stein, 2. versteinerter Zahn oder zahngestaltiger Stein

In einer unterirdischen Höhle in der Nähe von Elbingerode (über die ich gerade eben [155r] geschrieben habe) finden sich Knochen und Zähne von Menschen wie auch von anderen Lebewesen, die so ausserordentlich gross sind, dass man kaum glauben kann, dass jemals Menschen oder irgendwelche Lebewesen von solcher Grösse existierten. Ich habe in dem Band über die Wassertiere [1558, 497] im Nachtrag über das Nilpferd eine Abbildung von einem sehr grossen Zahn, den man bei uns gefunden hat, angeführt, aber später habe ich einen anderen, beinahe viermal so grossen aus Polen erhalten. Ein Mann aus dem Adel hatte ihn gefunden [**157v**], als er die Fundamente für sein zukünftiges Haus legte, zusammen mit einem sehr grossen Horn, das die meisten für das Horn eines Einhorns hielten. Doch die Dicke und seine gekrümmte Gestalt sprechen dagegen.

Den Glossopetra genannten Stein (Cardano [1562, 332 Nr. 28] nennt ihn Glottis ohne Gewährsmann) vergleichen die einen, wie Plinius [37,164], mit der Zunge eines Menschen, die anderen mit der eines anderen Lebewesens, wieder andere mit dem Zahn eines Haifisches.

«Die Encardia hat auch den Beinamen Cardisce: es gibt eine, auf der in schwarzer Farbe das Bild eines Herzens hervortritt; eine zweite hat denselben Namen, ist grünfarbig und hat das Aussehen eines Herzens; eine dritte zeigt ein schwarzes Herz, wobei der übrige Teil des Steines (der darum herumläuft, Agricola [304]) weiss ist», so Plinius [37,159]. «Der Telicardios hat die Farbe eines Herzens und bereitet den Persern, bei denen er vorkommt, grosse Freude; sie nennen ihn ‹macula›», so ebenfalls Plinius [37,183].[259]

«Der Hepatites hat seinen Namen von der Leber», so Plinius [37,186].

«Die Enorchis ist weiss und zeigt zerteilt mit ihren Bruchstücken das Bild von Hoden», so Plinius [37,159]. Agricola [478] übersetzt auf Deutsch **Hodenstein**. Eine Abbildung davon [**158r**] findet man im ersten Kapitel bei den runden Steinen [13v]. Es finden sich einige Pyrite, die zwei oder drei Hoden gleichen.

259 Anstelle des überlieferten *maculam* [Fleck] übernehmen Jan/Mayhoff in ihrer Plinius-Ausgabe die Konjektur *mucul.*

Dritter Teil des zwölften Kapitels.
Über die *res fossiles*, die man in Vierbeinern findet oder die irgendeine Ähnlichkeit mit diesen oder Teilen von diesen haben. Zuerst über die zahmen.

«Der Sarcites hat das Aussehen von Rindfleisch», so Plinius [37,181].

«Im Kopf des Rindes[260] soll sich ein Steinchen befinden, das es ausspeit, wenn es den Tod fürchtet: wenn man den Kopf unvermutet abschlägt, das Steinchen herausnimmt und es [einem Baby] umbindet, soll es beim Zahnen erstaunlich nützen», so Plinius [30,139].

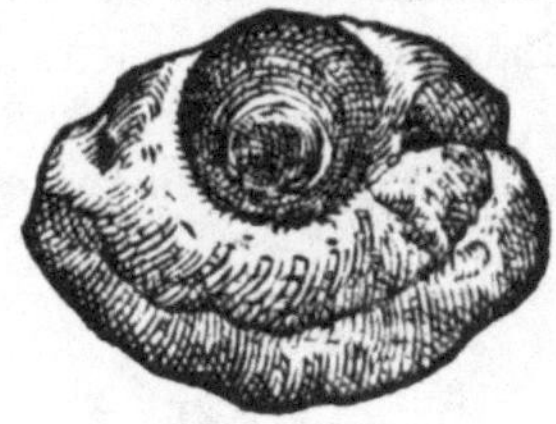

Abb. 53 Augstein

Dieser schwärzliche Stein von der Härte eines Kiesels (denn durch den Schlag mit Eisen wird ihm sogar Feuer [**158v**] entlockt) hat beinahe die Grösse und Gestalt eines Kalbsauges, das aus dem Kopf herausgezogen wurde. Man könnte ihn ὀμματία λίθος oder λιθόφθαλμος nennen, auf Deutsch Augstein. Diesen Stein hat mir Johann Pontanus, der ausgezeichnetste Leibarzt der Herzöge von Sachsen, aus Gotha geschickt.[261]

Ein vertrauenswürdiger Mann übergab mir einen Stein, den man im Herzen eines Rindes gefunden hat. «Die einem Rinderherz ähnliche Bucardia kommt nur in Babylon vor», so Plinius [37,150].

«Im zweiten Magen von Kühen findet sich ein schwärzlicher Tuffstein, rund wie ein Ball und ohne Gewicht, – ein, wie man glaubt, einzigartiges Heilmittel für Frauen mit schweren Geburten, wenn er noch nicht den Boden berührt hat», so Plinius, Buch 11, Kapitel 37 [11,203]. Einige faseln auch, dass die Geburt dadurch, dass man ihn bei sich trägt, zurückgehalten werde. Siehe zu diesen Bällen und ihrer Entstehung auch das, was Johannes Weyer in Buch 3, Kapitel 11 *De praestigiis daemonum* [1564, 335 f.] schreibt. Ich habe ähnliche gesehen und besitze sie; sie sind etwas grösser als eine Faust, sehr leicht und haben eine glatte Oberfläche. In Gämsen, die Plinius Felsziegen nennt, [**159r**] finden sich ähnliche und vielleicht auch noch in irgendwelchen anderen. Scaliger bemerkt in der *Exercitatio* 125 [1557, 183r]: «Ein Pferd hat, als ich dies niederschrieb, Tuffsteinchen hervorgebracht, äusserst hart, sehr leicht, wie Mist aussehend und rund; ich besitze einen davon.»

Über den Stein in der Galle von Rindern, besonders Stieren, habe ich schon einige Bemerkungen in der *Historia quadrupedum* [1551, 70 u. 109] im Abschnitt

---

260 Der Plinius-Ausgabe von Jan/Mayhoff zufolge ist nicht *bovis* (so Gessner), sondern *bovae* zu lesen; es ist demnach vom Kopf einer Wasserschlange die Rede.

261 Johann Pontanus (1515–1572), eigentlich Brückner, wirkte als Professor für Medizin in Königsberg und Jena und war als Leibarzt der Herzöge von Sachsen zuerst in Gotha und später in Wien tätig.

G über das Rind auf Seite 70 und über den Stier auf Seite 109 gemacht. Siehe dazu auch Avicenna [lib. II, tract. II, cap. 400] im letzten der vier Kapitel, die Andrea Alpago aus Belluno[262] [1555, 138] dessen zweitem Buch vorausgeschickt hat, wo er auch eine Beschreibung des Steins und die daraus hergestellten Heilmittel anführt. Sylvaticus [1474, cap. 533] versteht unter Massatum einen Stein, den man in der Rindergalle findet. Scaliger [Exerc. 125; 1557, 183r] schreibt, man nenne ihn auf Arabisch «Haratzi»: «Dass der Stein, der sich in der Galle eines Stiers befindet, bei Gelbsucht anzuwenden sei, hat Moses Kimchi[263] in seinen Kommentaren festgehalten.» Ich habe so einen von einem Freund geschickt bekommen; er ist rötlich und bröckelig.

Einen Stein aus einer Rinderniere hat Aldrovandi in Bologna.

[159v] *Das Ammons- oder Hammonshorn des Plinius, ein anderer Stein als der Ammonites oder Hammites des Plinius, den er mit Fischlaich vergleicht.*

Abb. 54 Ammons- oder Hammonshorn bzw. Hammonites (fossiler Nautilide)

«Das Ammonshorn gehört zu den heiligsten Edelsteinen Äthiopiens, ist goldfarben und zeigt das Abbild eines Widderhorns; man versichert, es bewirke wahrsagende Träume», so Plinius [37,167]. Plinius scheint aber oft Steine für Edelsteine gehalten zu haben; dazu gehört auch der von mir abgebildete Hammonites, den ich von Johannes Kentmann erhalten habe. Es [das Ammonshorn] ist aber wie das Horn eines Widders in sich gedreht. Nachdem Agricola in Buch 5 *De natura fossilium* [260] über den Hoplites, das heisst über Steine jeder Art, die wie mit einem Harnisch überzogen sind, gesprochen hat, fügt er hinzu: «Ebenso haben das Ammonshorn und andere Steine einen Harnisch. Doch ihr Harnisch sieht meist so aus, als wäre er aus Gold oder geglättetem Orichalcum [Messing] gemacht.» Doch in Buch 4 **[160r]** *De ortu et causis subterraneorum* [57 f.] sagt er: «Die Ammonshörner, die meistens mit einem Harnisch überzogen sind, der die Farbe von geglättetem Eisen zeigt, werden goldfarben, wenn sie mit Alaunlösung benetzt wurden. Wenn die Harnische nicht mit dieser Lösung benetzt werden, behalten sie ihre Farbe. Dasselbe geschieht mit einigen anderen Steinen.» Die Abbildung eines grossen Ammonshorns, dessen Durchmesser sieben Finger [12,6 cm] beträgt, und das, wie sich zeigt, zweimal in sich gedreht ist und dessen ganze Gestalt gliedweise (es ist nämlich knotig,

262 Andrea Alpago († 1522) war mehrere Jahre als Arzt für den venezianischen Konsul in Damaskus tätig. Er übersetzte u. a. den «Kanon der Medizin» des Avicenna († 1037) aus dem Arabischen ins Lateinische, vgl. Hasse 2016, 97–115.

263 Scaliger verweist auf den jüdischen Grammatiker und Exegeten Moses Kimchi († 1190), der in Narbonne ansässig war.

sagt er, und hängt gleichsam mit Gelenken zusammen) schön mit sich kräuselnden Wellenlinien gezeichnet ist, wurde mir von Johannes Kentmann geschickt; er selbst hat aber eben dieses Horn von dem erfahrenen und betagten Arzt Burkhard Mythobius[264] bekommen. Er hat mir auch die Abbildung eines anderen mit einem eisenfarbigen Harnisch geschickt.

Cardano schreibt in der Schrift *De gemmis* [1562, 340 Nr. 81] ohne Gewährsmann, der Hammonius-Stein sei Widderhörnern ähnlich und der erste von drei äusserst seltenen; doch weiss ich nicht, von welchem Edelstein er das denkt, da meiner weder ein Edelstein noch besonders selten ist.

[**160v**] Im Folgenden *habe ich nur die Abbildungen angeführt, für die Holzschnitte bereit lagen, und das Übrige ausgelassen, das zu eben diesem Gegenstand hätte angeführt werden können, da der Drucker so sehr zur Eile antrieb.*

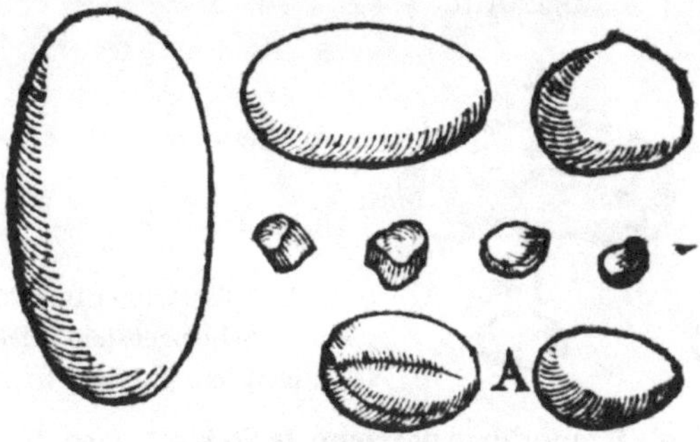

Abb. 55 Bezoare und Bezoarbruchstücke, A. Vorder- und Rückseite einer sogenannten Hirschträne

Drei unterschiedliche Typen des leicht gerundeten Steins, den die Araber als Bezoar bezeichnen, der Grösse entsprechend geordnet, mit vier winzigen Bruchstücken. Einige solcher Steine waren im Besitz des erlauchten Kaisers Ferdinand. Die von diesem Stein angefertigen Zeichnungen, wie sie auch sein mögen, mit einigen Bruchstückchen als Muster hat mir Johann Crato geschickt, einst dessen Leibarzt und jetzt der des Sohnes, des erlauchten Kaisers Maximilian II.

Der Buchstabe A steht zwischen den beiden [**161r**] Abbildungen eines ovalen Steins. Dieser hat die Grösse, die man hier sehen kann, beinahe doppelt so gross wie eine Ackerbohne, dunkelbraun, glänzend, leicht und weich. Auf der einen Seite ist er ziemlich schlicht, auf der anderen hat er einige Linien. Die jüngeren Gelehrten nennen ihn Hirschträne und glauben, dass er dem Bezoar in seiner Wirkung entspreche. Diesen hat mir der hochgelehrte Augsburger Arzt Adolf Occo der Jüngere zur Ansicht geschickt.

264 Burkhard Mithoff (1501–1564), latinisiert Mythobius, war Leibarzt verschiedener Adliger.

Dreizehntes Kapitel

Für das dreizehnte Kapitel, in dem die nach Vögeln benannten oder Vögeln entnommene Steine aufgezählt werden, habe ich gegenwärtig nur von denen Abbildungen vorliegen, die hier dargestellt werden: 1. vom Hieracites und 2. vom Perdicites.

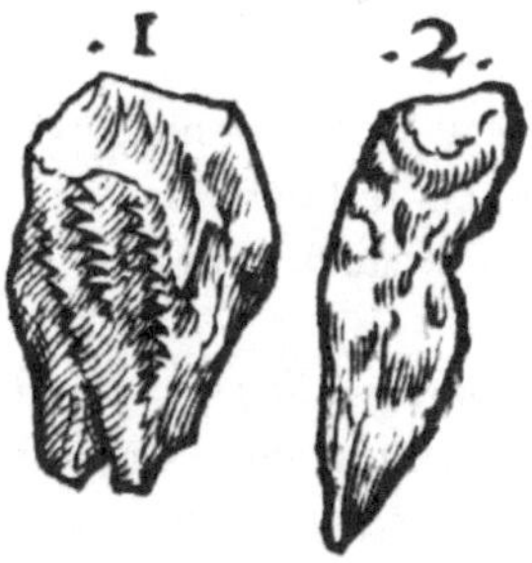

Abb. 56 1. Hieracites, 2. Perdicites

Sie haben ihren Namen von einer Ähnlichkeit zu den Federn dieser Vögel. Ich habe sie von Johannes Kentmann erhalten.

[161v] Die Chelidoniae, die nach Schwalben benannt sind, wie auch die nach Adlern benannten Aëtiten und den nach dem Hahn benannten Alectorias, habe ich oben [107r/v] angeführt.

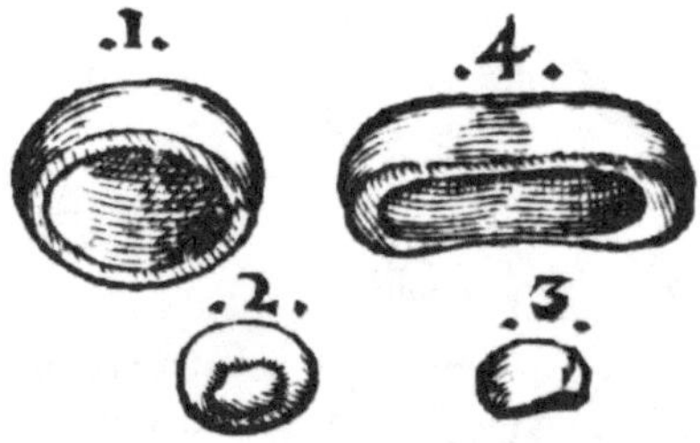

Abb. 57 1.–3. Batrachiten oder Krötensteine, 4. Schlangenstein oder grosser Krötenstein (fossile Fischzähne)

Batrachiten oder volkstümlich als Crapodinae bezeichnete Steine – nach den Kröten, in deren Köpfen sie, wie man überzeugt ist, enthalten sind. Es sind hier nun drei Exemplare davon dargestellt, die sich in der Grösse unterscheiden, die Gestalt einer Halbkugel haben und innen hohl und aussen gewölbt sind. Der vierte ist grösser und länglicher. Die übrigen nennen meine Landsleute in der Regel **Krottenstein**, das heisst Krötensteine. Der vierte, der seltener ist, wird, wie ich höre, **Schlangenstein oder grosser Krottenstein** genannt, das heisst Schlangenstein, als würde man Ophites sagen. Den dritten, der am kleinsten und am wenigsten ausgehöhlt ist, habe ich unter der Bezeichnung «Krötenschädel» von [162r] Gerolamo Cardano erhalten. Aber bei derartigen Steinbezeichnungen gibt es überall grosse Vielfalt und Unsicherheit.

Über die Steine, die das Bild von Wasserlebewesen wiedergeben.
Vierzehntes Kapitel

Abb. 58 Stein von Eisleben (fossiler Fisch aus dem permischen Kupferschiefer von Eisleben-Mansfeld)

Der Stein von Eisleben [*lapis Islebianus*], aus dem man Kupfer ausschmilzt, ist schwarz, hart und wie eine Platte. Er zeigt das Abbild eines Fisches, das durch bronzene Schuppen auffällt, und bisweilen Abbilder anderer Lebewesen. Ich habe zwei Steine mit je einem Fisch und einen mit zwei Fischen von Freunden geschickt bekommen. Agricola nennt ihn «Stein von Eisleben» und schreibt im ersten Buch *De natura fossilium* [182], dass er Bilder von Fischen zeige, nämlich vom Hecht, Barsch und Plattfisch. Im zehnten Buch desselben Werkes [370] aber behauptet er, er sei mit dem von den antiken Autoren als Spinos bezeichneten [**162v**] Stein identisch oder verwandt und spaltbar, schwarz, enthalte Erdpech und sei reich an Kupfer, usw.

Die Steinchen aus den Köpfen einiger Meeresfische, besonders der Gattung der Lachse, sind derartig und so gross.

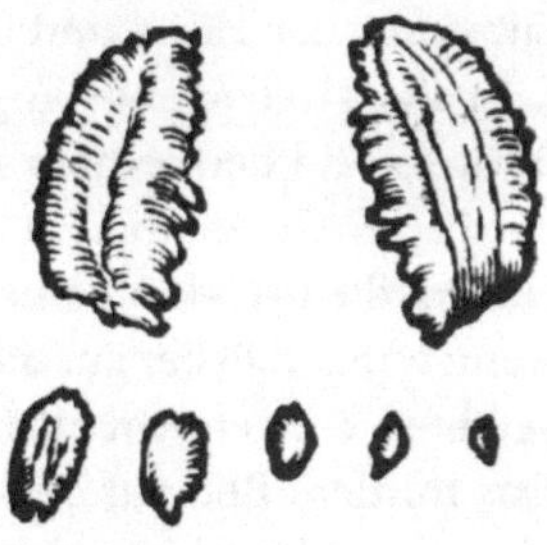

Abb. 59 Steinchen aus den Köpfen einiger Meeresfische

[**163r**] Auf diesen drei Abbildungen, die mit den Buchstaben A. B. C. bezeichnet sind, sind Steine dargestellt, die ich «Glossopetrae» nenne, andere «Haifischzähne», Cardano «Glottides» [vgl. 157v], die Deutschen Naterzünglin, das heisst «Natternzungen». «Die schwärzliche Glossopetra», sagt Agricola [304], «wird von den Deutschen ‹Natternzunge› genannt; dieser ist sie

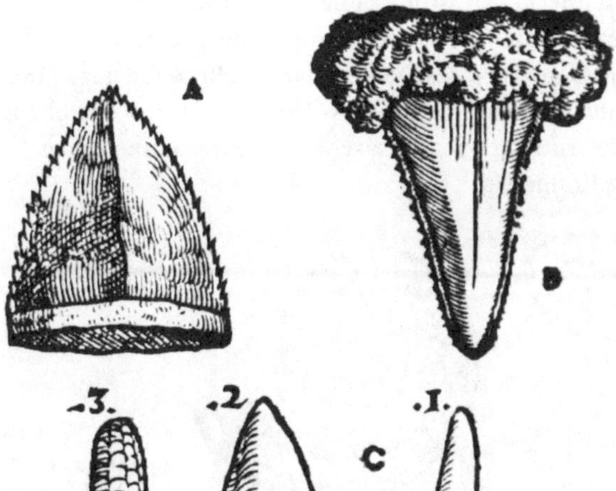

Abb. 60 Glossopetrae (A, B, C1, C2 sind fossile Haifischzähne, C3 vielleicht ein fossiler Seeigelstachel)

aber nicht ähnlich, sondern eher einer Spechtzunge. Sie findet sich in alaunhaltiger Erde.» So Agricola. Bei uns finden sie sich nicht in Schwarz, sondern in der Regel in einem ins Rosa gehenden, glänzenden Weiss und manchmal in Felsen eingeschlossen. Man glaubt, dass sie bei Tisch schwitzen, wenn etwas giftig ist; aber bei Dämpfen schwitzen leicht auch andere glatte und sehr harte Steine. Sie unterscheiden sich in der Farbe, der Grösse und der Gestalt. Die einen sind an den Rändern gezahnt oder gezackt, die anderen glatt. Über den, der auf Abbildung A dargestellt ist, wirst du mehr in meinem Band über die Wassertiere lesen, wo ich den Canis carcharia[265] und den Hai behandle, auf Seite 210 [1558, 210]. Auf der Abbildung C ist unter der Nummer 1 ein Stein dargestellt, der den übrigen in der Substanz, der Härte und dem [**163v**] Glanz ähnlich ist, aber den oberen Teil des Schnabels irgendeines Vogels zeigt, vielleicht den der Amsel; er ist kleiner als die übrigen und dem echten Zahn eines Hais oder Carcharias (wie ihn der Apotheker Peeter Coudenberghe mir aus Antwerpen geschickt hat) am ähnlichsten. Die Haken, die nach hinten herausragen, sind gleichsam die Wurzeln des Zahns oder, wenn jemand lieber auf die Ähnlichkeit zur Zunge Bezug nehmen will, dem zweigeteilten Zungenbein nicht unähnlich, das unter den Zungen von Lebewesen liegt. Das mittlere Bild auf derselben Abbildung zeigt eine etwas breitere Glossopetra ohne ihre Wurzel. Das dritte Bild aber zeigt einen von manchen als Schlangenhorn bezeichneten Stein. Unter dieser Bezeichnung hat mir der überaus hochgelehrte und eines längeren Lebens würdige Arzt Georg [Cornelius][266] Sittard einst diese Darstellung aus Nürnberg geschickt.

1. Eine Art Meeresschnecke, künstlich poliert, mit ihrem ganz und gar steinernen Deckel, den man gemeinhin «Seebohne» nennt; unter Nummer 2 ist die Oberseite, unter Nummer 3 die Unterseite des Deckels dargestellt. Siehe dazu [**164r**] Seite 283 in meiner Geschichte der Wasserlebewesen [1558, 285] unter den übrigen Meeresschnecken die Ausführungen über die ziselierte Meeresschnecke [*cochlea caelata*], so die Bezeichnung Rondelets.

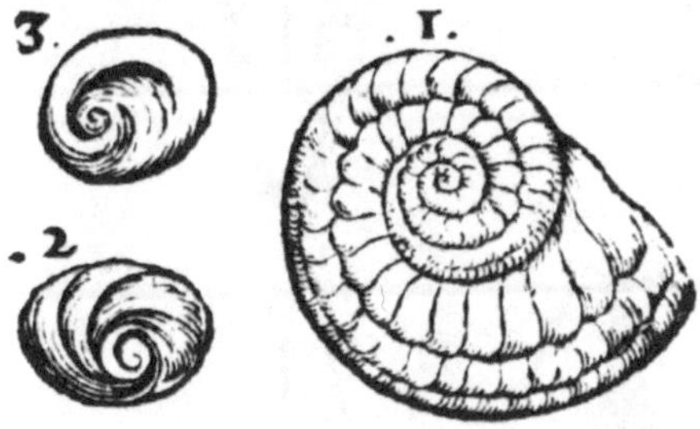

Abb. 61 1. Meerschnecke, 2. und 3. Aussen- und Innenansicht des Deckels

265 *Canis carcharia* bzw. *Carcharias* (zu καρχαρίας) ist der Name einer Art Haifisch mit sägeartigen Zähnen; vgl. LSJ.

266 Es ist wohl der 1550 verstorbene Arzt Cornelius Sittard gemeint, der Gessner Tierbilder für die *Historia animalium* zukommen liess; zu Sittard vgl. Leu 2016a, 212.

Eine Meeresschnecke (sie wurde mir von Johannes Kentmann zugeschickt, wie auch mehrere andere), der man als Beinamen σιδηροειδής nach ihrer eisenähnlichen Oberfläche oder Hoplites wird geben dürfen. Der Stein gibt im Inneren dem Messer nach, aussen ist er mit einer zarten Kruste bedeckt, die glänzt und poliertem Eisen ähnlich ist, braun oder aschfarben. Die ganze äussere Umrandung ist schön in sich gedreht [**164v**] so wie die Ränder der Kuchen, die mit einem Küchen- oder Bäckerrädchen zerschnitten wurden. Die Schnecke scheint zwar auf den ersten Blick eine Ähnlichkeit zum Ammonshorn aufzuweisen und hat eine fast ebenso gerillte und gewundene Oberfläche, doch unterscheidet sie sich sehr stark. Denn man sieht ihre äussere Umrandung nicht mit einer runden Gestalt wie ein Horn, sondern gewunden verengt sie sich am Rand; auch ist sie einerseits aussen dem Eisen ähnlicher, und andererseits ist der Stein im Inneren härter. Die ganze Gestalt ist breiter, flacher und gedrängter. Aber sie stinkt auch nicht im Mund, wenn man sie kaut, wie das Ammonshorn. Der mittlere Teil, wo die Windung endet, bildet auf der einen Seite eine Mulde, auf der anderen Seite tritt er hervor und es zeigen sich keine Windungen. Beim Schlagen mit dem Eisen stösst er Feuer aus.

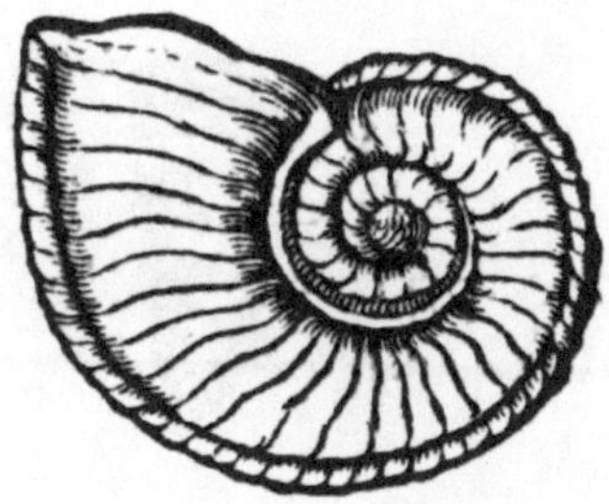

Abb. 62 Meeresschnecke σιδηροειδής oder Hoplites (Ammonit von der Gattung Amaltheus aus dem frühen Jura)

1. Eine steinerne Meerschnecke, Strombites.
2. Ein winziges Meerschnecklein, wenn ich mich gut erinnere.
3. Eine Art gerillte Muschel [*concha striata*], so die Bezeichnung Rondelets [vgl. Gessner 1558, 312 f.]. Die erste und zweite von diesen hat Entzelt [1551, 227 u. 229] fälschlich als [**165r**] Cheloniten dargestellt.[267]

267 Entzelt (1551) führt als Cheloniten auf Seite 227 das Objekt an, das Gessner als gerillte Muschel bezeichnet, d. h. Nummer 2 bei Gessner, fol. 165r; auf Seite 229 stellt Entzelt das Objekt dar, das Gessner als Strombites bezeichnet, d. h. Nummer 1 bei Gessner, fol. 165r. Die Bildlegende und die für die Illustration gebrauchte Nummerierung stimmen bei Gessner nur für Nummer 1 überein, während 2 und 3 vertauscht sind: Nummer 2 ist die gerillte Muschel (*concha striata*); bei dem mit der Nummer 3 bezeichneten Objekt dürfte es sich um das winzige Meerschnecklein (*strombulus minimus*) handeln.

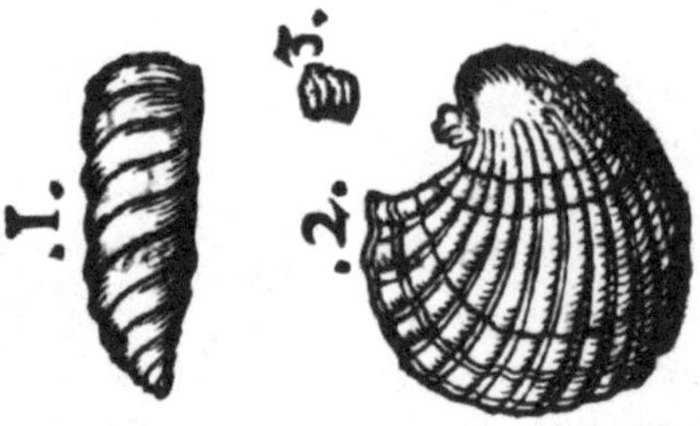

Abb. 63 1. steinerne Meerschnecke, Strombites, 2. gerillte Muschel, 3. winziges Meerschnecklein (Fossilien)

Auch einen anderen Stein, der dem ersten ähnlich ist, nennen einige Apotheker Agape; den Grund dafür kenne ich nicht. Er ist aber kleiner und läuft mit seinen Windungen stärker zu einer Spitze aus.

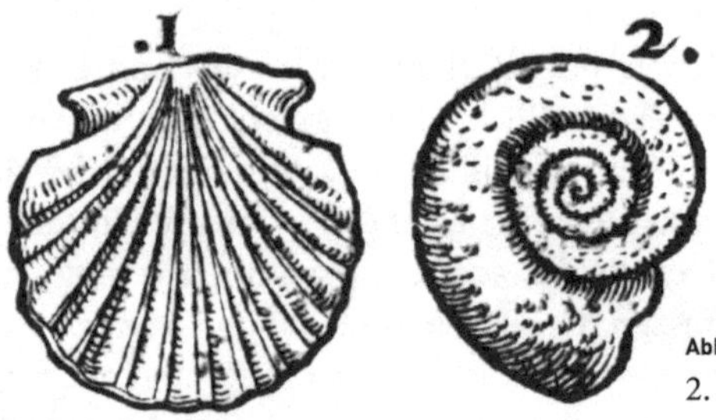

Abb. 64 1. Steinerne Kamm-Muschel; 2. steinerne Schnecke (Fossilien)

1. Eine steinerne Kamm-Muschel. Im Inneren findet sich eine blasse, weissliche Substanz wie zu Stein verhärteter Lehm.

2. Eine Art steinerner Schnecke, flach und niedrig, aussen rötlich und innen weiss. Einige Muscheln und Schnecken [**165v**] dieser Art haben mir Domenico Montesauro, ein unvergleichlicher Arzt und Philosoph in Verona, und Francesco Calzolari, ein überaus erfahrener Apotheker in eben dieser Stadt, zugeschickt.

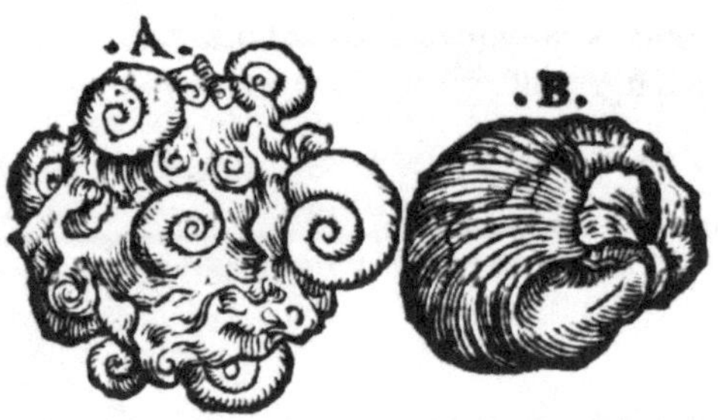

Abb. 65 A. Stein mit steinernen Schnecken (Gestein mit fossilen Schnecken); B. Ctenites (fossile Auster?)

A. Ein Stein mit steinernen Schnecken, die teilweise hervorstehen und teilweise in ihm verborgen sind, so dass er ganz daraus zusammengesetzt zu sein scheint. Man kann ihn aber Cochlites nennen.

B. Eine Art Ctenites, die man in den Steinbrüchen von Hildesheim findet. «Er zeigt die Gestalt eines Walfischmauls» (wie Kentmann schreibt, der mir beide Darstellungen dieses Holzschnitts geschickt hat).

[166r]

Abb. 66 Eisenfarbige Objekte: 1. Muschel mit der Gestalt einer Kastanie, 2. kleine Kamm-Muschel, 3. steinerne Kamm-Muschel, 4. Umbilicus (2.–3. fossile Brachiopoden?)

1. Eine Art *Concha* σιδηροειδής (das heisst «eisern» oder «eisenfarbig», wenn man so sagen darf): etwa von der Gestalt und der Grösse einer Kastanie, mit einem Keim, der zu spriessen beginnt, und mit einem Nabel unten.

2. Eine kleine eisenfarbige Kamm-Muschel, κτένιον σιδηροειδές.

3. Eine andere [kleine Kamm-Muschel] ganz aus Stein.

4. Ein eiserner Umbilicus.

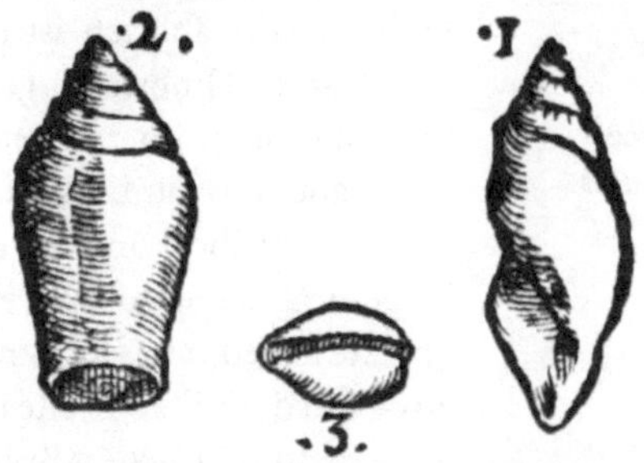

Abb. 67 1. Meerschnecke aus Stein, 2. bräunliche Meerschnecke, 3. sehr kleine Porzellanschnecke

[166v] 1. Eine Meerschnecke, so klein, aus Stein und ganz massiv, doch unten hat sie eine unbedeutende Aushöhlung, von rötlichem Weiss.

2. Eine andere, etwas grösser, von brauner Farbe; nur oben zur Schnecke gedreht, unten eben und in etwa einem Pfeiler oder einer runden Säule ähnlich, nur ganz unten etwas weniger breit.

3. Eine sehr kleine Porzellanschnecke [Porcellana], weiss; allerdings nicht in einen Stein verwandelt, sondern von Natur aus fast steinern, wie auch alle anderen Porzellanschnecken.

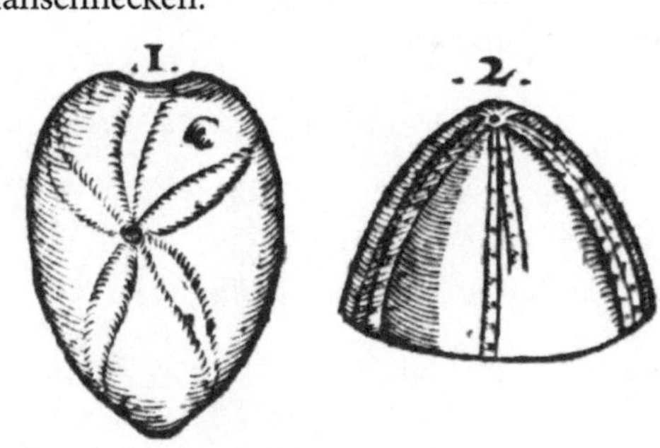

Abb. 68 1. Stein, der einem Seeigel ähnlich ist, Echinites, 2. Stein, dessen Strahlen an einen Seestern erinnern (1.–2. fossile Seeigel)

1.2. Die Steine sind massiv, kleiner als eine Faust und von der wunderbaren Kunstfertigkeit der Natur bemalt. Sie haben ein mittleres Gewicht und die Kruste, die sie umgibt, ist aus Kiesel, weiss, etwas dicker und sehr hart [**167r**] bei beiden, deutlicher beim zweiten, der flacher ist und mit seinen Strahlen an einen Seestern erinnert. Der erste ist höher und spitzer und kann, wenn ich mich nicht täusche, wegen seiner Ähnlichkeit zu einem Seeigel, dem die äussere Schale abgenommen wurde, Echinites genannt werden. Bei beiden laufen die Strahlen vom oberen Teil zum untersten hinab, bei dem Schlangenei (das ich bald unten [168v] bringen werde) laufen sie in die Gegenrichtung; es hat aber auch einige Saugnäpfchen, diese beiden haben hingegen keine.

Ein steinerner Meerkrebs, dargestellt ist die Unterseite.

Ein ſteininer Meerkrebß oder Täſchenkrebß

Abb. 69 Unterseite eines steinernen Meerkrebses (fossile Krabbe *Palaeocarpilius macrochelus*)

1. Ein Stein, der dem Schwanz eines Krebses, oder genauer dem eines Flusskrebses, sehr ähnlich ist und mir unter dem Namen Ombrias zugeschickt wurde. Ich habe oben im zweiten Kapitel [61v] einen anderen Ombrias dargestellt.

2. Derselbe von der anderen Seite. Insgesamt ist er etwas kürzer als das oberste Glied eines Daumens [**167v**], in etwa von derselben Breite und Dicke und von einem blässlichen Braun.

Der eine Teil, der der untere zu sein scheint, wird von fünf mässig gekrümmten, quer verlaufenden Gürteln unterteilt, die seitlich gebogen emporsteigen. Der obere Teil aber ist glatt. An dem einen Ende ragt ein runder Höcker hervor; ihm entspricht am gegenüberliegenden Ende eine Aushöhlung. Der Stein ist recht hart und schwer.

Abb. 70 1.–2. Unter- und Oberseite eines Ombrias genannten Steins (Bruchstück des Phragmokons eines Belemniten); 3. nicht beschrieben (Teil eines Crinoiden-Stiels?)

Über die Steine, die Schlangen und Insekten wiedergeben.
Fünfzehntes Kapitel

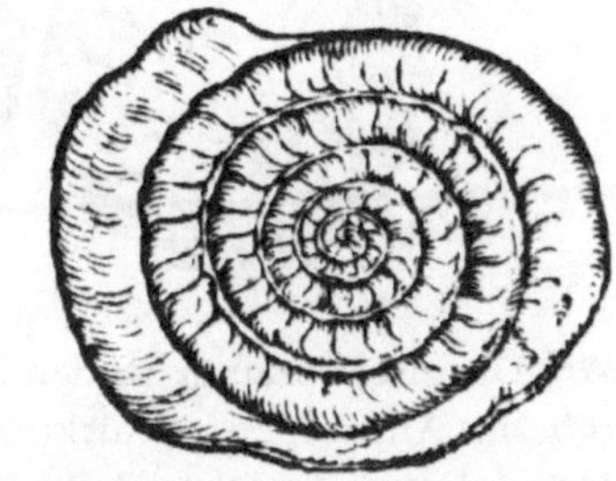

Abb. 71 Stein mit dem Aussehen einer spiralförmig zusammengerollten Schlange (Ammonit)

Ein Stein von dieser Art, nicht viel grösser, als man ihn hier sieht, wurde auf einem Berg in der Schweiz gefunden. Er hat das Aussehen einer Schlange, die spiralförmig zusammengerollt ist [**168r**], so dass das Haupt an der äussersten Windung hervorragt, das Schwanzende aber den Mittelpunkt bildet. Es gab auch noch einen anderen Teil des Steines, der aussen um einen Teil herumlief, als gehöre er zu einer zweiten etwas grösseren Schlange, die sich um diese kleinere herumlegt. Auf dieser Abbildung habe ich ihn nicht hinzugefügt, weil er abgebrochen war. Dieser Stein ist bei mir; er ist recht hart und dunkel, an der unteren Seite flach und formlos, ausser dass man an einem Ort eine kleine Spur des Schlangenkörpers sehen kann.

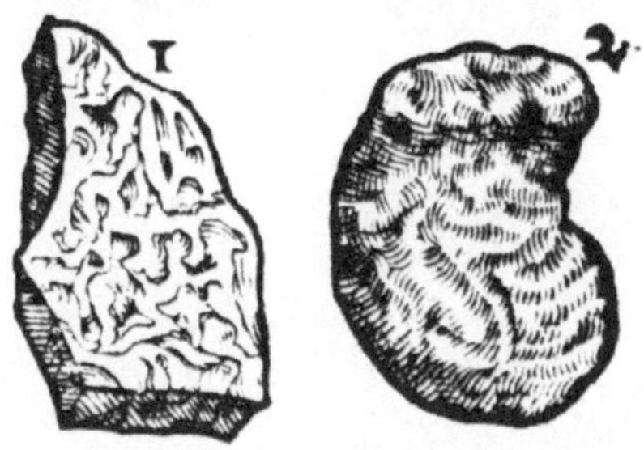

Abb. 72 1. Marmor Ophites, 2. Scolopendrites (Beschreibung erst auf fol. 169r)

Diesen auffallenden Stein hat man in einem Fluss, den man Töss nennt, im Gebiet von Zürich gefunden. Er ist ein wenig grösser als eine Faust, wiegt 21 Unzen [573,3 g] und ist von einem bräunlichen Weiss; innen aber ist er weiss, wenn man ihn einschneidet. Er ist erstaunlich [**168v**] hart, vor allem aussen. Er ist nämlich gleichsam von einer Kruste aus Kiesel umgeben, innen ist er etwas weicher. Er hat die Gestalt einer Linse oder auch einer Halbkugel. Beide Arten bewahre ich bei mir auf. Vom Boden, der in der Mitte flach und glatt ist, wie man bei Nummer 2 sieht, verlaufen fünf Strahlen, die wie Schlangen- oder Eidechsenschwänze aussehen, zum oberen Teil, wobei sie sich allmählich verjüngen. Jeder Zwischenraum aber zwischen zwei Schwänzen hat zwei Reihen von Saugnäpfchen, die wie eine Art Warzen hervorragen. Das scheint freilich das Schlangenei des Plinius zu sein, das von ihm ausführlich in Buch 29, Kapitel 3 [29,53] beschrieben wurde. Ob es aber irgendwie mit den Brontiae verwandt ist, die Agricola in Buch 5 *De natura fossilium* [262] beschrieben hat, habe ich noch nicht untersucht.

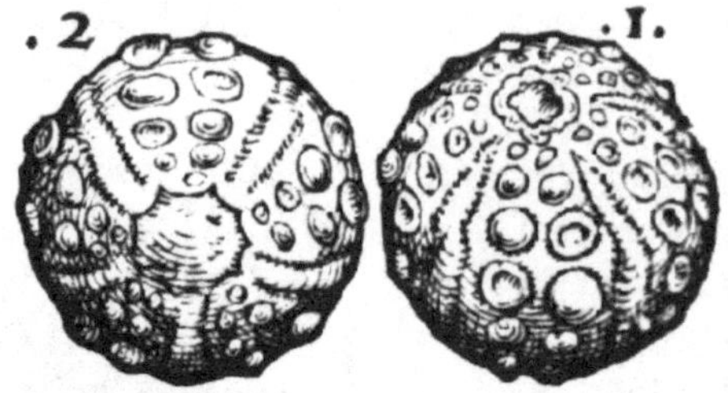

Abb. 73 Schlangenei des Plinius, zwei Ansichten (fossiler Seeigel)

[**169r**] Die zwei vorausgehenden Steine [Abb. 72, 168v] hat mir Peeter Coudenberghe aus Antwerpen geschickt. Der erste ist eine Art Marmor Ophites und schillert nicht nur an der Oberfläche, sondern auch im gesamten Inneren mit wunderbaren Maserungen, Linien und Gestalten; er ist von einem ins Aschgrau gehenden Weiss mit braunen Maserungen, die so aussehen, als wären sie künstlich erzeugt. Der zweite ist vielleicht mit diesem verwandt, aber unterscheidet sich sehr stark durch die Linien, die man sich nämlich etwas breiter, von weisser Farbe und beinahe wie Kohlblätter oder Wellen auf dem ganzen Stein kräuseln sieht; überall sind sie voll von sehr kurzen, querverlaufenden «Beinchen», wie unter den Würmern die Tausendfüsser. Nach der Ähnlichkeit zu ihnen könnte man diesen Stein Scolopendrites nennen.

ENDE

Abbildungsverzeichnis

Für die Abbildungen wurden Drucke und Handschriften der folgenden Institutionen verwendet:

SLUB Dresden Geolog. 1277: Conrad Gessner: De rerum fossilium, lapidum et gemmarum maxime, figuris et similitudinibus, in: ders. (Hg.): De omni rerum fossilium genere ..., Zürich 1565 [1566], digitalisierter Druck unter: urn:nbn:de:bsz:14-db-id2744160426

UB Basel, UBH J I 5: Katalog von Felix Platters Sammlungen, digitalisierte Handschrift unter: https://doi.org/10.7891/e-manuscripta-13866

UB Basel, UBH K I 2: Abbildungen von Mineralien, Corallen usw. / von Felix Platter gesammelt, digitalisierte Handschrift unter: https://doi.org/10.7891/e-manuscripta-12850

ZB Zürich, I ZZ 77: Leonhart Fuchs: New Kreüterbuoch, Basel 1543, digitalisierter Druck unter: https://doi.org/10.3931/e-rara-1698

ZB Zürich, 5.200: Conrad Gessner: De raris et admirandis herbis, Zürich 1555, digitalisierter Druck unter: https://doi.org/10.3931/e-rara-4152

Dr. Walter Etter, der ehemalige Kurator für Paläontologie/Wirbellose am Naturhistorischen Museum Basel, hat die Fotografien von Objekten aus der Sammlung des Naturhistorischen Museums Basel (NMB) angefertigt. Von ihm stammen auch die Collagen in der Einleitung.

Abbildungen in der Einleitung

Abb. 3.7 Collage von Walter Etter zum Sternstein: UB Basel, UBH K I 2, fol. 50r; SLUB Dresden Geolog. 1277, Gessner, fol. 35v; angeschliffene Korallenkolonie aus der Sammlung von Felix Platter, Sammlung NMB, FP96bis

Abb. 3.8 Abbildungen von Mineralien, Corallen usw. / von Felix Platter gesammelt, UB Basel, UBH K I 2, fol. 71r

Abb. 3.9a UB Basel, UBH K I 2, fol. 50r; 3.9b SLUB Dresden Geolog. 1277, Gessner, fol. 107r/v (*Chelidoniae*); 3.9c fossile Zähne von Brassen und Lippfischen, Sammlung NMB, FP125

Abb. 3.10a vgl. 3.9a; 3.10b SLUB Dresden Geolog. 1277, Gessner, fol. 161v (*Batrachitae*); fossile Zähne von Pycnodontiden oder Lepidotes, Sammlung NMB, FP98cbis

Abb. 4.1 Collage von Walter Etter: SLUB Dresden Geolog. 1277, Gessner, fol. 165v, Vergleichsobjekt: Stein mit Schnecken aus Lausen, Baselland, Sammlung NMB

Abb. 4.2 Collage von Walter Etter: SLUB Dresden Geolog. 1277, Gessner, fol. 164r, Vergleichsobjekt: *Amaltheus gibbosus* (Schlotheim, 1820) aus Württemberg, Sammlung NMB

Abb. 4.3 Collage von Walter Etter: SLUB Dresden Geolog. 1277, Gessner, fol. 159v, Vergleichsobjekt: *Cenoceras sanguineus* (Rollier) aus Württemberg, Sammlung NMB

Abb. 4.4 Collage von Walter Etter: SLUB Dresden Geolog. 1277, Gessner, fol. 91r, Vergleichsobjekt: Belemnit *Acrocoelites oxyconus* (Hehl in Zieten, 1831) aus Württemberg, Sammlung NMB

Abb. 4.5 Collage von Walter Etter: SLUB Dresden Geolog. 1277, Gessner, fol. 37r und 89v; Vergleichsobjekt: Stielglieder von *Pentacrinus amblyscalaris* Thurmann in Étallon, 1859 aus La Caquerelle, Sammlung NMB

Abb. 4.6 Collage von Walter Etter: SLUB Dresden Geolog. 1277, Gessner, fol. 128v, Vergleichsobjekte: Stacheln von *Caenocidaris cucumifera* (Agassiz, 1840) von Riederwald und *Paracidaris florigemma* (Phillips, 1829) von Reuchenette, Sammlung NMB

Abb. 4.7 Collage von Walter Etter: SLUB Dresden Geolog. 1277, Gessner, fol. 166v, Vergleichsobjekte: *Heteraster couloni* (Agassiz, 1839) aus Morteau und *Conulus subconicus* (d'Orbigny) aus England, Sammlung NMB

Abb. 4.8 Collage von Walter Etter: SLUB Dresden Geolog. 1277, Gessner, fol. 168v, Vergleichsobjekt: *Paracidaris florigemma* (Phillips, 1829) aus Péry-Reuchenette, Sammlung NMB

Abb. 4.9 Collage von Walter Etter: SLUB Dresden Geolog. 1277, Gessner, fol. 162v, Vergleichsobjekt: fossile Zähne aus Umbrien, Sammlung NMB

Abb. 4.10 Collage von Walter Etter: SLUB Dresden Geolog. 1277, Gessner, fol. 162r, Vergleichsobjekt: *Palaeoniscus freieslebeni* Blainville, 1818 aus dem Kupferschiefer von Mansfeld-Eisleben, Sammlung NMB

Abbildungen in der Übersetzung

Titelblatt von Conrad Gessner: *De rerum fossilium … figuris et similitudinibus*

Abb. 1–73 zeigen die Holzschnitte dieser Schrift; es wurde das digitalisierte Exemplar der SLUB Dresden (Geolog. 1277) herangezogen.

Literaturverzeichnis

Abel 1939 – Abel, Othenio: Vorzeitliche Tierreste im Deutschen Mythus, Brauchtum und Volksglauben, Jena 1939.

Ackermann 1985 – Ackermann, Hans Christoph: The Basle Cabinets of Art and Curiosities in the Sixteenth and Seventeenth Centuries, in: Oliver Impey/Arthur MacGregor (Hgg.): The Origins of Museums. The Cabinet of Curiosities in Sixteenth- and Seventeenth-Century Europe, Oxford 1985, 62–68.

Agricola 1530 – Agricola, Georg: Bermannus, sive de re metallica, Basel 1530.

Agricola 1546 – Agricola, Georg: De ortu et causis subterraneorum Lib. V, De natura eorum quae effluunt ex terra Lib. IIII, De natura fossilium Lib. X, De veteribus et novis metallis Lib. II, Bermannus sive De re metallica Dialogus, Interpretatio Germanica vocum rei metallicae, addito Indice foecundissimo, Basel 1546 [Basel ^{2}1558].

Agricola 1550 – Agricola, Georg: De mensuris et ponderibus Romanorum atque Graecorum Lib. V, De externis mensuris et ponderibus Lib. II, Ad ea, quae Andreas Alciatus denuo disputavit de mensuris et ponderibus, brevis defensio Lib. I, De mensuris, quibus intervalla metimur Lib. I, De restituendis ponderibus atque mensuris Lib. I, De precio metallorum et monetis Lib. III, Basel 1550.

Agricola 1556 – Agricola, Georg: De re metallica Libri XII. Quibus officia, instrumenta, machinae, ac omnia denique ad Metallicam spectantia […] Eiusdem De animantibus subterraneis Liber, ab Auctore recognitus: cum Indicibus diversis, quicquid in opere tractatum est, pulchre demonstrantibus, Basel 1556.

Amherdt 2018 – Amherdt, David: Ioannes Fabricius Montanus, Poèmes latins. Introduction, édition, traduction et commentaires, Basel 2018.

Andreae 1776 – Andreae, Johann Gerhard Reinhard: Briefe aus der Schweiz nach Hannover geschrieben in dem Jare 1763. Zweiter Abdruck, Zürich/Winterthur 1776.

Angel 1995 – Angel, Michel (Hg.): Saint Albert le Grand, Le monde minéral. Les pierres, De mineralibus (livres I et II). Présentation, traduction et commentaires par M. A., Paris 1995.

Arbenz/Wartmann 1906 – Arbenz, Emil/Wartmann, Hermann: Die Vadianische Briefsammlung der Stadtbibliothek St. Gallen, Bd. 6, St. Gallen 1906.

Arwed 2021 – Arwed, Arnulf: Conrad Gessner, *De rerum fossilium, lapidum et gemmarum maxime, figuris et similitudinibus liber* (1565), in: Iris Wenderholm (Hg.): Stein. Eine Materialgeschichte in Quellen der Vormoderne. Unter Mitarbeit von Isabella Augart, Berlin/Boston 2021, 293–298.

Aufmesser 2000 – Aufmesser, Max: Etymologische und wortgeschichtliche Erläuterungen zu De materia medica des Pedanius Dioscurides Anazarbeus, Hildesheim/Zürich/New York 2000.

Aufmesser 2002 – Aufmesser, Max: Pedanius Dioscurides aus Anazarba. Fünf Bücher über die Heilkunde. Aus dem Griechischen übersetzt von M. A., Hildesheim/Zürich/New York 2002.

Bernoulli 1941 – Bernoulli, Walter: Demonstration alter Fossilienabbildungen und zugehöriger Originalien des Basler Naturhistorischen Museums, in: Eclogae Geologicae Helvetiae 34, 1941, 302–305.

Berrens 2020 – Berrens, Dominik: Names and Things. Latin and German Mining Terminology in Georgius Agricola's *Bermannus*, in: Antike & Abendland 65/66, 2020, 232–243.

Blair 2010 – Blair, Ann M.: Too Much to Know. Managing Scholarly Information before the Modern Age, Yale 2010.

Blair 2016 – Blair, Ann M.: Conrad Gessner's Paratexts, in: Gesnerus 73, 2016, 73–122.

Boenke 2012 – Boenke, Michaela (Hg.): Marsilio Ficino, *De vita libri tres* / Drei Bücher über das Leben. Hg., übersetzt, eingeleitet und mit Anmerkungen versehen, München 2012.

Boscani Leoni 2019 – Boscani Leoni, Simona: Conrad Gessner and a Newly Discovered Enthusiasm for Mountains in the Renaissance, in: Urs B. Leu/Peter Opitz (Hgg.): Conrad Gessner (1516–1565). Die Renaissance der Wissenschaften / The Renaissance of Learning, Berlin/Boston 2019, 119–128.

Bruckner 1748–1762 – Bruckner, Daniel: Versuch einer Beschreibung historischer und natürlicher Merkwürdigkeiten der Landschaft Basel, 22 Stücke, Basel 1748–1762.

Büsser 1990 – Büsser, Fritz: Das «Buch der Natur». Vom Lob des Schöpfers zum Schutz der Schöpfung. Grosse Theologen über Schöpfung und Natur, Stäfa 1990.

Calzolari 1566 – Calzolari, Francesco: Il viaggio di Monte Baldo, della magnifica citta di Verona, Venedig 1566.

Chladni 1819 – Chladni, Ernst F. F.: Über Feuer-Meteore und über die mit denselben herabgefallenen Massen, Bd. 1, Wien 1819.

Colonna 1616 – Colonna, Fabio: Purpura et aliorum aquatilium observationes, in: Fabio Colonna (Hg.): Minus cognitarum rariorumque nostro coelo orientium stirpium ekphrasis [...] item de aquatilibus aliisque nonnullis animalibus libellus, Rom 1616 [De glossopetris dissertatio, 31–39].

Cordus 1561 – Cordus, Valerius: Annotationes in Pedacii Dioscoridis de Medica materia libros V: Historiae stirpium lib. IV. posthumi: Sylva: De artificiosis extractionibus liber: Compositiones medicinales, Strassburg 1561.

Dannenfeldt 1972 – Dannenfeldt, Karl H.: Wittenberg Botanists During the Sixteenth Century, in: Lawrence P. Buck/Jonathan W. Zophy (Hgg.): The Social History of the Reformation, Columbus 1972, 223–258.

Dauwalder/Lienhard 2016 – Dauwalder, Lea/Lienhard, Luc: Das Herbarium des Felix Platter. Die älteste wissenschaftliche Pflanzensammlung der Schweiz, Bern 2016.

Dejouy/Thomas 2005 – Léa Dejouy/Philippe Thomas (Hgg.): Histoires de Météorites, vol. I: Ensisheim, Varennes-Vauzelles 2005.

Delattre 2011 – Delattre, Charles (Hg.): Pseudo-Plutarque, Nommer le monde. Origine des noms de fleuves, de montagnes et de ce qui s'y trouve. Traduit, présenté et annoté par Ch. D., Villeneuve d'Ascq 2011.

Depoorter 2020 – Depoorter, Matthias: Jan van Eycks Entdeckung der Natur, in: Maximiliaan P. J. Martens u. a. (Hgg.): Van Eyck. Eine optische Revolution, Stuttgart 2020, 204–235.

Desor/De Loriol 1868–1872 – Desor, Édouard/De Loriol, Perceval: Échinologie Helvétique. Description des oursins fossiles de la Suisse. Échinides de la période jurassique, Paris/Wiesbaden 1868–1872.

Deubelbeiss 1991 – Deubelbeiss, Beat: Beschreibung des Mons Fractus durch Konrad Gessner, in: Mitteilungen der Naturforschenden Gesellschaft Luzern 32, 1991, 34–51.

Doody 2010 – Doody, Aude: Pliny's «Encyclopedia». The Reception of the Natural History, Cambridge 2010.

Duffin 2008 – Duffin, Christopher J.: Fossils as Drugs. Pharmaceutical Palaeontology, Luxembourg 2008.

Dürer 1528 – Dürer, Albrecht: Hierin(n) sind begriffen vier bücher von menschlicher Proportion, Nürnberg 1528.

Durkan 1980 – Durkan, John: Giovanni Ferrerio: Gesner and French affairs, in: Bibliothèque d'Humanisme et Renaissance 42, 1980, 349–360.

Durling 1965 – Durling, Richard J.: Conrad Gesner's *Liber amicorum* 1555–1565, in: Gesnerus 22, 1965, 134–159.

Eichholz 1965 – Eichholz, D. E. (Hg.): Theophrastus, *De lapidibus*. Ed. with Introduction, Translation and Commentary, Oxford 1965.

Egmond 2013 – Egmond, Florike: A Collection within a Collection. Rediscovered Animal Drawings from the Collections of Conrad Gessner and Felix Platter, in: Journal of the History of Collections 25, 2013, 149–170.

Egmond 2017 – Egmond, Florike: Eye for Detail. Images of Plants and Animals in Art and Science, 1500–1630, London 2017.

Ellenberger 1996 – Ellenberger, François: History of Geology. Volume 1: From Ancient Times to the First Half of the XVII Century, Rotterdam 1996 [Übersetzung von: Histoire de la Géologie. Tome 1, Paris 1988].

Entzelt 1551 – Entzelt, Christoph: De re metallica, Frankfurt 1551 [Frankfurt ^{2}1557].

Epprecht 1955 – Epprecht, W.: Die Beziehungen zwischen Georg Agricola und Conrad Gessner, in: Vierteljahresschrift der Naturforschenden Gesellschaft in Zürich 100, 1955, 271–276.

Etter 2015 – Etter, Walter: Early Ideas about Fossil Cephalopods, in: Swiss Journal of Palaeontology 134, 2015, 177–186.

Etter 2016 – Etter, Walter: Conrad Gessner als Paläontologe, in: Urs B. Leu/Mylène Ruoss (Hgg.): Facetten eines Universums. Conrad Gessner 1516–2016, Zürich 2016, 175–184.

Etter 2019 – Etter, Walter: Conrad Gessner and the Early History of Palaeontology, in: Urs B. Leu/Peter Opitz (Hgg.): Conrad Gessner (1516–1565). Die Renaissance der Wissenschaften / The Renaissance of Learning, Berlin/Boston 2019, 129–144.

Etter/Schmidt 2020 – Etter, Walter/Schmidt, Olivier: Gessner's Fossil Crab. An Icon for the Early History of Palaeontology, in: Journal of the History of Collections 32, 2020, 411–430.

Farner 1954 – Farner, Oskar: Huldrych Zwingli. Bd. 3. Seine Verkündigung und ihre ersten Früchte 1520–1525, Zürich 1954.

Fischel 2009 – Fischel, Angela: Natur im Bild. Zeichnungen und Naturerkenntnis bei Conrad Gessner und Ulisse Aldrovandi, Berlin 2009.

Fischel 2010 – Fischel, Angela: Collections, Images and Form in Sixteenth-Century Natural History: The Case of Conrad Gessner, in: Intellectual History Review 20:1, 2010, 147–164.

Fischer 1966 – Fischer, Hans: Conrad Gessner (26. März 1516 – 13. Dezember 1565). Leben und Werk (Neujahrsblatt der Naturforschenden Gesellschaft in Zürich 168), Zürich 1966.

Fraustadt/Prescher 1956 – Fraustadt, Georg/Prescher, Hans: Georgius Agricola, Schriften zur Geologie und Mineralogie I – Epistula ad Meurerum, de ortu et causis subterraneorum libri V, de natura eorum quae effluunt ex terra libri IV. Übersetzt und bearbeitet von Dr. phil. Georg Fraustadt in Verbindung mit Dr. rer. nat. Hans Prescher (AGA III), Berlin 1956.

Fraustadt/Prescher 1958 – Fraustadt, Georg/Prescher, Hans: Georgius Agricola, De natura fossilium libri X – Die Mineralien. Übersetzt und bearbeitet von Dr. phil. Georg Fraustadt in Verbindung mit Dr. rer. nat. Hans Prescher (AGA IV), Berlin 1958.

Fraustadt/Weber 1959 – Fraustadt, Georg/Weber, Walter: Georgius Agricola, Schriften über Masse und Gewichte (Metrologie). Übersetzt von Dr. phil. Georg Fraustadt und Dr. phil. Walter Weber (AGA V), Berlin 1959.

Friedrich 1995 – Friedrich, Udo: Naturgeschichte zwischen artes liberales und frühneuzeitlicher Wissenschaft. Conrad Gessners «Historia animalium» und ihre volkssprachliche Rezeption, Tübingen 1995 [Nachdruck 2013].

Fritscher 1994 – Fritscher, Bernhard: Wissenschaft vom Akzidentellen. Methodische Aspekte der Mineralogie Georgius Agricolas, in: Friedrich Naumann (Hg.): Georgius Agricola – 500 Jahre, Basel 1994, 82–89.

Forrester 2013 – Forrester, John M.: The *De Subtilitate* of Girolamo Cardano. With an Introduction by John Henry and John M. Forrester (Medieval and Renaissance Texts and Studies 436), Tempe, AZ 2013.

Fuchs 1543 – Fuchs, Leonhart: New Kreüterbuch, Basel 1543.

Gessner 1545 – Gessner, Conrad: Bibliotheca Universalis, sive Catalogus omnium scriptorum locupletissimus […], Zürich 1545.

Gessner 1548 – Gessner, Conrad: Pandectarum sive partitionum universalium […] libri XXI, Zürich 1548.

Gessner 1551 – Gessner, Conrad: Historiae animalium liber I. De quadrupedibus viviparis, Zürich 1551.

Gessner 1554 – Gessner, Conrad: Historiae animalium liber II. De quadrupedibus oviparis, Zürich 1554.

Gessner 1555a – Gessner, Conrad: Historiae animalium liber III. Qui est de avium natura, Zürich 1555.

Gessner 1555b – Gessner, Conrad: De raris et admirandis herbis […], eiusdem descriptio montis Fracti, sive montis Pilati […], Zürich 1555.

Gessner 1555c – Gessner, Conrad: Mithridates, Zürich 1555.

Gessner 1558 – Gessner, Conrad: Historiae animalium liber IIII. Qui est de piscium et aquatilium animantium natura, Zürich 1558.

Gessner 1560 – Gessner, Conrad: Icones animalium quadrupedum viviparorum et oviparorum, quae In Historiae Animalium Conradi Gesneri libro I et II describuntur, Zürich 1560.

Gessner 1563 – Gessner, Conrad: Thierbůch, Zürich 1563.

Gessner 1565 – Gessner, Conrad: De rerum fossilium, lapidum et gemmarum maxime, figuris et similitudinibus Liber: non solum Medicis, sed omnibus rerum Naturae ac Philologiae studiosis utilis et iucundus futurus, in: Conrad Gessner (Hg.): De omni rerum fossilium genere, gemmis, lapidibus, metallis et huiusmodi libri aliquot, plerique nunc primum editi, Zürich 1565.

Gessner 1577 – Gessner, Conrad: Epistolarum medicinalium Conradi Gesneri, philosophi et medici Tigurini libri III, Zürich 1577.

Gessner 1584 – Gessner, Conrad: Epistolarum medicinalium Conradi Gesneri, philosophi et medici Tigurini liber quartus, Wittenberg 1584.

Gessner 1587 – Gessner, Conrad: Historiae animalium liber V. Qui est de serpentium natura, Zürich 1587.

Gmelig-Nijboer 1977 – Gmelig-Nijboer, Caroline: Conrad Gessner's «Historia animalium». An Inventory of Renaissance Zoology, Diss. Utrecht 1977.

Goltz 1972 – Goltz, Dietlinde: Studien zur Geschichte der Mineralnamen in Pharmazie, Chemie und Medizin von den Anfängen bis Paracelsus (Sudhoffs Archiv, Beihefte 14), Wiesbaden 1972.

Goodrum 2008 – Goodrum, Matthew R.: Questioning Thunderstones and Arrowheads: The Problem of Recognizing and Interpreting Stone Artifacts in the Seventeenth Century, in: Early Science and Medicine 13, 2008, 482–508.

Gould 2002 – Gould, Stephen Jay: Conceptual Index Fossils. Number 1. Both Neonate and Elder. The First Fossil of 1557, in: Paleobiology 28, 2002, 1–8.

Greppin 1904 – Greppin, Eduard: Über Originalien der geologischen Sammlungen des Basler Naturhistorischen Museums, in: Verhandlungen der Naturforschenden Gesellschaft in Basel 15, 1904, 25–134.

Guntau/Mathé 1994 – Guntau, Martin/Mathé, Gerhard: Georgius Agricolas Beiträge zur Entwicklung geologischer Vorstellungen, in: Friedrich Naumann (Hg.): Georgius Agricola. 500 Jahre, Basel 1994, 90–104.

Häner 2017 – Häner, Flavio: Dinge sammeln, Wissen schaffen. Die Geschichte der naturhistorischen Sammlungen in Basel, 1735–1850, Bielefeld 2017.

Hasse 2016 – Hasse, Dag Nikolaus: Success and Suppression. Arabic Sciences in the Renaissance, Cambridge, MA/London 2016.

Heberlein 2019 – Heberlein, Friedrich: Macrobius Ambrosius Theodosius, Kommentar zum Somnium Scipionis. Hg., übersetzt, erläutert und mit Indices versehen von F. H. Mit einem Gastbeitrag von Christian Tornau, Stuttgart 2019.

Heini 2014 – Heini, Janine: Pilatus. Eine sagenumwobene Natur- und Kulturgeschichte, Luzern 2014.

Helm 1971 – Helm, Johannes: Johannes Kentmann 1518–1574: ein sächsischer Arzt und Naturforscher (Sudhoffs Archiv, Beihefte 13), Wiesbaden 1971.

Helm 1999 – Helm, Jürgen: *Medicinam aspernari impietas est.* Zum Verhältnis von Reformation und akademischer Medizin in Wittenberg, in: Sudhoffs Archiv 83, 1999, 22–41.

Herrmann 2013 – Herrmann, Pierre: Les lieues et les milles utilisés depuis de Moyen Age, in: Mediaevistik 26, 2013, 31–56.

Hess 2012 – Hess, Daniel: Die Natur als vollkommene Lehrmeisterin der Kunst, in: Daniel Hess/Thomas Eser (Hgg.): Der frühe Dürer. Ausstellung im Germanischen Nationalmuseum vom 24. Mai bis 2. September 2012, Nürnberg 2012, 117–131.

Hess/Messing 2011 – Hess, Hans/Messing, Charles Garrett: Crinoidea, Volume 3, in: William I. Ausich/Paul A. Seldon (Hgg.): Treatise on Invertebrate Paleontology, Part T, Echinodermata 2, Revised, Kansas 2011, 1–261.

Hinz 2011 – Hinz, Berthold (Hg.): Albrecht Dürer, Vier Bücher von menschlicher Proportion (1528). Mit einem Katalog der Holzschnitte. Kommentiert und in heutiges Deutsch übertragen von B. H., Berlin 2011.

Hölder 1989 – Hölder, Helmut: Kurze Geschichte der Geologie und Paläontologie. Ein Lesebuch, Berlin 1989.

Holliger/Pfeifer 1983 – Holliger, Christian/Pfeifer, Hans-Rudolf: Lavez aus Vindonissa, in: Gesellschaft Pro Vindonissa – Jahresbericht 1982, Brugg 1983, 11–64.

Hottinger 1967 – Hottinger, Lukas: Die Erdgeschichte in der Umgebung von Basel (Veröffentlichungen aus dem Naturhistorischen Museum Basel 6), Basel 1967.

Hryniewiecki 1938 – Hryniewiecki, Boleslaw: Anton Schneeberger (1530–1581). Ein Schüler Konrad Gesners in Polen (Veröffentlichungen des Geobotanischen Institutes Rübel in Zürich, Heft 13), Bern 1938.

Jan/Mayhoff 1892–1909 – Jan, Ludwig/Mayhoff, Karl: C. Plini Secundi, Naturalis Historia, libri XXXVII, post Ludovici Iani obitum recognovit et scripturae discrepantia adiecta ed. C. Mayhoff, 5 voll., Leipzig 1892–1909.

Jan/Mayhoff 1897 – Jan, Ludwig/Mayhoff, Karl: C. Plini Secundi, Naturalis Historia, libri XXXVII, post Ludovici Iani obitum recognovit et scripturae discrepantia adiecta ed. C. Mayhoff, vol. 5: libri XXXI–XXXVII, Leipzig 1897.

Kentmann 1565a – Kentmann, Johannes: Catalogus rerum fossilium Io. Kentmani, in: Conrad Gessner (Hg.): De omni rerum fossilium genere […], Zürich 1565.

Kentmann 1565b – Kentmann, Johannes: Calculorum qui in corpore ac membris hominum innascuntur genera XII., depicta descriptaque cum Historiis singulorum admirandis, in: Conrad Gessner (Hg.): De omni rerum fossilium genere […], Zürich 1565.

Kodera 2016 – Kodera, Sergius: Die gelehrte Magie der Renaissance von Marsilio Ficino bis Giovan Battista della Porta, in: Herbert Jaumann/Gideon Stiening (Hgg.): Neue Diskurse der Gelehrtenkultur in der Frühen Neuzeit. Ein Handbuch, Berlin/Boston 2016, 245–287.

König 1973–2004 – König, Roderich (Hg.): C. Plinius Secundus d. Ä., Naturkunde, Lateinisch – Deutsch, München/Zürich 1973–2004 [Düsseldorf [2]2007].

König/Bayer 1989 – König, Roderich/Bayer, Karl (Hgg.): C. Plinius Secundus d. Ä., Naturkunde, Lateinisch – Deutsch, Buch XXXIV: Metallurgie, München/Zürich 1989 [Düsseldorf [2]2007].

König/Hopp 1992 [[2]2007] – König, Roderich/Hopp, Joachim (Hgg.): C. Plinius Secundus d. Ä., Naturkunde, Lateinisch – Deutsch, Buch XXXVI: Die Steine, München 1992 [Düsseldorf [2]2007].

König/Hopp 1994 [[2]2007] – König, Roderich/Hopp, Joachim (Hgg.): C. Plinius Secundus d. Ä., Naturkunde, Lateinisch – Deutsch, Buch XXXVII: Steine: Edelsteine, Gemmen, Bernstein, Zürich 1994 [Düsseldorf [2]2007].

König/Hopp/Glöckner 1994 [[2]2007] – König, Roderich/Hopp, Joachim/Glöckner, Wolfgang (Hgg.): C. Plinius Secundus d. Ä., Naturkunde, Lateinisch – Deutsch, Buch XXXI: Medizin und Pharmakologie: Heilmittel aus dem Wasser, Zürich 1994 [Düsseldorf [2]2007].

König/Winkler 1984 [[2]2007] – König, Roderich/Winkler, Gerhard (Hgg.): C. Plinius Secundus d. Ä., Naturkunde, Lateinisch – Deutsch, Buch XXXIII: Metallurgie, München/Zürich 1984 [Düsseldorf [2]2007].

Krafft 2006 – Krafft, Fritz (Hg.): Georgius Agricola, De Natura Fossilium. Handbuch der Mineralogie (1546). Übersetzt von Georg Fraustadt. Durchgesehen und ergänzt sowie mit Registern und einer Einleitung versehen von Fritz Krafft, Wiesbaden 2006.

Kummel 1964 – Kummel, Bernhard: Nautiloidea – Nautilida, in: Raymond C. Moore (Hg.): Treatise on Invertebrate Paleontology, Part K, Mollusca 3, Laurence, KS 1964, 383–457.

Kusukawa 2012 – Kusukawa, Sachiko: Picturing the Book of Nature: Image, Text, and Argument in Sixteenth Century Human Anatomy and Medical Botany, Chicago/London 2012.

Kusukawa 2014 – Kusukawa, Sachiko: Conrad Gessner on an «Ad Vivum» Image, in: Pamela H. Smith et al. (Hgg.): Ways of Making and Knowing. The Material Culture of Empirical Knowledge, Ann Arbor 2014, 330–356.

Landolt 1972 – Landolt, Elisabeth: Materialien zu Felix Platter als Sammler und Kunstfreund, in: Basler Zeitschrift für Geschichte und Altertumskunde 72, 1972, 245–306.

Langer 1994 – Langer, Wolfhart: Kenntnisse über Fossilien im deutschen Kulturraum zur Agricola-Zeit, in: Friedrich Naumann (Hg.): Georgius Agricola. 500 Jahre, Basel 1994, 123–130.

Lathuilière u. a. 2020 – Latuilière, Bernard u. a.: The Mesozoic scleractinian genus Adelocoenia (Stylinidae) and its Jurassic species, in: Carnets de Géologie 20 (19), 2020, 367–406.

Leeman-van Elck 1935 – Leeman-van Elck, Paul: Der Buchschmuck in Conrad Gessners naturgeschichtlichen Werken, Bern 1935.

Leinkauf 2020 – Leinkauf, Thomas: Die Philosophie des Humanismus und der Renaissance (Die Geschichte der Philosophie, Bd. 6), München 2020.

Leu 1990 – Leu, Urs B.: Conrad Gesner als Theologe. Ein Beitrag zur Zürcher Geistesgeschichte des 16. Jahrhunderts, Bern 1990.

Leu 1992 – Leu, Urs B.: Konrad Gessner und die Neue Welt, in: Gesnerus 49, 1992, 279–309.

Leu 1994 – Leu, Urs B.: Originalien aus Conrad Gessners erdwissenschaftlicher Sammlung, in: Bernd Ernsting (Hg.): Georgius Agricola. Bergwelten 1494–1994. Katalog zur Ausstellung des Schlossbergmuseums Chemnitz und des Deutschen Bergbau-Museums Bochum in Zusammenarbeit mit den Städtischen Kunstsammlungen Chemnitz, Essen 1994, 263–264.

Leu 1999 – Leu, Urs B.: Geschichte der Paläontologie in Zürich, in: Paläontologie in Zürich. Fossilien und ihre Erforschung in Geschichte und Gegenwart, Zürich 1999, 11–76.

Leu 2016a – Leu, Urs B.: Conrad Gessner (1516–1565). Universalgelehrter und Naturforscher der Renaissance, Zürich 2016.

Leu 2016b – Leu, Urs B.: Conrad Gessners Netzwerk, in: Urs B. Leu/Mylène Ruoss (Hgg.): Facetten eines Universums. Conrad Gessner 1516–2016, Zürich 2016, 61–74.

Leu 2016c – Leu, Urs B.: The Rediscovered Third Volume of Conrad Gessner's Historia plantarum, in: Ann Blair/Anja-Silvia Goeing (Hgg.): For the Sake of Learning. Essays in Honor of Anthony Grafton, Leiden 2016, 415–422.

Leu 2018 – Leu, Urs B.: Reformation als Auftrag. Der Zürcher Drucker Christoph Froschauer d. Ä. (ca. 1490–1564), in: Urs B. Leu/Christian Scheidegger (Hgg.): Buchdruck und Reformation in der Schweiz (Zwingliana 45), Zürich 2018, 1–80.

Leu 2019 – Leu, Urs B.: Gegen Quacksalberei und Aberglauben. Ein Gutachten Conrad Gessners und seiner Kollegen zuhanden des Zürcher Rats, in: Urs B. Leu/Peter Opitz (Hgg.): Conrad Gessner (1516–1565). Die Renaissance der Wissenschaften / The Renaissance of Learning, Berlin/Boston 2019, 311–322.

Leu/Keller/Weidmann 2008 – Leu, Urs B./Keller, Raffael/Weidmann, Sandra: Conrad Gessner's Private Library, Leiden/Boston 2008.

Leu/Opitz 2019 – Leu, Urs B./Opitz, Peter (Hgg.): Conrad Gessner (1516–1565). Die Renaissance der Wissenschaften / The Renaissance of Learning, Berlin/Boston 2019.

Leu/Ruoss 2016 – Leu, Urs B./Ruoss, Mylène (Hgg.): Facetten eines Universums. Conrad Gessner 1516–2016, Zürich 2016.

Leu/Weidmann 2004 – Leu, Urs B./Weidmann, Sandra: Heinrich Bullinger. Werke. Erste Abteilung: Bibliographie. Band 3: Heinrich Bullingers Privatbibliothek, Zürich 2004.

Ley 1929 – Ley, Willy: Konrad Gesner. Leben und Werk (Münchener Beiträge zur Geschichte und Literatur der Naturwissenschaften und Medizin 15/16), München 1929.

Lindner 1999 – Lindner, Gert: Muscheln und Schnecken der Weltmeere. Aussehen – Vorkommen – Systematik, München 1999.

Lindsay 1911 – Lindsay, Wallace M.: Isidori Hispalensis Episcopi Etymologiarum sive originum libri XX. Recognovit brevique adnotatione critica instruxit W. M. L., 2 voll., Oxford 1911 [Nachdruck 1971].

Lötscher 1975 – Lötscher, Valentin: Felix Platter und seine Familie, Basel 1975.

Lötscher 1976 – Lötscher, Valentin: Felix Platter, Tagebuch (Lebensbeschreibung) 1536–1567. Im Auftrag der Historischen und Antiquarischen Gesellschaft zu Basel hrsg. von V. L., Basel/Stuttgart 1976.

Ludwig 1882 – Ludwig, Heinrich (Hg.): Leonardo da Vinci, Das Buch von der Malerei. Nach dem Codex Vaticanus 1270 herausgegeben, übersetzt und erläutert von Heinrich Ludwig. In drei Bänden (Quellenschriften für Kunstgeschichte und Kunsttechnik des Mittelalters und der Renaissance XVII), Wien 1882.

Lüschen ²1979 – Lüschen, Hans: Die Namen der Steine. Das Mineralreich im Spiegel der Sprache, Thun ²1979 [¹1968].

Maclean 1984 – Maclean, Ian: The Interpretation of Natural Signs: Cardano's *De subtilitate* versus Scaliger's *Exercitationes*, in: Brian Vickers (Hg.): Occult and Scientific Mentalities in the Renaissance, Cambridge 1984, 231–252.

Markl ³2015 – Markl, Gregor: Minerale und Gesteine. Mineralogie – Petrologie – Geochemie, Berlin/Heidelberg ³2015 [¹2004].

Martin 1965 – Martin, Gerald P. R.: Conrad Gesner – zu seinem vierhundersten Todestage am 13. Dezember 1965, Natur und Museum, in: Bericht der Senckenbergischen naturforschenden Gesellschaft 95, 1965, 483–494.

Marvin 1992 – Marvin, Ursula B.: The Meteorite of Ensisheim: 1492 to 1992, in: Meteoritics 27, 1992, 28–72.

Merian 1840 – Merian, Peter: Nachrichten über Felix Platers Naturaliensammlung, in: Bericht über die Verhandlungen der Naturforschenden Gesellschaft in Basel, 4, 1840, 93–102.

Muller 1997 – Muller, Frank: Heinrich Vogtherr l'Ancien. Un artiste entre Renaissance et Réforme (Wolfenbütteler Forschungen 72), Wiesbaden 1997.

Münster 1550 – Münster, Sebastian: Cosmographiae universalis lib. VI, Basel 1550.

Mutterlose/Ziegler ⁶2018 – Mutterlose, Jörg: Einführung in die Paläobiologie, Teil 1: Allgemeine Paläontologie. Begründet von Bernhard Ziegler. 6., neu bearbeitete und ergänzte Auflage, Stuttgart 2018.

Nauert 1980 – Nauert, Charles G.: C. Plinius Secundus, in: F. Edward Cranz/Paul Oskar Kristeller (Hgg.): Catalogus Translationum et Commentariorum. Mediaeval and Renaissance Latin Translations and Commentaries, Bd. 4, Washington 1980, 297–422.

Naumann 1994 – Naumann, Friedrich (Hg.): Georgius Agricola – 500 Jahre, Basel 1994.

Ogilvie 2006 – Ogilvie, Brian W.: The Science of Describing. Natural History in Renaissance Europe, Chicago/London 2006.

Okrusch/Frimmel ¹⁰2022 – Okrusch, Martin/Frimmel, Hartwig E.: Mineralogie. Eine Einführung in die spezielle Mineralogie, Petrologie und Lagerstättenkunde, Berlin/Heidelberg ¹⁰2022.

Pentcheva 2010. – Pentcheva, Bissera V.: The Sensual Icon. Space, Ritual and the Senses in Byzantium, University Park 2010.

Pfisterer 2008 – Pfisterer, Ulrich: Lysipp und seine Freunde. Liebesgaben und Gedächtnis im Rom der Renaissance oder: Das erste Jahrhundert der Medaille, Berlin 2008.

Photos-Jones/Hall 2014 – Photos-Jones, Effie/Hall, Allan J.: Lemnian Earth, Alum and Astringency: a Field-Based Approach, in: Demetrios Michaelides (Hg.): Medicine and Healing in the Ancient Mediterranean World, Oxford 2014, 183–189.

Piller 2011 – Piller, Gudrun: «viel tausendt Kunststücke unnd Wunderwerck der Natur». Die Sammlung des Stadtarztes Felix Platter (1536–1614), in: Historisches Museum Basel (Hg.): Die grosse Kunstkammer. Bürgerliche Sammler und Sammlungen in Basel, Basel 2011, 69–80.

Platter, F., Fossilienalbum – Platter, Felix: Abbildungen von Mineralien, Corallen usw., von F. P. gesammelt, Universitätsbibliothek Basel, UBH K I 2. (https://doi.org/10.7891/e-manuscripta-12850)

Platter, F., Vogelalbum – Platter, Felix: Abbildungen von Vögeln, von F. P. gesammelt, Universitätsbibliothek Basel, UBH K I 1. (https://doi.org/10.7891/e-manuscripta-12849)

Platter, F., Supellex medica – Platter, Felix: Felicis Plateri Supellex medica / Katalog von Felix Platters Sammlungen, Universitätsbibliothek Basel, UBH J I 5. (https://doi.org/10.7891/e-manuscripta-13866)

Platter, Th., Hauptbuch – Platter, Thomas: Hauptbuch, Basel ab 1615, Universitätsbibliothek Basel, A lambda V 9. (https://doi.org/10.7891/e-manuscripta-14534)

Plinius 1539 – Plinius, Gaius: C. Plinii Secundi Historiae mundi libri XXXVII ex postrema ad vetustos codices collatione cum annotationibus et indice, Basel 1539.

Pollack/Pohlig 2020 – Pollack, Detlef/Pohlig, Matthias: Die Verwandlung des Heiligen. Die Geburt der Moderne aus dem Geist der Religion, Berlin 2020.

Prescher 1980 – Prescher, Hans: Johannes Kentmanns Mineralienkatalog aus dem Jahre 1565. Unter Mitarbeit von Johannes Helm und Georg Fraustadt (†), in: Abhandlungen des Staatlichen Museums für Mineralogie und Geologie zu Dresden, Bd. 30: Beiträge zur Geschichte der Mineralsammlungen und des Bergbaus im 16. und frühen 17. Jahrhundert, Leipzig 1980, 1–152.

Radt 2005 – Radt, Stephan (Hg.): Strabons Geographika. Bd. 4: Buch XIV–XVII: Text und Übersetzung, Göttingen 2005.

Radt 2009 – Radt, Stephan (Hg.): Strabons Geographika. Bd. 8: Buch XIV–XVII: Kommentar, Göttingen 2009.

Rath 1950 – Rath, Gernot: Die Briefe Konrad Geßners aus der Trewschen Sammlung. 1. Teil, in: Gesnerus 7, 1950, 140–170.

Rath 1951 – Rath, Gernot: Die Briefe Konrad Geßners aus der Trewschen Sammlung. 2. Teil, in: Gesnerus 8, 1951, 195–215.

Rauwolf 1583 – Rauwolf, Leonhart: Aigentliche beschreibung der Raiβ / so er vor diser zeit gegen Auffgang inn die Morgenlaender / fürnemlich in Syriam, Iudaeam, Arabiam … volbracht, Laugingen 1583.

Reeve 2007 – Reeve, Michael D.: The Editing of Pliny's Natural History, in: Revue d'Histoire des Textes 2, 2007, 107–179.

Reeve 2021 – Reeve, Michael D.: The Transmission of Pliny's Natural History, Rom 2021.

Rexroth 2018 – Rexroth, Frank: Fröhliche Scholastik. Die Wissenschaftsrevolution des Mittelalters, München 2018.

Reynolds 1983 – Reynolds, L. D.: Texts and Transmission. A Survey of the Latin Classics, Oxford 1983.

Rhodes 1979 – Rhodes, Dennis E.: Nicolaus Falcutius and Nicolaus Nicoli, in: The British Library Journal 5, 1979, 198–200.

Riddle 1977 – Riddle, John M. (Hg.): Marbode of Rennes' De lapidibus Considered as a Medical Treatise with Text, Commentary and C. W. King's Translation, together with Text and Translation of Marbode's Minor Works on Stones (Sudhoffs Archiv, Beihefte 20), Wiesbaden 1977.

Riddle 1980 – Riddle, John M.: Dioscorides, in: F. Edward Cranz/Paul Oskar Kristeller (Hgg.): Catalogus Translationum et Commentariorum. Mediaeval and Renaissance Latin Translations and Commentaries, Bd. 4, Washington 1980, 1–143.

Riedl-Dorn 1989 – Riedl-Dorn, Christa: Wissenschaft und Fabelwesen. Ein kritischer Versuch über Conrad Gessner und Ulisse Aldrovandi (Perspektiven der Wissenschaftsgeschichte 6), Wien/Köln 1989.

Roeck 2017 – Roeck, Bernd: Der Morgen der Welt. Geschichte der Renaissance, München 2017.

Rondelet 1555 – Rondelet, Guillaume: Universae aquatilium Historiae pars altera cum veris ipsorum Imaginibus, Lyon 1555.

Rübel 2016 – Rübel, Alex: Conrad Gessner als Zoologe, in: Urs B. Leu/Mylène Ruoss (Hgg.): Facetten eines Universums. Conrad Gessner 1516–2016, Zürich 2016, 141–154.

Rubino 2016 – Rubino, Elisa: Il *De mineralibus* di Avicenna tradotto da Alfredo di Shareshill, in: Bulletin de philosophie médiévale 58, 2016, 23–87.

Rudwick [2]1976 – Rudwick, Martin J. S.: The Meaning of Fossils. Episodes in the History of Palaeontology, Chicago/London [2]1976 [Nachdruck 1985; London [1]1972].

Rutsch 1937 – Rutsch, Rolf: Originalien der Basler Geologischen Sammlung zu Autoren des 16.–18. Jahrhunderts, in: Verhandlungen der Naturforschenden Gesellschaft in Basel 48, 1937, 15–46.

Rytz 1933 – Rytz, Walther: Das Herbarium Felix Platters. Ein Beitrag zur Geschichte der Botanik des XVI. Jahrhunderts, in: Verhandlungen der Naturforschenden Gesellschaft in Basel 44, 1933, 1–222.

Saint-Denis 1972 – Saint-Denis, E. de: Pline l'Ancien, Histoire Naturelle. Livre XXXVII. Texte établi, traduit et commenté, Paris 1972.

Salzmann 1959 – Salzmann, Charles: Francesco Calzolari, der Erforscher der Flora des Monte Baldo und seine Pflanzensendungen an Conrad Gessner in Zürich, in: Gesnerus 16, 1959, 81–103.

Sander 2020 – Sander, Christoph: Magnes. Der Magnetstein und der Magnetismus in den Wissenschaften der Frühen Neuzeit, Leiden/Boston 2020.

Saß 2021 – Saß, Maurice: Camillo Leonardi, *Speculum lapidum* (1502), in: Iris Wenderholm (Hg.): Stein. Eine Materialgeschichte in Quellen der Vormoderne. Unter Mitarbeit von Isabella Augart, Berlin/Boston 2021, 265–273.

Schierl 2019 – Schierl, Petra: Gessner und Agricola über «Fossilien». Naturforschung zwischen Autopsie und Tradition, in: Urs B. Leu/Peter Opitz (Hgg.): Conrad Gessner (1516–1565). Die Renaissance der Wissenschaften / The Renaissance of Learning, Berlin/Boston 2019, 145–158.

Schierl 2020a – Schierl, Petra: Natural and Artificial Objects in Conrad Gessner's Book on «Fossils», in: Florian Schaffenrath/María Teresa Santamaría Hernández (Hgg.): Acta Conventus Neo-Latini Albasitensis. Proceedings of the Seventeenth International Congress of Neo-Latin Studies (Albacete 2018), Leiden/Boston 2020, 506–517.

Schierl 2020b – Schierl, Petra: Ein Humanist als Naturforscher: Conrad Gessner, in: David Amherdt (Hg.): La littérature latine des humanistes suisses au XVIe siècle. Actes du colloque des 30–31 janvier 2020, Université de Fribourg, Camenae 26, 2020, 1–12. (https://www.saprat.fr/instrumenta/revues/revue-en-ligne-camenae/camenae-n26-decembre-2020/)

Schierl 2023 – Schierl, Petra: Naturforschung als Gemeinschaftswerk: Conrad Gessners Publikation über «Fossilien», in: Martin Korenjak/Irina Tautschnig (Hgg.): Die antike Literatur und die Wissenschaftliche Revolution, Baden-Baden 2023, 143–166.

Schmeisser 2011 – Schmeisser, Martin: Erdgeschichte und Paläontologie im 17. Jahrhundert: Bernard Palissy, Agostino Scilla, Nicolaus Steno und Leibniz, in: Herbert Jaumann (Hg.): Diskurse der Gelehrtenkultur in der Frühen Neuzeit. Ein Handbuch, Berlin/New York 2011, 809–858.

Schmutz 2016 – Schmutz, Hans-Konrad: Gessners Tierbuch – zur Historia animalium, in: Urs B. Leu/Mylène Ruoss (Hgg.): Facetten eines Universums. Conrad Gessner 1516–2016, Zürich 2016, 129–140.

Schönbeck 1994 – Schönbeck, Charlotte: Georgius Agricola – ein humanistischer Naturforscher der deutschen Renaissance, in: Friedrich Naumann (Hg.): Georgius Agricola – 500 Jahre, Basel 1994, 477–496.

Sillig 1851–1858 – Sillig, Julius: C. Plini Secundi Naturalis Historiae libri XXXVII. Recensuit et commentariis criticis indicibusque instruxit I. S., 8 voll., Hamburg/Gotha 1851–1858.

Simmler 1566 – Simmler, Josias: Vita clarissimi philosophi et medici excellentissimi Conradi Gesneri Tigurini, Zürich 1566.

Škerlak 1986 – Škerlak, Vladimir: Felix Platter 450. Geburtstag, Katalog und Kommentar zur Ausstellung in der Universitätsbibliothek Basel, November – Dezember 1986, Basel 1986 [Inhalt und Seitenzählung entsprechen Škerlak 1989].

Škerlak 1989 – Škerlak, Vladimir: Felix Platter und seine Zeit. Eine Ausstellung zu seinem 450. Geburtstag, Diss. Basel 1989.

Springer/Kinzelbach 2009 – Springer, Katharina B./Kinzelbach, Ragnar K.: Das Vogelbuch von Conrad Gessner (1516–1565). Ein Archiv für avifaunistische Daten, Heidelberg 2009.

Steiger 1967 – Steiger, Rudolf: Fossilienkunde, in: Hans Fischer u.a. (Hgg.): Conrad Gessner 1516–1565. Universalgelehrter, Naturforscher, Arzt, Zürich 1967, 200–203.

Steno 1667 – Steno, Nicolaus: Elementorum myologiae specimen, seu musculi descriptio geometrica. Cui accedunt canis carchariae dissectum caput et dissectus piscis ex canum genere, Florenz 1667.

Steno 1669 – Steno, Nicolaus: De solido intra solidum naturaliter contento dissertationis prodromus, Florenz 1669.

Stumpf 1548 – Stumpf, Johannes: Gemeiner loblicher Eydgnoschafft [...] Chronick, Zürich 1548.

Teissier-Ensminger 2007 – Teissier-Ensminger, Anne (Hg.): La vie de Jacques-Auguste de Thou / I. Aug. Thuani vita. Introduction, établissement du texte, traduction et notes, Paris 2007.

Thenius/Vávra 1996 – Thenius, Erich/Vávra, Norbert: Fossilien im Volksglauben und im Alltag (Senckenberg-Buch 71), Frankfurt am Main 1996.

Thöny 2021 – Thöny, Luzius: Conrad Gessner (1516–1565) als Pionier der Namenkunde, in: Namenkundliche Informationen 113, 2021, 243–282.

Trombetti Budriesi 2009 – Trombetti Budriesi, Anna Laura (Hg.): Federico II di Suevia, De arte venandi cum avibus. Edizione e traduzione italiana del ms. lat. 717 della Biblioteca Universitaria di Bologna collazionato con il ms. Pal. lat. 1071 delle Biblioteca Apostolica Vaticana (Collana di Fonti e Studi 10), Bari 2009.

Ullmann 1970 – Ullmann, Manfred: Die Medizin im Islam, Leiden/Köln 1970.

Weiß 2010 – Weiß, Carina: Die Kunst der Gemme, in: Raimund Wünsche/Matthias Steinhart (Hgg.): Zauber in edlem Stein. Antike Gemmen. Die Stiftung Helmut Hansmann, München 2010, 8–28.

Wilsdorf 1954 – Wilsdorf, Helmut: Präludien zu Agricola. I: Das Joachimsthaler Bergbüchlein des Hans Rudhart 1523. II: Die Cosmography des Sebastian Münster 1544, Berlin 1954.

Witte 1924 – Witte, Karl: Das Dekameron (Giovanni di Boccaccio: Gesammelte Werke, hg. und eingel. von Max Krell, Bd. 3), München/Leipzig 1924.

Wolf 2002 – Wolf, Norbert: Kunst-Epochen. Bd. 5: Trecento und Altniederländische Malerei, Stuttgart 2002.

Wyckoff 1967 – Wyckoff, Dorothy (Hg.): Albertus Magnus, Book of Minerals. Translated by Dorothy Wyckoff, Oxford 1967.

Ziegler 2008 – Ziegler, Bernhard: Paläontologie. Vom Leben in der Vorzeit, Stuttgart 2008.

Ziehen 1984 – Ziehen, Wolfgang (Hg.): Thomas Erastus, *Epistola de natura, materia, ortu atque usu lapidis sabulosi qui in Palatinatu ad Rhenum reperitur*, Basileae (Per Petrum Pernam) 1572. Als Beitrag zur Geschichte der Bodenkunde zum 400. Geburtstag von Thomas Erastus im Faksimile neu herausgegeben, übersetzt, mit Anmerkungen versehen, eingeleitet von W.Z., Aalen 1984.

Zoller/Steinmann/Schmid 1972–1980 – Zoller, Heinrich/Steinmann, Martin/Schmid, Karl (Hgg.): Conradi Gesneri Historia Plantarum. Faksimileausgabe in 8 Bänden, Dietikon 1972–1980.

Zoller/Steinmann 1987–1991 – Zoller, Heinrich/Steinmann, Martin (Hgg.): Conradi Gesneri Historia Plantarum. Gesamtausgabe, 2 Bde., Dietikon-Zürich 1987–1991.

Register zu Gessners «Fossilienbuch»

Alessandra Geiger, Petra Schierl

1. Sachregister: Verzeichnis der *res fossiles*

Das Sachregister erklärt die Namen der *res fossiles*, die Gessner bespricht. Auf eine Bestimmung der Mineralien und Gesteine wird dabei weitgehend verzichtet (vgl. Einleitung 5). Allein die echten Fossilien und prähistorischen Steinwerkzeuge, die sich unter den *res fossiles* bei Gessner finden, werden in der Einleitung (4.1 und 4.2), in den Bildunterschriften zu den Abbildungen und im Sachregister näher bestimmt.

Zu den Namen der *res fossiles* werden die folgenden Angaben angeführt. In der linken Spalte findet sich jeweils die im Übersetzungsteil gebrauchte Bezeichnung. In der mittleren Spalte wird manchmal eine deutsche Übersetzung des Namens angegeben, dann werden die lateinische Bezeichnung und meist die griechische Bezeichnung genannt bzw. die griechischen Begriffe, von denen sich der Name ableitet oder aus denen er zusammengesetzt ist. Zu lateinischen und griechischen Begriffen wird jeweils das Geschlecht (m.: Maskulinum, f.: Femininum, n.: Neutrum) angegeben, sofern es sich bestimmen lässt. In einigen Fällen werden Gessners Erklärungen für die Bezeichnung einer *res fossilis* und mitunter auch Hinweise auf weiterführende Literatur angeführt.

Gessner zitiert die *Naturalis historia* des Plinius nach der 1539 bei Froben in Basel gedruckten Ausgabe. Der Text dieser und anderer zeitgenössischer Ausgaben unterscheidet sich erheblich von dem Text der kritischen Editionen seit dem 19. Jahrhundert (vgl. Einleitung 2.8). Wenn die von Gessner gebrauchte Bezeichnung eines Objekts nicht mit der in der kritischen Plinius-Ausgabe von Jan/Mayhoff (kPA) übereinstimmt, wird in eckigen Klammern die Namensform angegeben, die bei Jan/Mayhoff steht. In den seltenen Fällen, in denen die zweisprachige Tusculum-Ausgabe der *Naturalis historia* (TPA) von der kritischen Ausgabe von Jan/Mayhoff abweicht, wird auch die in der Tusculum-Ausgabe gebrauchte Namensform genannt.

Hinweise zur Anordnung der Einträge:
1. Wenn ein Stein, ein Edelstein, eine Erde, eine Tonerde oder Sand nach einem Ort benannt ist, findet sich der Eintrag dazu unter dem entsprechenden Ortsnamen, da der geographische Zusatz aussagekräftiger ist als die generische Bezeichnung des Objekts als Stein usw.; z. B. wird der Eintrag zum Assischen Stein alphabetisch unter «A» eingeordnet, der Eintrag zum Stein von Como unter «C» usw. Wenn jedoch eine spezifische Steinart bzw. eine spezifische *res fossilis* zusätzlich durch eine geographische Angabe bestimmt ist, dann wird dieser Eintrag unter der jeweiligen Art des Steins bzw. der *res fossilis* angeführt; z. B. erscheint der Belemnites aus Pommern unter «Belemnites».

2. Die Einträge zu den generischen Begriffen «Stein(e), Steinchen» wurden zusammenfasst. Innerhalb dieser Rubrik sind die verschiedenen Einträge in den folgenden Unterabschnitten zusammengestellt: «Aussehen und Eigenschaften», «Namen», «im Körper von Menschen und Tieren», «weitere Fund- und Entstehungsorte», «als Nährboden». Innerhalb dieser Unterabschnitte

sind die Einträge alphabetisch geordnet nach den Begriffen, die das Aussehen, die Eigenschaften, die Körperteile usw. benennen; z. B. ist der Begriff «Ackerbohne» für die alphabetische Einordnung des Eintrags «Stein, einer Ackerbohne ähnlich» an erster Stelle im Unterabschnitt «Aussehen und Eigenschaften» ausschlaggebend.

3. *Res fossiles*, die als «steinartig», «steinern», «versteinernd» und «versteinert» beschrieben werden, erscheinen unter dem entsprechenden Adjektiv in alphabetischer Reihenfolge.

In der Übersetzung gebrauchte Bezeichnung	**ggf. deutsche Übersetzung, lateinische Bezeichnung, griechische Bezeichnung und/ oder Erklärung des Namens**	**Blatt (fol.)**
Abadir	*abadir*; → Baetylus	62r
Achat	*achates*, m., ἀχάτης, m.; benannt nach dem Fundort am gleichnamigen Fluss auf Sizilien (so Theophr. lap. 31, Plin. 37,139); vgl. Lüschen 163 f.	36r, 36v, 58v, 85r, 87v, 116v, 124r, 141v, 143v, 149r
Acopis	*acopis* [kPA: *acopos*, m.], zum Adj. ἄκοπος, -ον (Müdigkeit und Schmerz vertreibend, lindernd)	3v, 33r, 42r
Adadu nephros	Niere (νεφρὸς, m.) des Gottes Adad, *Adadu nephros*	144r, 146v
Adarce	Schilfschaum, *adarce*, f., ἀδάρκη, f.; Salzauswitterung an Wasserpflanzen	136v
Adiantum	Frauenhaar; *adiantum*, n., ἀδίαντον, n. (was nicht benetzt werden kann); eine u. a. von Plinius (22,62) erwähnte Pflanze, die Gessner zufolge auf Steinen entsteht und die er im Zusammenhang mit Polythrix bespricht; → Ebenotrichon, Polytrichum, Venushaar	140v, 114r
Aëtites	Adlerstein; *aëtites*, m., ἀετίτης, m., zu ἀετός, m. (Adler); benannt nach dem angeblichen Fundort im Adlerhorst; birgt einen weiteren Stein in sich und klappert beim Schütteln. Es handelt sich um Brauneisenkonkretionen, vgl. Lüschen 164	8v, 9v, 10r, 11r, 58v, 123v, 129r, 161v
Aëtites, breiter und flacher	*aëtites latus et planus*	10v
Aëtites, runder	*aëtites rotundus*	10v
Aëtites, taphiusischer	*aëtites Taphiusius*	11v
Aëtites, weisser	*aëtites candidus*	11v
Afrikanischer Sand	*arena Africae*	118v
Agape	*agape*, zu ἀγάπη (Liebe) (?); Gessner zufolge die von Apothekern gebrauchte Bezeichnung für einen Stein, der dem → Strombites gleicht	165r
Alabandicus	Alabandischer (Stein); *Alabandicus* (*lapis*); nach dem Fundort Alabanda in Kleinasien benannt, vgl. Lüschen 168	4v, 93r, 95r

Amiant	*amiantus*, m., ἀμίαντος λίθος, zu ἀμίαντος, -ον (rein, unbefleckbar); im Neulateinischen und Neuhochdeutschen fast ein Synonym von Asbest(os), vgl. Lüschen 177; Gessner (fol. 6r/v) versteht A. als Synonym von Federalaun und verweist auf folgende Begriffe, die mitunter für Amiant verwendet werden: von Agricola: Federwyß, Pliant, Salamanderhar, Bitterament, Asbestos, Asbestlein, karystischer Flachs, Polia, Spartopolia, Corsoides, Bostrychitis; von Quadrigarius: Alaun; von Entzelt: Katzensilber	5r, 6r, 6v, 55v, 56r, 103v, 120r, 124r, 140r, 144r, 150r
Amiant aus Zypern	*amiantus Cyprius*	5v, 16v
Ammites	*ammites*; → Hammites	
Ammochrysos	Goldsand; *ammochrysos*, m., zu ἄμμος/ἄμμος, f. (Sand) und χρυσός, m. (Gold); zur Schreibweise Hammochrysos vgl. fol. 76v; dt. Bezeichnungen sind Katzengold und Strágold; zur Unterscheidung von Katzengold und Katzensilber (Mica) vgl. Lüschen 227 f. s. v. Glimmer	71r, 75r, 76v, 76v, 77r, 78r
Ammoniaksalz	*ammoniacus sal*, m. / *ammoniacum sal*, n.; wörtl. zu Ammon gehöriges Salz, nach dem Fundort unter dem Sand beim Tempel des Ammon; zur Erklärung des Namens und zum Verhältnis zu Salmiak, vgl. Lüschen 306 f.	5r, 6v
Ammonites	*ammonites*, m.; von Gessner mit dem Hammites/ Ammites gleichgesetzt; → Hammonites	71r, 72v, 121r, 159v
Ammonites, grösserer	*ammonites maior*, m.; → Hammites, grösserer	71v
Ammonites, kleinerer	*ammonites minor*, m.; → Hammites, kleinerer	5v, 71v/72r
Ammonitrum	Sandsoda; *ammonitrum*, n., ἀμμόνιτρον, zu ἄμμος/ ἄμμος, f. (Sand) und νίτρον, n. (Natron); Zwischenprodukt, das beim Schmelzen von Glas entsteht (Plin. 36,194)	72v
Ammonshorn	auch Hammonshorn, Hammonites (fol. 159v/160r); *cornu Ammonis/Hammonis*, n.; wegen der Ähnlichkeit zu einem Widderhorn nach dem Sonnengott Amun-Re (griech. Ἄμμων) benannt, der im alten Ägypten in Widdergestalt verehrt wurde, vgl. Lüschen 170; bei Abb. 54, fol. 159v handelt es sich um einen fossilen Nautiliden	47r, 77v, 87r, 159v, 160r, 164v
Ammonshorn, grosses	*Ammonis cornu magnum*	160r
Ammostei	*ammostei*, zu ἄμμος/ἄμμος, f. (Sand) und ὀστέον, n. (Knochen), von Gessner gebildeter Begriff, der einen aus Sand bestehenden, knochenartigen Stein beschreiben soll; → Osteolithus	152r, 153r, 154v

Basalt, äthiopischer	*basaltes Aethiopicus*	25r
Basalt aus Annaberg	*basaltes Annebergius*; → Basalt aus Meißen	21v
Basalt aus Meißen	*basaltes Misenus*; nach Gessner (fol. 21v) auch als Basalt aus Annaberg oder Stolpen benannt	21v, 23r, 24v, 25r, 95v
Basalt aus Stolpen	*basaltes Stolpensis*; → Basalt aus Meißen	21v
Basanus	*basanus*, m., zu βάσανος, f. (Prüfstein); → Barsel, Basalt, Wetzsteinchen	23r, 23v, 24r
Batrachites	Krötenstein bzw. Krottenstein; *batrachites*, m., auch *bufonum lapis*, zu βάτραχος, m. (Frosch), da er sich angeblich in Köpfen von Kröten fand (fol. 161v); Batrachiten sind fossile Fischzähne von Pycnodontiden oder Lepidotes	60v, 161v
Batrachites, kleinerer	*batrachites minor*, m.	60v, 61r
Beinwell	→ Osteolithus	152r
Belemnites	*belemnites*, m., zu βέλεμνον, n. (Pfeil, spitze Waffe); nach seinem pfeilartigen Aussehen benannt; andere Bezeichnungen sind Gessner zufolge Astrapia, idäischer Fingerstein, Ceraunius und Rabenstein; als dt. Bezeichnungen nennt Gessner: **Alpfeſſcht**, **Alpſchoß**, **Luchßſtein**, **Schoßſtein** und **Rappenſtein**; vgl. auch Lüschen 182 f. Es handelt sich um Skelett-Elemente fossiler Kopffüsser/Belemniten.	8v, 9r, 16r, 67r, 89v, 90r, 90v, 91r, 91v, 92r, 92v, 94r, 95r
Belemnites aus Pommern	*belemnites Pomeranicus*	90r, 91r
Belemnites aus Preussen	*belemnites Prussicus*	90r, 91r
Belemnites, grösserer	*belemnites maior*; weitere Bezeichnungen bei Gessner: **Stralkeil**, **Stralpfil**	65v
Belemnites, strahlender/mit Strahlen versehener Belemnites	*belemnites radiatus*	67r, 91v
Belloculus	*belloculus*, m.; → Belus-Auge	144r
Belokel	→ Belus-Auge	144r
Belus	*belus*, m.; Edelstein aus Arbela, der aussieht wie Glas	96r, 130r
Belus-Auge	*Beli oculus*, m.; weisslicher Stein, der als Auge des Belus, d. h. des assyrischen Gottes Baal, bezeichnet wird; auch Belloculus oder **Belokel** genannt	144r
Berningerberg, Stein vom	*Berningeri lapis*	122v

Bostrychites	*bostrychites*, m. [kPA: *bostrychitis*, f.], zu βόστρυχος, m. (Haarlocke); alternative Bezeichnung für Amiant (fol. 6v) oder Pyrit (fol. 54v)	6v, 54v, 140v
Botryitis	Traubenstein; *botryitis*, f., zu βότρυς, m. (Weintraube)	140v
Brontia(s)	Donnerstein; *brontia*, f. / *brontias*, m. [kPA: *brontea*, f.], zu βροντή, f. (Donner), da der Stein angeblich bei Donner vom Himmel fällt (fol. 59v); Agricola verwendet Brontia (f.), Gessner bevorzugt Brontias (m.) (fol. 58v/59r); in der Übersetzung wird entsprechend differenziert. Agricola (476) führt folgende Übersetzungen an: 1. **Donnerſtein**; 2. **Wetterſtein**; 3. **großer Krottenſtein**; diese Übersetzungen verwendet Agricola auch für Ombria sowie – mit einem zusätzlichen Hinweis auf die Glätte – für Ceraunia. Bei Brontia(s) und Ombria(s) handelt es sich meist um fossile Seeigel; zu Donnersteinen vgl. Lüschen 203 f.	58v, 59r, 59v, 60v, 60v, 61r, 61v, 62r, 168v
Bruchſtein	→ Osteolithus	152r
Bſetzſtein	Pflasterstein	14v, 27v
Bucardia	Rinderherz; *bucardia*, f., zu βοῦς, m./f. (Rind) und καρδία, f. (Herz); ein dem Rinderherz ähnlicher Stein	158v
Buchsbaum	*buxus*, f.; einer der Bäume, die an Klumpen von Erdpech anwachsen	124v
Bůchle	Bucheckern; Bezeichnung für Goldklümpchen	127v
C(h)alcedonius/ Chalcedonischer	Chalzedon; *c(h)alcedonius*, m.; Gessner lehnt eine Bezugnahme auf die Stadt Chalkedon (Καλχηδών) in Bithynien als Etymologie ab; in Apoc. 21,20 ist anstelle des tradierten Calcedonius Gessner zufolge Carchedonius zu lesen (vgl. fol. 80r); zur Verwechslung vgl. Lüschen 195	55r, 79v, 80r, 80r, 80v, 105v, 106r
Cacalia	*cacalia*, f.; → Leontice	120v
Calais	*calais* [kPA 37,147: *callaina* f.; 37,151: *callais*, f.], κάλαϊς, f., zu καλλάϊνος (blau und grün schillernd); die Frage, ob Calais und Callais verschiedene Dinge bezeichnen, lässt Gessner offen; zur Gleichsetzung von Callaina und Türkis vgl. Lüschen 337, König/Hopp 184	57r, 57v
Calamites	Rohrstein; *calamites*, m. [kPA: *callaica*, f.], zu καλαμίτης (schilfrohrartig), nach dem Rohrhalm (*calamus*/κάλαμος)	115r
Calculus	*calculus*, m., ist Deminutiv zu *calx*, f. (Stein, Kalkstein) und bezeichnet wie *scrupulus* ein Steinchen	14v
Callais	*callais*, f. [kPA: *callaina*, f.]; → Calais	16r, 57v, 156r
Callimus	der Schöne; *callimus*, m., zu κάλλιμος, -ον (schön); soll sich im Aëtites oder Geodes finden	11v, 99r, 142v

Callus	*callus*, m., auch: *callum*, n. (Kallus, Verhärtung); ein Porus, der so hart ist wie ein Knochen	151v
Capites	*capites*, m.; → Cepocapites	110r, 118v, 119r
Capnias	oder Capnites; *capnias*, m., zu καπνός, m. (Rauch); nach Plinius (37,118) eine Art des Jaspis; nach König/Hopp 174 wohl ein rauchfarberner Chalcedon	56r, 70v
Capnites	*capnites*, m.; → Capnias	56r, 56v, 70v, 118v
Capnitis	*capnitis*, f.; → Galmei	56v
Capnumargos	Steinmergel; *capnumargos* [kPA: *acaunomarga*, f.]	56v
Carchedonius	der Carchedonische; *carchedonius*, m., Καρχηδόνιος, -α, -ον zu Καρχηδών (Karthago); nach Plin. 37,92 eine Karfunkel-Art, vgl. Lüschen 247; → C(h)alcedonius	80r
Cardisce	*cardisce*; → Encardia	157v
Carneol	*carneolus*, m. / *carneola*, f. sind mittellateinische Begriffe für Sarder; der Name wurde wegen der rötlichen Farbe des Steins als Bildung zu *caro*, f. (Fleisch) erklärt; vgl. Lüschen 249	107r
Carneola	*carneola*, f.; → Carneol	107r, 141r
Catoptrites	*catoptrites*, m. [kPA: *catoptritis*, f.], zu κάτοπτρον, n. (Spiegel); Gessners Emendationsvorschlag für den bei Plinius (37,152) überlieferten Begriff Catopyrites	110r, 119r
Catopyrites	*catopyrites*; → Catoptrites	110r
Cenchrites	Hirsenstein; *cenchrites*, m., zu κέγχρος, m. (Hirse); → kleinerer Hammites	72r, 120v
Cepionides	*cepionides*, f. [kPA: *cetionides*, f.]; bei Plinius (37,156) überlieferter Begriff; Gessner zufolge ist Cepionides zu Cepites oder Cepoides zu korrigieren	95v, 110r
Cepites	*cepites* [kPA: *cepitis*, f.]; bei Plinius (37,152) überlieferter Name eines Steins, entweder zu κῆπος, m. (Garten), wie Gessner vermutet, oder zu *cepa* (Zwiebel), vgl. König/Hopp, 184 zu Plin. 37,152	110r, 114v, 118v
Cepocapites	*cepocapites* [kPA: *cepolatitis*, f.]; nach Plinius (37,152) eine alternative Bezeichnung für Cepites; nach Gessner ist Cepocapites zu Capites zu korrigieren	110r
Cepoides	*cepoides* zu κηποειδής (mit dem Aussehen eines Gartens, d. h. bunt); von Gessner geprägter Begriff, Emendationsvorschlag für Cepionides; → Cepionides	110r, 114v
Ceramites	*ceramites* [kPA 37,151: cadmitis, f.; 37,177: ceramitis, f.], κεραμίτης, m., zu κέραμος, m. (Töpfererde); ein Stein von der Farbe einer Tonscherbe; → Ostracites	85v, 95v
Ceramoides	*ceramoides*, κεραμοειδής (mit dem Aussehen einer Scherbe); Emendationsvorschlag von Gessner zu Plin. 37,151; → Ceramites, Cheramides	95v

Ceratiten	*ceratitae*, m., zu κέρας, n. (Horn); von Gessner geprägter Begriff für Steine, die Hörnern ähnlich sehen	155r
Ceraunia(s)	Blitzstein/Donnerstein, *ceraunia*, f. / *ceraunias*, m., zu κεραυνός, m. (Blitz), da der Stein angeblich mit dem Blitz (fol. 61v) oder bei Donner (fol. 63r) herabfällt; Agricola verwendet Ceraunia (f.), Gessner bevorzugt Ceraunias (m.) (fol. 58v/59r), in der Übersetzung wird entsprechend differenziert. Agricola (476) führt folgende Übersetzungen an: 1. glatter Donnerstein; 2. glatter Wetterstein; 3. glatter, großer Krottenstein (Gessner verweist dazu auf Chelonitis maior und Batrachites); diese Übersetzungen verwendet Agricola auch für Brontia und Ombria, von denen sich die Ceraunia durch die Glätte abhebt. Gessner unterscheidet den Ceraunia-Edelstein (Asterias) und den Ceraunia-Stein (fol. 63v); bei den Cerauniae-Steinen handelt es sich um prähistorische Steinwerkzeuge, vgl. Abb. 19, fol. 64v. Zu Ceraunia und Donnerstein vgl. Lüschen 194 f., 203 f.	39r, 39v, 58v, 59r, 60v, 61v, 62r, 63r, 63v, 64r, 65v, 66r, 67r, 68v
Ceraunia, germanische	*ceraunia Germanica*	63v
Ceraunia, karmanische	*ceraunia Carmanica*	63v
Ceraunites	*ceraunites*, m., zu κεραυνός, m. (Blitz); von Gessner mit der Astrapia des Plinius identifiziert	94v
Ceraunius	*ceraunius*, m., zu κεραυνός, m. (Blitz); der Ceraunius ist keilförmig und wird mit dem Belemnites identifiziert	16r, 55r, 65r, 70v
Chabazius	*chabazius*; → Chalazius	68v
Chalazias	Hagelstein; *chalazias*, m., χαλαζίας, m., zu χάλαζα, f. (Hagel), benannt nach der hagelartigen Form und Farbe; bei Autoren des Mittelalters finden sich die Schreibweisen Galasia und Gelosia, die Gessner verwirft; → Chalazius	67r, 67v, 68r, 68v
Chalazius	*chalazius*, m., χαλάζιος, m.; Gessners Emendationsvorschlag für Chabazius (Lith. 758); alternative Bezeichnung des → Chalazias	68v, 74v
Chalcanthum	*chalcanthum*, n., χάλκανθον, n., zu χάλκος, m. (Kupfer); auch Vitriol genannt; Celsus übersetzt *atramentum sutorium* (Schusterschwärze)	78v, 79r
Chalcites	Kupferstein; *chalcites*, m., χαλκίτης, m., zu χάλκος, m. (Kupfer); → Chalcitis	79r
Chalcitis	*chalcitis*, f., χαλκῖτις, f.; Bezeichnung für kupferhaltige Erde oder Alaun; → Chalcites	79r

Chalcolibanon	*chalcolibanon*, n., zu χαλκολίβανος, f. (Messing aus dem Libanon, gelber Weihrauch)	80v
Chalcophonos	*chalcophonos*, f., χαλκόφωνος, f., zu χαλκεόφωνος, -ον (nach Kupfer klingend)	79v
Chalcosmaragdos	*chalcosmaragdos*, f., χαλκοσμάραγδος, f. (ein grüner Stein mit metallischen Adern, vielleicht Malachit), vgl. LSJ	80v
Chelidoniae	Schwalbensteine bzw. Schwalmensteinle; *chelidoniae*, m., zu χελιδών, f. (Schwalbe); es handelt sich um die fossilen Zähne von Brassen und Lippfischen, vgl. Abb. 33.3, fol. 107r	16r, 107v, 119v, 161v
Chelonitis/ Chelonites	Schildkrötenstein; *chelonitis, -idis* f. (fol. 156v: *chelonites, -ae* m.), zu χελώνη, f. (Schildkröte); zur Gleichsetzung mit dem kleineren Batrachites und dem kleinen Krottenstein, d.h. Krötenstein, vgl. fol. 60v; zur Gleichsetzung mit Brontia(s) vgl. fol. 61r	16r, 60v, 61r, 156v, 165r
Chelonitis, grössere	*chelonitis maior*, f.; zur Gleichsetzung mit dem Batrachites und dem grossen Krottenstein, d.h. Krötenstein, vgl. fol. 60v	60v
Cheramides	*cheramides*; Gessner zufolge ein in Handschriften zu Plinius (37,151) attestierter Begriff; Gessner (fol. 95v) geht von einem Überlieferungsfehler aus	85v, 95v
Chernites	*chernites*, m., χερνίτης, m. (eine Art weisser Marmor), vgl. LSJ	33v
Chola	*chola* [kPA: *chlora*]; nach der kritischen Plinius-Ausgabe (37,73) lautet der Name Chlora zu χλωρός, -ά, -όν (blassgrün)	96v
Chryselectrum	*chryselectrum*, n., χρυσήλεκτρος, m./f., zu χρυσός, m. (Gold) und ἤλεκτρον, n./ἤλεκτρος, m./f. (Bernstein); Gessner bezeichnet damit eine Art Bernstein (nach Plin. 37,51), aber auch einige Chrysolithen (nach Plin. 37,127 [kPA chryselectroe]), vgl. Lüschen 200	75v, 98v
Chrysites	*chrysites*, m. [kPA: *chrysitis*, f.], zum Adj. χρυσίτης, m. (goldhaltig); als Chrysites wird nach Plinius (37,179) der Phloginus bezeichnet	54v, 74v, 84v
Chrysitis	*chrysitis*, f., zum Adj. χρυσῖτις, f. (goldhaltig); zur Bezeichnung 1. der Goldglätte (*spuma argenti*), 2. des Prüfsteins bzw. Wetzsteinchens, 3. von goldhaltiger Erde oder Sand	74v, 75r, 77v
Chrysoberyll	Goldberyll; *chrysoberyllus*, m./f., zu χρυσός, m. (Gold), nach Plinius (37,76) eine goldfarbige Abart des → Berylls, vgl. Lüschen 197	20r, 76r
Chrysocolla	Goldleim; *chrysocolla*, f., χρυσοκόλλα, f.; → Amphitane	17r, 75r

Chrysolampis	goldleuchtender Stein; *chrysolampis*, f., zu χρυσολαμπίς, f. (Glühwürmchen); vgl. König/Hopp 185 zu Plin. 37,156	51r, 75r
Chrysolectrum	*chrysolectrum*, n. [kPA: *chryselectrum*, n.]; für den Plinius-Text (37,51) schlägt Gessner die Korrektur → Chryselectrum vor	75r
Chrysolith	Goldstein; *chrysolithus*, m., zu χρυσός, m. (Gold) und λίθος, m. (Stein); vgl. Lüschen 197 f.	Aa4r, 7r, 29r, 36v, 56r, 57v, 75r, 75v, 76r, 77r, 115v
Chrysopassus	*chrysopassus*; nach Gessner eine Fehlschreibung des Wortes → Chrysoprasus	76r
Chrysophis	*chrysophis* [kPA: *chrysopis*, f. zu χρυσῶπις]; ein Stein, der wie Gold aussieht; vgl. Plin. 37,156 mit König/Hopp 185	75r
Chrysophyll	*chrysophyllos*, m. zu χρυσός, m. (Gold) und φύλλον, n. (Blatt); nach Epiphanius (1,10) eine Bezeichnung für den → Chrysolith	76r
Chrysoprasius	*chrysoprasius*; nach Gessner eine Fehlschreibung des Wortes → Chrysoprasus	75v, 122r
Chrysoprasus	Goldlauch; *chrysoprasus*, m. (auch f. bei Plin.), χρυσόπρασος, m. (wertvoller Stein von gold-grüner Farbe), zu χρυσός, m. (Gold) und πράσον, n. (Lauch); vgl. Lüschen 198	20r, 75v, 76r, 122r, 122v
Chrysopteros	*chrysopteros*, m., χρυσόπτερον, n., zu χρυσόπτερος, -ον (mit goldenen Flügeln); nach Plinius (37,109) eine Unterart des → Topases	122v, 75v
Circos	Habichtstein; *circos*, m., zu κίρκος, m. (Habicht, Falke)	131r
Cissites	Efeustein; *cissites*, m./f. [kPA: *cissitis*, f.] zu κισσός, m. (Efeu)	11v, 121r, 123r
Citrin	→ *Citrin*	69v
Citrin, Zitrin	*citrina*, f. (*citrina iris*), zu *citrum, -i*, n. (Zitrone); Quarz-Varietät, die gegen Licht gehalten leuchtet	69v
Clethrites	*clethrites*, m., zu κλῆθρα, f. (Erle); Gessner zufolge eine Bezeichnung für versteinertes Erlenholz	126v
Cochlites	Schneckenstein; *cochlites*, m., zu κοχλίας, m. (Schnecke); Gessners Vorschlag für die Bezeichnung eines Steins mit steinernen Schnecken; es handelt sich um fossile Schnecken, vgl. Abb. 65 A, fol. 165v	165v
Collyrium	*collyrium*, n., zu κολλύριον, n. (Augensalbe); eine samische Erde, die auch als Syropicon bezeichnet wird	42r, 42v
Como, Stein von	*lapis Comensis*; → Stein von Siphnos, Lapis lebetum	112r, 112v
Coracias	rabenschwarzer Stein; *coracias* (*lapis*), m., zu κορακίας (rabenschwarz); Gessners lat. Übersetzung für **Rappenstein**, eine dt. Bezeichnung des Belemnites	92v

Erbsſtein	dt. Bezeichnung, zu der Gessner Pisolithus und Orobias prägt; alternative Bezeichnungen sind nach Gessner: grösserer Ammonites, grösserer (H)ammites, **groſſer Rogenſtein**	71v, 73v, 122r
Erdhaar	*terrae capilli*; alternative Bezeichnung für das Frauenhaar/Venushaar	140v
Erdpech	*bitumen*, n.; Naturasphalt; vgl. Gessner fol. 43r/v	43r, 43v, 124r/v, 131r
Erdſtöcklein	→ Ebenum fossile	127r
Erdtöpff	aus der Erde ausgegrabene Töpfe; auch wenn Agricola (329) an eine natürliche Entstehung denkt, dürfte es sich um Artefakte handeln	87v
Eristalis	*eristalis* (Agricola 478, nach Plin. 37,160 [kPA: Ery*th*allis]); → Wese	38r, 70r
Erz, Kupfer(erz), Bronze	*aes*, n., Kupfer, Bronze; *aes rubrum* (rotes Erz) oder *aes Cyprium* (zyprisches Erz, Plin. 34,172) sind eindeutige Bezeichnungen für Kupfer, vgl. Lüschen 259	78v, 79r, 79v, 80v, 81r, 86v, 87r, 105r
Erz, korinthisches	*aes Corinthium*	79v, 128r
Eupetalos	*eupetalos*, m., zu εὐπέταλος, -ον (mit schönen Blättern); ein vierfarbiger Stein	116v
Eureos	*eureos*, m.; gleicht einem Olivenkern; bei Plin. 37,161 ein Femininum; Bezeichnung für den → Judenstein	129r, 130v
Eurrhoeus	*eurrhoeus*, zu εὖ (gut) und ῥέειν (fliessen); soll harntreibend wirken; Bezeichnung für den → Judenstein	128v
Exhebenus	*exhebenus*, f.; weisser Edelstein, der zum Glätten von Gold verwendet wurde	43v, 127v
Eyſenſtein	dt. Bezeichnung für den → Basalt	24r
Federwyß	Federweiss, vgl. Lüschen 214 f.; → Amiant	6v
Fels, Stein	*petra*, f., πέτρα, f.	24v, 34r
Fels(gestein)	*saxum*, n.; zu einem Felsgestein mit auffälligem Erscheinungsbild vgl. fol. 7v, 16v, 129v	7v, 10v, 14r, 16v, 24r, 24v, 27r, 32v, 34v, 62r, 129v
Felsenlärchenschwamm	*agaricum saxatile*; → Mondmilch, **Monmilch**	50r
Felsenschwamm	*fungus petraeus*; → Mondmilch, **Monmilch**	50r
Feürſtein	Feuerstein; wird von Agricola (484) zusammen mit **Hornſtein** als dt. Bezeichnung des Silex genannt; vgl. Lüschen 217 f.	14v, 15r
Flockquerze	nach Agricola (479) eine Bezeichnung für Steine, die im Feuer flüssig werden	28r
Fluss	*fluor*, m.; zur Verwendung des Begriffs vgl. Lüschen 219 (zu Flussspat)	7v, 14v, 15v, 17v, 20v, 26r, 26v, 27r, 28v, 29r, 122v, 142v, 148v

Granat	*granatus*, m.; Bezeichnung für den Carchedonius zur Zeit Gessners	80r
Gypselli	*gypselli*, Pl. m.; kleine, weisse Steinchen, die Gessner wegen ihrer Farbe mit dem zu *gypsum* (Gips) geprägten Deminutiv bezeichnet	31r
Haare, die sich in den Nieren bilden	*capilli (qui concrescunt in renibus)*	147r
Haemachat	*haemachates*, m., zu αἷμα, n. (Blut); ein → Achat von blutroter Farbe	149r
Haematites	Blutstein; *haematites*, m., αἱματίτης, m., zu αἷμα, n. (Blut); benannt nach seiner roten Farbe	5r, 83v, 85r, 86v, 126v, 149r
Haifischzahn	*lamiae dens*, m.; → Glossopetra	163r, 163v
Halosachne	Meerschaum; *halosachne*, f., ἁλοσάχνη, f.	133v
Hammites/ Ammites	Sandstein; *hammites/ammites*, m. [kPA: *hammitis*, f.], zu ἄμμος/ἅμμος, f. (Sand); Ammites nur fol. 72v; aufgrund seiner Struktur wird der Stein mit Fischlaich verglichen, vgl. Lüschen 303; alternative Bezeichnungen sind Ammonites (vgl. aber fol. 71r), Erbsſtein, Rogenſtein	71r, 72v, 73r, 73v, 159v
Hammites/ Ammites, grösserer	*hammites/ammites maior*, m.; Gessner schlägt grösserer Hammites, grösserer Ammonites sowie Pisolithus (Erbsenstein) oder Orobias als Bezeichnungen vor; zur Schreibweise Ammites maior vgl. fol. 71v	71v, 73v
Hammites/Ammites, kleinerer	oder kleinerer Ammonites; *hammites/ammites minor*, m.; von Gessner mit dem Meconites (Mohnstein) bzw. Cenchrites (Hirsenstein) des Plinius identifiziert	5v, 71v/72r, 121r
Hammonites	*hammonites*, m.; als Hammonites wird bei Gessner das → Ammonshorn des Plinius (37,167) bezeichnet; Gessner bildet unter diesem Namen einen fossilen Nautiliden ab	159v
Hammonius-Stein	*hammonius lapis*; von Cardano gebrauchter Begriff für einen Edelstein, der Widderhörnern ähnlich ist	160r
Haratzi	arabische Bezeichnung für einen Stein, den man in der Galle von Rindern findet; → Massatum	159r
Harnisch	*armatura*, f.; Harnisch, also Rüstung, wird die glänzende Hülle von Ammonshorn, der Meeresschnecke σιδηροειδής u. a. genannt; → Hoplites	86r, 86v, 47r, 47v, 81r, 87r, 88r, 90v, 91r, 159v, 160r
Harniſch	dt. Bezeichnung für *armatura*, zitiert nach Agricola (475)	87r
Helioselinos	Sonnenmondstein; *helioselinos*, m., ἡλιοσέληνος, m., zu ἥλιος, m. (Sonne) und σελήνη, f. (Mond); zeigt das Abbild von Sonne und Mond	44r
Heliotropium	Sonnenwendstein; *heliotropium*, n., ἡλιοτρόπιον, n., zu ἥλιος, m. (Sonne) und τρόπος, m. (Wendung); im Wasser wirft der Stein den Schein der Sonne blutrot zurück, vgl. Lüschen 236	44v, 110v

Hepatites	Leberstein, Läberſtein; *hepatites*, m., zu ἧπαρ, n. (Leber); Gessner zufolge zwischen Ton und Stein, lässt sich drechseln	103v, 112r, 149v, 157v, 157v
Hephaestites	*hephaestites*, m., Ἡφαιστῖτις, f.; entweder zu Hephaistos (Gott des Feuers) oder zur lykischen Stadt Hephaistion, vgl. König/Hopp 188	54v, 54v, 87v, 87v, 110v
Herakleischer Stein	*Heracleus lapis*, zu Ἡράκλειος, -α, -ον (zu Herakles gehörig); der Name wird auch auf die lydische Stadt Heraklea zurückgeführt; als Heracleus/Heraclius/Herculius lapis wird Gessner zufolge entweder der Magnet oder das → Wetzsteinchen bzw. der Prüfstein bezeichnet	82r, 101v
Hexagonus	Sechseckiger (Stein); *hexagonus*, m., zu ἑξάγωνος, -ον (sechseckig)	17v
Hieracites	*hieracites*, m., ἱερακίτης, m., zu ἱέραξ, m. (Habicht, Falke); der Name findet sich schon bei Plinius (37,167), den Gessner jedoch nicht nennt; nach G. hat der Stein seinen Namen von der Ähnlichkeit zu einer Vogelfeder; vgl. aber Krafft 379, Lüschen 244	4r, 161r
Hiobsträne	*lachryma Iobi*, f.; Pflanze mit harten, perlenartigen Früchten, die denen des Lithospermon gleichen, und als Betkügelchen für den Rosenkranz verwendet werden	120v
Hirschträne	*cervi lachryma*, f.; wie man heute weiss, ein von Hirschen aus den Voraugendrüsen ausgeschiedenes, sich verhärtendes Sekret; vgl. Lüschen 238 f.	161r, 12v
Hodenſtein	dt. Bezeichnung für → Enorchis; die Bezeichnung wird auch für runde Pyrite verwendet	12v, 13v, 157v
Holosteus	*holosteus*, m.; → Osteolithus	50v, 152v
Hoplites	*hoplites*, m., zu ὁπλίτης, m. (der Schwerbewaffnete); Bezeichnung für *res fossiles* mit einem → Harnisch	87r, 159v, 164r
Horminodes	*horminodes*, m. [kPA: *Hermu aedoeon*, d. h. Geschlechtsteil des Hermes]	7r
Horn eines Einhorns	*cornu monocerotis*, n.	152v, 155r, 157v
Hornſtein	dt. Bezeichnung für → Silex	14r, 15r
Hyänenstein	*lapis Hyaeniae nomine*; vgl. Abb. 52, fol. 157r	156v
Hyazinth	*hyacinthus*, m., zu ὑάκινθος, m. (Hyazinth), benannt nach der Farbe der Blume; vgl. Lüschen 241 f.	Aa4r, 20r, 28v, 29r/v, 57v, 117v
Hysterapetra	*hysterapetra*, f., zu ὑστέρα, f. (Gebärmutter) und πέτρα, f. (Fels); von Cardano geprägte Bezeichnung für die → Diphyes	147v
Idäischer Fingerstein	*dactylus Idaeus*, zu δάκτυλος, m. (Finger); *Idaei dactyli* bei Plin. 37,170; nach dem Vorkommen am Ida-Gebirge; → Belemnites	86r, 93v, 94r, 94v, 95r, 128r, 148r

Idäischer Fingerstein, grösserer	*dactylus Idaeus maior*; → Belemnites	91v
Index(-Stein)	*index* (Anzeiger) von Ovid (met. 2,706) gebrauchte Bezeichnung für den Prüf- oder Probierstein; → Basanus, Chrysitis, Probierstein, Wetzsteinchen, Herakleischer Stein, lydischer Stein	23r, 101v
Indischer Edelstein	*Indica gemma*; grüner Edelstein, den Plinius (37,102) erwähnt	129v, 130v
Ionace	*ionace* [kPA: *in onyche*]; der vermeintliche Name geht auf eine Textverderbnis bei Plinius (37,186) zurück, wo *in onyche* (im Onyx) gelesen werden muss	144v
Iris	Regenbogenstein; *iris*, f., zu ἶρις, f. (Regenbogen); es handelt sich um den sog. Regenbogenquarz, der ein irisierendes Farbenspiel erkennen lässt, vgl. Lüschen 242	Aa7v, 18v, 19r, 68v, 69r, 69v, 70r
Jaspis	*iaspis*, f., ἴασπις, f.; der Name geht auf eine orientalische Sprache zurück, vgl. Lüschen 244	7r, 7v, 14r, 42r, 56r, 58r, 70r, 70v, 85v, 96v, 99r, 105r, 106r, 106v, 108v, 110v, 122v, 149r
Jaspis aërizusa	himmelblauer Jaspis; *iaspis aërizusa*, zu ἀερίζων (wie Luft seiend, himmelblau seiend)	56v, 57r
Jaspis onychipuncta	*iaspis onychipuncta* [kPA: *onychi iuncta* (mit einem Onyx verbunden)]	3r
Jaspis polygrammos	vielstreifiger Jaspis, *iaspis polygrammos*, f., zu πολύγραμμος, -ον (mit vielen Streifen)	7v
Jaspis παλαιός	alter Jaspis, *iaspis* παλαιός, m., zu παλαιός, -ά, -όν (alt); nach Epiphanius (1,6) ein schneeartiger Jaspis	57v, 70r
Jaspis, durchsichtiger	*iaspis pellucida*	107r
Jaspis, gestirnter mit rötlichen Punkten	*iaspis rutilis punctis stellata*	3r
Jaspis, grüner	*iaspis viridis*	106r, 113v
Jaspis, grüner orientalischer	*iaspis viridis orientalis*	106v
Jaspis, indischer	*iaspis Indica*	44v, 106v
Jaspis, rohrähnlicher	*iaspis calamo similis*	115r
Jaspis, roter	*iaspis ruffi coloris*	107r
Jaspis, trüber	*iaspis turbida*	80v
Jasponyx	*iasponyx*, f.; nach der Beschreibung bei Plinius (37,118) mit Flecken und Adern versehen; → Jaspis onychipuncta	3r

Lapis lebetum	Topfstein; *lapis lebetum*, m., zu lat. *lebes*, m., griech. λέβης, m. (Becken, Kessel); eine Art Speckstein, die in den Südalpen als Lavez-Stein bekannt ist; der Lavez-Stein wurde schon in der Antike zur Geschirrproduktion gebraucht; vgl. Holliger/Pfeifer 1983; Lüschen 329; → Petra Columbina, Stein von Como, Stein von Siphnos,	111r, 111v
Lapis odontoides	zahngestaltiger Stein; *lapis odontoides*, m., zu ὀδοντοειδής (zahnförmig)	157r
Lapislazuli	auch Azurstein (*cyaneus lapis*); *lapis lazuli*, m.; tiefblaues metamorphes Gestein, vgl. Lüschen 263	43v
Lehm	*lutum*, n.	104v, 108v, 111r
Lemnische Erde	*lemnia terra*; eine seit der Antike (Diosk. 5,97) bekannte Heilerde, zu Handelszwecken mit dem Abdruck einer Ziege versehen; zu den sog. Siegelerden (neulat. *terrae sigillatae*) vgl. Lüschen 318, zu Gessners Exemplar vgl. Abb. 26.2, fol. 102r	102r, 103r, 153v, 42v
Leoninischer Stein	Löwenstein; *leoninus lapis*; alternative Bezeichnung für → Lithospermon	120r
Leontice	*leontice*, f.; auch Cacalia genannt; eine Pflanze, deren Samen kleinen Perlen gleichen	120v
Leontion	*leontion*, n., zu λέοντιον, n., Deminutiv zu λέων, m. (Löwe); alternative Bezeichnung für → Lithospermon	120r
Leucochrysus	Weissgold; *leucochrysus*, λευκόχρυσος, f., zu λευκός, -ή, -όν (hell, weiss) und χρυσός, m. (Gold); von Plin. 37,128 u. 171 erwähnter Edelstein	7r, 77r
Leucographis	Weissschreiber; *leucographis*, f. [kPA zu Plin. 37,162: *leucographitis*, f.], λευκογραφίς, f.; bei Plin. 27,103 unter den Pflanzen erwähnt; nach Diosk. 5,134 ein Mineral, der Morochthosstein	140v, 149v, 150r
Leucopetalos	Weissblatt; *leucopetalos* [kPA: *leucopoecilos*, f.], zu λευκός, -ή, -όν (hell, weiss) und πέταλον, n. (Blatt); erwähnt bei Plin. 37,171	70r, 77r, 116v
Leucophthalmos	Weissauge; *leucophthalmos* (*-us*), f. zu λευκός, -ή, -όν (hell, weiss) und ὀφθαλμός, m. (Auge); nach Agricola ein Edelstein mit einer Ähnlichkeit zum menschlichen Auge	144r, 144v, 156r
Libanochrus	weihrauchfarbiger Stein; *libanochrus*, f., zu λιβανόχρους, -ουν (weihrauchfarben)	131v
Lilgenſtein	Lilienstein, dt. Bezeichnung für → Encrinos	120r
Linurgus	Leinenweber; *linurgus*, m., λινουργός, m.; ein bleifarbener Stein, der angeblich die weisse Farbe von Leinen annimmt	120r

Lygdinischer Stein	*lygdinus*, m., zu λύγδινος, -η, -ον (aus weissem Marmor); bei Plinius (36,62) erwähnt; es handelt sich vermutlich um weissen Marmor von Paros, vgl. König/Hopp 161	97r
Lyncurium	*lyncurium*, n., λυγγούριον/λυγκούριον, n.; galt Theophrast (lap. 28) zufolge nach der volksetymologischen Erklärung des Wortes als verhärteter Urin (οὖρον) des Luchses (λύγξ) und wurde auch als Luchsstein bezeichnet; Kritik an dieser Erklärung findet sich bereits bei Plinius (37,52) und Dioskurides (2,81); nach Lüschen 266 führt man den Begriff heute auf λιγύριον zurück und sieht darin einen Verweis auf Ligurien, das für Bernsteinvorkommen bekannt war; als Lyncurium bezeichneten antike Autoren → Bernstein und Gessner (fol. 90r) zufolge bisweilen den → Belemnites; Gessner verwendet *lyncurium*, n. (fol. 89v); *lyncurius*, m., lautet der Name nach Kentmann (fol. 92r)	85r, 89v, 92r, 117v
Machaera-Stein	Messerstein; *machaera lapis*, m., zu μάχαιρα, f. (Messer, Schwert)	86r
Macula	Fleck; *macula*, f. [kPA: *mucul*]; nach Plin. 37,183 der persische Name des Telicardios	157v
Magnet	Magnesier; *magnes*, m., μάγνης, m., als Verweis auf Magnesia als Herkunftsort; es handelt sich um den Magneteisenstein bzw. Magnetit, vgl. Lüschen 267; alternative Bezeichnungen: herakleischer Stein, Siderites	Aa7v, 44v, 82r, 83r, 83v, 84r, 85r, 102r, 104r
Magnetis	oder Magnesischer Stein; *magnetis*, f., μαγνῆτις (λίθος), f.; in der Antike meist ein Synonym zu Magnet (magnes/μάγνης, m.); Gessner (fol. 78v) differenziert jedoch und verwendet Magnetis als Bezeichnung für Katzensilber, Silberweyß oder Glimmer/Talk	6v, 8v, 43v, 76v, 78r, 78v, 83r, 84r
Magnetis, goldene	*magnetis aurea*; von Gessner geprägte Bezeichnung für den → Ammochrysos	76v
Markasit	*marchasita*, m.; zum arabischen Begriff marqašītā, zur Etymologie vgl. Lüschen 270; bei Gessner eine Bezeichnung für Pyrit; zur Differenzierung von Pyrit und Markasit vgl. Lüschen 271	13v, 43v
Marmor	*marmor*, n., μάρμαρος, m.; als Marmor wurden in der Antike Steine bezeichnet, die durch besondere Färbung oder Fleckung auffallen; heute wird der Begriff für polierfähige Kalksteine gebraucht; zur Verwendung des Begriffs und zur Herleitung von μαρμαίρειν (glänzen, funkeln) vgl. Gessner fol. 24r, Lüschen 271	9r, 14r, 17v, 20v, 22v, 24r, 24v, 29v, 53v, 78v, 89r, 90r, 90v, 96r, 96v, 100v, 101r, 104v, 105r, 108v, 109r, 128r, 141v
Marmor, grüner	*marmor viride*	124r, 5r

Melites	*melites*, m. [kPA: *melitis*, f.], zu μῆλον, n. (Apfel); der Name verweist auf die farbliche Ähnlichkeit zu einem Apfel	123v, 129v
Melitites	Honigstein; *melitites*/μελιτίτης, m., zu μέλι, n. (Honig); sondert einen süssen Saft ab, so Diosk. 5,133; Plin. 36,140 (dort *melitinus lapis*); vgl. Lüschen 239	149v
Menoides	*menoides*, m., zu μηνοειδής, -ές (halbmondförmig); von Gessner vorgeschlagene Bezeichnung für Plinius' Tephrites und einen weiteren Stein, den er vom Selenites unterscheiden möchte	47v
Mergel	*marga*, f.; Kalk-Ton-Gemenge, vgl. Lüschen 273; nach Plin. 17,42–44 ein keltisches Wort; Gessner (fol. 151r) erwägt eine Herleitung des lat. *marga* von Marck (dt.) bzw. Marg (helv.)	51r, 102r, 103v, 151r
Mergel	Mergel, ein Sedimentgestein	103v
Meroctes	*meroctes*, m. [kPA: *morochthos*, m.]; von Agricola (1546, 309) erwähnt in Anlehnung an Plinius (37,173); → Morochthus	105r
Mesoleucos	*mesoleucos*, m., zu μεσόλευκος, -ον, aus μέσος, -η, -ον (mittig, in der Mitte) und λευκός, -ή, -όν (hell, weiss); Edelstein mit weisser Linie in der Mitte; bei Gessner: Mesoleucus (fol. 4r) und Mesoleucos (fol. 7r)	4r, 7r
Mesomelas	*mesomelas*, m., μεσομέλας, zu μέσος, -η, -ον (mittig, in der Mitte) und μέλας, μέλαινα, μέλαν (schwarz, dunkel); ein Stein mit schwarzer Ader	7r, 98r
Mespileus	*mespileus*, m., zu μέσπιλον, n. (Mispel); von Cardano gebrauchter Begriff für einen Stein, der einer Mispel gleicht; → Pentexoche	17v, 129v, 129v, 130r
Mica	*mica*, f.; neulat. Bezeichnung für Glimmer/Katzensilber; *mica* bedeutet «Krümchen», *micare* «funkeln, glänzen», vgl. Lüschen 228; Gessner zufolge sollte Mica im Dt. als «**Stein**- oder **Sandtglimmer**» bezeichnet werden	6v, 78r, 78v
Miesmuscheln	*musculi conchae*; im Zusammenhang mit Formen von Steinen erwähnt	9r
Miltites	Mennigstein; *miltites*, m., zu μίλτος, f. (Rötel, Mennig); von Plinius (36,147) erwähnter Stein, vgl. König/Hopp 192	86v
Mithrax, Mitrax	*mithrax*, f.; von Plinius (37,173) erwähnter Stein, wohl ein Opal; nach Solinus (coll. 37,12) und Isidorus (orig. 16,4,2) lautet der Name *mithridax*, vgl. König/Hopp 190	40r, 44r, 44v
Molochit	Agricolas Übersetzung von Molochites	120v
Molochites	Malachit oder Malvenstein; *molochites*, m. [kPA: *molochitis*, f.], zu μαλάχη/μολόχη, f. (Malve); von Plinius (37,173) erwähnter grüner Stein; zum Begriff Malachit vgl. Lüschen 269	108r, 120v

Myrsinites	*myrsinites*, m., zu μυρσίνη, f. (Myrte) von Plinius (37,174) erwähnter, honigfarbener Stein mit dem Geruch von Myrte	130r
Naphtha	*naphtha*, f., νάφθα, f., zu assyrisch *naptu* (Erdöl); Bezeichnung für leicht bewegliche, flüchtige Kohlenwasserstoffe, vgl. Lüschen 189	43r
Narcissites	Narzissenstein; *narcissites*, m., ναρκισσίτης, m., zu νάρκισσος, m. (Narzisse)	121r, 123r
Nasamonites	*nasamonites*, m. [kPA: *nasamonitis*, f.]; von Plinius (37,175) erwähnter Stein; nach Solinus (27,43) verweist der Name des Steins auf dessen Vorkommen im Gebiet der libyschen Nasamones	7r
Naterzünglin	→ Glossopetra	163r
Natron	Natriumkarbonat, Soda; *nitrum*, n., νίτρον, n.; zu Etymologie und Wortentwicklung vgl. Lüschen 283 f.	57r, 71r, 72v, 147r, 33r, 39v, 42r
Natternzungen	*natricum linguae*; → Glossopetra	163r
Nicolus	*nicolus*, m.; bei Cardano (1560, 201) erwähnter Name einer Art des Onyx; Gessner vermutet eine Fehlschreibung	156v
Ocellus	*ocellus*, m. (Äuglein); Deminutiv von *oculus*; Gessner diskutiert Identifikation mit Leucophthalmos oder Lycophthalmos	156r
Oculus	*oculus*, m. (Auge); bei Cardano (1560, 201) erwähnter Name einer Art des Onyx; Gessner vermutet eine Fehlschreibung	156r
Olive/Ölbaum	*olea*, f. (Olive, Ölbaum); eine Meerespflanze mit dem Aussehen eines Steins (fol. 118r) und ein Stein, der farblich dem Ölbaum gleicht (fol. 130v)	118r, 130v
Ombria(s)	Regenstein, *ombria*, f. / *ombrias*, m., zu ὄμβρος, m. (Regenguss), da der Stein angeblich bei Regen vom Himmel fällt (fol. 59v); Agricola verwendet *ombria* (f.), Gessner bevorzugt *ombrias* (m.) (fol. 58v/59r), in der Übersetzung wird entsprechend differenziert. Agricola (482) führt folgende Übersetzungen an: 1. **Donnerstein**; 2. **Wetterstein**; 3. **großer Krottenstein**; diese Übersetzungen verwendet Agricola (476) auch für Brontia sowie – mit einem zusätzlichen Hinweis auf die Glätte – für Ceraunia. Als Ombriae werden meist fossile Seeigel bezeichnet, vgl. Krafft 387 und z. B. Abb. 17, fol. 61v (Seeigelsteinkern von *Phymosoma*); Gessner hat unter dem Namen Ombria(s) aber auch ein Bruchstück eines Belemniten erhalten, vgl. Abb. 70.1–2, fol. 167v	16r, 58v, 59r, 59v, 60v, 61r, 61v, 66v, 156v, 167r
Onychius	*onychius*, m. (aus Onyx, Onyx-); Adjektiv zu *onyx* wie *onychinus, -a, -um*, ὀνύχινος, -η, -ον; vgl. Lüschen 285 f.	156v

Onyx	*onyx*, m. u. f., zu ὄνυξ, m. (Nagel); der Name wird seit der Antike unter Verweis auf die Ähnlichkeit zum weissglänzenden Fingernagel erklärt; vgl. Lüschen 38, 285 f.	58r, 80v, 105r, 141r, 156r, 156v
Opal	*opalus*, m., ὀπάλλιος, m.; nicht identisch mit dem heutigen Edelstein Opal; zur Herkunft des Begriffs vgl. Lüschen 286	38r, 70r
Ophicardelos	*ophicardelos*, m.; vielleicht: Schlangenherzstein, vgl. König/Hopp 192 zu Plin. 37,177	7r
Ophites	Serpentin- oder Schlangenstein; *ophites*, m., ὀφίτης, m., zu ὄφις, m. (Schlange); vgl. Lüschen 317 f.; als Bezeichnung von Serpentin, d. h. Gesteinen aus Serpentinmineralien	3v, 5r, 7v, 56v, 99v, 108v, 111r, 161v, 169r
Ophites, weisser	*ophites albus*	105r, 112v
Orchis	*orchis*, m., zu ὄρχις, m. (Hoden); Gessner empfiehlt den Namen Orchis für den Stein, der im → Enorchis enthalten ist	12v
Orichalcum, Messing	*orichalcum*, n., ὀρείχαλκος, m. (transkribiert: oreichalkos), 1. Bergerz, Bergkupfer, 2. Messing als Legierung von Kupfer und Zink; vgl. Lüschen 179	77v, 81r, 87r, 105r, 159v
Oripendulus	Mundgehänge; *oripendulus*, m.; von Gessner geprägte Bezeichnung für einen grünen Stein, den Bewohner Brasiliens als Lippenpflock verwenden	107v
Orites	Bergstein; *orites*, m. [kPA: *oritis*, f.], ὀρείτης, m., zu ὄρος, n. (Berg), vgl. Lüschen 287	15v, 51r, 82r, 83r, 83v
Orobias	*orobias*, m., zu ὀροβίας, m. (Name einer Art Kichererbse), da der Stein aussieht, als wäre er aus vielen Erbsen gebildet; → Pisolithus	71v, 73v
Osteiten	*osteitae*, Pl. m., zu ὀστέον, n. (Knochen); Gessner prägt den Begriff ὀστεῖται (fol. 152r) zur Bezeichnung knochenartiger Gebilde, die angeblich in der Erde entstehen; → Osteolithus	152r, 155r
Osteiten, stinkende	*osteitae foetidi*; von Gessner geprägter Begriff zur Bezeichnung des knochenartigen Inneren von Muskatnüssen	154r, 154v
Osteocoll(us)	Knochenkleber; *osteocollus*, m., zu ὀστέον, n. (Knochen) und κολλᾶν (kleben); von Gessner geprägter Begriff zur Übersetzung von Wallstein oder Beinwell, dem eine Heilwirkung bei Knochenbrüchen zugeschrieben wird; es handelt sich um Wurzeln, die von einem Kalk-Sand-Gemisch umgeben sind, vgl. Ziehen 1984, 8; → Osteolithus	8v, 30r, 125v, 129v, 141r, 152r
Osteocollus, krustenartiger	*osteocollus crustaceus*; Beschreibung eines abgebildeten O., für den Gessner die Bezeichnung πλακόλιθος prägt	30r

Osteolith(us)	Knochenstein; *osteolithus*, m., zu ὀστέον, n. (Knochen) und λίθος, m. (Stein) von Gessner geprägter Name; es handelt sich u. a. um Wurzeln, die von einem Kalk-Sand-Gemisch umgeben sind; alternative Bezeichnungen (fol. 151v/152r) sind Στελεχῖται, Ὀστεῖται, Ammostei, Osteocolli, Holostei, **Beinwell**, **Wallſtein**, **Sandtſtein**, **Steinbein**, **Bruchſtein**; vgl. → Osteocoll(us)	151v
Ostracias	Scherbenstein; *ostracias*, m., ὀστρακίας, m., zu ὄστρακον, n. (Tonscherbe); nach Plin. 37,177 ein Synonym für *ostracites* (*ostracitis*); Agricola (428) nennt *Ostracias altera* als Entsprechung des **Lurſaffyr**	79v, 84v, 85r, 85v
Ostracites	Scherbenstein; *ostracites*, m., ὀστρακίτης, m., zu ὄστρακον, n. (Tonscherbe); Gessner verwendet auch einmal *ostracitis*, f. (fol. 3v); nach Plin. 37,177 ein Synonym für *ostracias*; nach Agricola (428) eine Entsprechung für **Topffſtein**, von Zeitgenossen auch λιθόστρεον [Steinauster] genannt; → Ceramites, Cheramides	3v, 84v, 85r, 85v, 87v, 95v
Ostreites	Austernstein; *ostreites*, m. [kPA: *ostritis*, f.], zu ὄστρεον, n. (Auster); von Gessner geprägte Bezeichnung für einen von Plin. 37,177 (vgl. fol. 84) erwähnten Stein, der einer Auster gleicht	85v, 95v
Ostrites	*ostrites*, m., ὀστρίτης, m., zu ὄστρεον, n. (Auster); bei Ps.-Orph. Lith. 344 erwähnter Stein, der gegen Schlangengift wirken soll	41r, 82v
Othonna	*othonna*, f., ὀθόννα, f.; nach Diosk. 2,182, u. a. Bezeichnung für einen kupferfarbigen Stein in Ägypten	13v
Paeantis	*paeantis*, f. [kPA: *paeanitis*, f.]; benannt nach Paean (Παιάν), dem Kulttitel Apolls, vgl. Lüschen 288; Gessner identifiziert die P. des Plinius mit Gemonides und Aëtiten	11v, 58r, 98r
Paederos	*paederos*, m., παιδέρως, m.; nach Plinius (37,84 u. 129) Bezeichnung des Opals, nach Gessner der **Weſe**	36v, 37v, 38v, 40v
Paederos, asiatischer	*paederotis species Asiatica*	36v
Pallenischer Edelstein	*Pallenaea gemma*; Beiname des Ballen/Aster; nach der thrakischen Halbinsel Pallene	49r
Palma marina	*palma marina*; lat. *palma* zu παλάμη, f. (Handfläche) bezeichnet 1. die Hand(fläche), 2. die Palme; Gessner führt die Bezeichnung der unechten schwarzen Koralle (Savalia) ein, unterscheidet davon aber die von Theophrast (hist. plant. 4,6,10) erwähnte Meerespalme	139r
Pangonius	ganzwinkeliger, *pangonius*, m. [kPA: *pangonus*, m.], zu πᾶν (alles, ganz) und γωνία, f. (Ecke, Winkel); nach Agricola **ein zwölffeckechter Criſtall**	18v, 25v

Pissasphalt	Bergpech, Pechbitumen; *pissasphaltus*, m., πισσάσφαλτος, f., zu πίσσα, f. (Pech) und ἄσφαλτος, f. (Asphalt, Bitumen)	43r
Pliant	dt. Bezeichnung für → Amiant	6v
Pnigitis	dunkelfarbiger Ton, *pnigitis*, f.; nach Gessner ein in Italien gebräuchliches Synonym für → Alabandicus; zur Verwendung des Begriffs für eine graue oder schwarze Erde vgl. Diosk. 5,157, Plin. 35,194, Agricola 203 f.	95r
Polia	grauer Stein; *polia*, f., πολιὰ (λίθος), f., zu πολιός, -ά, -όν (grau); nach Plinius (37,191) wurde der Stein nach der Ähnlichkeit zu silbergrauem Haar benannt; → Amiant	6v, 123v, 143v
Polo	*polo*; Gessner zufolge eine in Katalonien gebräuchliche Bezeichnung für die unechte weisse Koralle	134r
Polygrammos	*polygrammos*, zu πολύγραμμος, -ον (mit vielen Streifen); vgl. auch Jaspis	4r, 7r
Polythrix	Vielhaar; *polythrix*, f., zu πολύθριξ, -τριχος f. (m.) (mit vielen Haaren); nach Plinius (37,184) ein haarartiger Stein	140r
Polytrichum	Vielhaar; *polytrichum*, n., πολύτριχον, n., zu πολύτριχος, -ον (sehr haarig); eine Bezeichnung für die Pflanze Adiantum (Frauenhaar)	140v
Polyzonos	*polyzonos*, f.; ein mit vielen Gürteln (zu ζώνη, f., Gürtel) versehener Stein	7v
Pontische Edelsteine	*Ponticae gemmae*; von Plinius (37,179) gebrauchte Bezeichnung für Steine mit Punkten, Streifen oder Abbildern von Bergen und Tälern; es wird vermutet, dass sie mit dem Achat verwandt oder identisch sind	35v, 36r, 36v, 42r, 58v
Porphyrites, Porphyr	Purpurähnlicher; *porphyrites*, m., πορφυρίτης, m., zu πορφύρα, f. (Purpur, Purpurschnecke); vgl. Lüschen 294	5r
Porus	tuffartiger Stein; *porus*, m., πῶρος, m.; ein Stein zum Bauen oder auch ein Stein im Körper, vgl. LSJ	31v, 33r, 33v, 151r
Porzellanschnecke	*porcellana*, f.; die Porzellanschnecke wird von Gessner abgebildet, weil sie von Natur aus beinahe steinern ist. Der Begriff *porcellana* erscheint bei Gessner auch als Bezeichnung für bunte Keramik (vgl. fol. 113r)	166v, 104r, 116r
Pramnion	*pramnion*, n.; Pramnion (auch: Pramnium) ist nach Agricola (301) eine Bezeichnung für Morion; Gessner vermutet eine Benennung nach der Farbe des Pramnischen Weins (vgl. z. B. Plin. 14,54)	28v, 29r
Prasius, Praser	lauchgrüner Stein; *prasius*, m., zu πράσον, n. (Lauch)	3v, 7v, 44v, 76r, 122r
Probierſtein	→ Wetzsteinchen	24r

Rogenſtein, groſſer	dt. Bezeichnung für den → (grösseren) Hammites	73v
Rubi balley (franz.)	franz. Bezeichnung für → Ballen oder → Aster	49r
Rubin	*rubinus*, m.; eine seit dem Mittelalter gebräuchliche Bezeichnung für den (roten) Karfunkel; zur Etymologie vgl. Lüschen 305	34v, 51v, 54r
Rubin, gilbichter	nach Agricola (480) dt. Bezeichnung für → Lychnis	48v
Rubin, ſchiler	dt. Bezeichnung für den → weissen Karfunkel	49r
Saëta (ital.)	saëta (heute: saetta) bedeutet auf Italienisch Pfeil; nach Gessner ital. Bezeichnung für → Glossopetra	67r, 92r
Salamanderhar	Salamanderhaar, dt. Bezeichnung für → Amiant	6v
Salzschaum	*salis spuma*	34r
Samische Erde	*Samia terra*	42r, 42v, 43r
Samischer Stein	*Samius (lapis)*	43r, 43v, 127v
Samothrakischer Edelstein	*Samothracia gemma*	126r
Sand	*arena*	27v, 96v, 109r
Sandastros	*sandastros*, f.; von Plinius (37,100) erwähnter Stein; Gessner (fol. 41v) führt den Namen auf die Farbe zurück; auch als → Garamantites bezeichnet	3r, 41r, 41v
Sandstein	*saxum arenarium*	33r, 66v, 72r, 72v, 152r
Sand(t)ſtein	dt. Bezeichnung für → Osteolithus oder → Sandstein	72v, 152r
Sandtglimmer	Gessners Vorschlag für eine dt. Bezeichnung der → Mica	78v
Saphir	*sapphirus*, f., σάπφειρος, f.; bei dem von antiken Autoren erwähnten Saphir handelt es sich um Lapislazuli; zu Etymologie und Bedeutungsentwicklung vgl. Lüschen 309	3v, 35r, 36r, 42r, 57v, 76r, 135r
Sarcites	Fleischstein; *sarcites*, m. [kPA: *sarcitis*, f.], zu σαρξ, f. (Fleisch), wegen der Ähnlichkeit zu Rindfleisch	158r
Sarcophagus	Fleischverzehrer; *sarcophagus*, m., zu σαρκοφάγος, -ον (fleischfressend); bei Plinius (36,131) der Name eines Steins, der Körper aufzehren soll; nach König/Hopp 184 (z. St.) vermutlich ein Kalkstein; Gessner führt den dt. Begriff Sarch (fol. 141r), d. h. Sarg, auf Sarcophagus zurück; → assischer Stein	6v, 33v, 141r
Sarder	auch Sard; *sarda*, f.; der Name wird seit der Antike auf den Fundort Sardes in Kleinasien zurückgeführt (z. B. Plin. 37,105; fol. 141r), geht aber wohl auf persisch *serd* (gelbrot) zurück, vgl. Lüschen 311; → Carneol	28v, 51r, 98r, 125r, 141r, 142v
Sardius	*sardius*, m., σάρδιος (λίθος), m., oder σαρδίον, n.; sardischer Stein oder Sardion, → Sarder	54r, 141r

Seifferde	Seifenerde; → Fulerde	150v
Selenites	Mondstein; *selenites*, m. [kPA 37,181: *selenitis*, f.], σεληνίτης, m., zu σελήνη, f. (Mond); der von antiken Autoren erwähnte Stein soll das Bild des wachsenden und abnehmenden Mondes zeigen; er ist Gessner zufolge mit dem → Spiegelstein zu identifizieren	45r, 45v, 46r, 47r, 47v, 48r, 48v, 49v, 51v, 109v
Serpentaria	*serpentaria*, f.; alternative Bezeichnung für Marmor aus Zöblitz	99v
Siderites	Eisenstein; *siderites*, m. [kPA: *sideritis*, f., für Plin. 37,176 u. 182], σιδηρίτης, m., zu σίδηρος, m. (Eisen); zur Verwendung des Namens vgl. Gessner fol. 82r/v. Plinius erwähnt: 1. eine als Siderites bezeichnete Art des Diamanten, Plin. 37,58 (nach König/Hopp z. St. Eisenspat oder Pyrit); 2. einen runden, Feuer resistenten Stein, auch Orites genannt, Plin. 37,176; 3. einen eisenähnlichen Siderites, Plin. 37,182.	21v, 24r, 41r, 51r, 54v, 82r, 82v, 83r, 86r, 95v, 140v
Sideropoecilos	gesprenkelter Eisenstein; *sideropoecilos*, m., σιδηροποίκιλος, m., zu ποικίλος, -η, -ον, (bunt, gesprenkelt); Varietät des Siderites	3r, 86r
Sigstein	dt. Bezeichnung für → Astroites oder → Astrites	37v, 38v, 123v
Silber	*argentum*, n., ἄργυρος, m.; mehrere Objekte sind danach bezeichnet, → Argyr-	24r, 76v, 77v, 78r, 95r, 99v, 101v, 108v, 123r, 139v
Silber, Haarsilber	*argentum capillare*	142v
Silber, das Kraushaar und Haarlocken wiedergibt	*argentum pilos crispos et cincinnos referens*	140r
Rohsilber, gediegenes	*argentum rude purum*	140r
Silberschaum	*spuma argenti*, f.; → Lithargyrus	75r, 77v, 86v
Silberweyß	dt. Bezeichnung für → Magnetis	78r
Silex	Kiesel; *silex*, m.; zur Verwendung des Begriffs vgl. Gessner fol. 14r/v; dt. Bezeichnungen sind zum einen **Kisel**, **Kißling** bzw. **Bsetzstein**, zum anderen **Feürstein**, **Hornstein**	13v, 14r, 14v, 15r, 15v, 27v, 30v, 62v, 73r, 91v, 101v, 123r
Silex, aschgrauer	*silex cinereus*	14r
Silex, brauner	*silex fuscus*	14r
Silex, dunkelblauer	*silex coeruleus*	14r
Silex, echter	*silex verus*	14r
Silex, Feuer-	*silex igniarius*; → nicht metallhaltiger Pyrites	11v
Silex, hornfarbiger	*silex cornei coloris*	14r
Silex, lebendiger	*silex vivus*; → nicht metallhaltiger Pyrites	55r

– als Nährboden		
Stein, der Schwämme hervorbringt	*lapis fungifer*	117r
Stein, aus dem eine Meerespflanze entsteht	*lapis e quo planta marina nascitur*	137v
Steinartiges Aussehen, Lorbeer	*laurus lapidis specie*	118r
Steinartiges Aussehen, Ölbaum	*olea lapidis specie*	118r
Steinartiges Aussehen, Thymian	*thymum lapidis specie*	118r
Steinartiger Stoff, Hölzer, Kohlestücke, Blätter …, die mit einem steinartigen Stoff überzogen sind	*ligna, carbones, folia … quae obducuntur materia lapidosa*	125r
Steinbein	dt. Bezeichnung für einen Stein, der Knochenbrüche heilen soll; → Osteolithus	152r
Steinerne Austernschale	*ostrei testa lapidea*; Gessners Bezeichnung für einen Stein, der einer Austernschale ähnlichen ist und den er → *lithostreum* nennen will	138r
Steinerne Binse	*iuncus lapideus;* → versteinerte Binse	117v
Steinerner Deckel einer Meermuschel	*operculum lapideum;* → Seebohne (vgl. fol. 164r)	116r, 163v
Steinerne Eichel	*glans lapidea*	128r
Steinerne Erbse	*pisum lapideum*	121v
Steinerne Kamm-Muschel	*pecten lapideus*; fossile-Kamm-Muschel, vgl. Abb. 64.1, fol. 165r; für ein besonders kleines Exemplar verwendet Gessner (fol. 166r) den Deminutiv: *pectunculus*, vgl. Abb. 66.3	165r, 166r
Steinerne Knochen	*ossa lapidea*	151v
Steinerne Meeresschnecke	*cochlea lapidea*; fossile Schnecke, vgl. Abb. 64.2, fol. 165r	165r, 165v
Steinerne (Meer) Schnecke (gewunden)	*strombus lapideus*, m., zu στρόμβος, m. (Schnecke); fossile Schnecke; → Strombites	9r, 16v, 166v, 164v
Steinerner Meerkrebs	*pagurus lapideus*; fossile Krabbe, vgl. Abb. 69	167r
Steininer Meerkrebß oder Täschenkrebß	→ steinerner Meerkrebs	167r

Sycites	Feigenstein; *sycites*, m. [kPA Plin. 37,191: *sycitis*, f.], συκίτης, m., zu σῦκον, n. (Feige), nach seiner farblichen Ähnlichkeit benannt	127v, 141r
Syenites	*syenites*, m.; rötlicher Granit, benannt nach dem Fundort Syene (Assuan), vgl. Plin. 36,63, Lüschen 328	16v, 24v, 95v
Syringites	Röhren- oder Flötenstein; *syringites*, m. [kPA 37,182: *syringitis*, f.], συριγγίτης, m., zu σῦριγξ, f. (Hirtenflöte)	115r
Syrische Tonerde/ Erde	*Syriaca argilla/terra*	102v, 103v
Syrisches Gebiet, Stein des	*lapis Syriacae*; → Judenstein	128r
Syropicon	*syropicon* [kPA: *collyrium*, n.]; eine Art der samischen Erde; wie schon Gessner vermutet, ist bei Plin. 35,191 *collyrium* zu lesen	42r
Syrtites	Syrten-Stein, *syrtites*, m. [kPA: *syrtitis*, f.]; nach dem Fundort an den als Syrten bezeichneten Buchten an der nordafrikanischen Küste, vgl. Plin. 37,182	41v
Talk	*talcum*, n., aus dem Arabischen (ursprünglich vielleicht persisch), vgl. Lüschen 329	43v
Talk	Talk; dt. Bezeichnung für → Magnetis	78r
Tecolithos	Auflösungsstein; *tecolithos*, m., zu τήκειν (auflösen), nach der Fähigkeit, einen Nieren- oder Blasenstein aufzulösen	128v, 129r, 129v, 130v
Telicardios	Stein mit weichem Herzen (?), vgl. König/Hopp 194 zu Plin. 37,183; *telicardios*, m. [kPA: *thelycardios*, m.], zu θῆλυς, θήλεια, θῆλυ (weich, weiblich) und καρδία, f. (Herz); → Macula	157v
Telirrhizos	Stein mit weicher Wurzel; *telirrhizos*, m. [kPA: *thelyrrhizos*, m.], zu θῆλυς, θήλεια, θῆλυ (weich, weiblich) und ῥίζα, f. (Wurzel)	114v
Tellmuscheln	*tellinae*, zu τελλίνη, f. (Tellmuschel)	9r
Tephria	*tephria*, f., zu τέφρα, f. (Asche), τεφρός, -ά, -όν (aschefarben); Beiname für eine Art des → Ophites	56v
Tephrites	Aschenstein; *tephrites*, m. [kPA: *tephritis*, f.], zu τέφρα, f. (Asche); nach der Farbe bezeichnet	44v, 47v, 56v
Teufelsbrot	*daemonis panis*, m.; → **Teüffelsleib**	87v, 13r
Teüffelsleib	gerstenbrotähnlicher Stein bei Rottweil	13r
Thebaïscher Stein	*lapis Thebaicus*; nach Plinius (36,63), der nicht erwähnt wird, ein Stein, der im Umland des ägyptischen Theben vorkommt und zur Herstellung von Handmörsern verwendet wird	74v
Thrakische Edelsteine	*Thraciae gemmae*; alternative Bezeichnung für pontische Edelsteine	36r

2. Geographisches Register

Die nach einem Ort, einer Region oder einem Land benannten *res fossiles* werden im Sachregister angeführt.

3. Personenregister

Das Personenregister führt die von Gessner zitierten Autoren und Korrespondenzpartner auf sowie zeitgenössische Persönlichkeiten, z. B. Ferdinand I., die Gessner oder ein von ihm zitierter Autor erwähnen. Nicht erfasst sind Namen von Herrschern, mythischen Figuren u. ä. aus den Zitaten älterer Autoren wie z. B. Plinius. Die Abkürzung «A» zeigt an, dass es sich um einen Autor handelt, aus dessen Werk Gessner zitiert. Die Abkürzung «K» zeigt an, dass es sich um einen Korrespondenzpartner oder eine Kontaktperson von Gessner handelt. Weitere Angaben zu den besonders häufig genannten Autoren und Korrespondenzpartnern finden sich in der Einleitung (2.2–2.3, 2.5–2.7) sowie im Übersetzungsteil – in der Regel jeweils in einer Anmerkung zur ersten Erwähnung einer Person.

Abkürzungen im Personenregister

A = Autor
A* = bei dem vermeintlichen Autor handelt es sich nicht – wie Gessner annahm – um eine Person, sondern um einen Werktitel, z. B. Kiranides und Suidas
(A) = bei einem anderen Autor (meist bei Plinius) erwähnter Autor, dessen Werk nicht überliefert ist
K = Korrespondenzpartner/Kontaktperson
(K) = Kontaktperson eines Korrespondenzpartners
A/K = Autor und Korrespondenzpartner, z. B. Kentmann oder Cardano

4. Werkverzeichnis

Das Verzeichnis führt – nach Autoren geordnet – die Schriften auf, aus denen Gessner zitiert oder die er erwähnt. Es werden jeweils zuerst der Titel oder Kurztitel in lateinischer Sprache oder in einer Volkssprache genannt sowie ggf. eine deutsche Übersetzung. Für einige mittelalterliche Autoren sowie für neulateinische Autoren wird im Anschluss eine Druckausgabe des 15. oder 16. Jahrhunderts als Referenzausgabe genannt, auf die sich die Stellenangaben in der Übersetzung beziehen. Für manche Autoren der Antike und des Mittelalters werden die kritischen Ausgaben angegeben, auf die sich in eckigen Klammern beigefügte Stellenangaben in der Übersetzung beziehen. In einigen Fällen wird schliesslich auf Übersetzungen verwiesen, die zur Übertragung der Zitate bei Gessner herangezogen wurden.

Abynzoar (Avenzoar)

Geminum de medica facultate opus – Zwillingswerk über die Medizin

Geminum de medica facultate opus, studiosis omnibus utilissimus, alterus Abhomeron Abynzohar, Lyon: Jacopo de Giunti, 1531.

Aëtios von Amida

Libri medicinales – Arzneibücher

Olivieri, Alexander (Hg.): Aetii Amideni Libri medicinales I–IV (CMG VIII 1), Leipzig/Berlin 1935.

Zervos, Skevos (Hg.): Gynaekologie des Aëtios. Sive sermo sextus decimus et ultimus. Zum erstenmale aus Handschriften veröffentlicht. Mit Abbildungen, Bemerkungen und Erklärungen von Dr. S. Z., Leipzig 1901.

Agricola, Georg

De ortu et causis subterraneorum lib. V – Über die Entstehung der Stoffe im Erdinneren (fünf Bücher)

Agricola, Georg: De ortu et causis subterraneorum Lib. V, De natura eorum quae effluunt ex terra Lib. IIII, De natura fossilium Lib. X, De veteribus et novis metallis Lib. II, Bermannus sive De re metallica Dialogus, Interpretatio Germanica vocum rei metallicae, addito Indice foecundissimo, Basel: Hieronymus Froben & Nikolaus Episcopius 1546 [Zweite Ausgabe, Basel 1558].

Fraustadt, Georg/Prescher, Hans: Georgius Agricola, Schriften zur Geologie und Mineralogie I – Epistula ad Meurerum, de ortu et causis subterraneorum libri V, de natura eorum quae effluunt ex terra libri IV. Übersetzt und bearbeitet von Dr. phil. Georg Fraustadt in Verbindung mit Dr. rer. nat. Hans Prescher (AGA III), Berlin 1956.

De natura eorum quae effluunt ex terra lib. IIII – Über das Wesen der aus dem Erdinneren hervorquellenden Dinge (vier Bücher)

Agricola, Georg: De ortu et causis subterraneorum Lib. V, De natura eorum quae effluunt ex terra Lib. IIII …, Basel: Hieronymus Froben & Nikolaus Episcopius 1546 [Zweite Ausgabe, Basel 1558].

Fraustadt, Georg/Prescher, Hans: Georgius Agricola, Schriften zur Geologie und Mineralogie I – Epistula ad Meurerum, de ortu et causis subterraneorum libri V, de natura eorum quae effluunt ex terra libri IV. Übersetzt und bearbeitet von Dr. phil. Georg Fraustadt in Verbindung mit Dr. rer. nat. Hans Prescher (AGA III), Berlin 1956.

De natura fossilium libri X – Über das Wesen der ausgrabbaren Dinge (zehn Bücher)

Agricola, Georg: De ortu et causis subterraneorum Lib. V …, Basel: Hieronymus Froben & Nikolaus Episcopius 1546 [Zweite Ausgabe, Basel 1558].

Fraustadt, Georg/Prescher, Hans: Georgius Agricola, De natura fossilium libri X – Die Mineralien. Übersetzt und bearbeitet von Dr. phil. Georg Fraustadt in Verbindung mit Dr. rer. nat. Hans Prescher (AGA IV), Berlin 1958.

Krafft, Fritz (Hg.): Georgius Agricola, De Natura Fossilium. Handbuch der Mineralogie (1546). Übersetzt von Georg Fraustadt. Durchgesehen und ergänzt sowie mit Registern und einer Einleitung versehen von Fritz Krafft, Wiesbaden 2006.

Interpretatio Germanica vocum rei metallicae (Epistula ad Meurerum) – Deutsche Übersetzung der Begriffe des Berg- und Hüttenwesens (Brief an Meurer)

Agricola, Georg: De ortu et causis subterraneorum Lib. V … Interpretatio Germanica vocum rei metallicae, addito Indice foecundissimo, Basel: Hieronymus Froben & Nikolaus Episcopius 1546 [Zweite Ausgabe, Basel 1558].

Fraustadt, Georg/Prescher, Hans: Georgius Agricola, Schriften zur Geologie und Mineralogie I – Epistula ad Meurerum, de ortu et causis subterraneorum libri V, de natura eorum quae effluunt ex terra libri IV. Übersetzt und bearbeitet von Dr. phil. Georg Fraustadt in Verbindung mit Dr. rer. nat. Hans Prescher (AGA III), Berlin 1956.

De animantibus subterraneis liber – Über die Lebewesen im Erdinneren

De animantibus subterraneis, Basel: Hieronymus Froben & Nikolaus Episcopius 1549 [Wiederabgedruckt in: Georg Agricola, De Re Metallica Libri XII …, Basel: Hieronymus Froben und Nikolaus Episcopius 1556].

Albertus Magnus

De mineralibus et rebus metallicis libri V – Über Mineralien und Metalle (fünf Bücher)

Raimundi Lullii De secretis naturae sive quinta essentia: libri duo. His accesserunt Alberti Magni summi philosophi, De mineralibus et rebus metallicis Libri quinque …, Strassburg: Beck 1541.

Wyckoff, Dorothy (Hg.): Albertus Magnus, Book of Minerals. Translated by D. W., Oxford 1967.

Angel, Michel (Hg.): Saint Albert le Grand, Le monde minéral. Les pierres, De mineralibus (livres I et II). Présentation, traduction et commentaires par M. A., Paris 1995.

Alpago, Andrea, aus Belluno

Arabicorum nominum latina interpretatio – Lateinische Übersetzung der arabischen Namen

Avicennae liber canonis, de medicinis cordialibus, et cantica, iam olim quidem a Gerardo Carmonensi ex arabico sermone in latinum conversa, postea vero ab Andrea Alpago Bellunensi … infinitis pene correctionibus ad veterum exemplarium arabicorum fidem in margine factis, locupletissimoque nominum arabicorum ab ipso interpretatorum, indice decorata …, Venedig: de Giunti 1555 [Erstedition, Venedig 1527].

Ammonios
De adfinium vocabulorum differentia – Über die Verschiedenheit verwandter Wörter
Nickau, Klaus (Hg.): Ammonii qui dicitur liber de adfinium vocabulorum differentia, Leipzig 1966.

Aristeides
Panathenaicus – Panathenaikos
Lenz, Friedrich W./Behr, Karl A. (Hgg.): P. Aelii Aristidis opera quae exstant omnia, vol. I, orationes I–XVI, Leiden 1976.

Aristoteles
Categoriae – Kategorien
Bekker, Immanuel (Hg.): Aristotelis opera, vol. I, Aristoteles graece, Berlin 1831.

Historia animalium – Tierkunde
Bekker, Immanuel (Hg.): Aristotelis opera, vol. I, Aristoteles graece, Berlin 1831.

Meteorologica – Meteorologie
Strohm, Hans: Aristoteles, Meteorologie – Über die Welt (Aristoteles Werke in deutscher Übersetzung, Bd. 12, Teil 1: Meteorologie, Teil 2: Über die Welt), Berlin 1970.

Aristoteles (Pseudo-)
De mundo – Über die Welt
Strohm, Hans: Aristoteles, Meteorologie – Über die Welt (Aristoteles Werke in deutscher Übersetzung, Bd. 12, Teil 1: Meteorologie, Teil 2: Über die Welt), Berlin 1970.

De plantis – Über die Pflanzen
Ferrini, Maria Fernanda (Hg.): [Aristoteles], Le piante. Testo greco a fronte, Milano 2021.

Athenaios
Deipnosophistae – Das Gelehrtenmahl

Augustinus
De civitate Dei – Vom Gottesstaat

Avicenna
De mineralibus / De congelatione et conglutinatione lapidum – Über die Mineralien
Rubino, Elisa: Il «De mineralibus» di Avicenna tradotto da Alfredo di Shareshill, in: Bulletin de philosophie médiévale 58, 2016, 23–87.

Liber canonis – Kanon
Avicennae liber canonis, de medicinis cordialibus, et cantica …, Venedig: de Giunti 1555 [Erstedition, Venedig 1527].

Barbaro, Ermolao

Corollarium libris quinque absolutum – Kommentar zur Heilkunde des Dioskurides

In hoc volumine haec continentur. Ioannis Baptistae Egnatii Veneti in Dioscoridem ab Hermolao Barbaro tralatum annotamenta … Hermolai Barbari patricii Veneti et Patriarchae Aquileiensis Corollarium libris quinque Absolutum …, Venedig: Gregoriorus 1516 [Erstedition].

Belon, Pierre

Singularitez – Einzigartige Erscheinungen

Les observations de plusieurs singularitez et choses mémorables, trouvées en Grèce, Asie, Judée, Egypte, Arabie, et autres pays estranges, redigées en trois livres, Paris: Gilles Corrozet 1553.

Benedetti, Alessandro

Omnium a vertice ad calcem morborum signa … – Die Zeichen … aller Krankheiten vom Scheitel bis zur Sohle

Omnium a vertice ad calcem morborum signa, causae, indicationes et remediorum compositiones utendique rationes, generatim libris XXX conscripta …, Basel: Heinrich Petri, 1539.

Brasavola, Antonio Musa

Examen omnium simplicium medicamentorum, quorum in officinis usus est – Untersuchung aller einfachen Heilmittel, die man in Apotheken benutzt

Examen omnium Simplicium medicamentorum, quorum in officinis usus est, Lyon: Jean & François Frellon 1537 [Erstedition, Rom 1536].

Brunschwig, Hieronymus

Das buch der wund Artzney

Das buch der wund Artzney. Handwirckung der Cirurgia, Strassburg: Johann Grüninger, 1513.

Budé, Guillaume

De asse et partibus eius – Über den As und seine Teile

De asse et partibus eius, libri quinque, Gulielmi Budaei Parisie[n]sis: … nuper recogniti et ampliores facti, a furto que vindicati, Köln: Soter 1528 [Erstedition, Paris 1515].

Calepino, Ambrogio

Dictionarium – Wörterbuch

Dictionarium Ambrosii Calepini, Basel: Curio 1562.

Cardano, Gerolamo

De gemmis et coloribus – Über die Edelsteine und ihre Farben

Somniorum Synesiorum omnis generis insomnia explicantes libri IIII per Hieronymum Cardanum … quibus accedunt eiusdem haec etiam … De gemmis et coloribus …, Basel: Heinrich Petri 1562.

De rerum varietate libri XVII – Über die Vielfalt der Dinge (17 Bücher)

De rerum varietate libri XVII, Basel: Heinrich Petri 1557.

De subtilitate libri XXI – Über die Feinheit (21 Bücher)

De subtilitate libri XXI. Nunc demum recogniti atque perfecti, Basel: Luck 1554 [Erstedition, Nürnberg: Petreius 1550].

De subtilitate libri XXI. Ab authore plusquam mille locis illustrati, nonnullis etiam cum additionibus. Addita insuper Apologia adversus calumniatorem, qua vis horum librorum aperitur, Basel: Heinrich Petri 1560 [Erstedition, Nürnberg: Petreius 1550].

Forrester, John M.: The *De Subtilitate* of Girolamo Cardano. With an Introduction by John Henry and John M. Forrester (Medieval and Renaissance Texts and Studies, vol. 436), Tempe, AZ 2013.

Celsus

De medicina – Über die Medizin

Chrysostomus, Johannes

Quod nemo laeditur nisi a se ipso – Dass niemand Schaden nimmt, ausser durch sich selbst
Malingrey, Anne-Marie: Lettre d'exil à Olympias et à tous les fidèles (SC 103), Paris 1964, 56–144.

Cicero

De officiis – Über die Pflichten

Claudian

De raptu Proserpinae – Über den Raub der Proserpina

Columella

De re rustica – Über die Landwirtschaft

Constantin, Robert

Lexicon sive dictionarium graecolatinum – Griechisch-Lateinisches Wörterbuch

Lexicon sive dictionarium graecolatinum, Genf: Jean Crespin 1562.

Cordus, Valerius

De halosantho seu spermate ceti vulgo dicto – Über die Meerblume oder das sogenannte Walsperma

Gessner, Conrad: De omni rerum fossilium genere, gemmis, lapidibus, metallis, et huiusmodi, libri aliquot, plerique nunc primum editi …, Zürich: Jakob Gessner 1565.

Sylva variarum observationum – Sammlung verschiedener Beobachtungen

Cordus, Valerius: Annotationes in Pedacii Dioscoridis Anazarbei de medica materia libros V … Sylva, qua rerum fossilium in Germania plurimarum, Metallorum, Lapidum et Stirpium aliquot rariorum notitiam brevissime persequitur, nunquam hactenus visa, Strassburg: Josias Rihel 1561.

Cornarius, Janus

Emblemata in Dioscoridem – Kommentar zur Heilkunde des Dioskurides

Pedacii Dioscoridae Anazarbensis de materia medica libri V, Iano Cornario Medico Physico interprete, eiusdem Iani Cornarii emblemata singulis capitibus adiecta ..., Basel: Hieronymus Froben 1557.

Dionysios von Alexandria

Descriptio orbis / Οἰκουμένης Περιήγησις – Periegese der bekannten Welt

Brodersen, Kai: Dionysios von Alexandria, Das Lied von der Welt. Zweisprachige Ausgabe, Hildesheim 1994.

Dioskurides

De materia medica / Περὶ ὕλης ἰατρικῆς – Über die Heilkunde

Aufmesser, Max: Pedanius Dioscurides aus Anazarba. Fünf Bücher über die Heilkunde. Aus dem Griechischen übersetzt von A. M., Hildesheim/Zürich/New York 2002.

Euporista – Gut beschaffbare Heilmittel

Euporista Ped. Dioscoridis Anazarbei Ad Andromachum, hoc est De curationibvs morborum per medicamenta paratu facilia, libri II. Nunc primum et Graece editi et partim a Ioanne Moibano Medico Augustano, partim ... a Conrado Gesnero in linguam Latinam conuersi: adiectis ab utroque interprete Symphonijs Galeni aliorumque Graecorum Medicorum, Strassburg 1565.

Entzelt, Christoph

De re metallica, hoc est de origine, varietate, et natura corporum metallicorum ... libri III – Über das Bergwesen, das heisst: Über den Ursprung, die Vielfalt und die Natur der Erze ... (drei Bücher)

De re metallica, hoc est de origine, varietate, et natura corporum metallicorum, lapidum, gemmarum atque aliarum, quae ex fodinis eruuntur, rerum, ad medicinae usum deservientium, libri III, Frankfurt: Christian Egenolph 1551 [Zweite Auflage, Frankfurt: Christian Egenolphs Erben 1557].

Deutsche Übersetzung in: Corpus Juris et Systema rerum metallicarum, oder: Neu verfasstes Berg-Buch/ bestehend aus so allerhand/ So alten als neuern Collectaneis von Bergwercks-Sachen/ Und zwar Christoph Encelii Tractat von Metallischen Dingen/ aus dem Latein ins Teutsche übersetzet ..., Frankfurt a. M.: Johann David Zunner 1698.

Epiphanios

De duodecim gemmis rationalis – Über die zwölf Steine im hohepriesterlichen Brustschild

De Mély, Fernand/Ruelle, Charles E. (Hgg.): Les lapidaires grecs. Texte avec la collaboration de M. C. E. R. (Les lapidaires de l'antiquité et du moyen âge, 2), Paris 1898, 193–199.

Albrecht, Felix/Manukyan, Arthur (Hgg.): Epiphanius von Salamis, Über die zwölf Steine im hohepriesterlichen Brustschild (De duodecim gemmis rationalis). Nach dem Codex Vaticanus Borgianus Armenus 31 herausgegeben und übersetzt von F. A. und A. M., Piscataway, NJ 2014. Vgl. Gessner, Conrad

Erasmus, Desiderius

Novum testamentum – Neues Testament

Novum Testamentum iam quintum accuratissima cura recognitum a Des. Erasmo Roter. cum Annotationibus eiusdem ita locupletatis, ut propemodum opus novum videri possit, Basel: Hieronymus Froben 1535.

Eustathios

Commentarii ad Homeri Odysseam – Kommentar zu Homers Odyssee

Stallbaum, Johann G. (Hg.): Eustathii archiepiscopi Thessalonicensis commentarii ad Homeri Odysseam, vol. 2, Leipzig 1826.

Commentarium in Dionysii periegetae orbis descriptionem – Kommentar zur Periegesis des Dionysios von Alexandria

Müller, Karl (Hg.): Geographi Graeci minores, vol. 2, Paris 1861 (ND Hildesheim 1965), 201–407.

Fabricius, Georg

De metallicis rebus ac nominibus observationes variae et eruditae – Verschiedene gelehrte Beobachtungen zu den Metallen und ihren Namen

Gessner, Conrad: De omni rerum fossilium genere, gemmis, lapidibus, metallis, et huiusmodi, libri aliquot, plerique nunc primum editi ..., Zürich: Jakob Gessner 1565.

Falcutius, Nicolaus

Sermones medicinales – Medizinische Gespräche

Sermonum liber scientie medicine Nicolai Florentini doctoris excellentissimi: qui continet octo sermones, Venedig: Bonetus Locatellus 1507.

Favorino, Guarino

Magnum ac perutile dictionarium – Grosses und überaus nützliches Wörterbuch

Magnum ac perutile dictionarium quodquidem Varinus Phavorinus Camers Nucerinus Episcopus ex multis variisque auctoribus ... collegit, Rom: Zacharias Caliergi 1523.

Dictionarium Varini Phavorini Camertis, Nucerini Episcopi, magnum illud ac perutile multis variisque ex autoribus collectum, totius linguae Graecae, Basel: Robert Winter 1538.

Ficino, Marsilio

De vita libri tres – Drei Bücher über das Leben

De vita libri tres, Basel: Johannes Bebel 1529 [Erstedition, Florenz 1489].

Kaske, Carol V./Clark, John R. (Hgg.): Marsilio Ficino, Three Books on Life. A Critical Edition and Translation with Introduction and Notes, Binghamton 1989.

Boenke, Michaela (Hg.): Marsilio Ficino, De vita libri tres / Drei Bücher über das Leben. Hg., übersetzt, eingeleitet und mit Anmerkungen versehen von M. B., München 2012.

Galen

De compositione medicamentorum per genera libri VII – Über die Zusammensetzung von Arzneimitteln nach Arten (sieben Bücher)

Kühn, Karl Gottlob (Hg.): Medicorum Graecorum opera quae extant, vol. XIII: Claudii Galeni T. XIII, Leipzig 1827, 362–1058.

De simplicium medicamentorum temperamentis et facultatibus libri XI – Über die Mischung und Wirkung der einfachen Heilmittel (elf Bücher)

Kühn, Karl Gottlob (Hg.): Medicorum Graecorum opera quae extant, vol. XII: Claudii Galeni T. XII, Leipzig 1826.

Galeni in Hippocratis epidemiarum libros commentaria – Galens Kommentare zu den Büchern über die Epidemien des Hippokrates

Wenkebach, Ernst (Hg.): Galeni In Hippocratis Epidemiarum librum VI commentaria I–VI (CMG V 10,2,2), Berlin 1956, 1–351.

Linguarum seu dictionum exoletarum Hippocratis explicatio – Glossar hippokratischer Termini

Perilli, Lorenzo (Hg.): Galeni vocum Hippocratis glossarium, ed., in linguam Italicam vertit, commentatus est L. P. (CMG V 13,1), Berlin 2017.

Galen (Pseudo-)

De simplicibus medicamentis ad Paternianum [Alphabetum Galieni] – Über die einfachen Heilmittel an Paternianus

Pedacii Dioscoridae Anazarbensis de materia medica libri V, Iano Cornario Medico Physico interprete, Basel: Froben 1557.

Everett, Nicholas (Hg.): The Alphabet of Galen. Pharmacy from Antiquity to the Middle Ages. A Critical Edition of the Latin Text with English Translation and Commentary, Toronto 2012.

De succedaneis – Ersatzarzneien

Kühn, Karl Gottlob (Hg.): Medicorum Graecorum opera quae extant, vol. XIX: Claudii Galeni T. XIX, Leipzig 1830.

Cl. Galeni Pergameni nobilissimi medici libri aliquot Graeci: partim hactenus non visi, partim a mendis quibus scatebant innumeris ad vetustissimos codices repurgati et integritati suae restituti, Annotationibusque illustrati per Ioannem Caium Britannum, Medicum, Basel: Hieronymus Froben & Nikolaus Episcopius 1544.

Gaza, Theodorus

Aristotelis De historia animalium, libri IX. Theodoro Gaza interprete – Aristoteles, Tierkunde (neun Bücher), übersetzt von Theodorus Gaza

And. Cratander Lectoris S. En tibi candide Lector Aristotelis Et Theophrasti Historias, Quibus Cuncta fere quae Deus Opt. Max. homini contemplanda & usurpanda …, Basel: Andreas Cratander 1550 [Erstausgabe, Basel 1534].

Gellius

Noctes Atticae – Attische Nächte

Gessner, Conrad

Descriptio Montis Fracti, sive Montis Pilati, iuxta Lucernam in Helvetia – Beschreibung des Mons Fractus oder Pilatus bei Luzern in der Schweiz

Conradi Gesneri Medici, De raris et admirandis herbis, quae sive quod noctu luceant, sive alias ob causas, Lunariae nominantur, commentariolus: et obiter de aliis etiam rebus quae in tenebris lucent: Inseruntur et Icones quaedam herbarum novae. Eiusdem descriptio Montis Fracti, sive Montis Pilati, ..., Zürich: Andreas & Jakob Gessner 1555.

Deubelbeiss, Beat: Beschreibung des Mons Fractus durch Konrad Gessner, in: Mitteilungen der Naturforschenden Gesellschaft Luzern 32, 1991, 34–51.

Historiae animalium liber I: de quadrupedibus viviparis – Tierkunde, Band 1: Über die lebendgebärenden Vierfüsser.

Historiae Animalium Liber I: de Quadrupedibus viviparis, Zürich: Christoph Froschauer 1551.

Historiae animalium liber II: de quadrupedis oviparis – Tierkunde, Band 2: Über die eierlegenden Vierfüsser

Historiae Animalium Liber II: de Quadrupedis oviparis, Zürich: Christoph Froschauer 1554.

Historiae animalium liber IIII: qui est de piscium et aquatilium animantium natura – Tierkunde, Band 4: Über das Wesen der Fische und der Wasserlebewesen

Historiae Animalium Liber IIII: qui est de Piscium et Aquatilium animantium natura, Zürich: Christoph Froschauer 1558.

Joannis Stobaei sententiae ... a Conrado Gesnero ... in latinum sermonem traductae – Gnomologion des Johannes Stobaios von Conrad Gessner in die lateinische Sprache übersetzt

Joannis Stobaei sententiae ex thesauris Graecorum delectae: quarum authores circiter ducentos & quinquaginta citat, & in sermones sive locos communes digestae, nunc primum a Conrado Gesnero doctore medico, Tigurino, in latinum sermonem traductae, sicut latina graecis e regione respondeant, Zürich: Christoph Froschauer 1559 [Erstedition, Zürich 1543].

S. Epiphanii Episcopi Cypri de duodecim gemmis quae erant in veste Aaronis, liber Graecus et Latinus, Iola Hierotarantino interprete, cum corollario C. Gesneri – Das Buch des Heiligen Epiphanios von Zypern über die zwölf Edelsteine am Kleid Aarons, griechisch und lateinisch, übersetzt von Iolas Hierotarantinus, mit einer Zugabe von Conrad Gessner

Gessner, Conrad: De omni rerum fossilium genere, gemmis, lapidibus, metallis, et huiusmodi, libri aliquot, plerique nunc primum editi ..., Zürich: Jakob Gessner 1565.

Conradi Gesneri De rerum fossilium, lapidum et gemmarum maxime, figuris et similitudinibus liber: non solum medicis, sed omnibus rerum naturae ac philologiae studiosis, utilis et iucundis futurus – Conrad Gessner, Ein Buch über die Gestalt und die Ähnlichkeit der ausgegrabenen Dinge, vor allem der Steine und der Edelsteine, nützlich und unterhaltsam nicht nur für Ärzte, sondern für alle, die sich dem Studium der Natur und der Philologie widmen

Gessner, Conrad: De omni rerum fossilium genere, gemmis, lapidibus, metallis, et huiusmodi, libri aliquot, plerique nunc primum editi ..., Zürich: Jakob Gessner 1565.

Grattius

Cynegetica – Lehrgedicht über die Jagd

Haly Abbas

Regalis dispositio – Königliches Buch

Liber totius medicine necessaria continens quem sapientissimus Haly filius abbas discipulus abimeher moysi filij seiar edidit: regique inscripsit. unde et regalis dispositionis nomen assumpsit. Et a stephano philosophie discipulo ex arabica lingua in latinam satis ornatam reductus. Necnon a domino michaele de capella artium et medicinae doctore fecundis sinonimis a multis et diversis autoribus ab eo collectis illustratus summaque cum diligentia impressus, Lyon: Jacques Myt 1523.

Hermesianax aus Zypern

Phrygiaca – Phrygiaka

Jacoby, Felix: Die Fragmente der griechischen Historiker (FGrHist), Berlin 1923 ff.

Herodot

Historiae – Historien

Hesiod (Pseudo-)

Clypeus vel Scutum Herculis / Ἀσπὶς Ἡρακλέους – Schild des Herakles

Hesychios

Lexicon – Lexikon

Hansen, Peter Allan/Latte, Kurt (Hgg.): Hesychii Alexandrini lexicon, editionem post Kurt Latte continuantes recensuerunt et emendaverunt P. A. H. et al., 4 Bde., Berlin 1953–2009.

Horaz

Ars poetica – Dichtkunst

Carmina – Oden

Julian (Apostata)

Misopogon – Barthasser

Kentmann, Johannes

Catalogus rerum fossilium Io. Kentmani – Verzeichnis der res fossiles von Johannes Kentmann

Gessner, Conrad: De omni rerum fossilium genere, gemmis, lapidibus, metallis, et huiusmodi, libri aliquot, plerique nunc primum editi ..., Zürich: Jakob Gessner 1565.

Calculorum qui in corpore ac membris hominum innascuntur, genera XII depicta descriptaque – Zwölf Arten von Steinen, die im Körper und in den Gliedern der Menschen entstehen. Mit Abbildungen und Beschreibungen

Gessner, Conrad: De omni rerum fossilium genere, gemmis, lapidibus, metallis, et huiusmodi, libri aliquot, plerique nunc primum editi ..., Zürich: Jakob Gessner 1565.

Lactanz
Institutiones divinae – Göttliche Unterweisungen

Lange, Johannes
Epistolae medicinales – Medizinische Briefe
Epistolarum Medicinalium Miscellanea: rara et varia eruditione referta, non Medicinae modo, sed cunctis Naturalis historiae studiosis plurimum profutura, Basel: Johannes Oporin 1560.

La Rue, François
De gemmis aliquot, iis praesertim quarum Divus Ioannes Apostolus in sua Apocalypsi meminit: De aliis quoque, quarum usus hoc aevi apud omnes percrebruit, libri II – Über einige Edelsteine; besonders über diejenigen, die der Apostel Johannes in seiner Apokalypse erwähnt; auch über andere, deren Gebrauch sich heutzutage bei allen verbreitet hat (zwei Bücher)
Gessner, Conrad: De omni rerum fossilium genere, gemmis, lapidibus, metallis, et huiusmodi, libri aliquot, plerique nunc primum editi …, Zürich: Jakob Gessner 1565 [Erstausgabe der Schrift von La Rue, Paris: Christian Wechel 1547].

Leonardi, Camillo
Speculum lapidum – Spiegel der Steine
Speculum Lapidum clarissimi artium et medicine doctoris Camilli Leonardi Pisaurensis, Venedig: Johannes Baptista Sessa 1502.

Lukrez
De rerum natura – Über die Natur der Dinge

Marbod von Rennes
De lapidibus – Über die Steine
Marbodei Galli poetae vetustissimi Dactylotheca, scholiis Georgii Pictorii Villingani doctoris Medici et Regiae curiae Ensishemii superioris Alsatiae Archiatri, nunc altera vice, supra priorem aeditionem, illustrata. Item de lapide Molari et de Cote carmen Panegyricum, eodem autore Georgio Pictorio, Basel: Heinrich Petri 1555 [Erstedition, Freiburg 1531].
Riddle, John M. (Hg.): Marbode of Rennes' De lapidibus Considered as a Medical Treatise with Text, Commentary and C. W. King's Translation, together with Text and Translation of Marbode's Minor Works on Stones (Sudhoffs Archiv Beihefte 20), Wiesbaden 1977.
Herrera, Maria Esthera (Hg.): Marbodo de Rennes, Lapidario. Liber lapidum. Édicion, traducción y commentario por M. E. H., Paris 2005.

Mattioli, Pietro Andrea
Commentarii in libros sex Dioscoridis De medica materia – Kommentar zu den sechs Büchern über die Heilkunde des Dioskurides
Commentarii Secundo Aucti, In Libros Sex Pedacii Dioscoridis Anazarbei De Medica Materia, Venedig: Vincent Valgrisius 1559 [Erstedition, Venedig 1554].

Epistolae medicinales – Medizinische Briefe
Epistolarum Medicinalium Libri Quinque, Prag: Georg Melantrich 1561.

Mesuë, Johannes

De re medica – Über die Medizin

Ioannis Mesuae Damasceni De re medica libri tres. Iacobo Sylvio Medico interprete, Paris: Christian Wechel 1542.

Praepositi, Nicolaus

Dispensarium ad aromatarios – Dispensarium

Presenti volumine hec continentur: Dispensarium magistri Nicolai prepositi ad aromatarios ..., Lyon: Fradin 1512.

Orpheus (Pseudo-)

De lapidibus – Lithika

Ὀρφέος, Περὶ λίθων, in: Μουσαίου ποιημάτιον τὰ καθ' Ηρὼ καὶ Λέανδρον, Venedig: In Aedibus Aldi et Andreae Soceri 1517, 66–80.

Halleux, Robert/Schamp, Jacques (Hgg.): Les lapidaires grecs. Lapidaire orphique, Kérygmes lapidaires d'Orphée, Socrate et Denys, lapidaire nautique, Damigéron-Évax (traduction latine). Texte établi et traduit par R. H. et J. S., Paris 1985.

Ovid

Epistulae ex Ponto – Briefe vom Schwarzen Meer

Metamorphoses – Metamorphosen

Panteo, Giovanni Agostino

Voarchadumia contra alchimiam – Voarchadumia, gegen die Alchemie

Voarchadumia contra alchimiam: Ars distincta ab Archimia et Sophia, Paris: Gaultherot, 1550 [Erstedition, Venedig 1530].

Pausanias

Graeciae descriptio / Ἑλλάδος Περιήγησις – Beschreibung Griechenlands

Pediasimus, Joannes

Scholia in Hesiodi scutum – Scholien zu Pseudo-Hesiod, Schild des Herakles

Gaisford, Thomas: Poetae minores Graeci vol. 2: Scholia ad Hesiodum, Leipzig 1823.

Pictorius, Georg

De lapide molari et de cote carmen panegyricum – Preisgedicht auf den Mühlstein und den Wetzstein

Marbodei Galli poetae vetustissimi Dactylotheca, scholiis Georgii Pictorii Villingani doctoris Medici et Regiae curiae Ensishemii superioris Alsatiae Archiatri, nunc altera vice, supra priorem aeditionem, illustrata. Item de lapide Molari et de Cote carmen Panegyricum, eodem autore Georgio Pictorio, Basel: Heinrich Petri 1555 [Erstedition, Freiburg 1531].

Plinius

Naturalis historia – Naturkunde

C. Plinii Secundi Historiae mundi libri XXXVII ex postrema ad vetustos codices collatione cum annotationibus et indice, Basel: Froben 1539.

Jan, Ludwig/Mayhoff, Karl: C. Plini Secundi, Naturalis Historia, libri XXXVII, post Ludovici Iani obitum recognovit et scripturae discrepantia adiecta ed. C. Mayhoff, 5 voll., Leipzig 1892–1909.

Roderich König (Hg.): C. Plinius Secundus d. Ä., Naturkunde, Lateinisch – deutsch, München/Zürich 1973–2004 [Düsseldorf 2007].

Plutarch

Vitae parallelae – Parallele Lebensbeschreibungen

Plutarch (Pseudo-)

De fluviis – Über die Flüsse

Delattre, Charles (Hg.): Pseudo-Plutarque, Nommer le monde. Origine des noms de fleuves, de montagnes et de ce qui s'y trouve. Traduit, présenté et annoté par C. D., Villeneuve d'Ascq 2011.

Pollux

Onomasticon – Onomastikon

Bethe, Erich (Hg.): Lexicographi graeci, vol. IX: Pollucis Onomasticon, 3 Bde., Leipzig 1900–1937 [ND Stuttgart 1998].

Pontano, Giovanni

Meteora – Meteorologische Phänomene

Quae in hoc Enchyridio contineantur: Ioannis Ioviani Pontani Urania seu de Stellis Libri quinque, Meteororum Liber unus …, Florenz: Filippo Giunta 1514 [Erstedition, Venedig 1505].

De Nichilo, Mauro: I poemi astrologici di Giovanni Pontano. Storia del testo, con un saggio di edizione critica del Meteororum liber, Bari 1975.

Properz

Elegiae – Elegien

Scaliger, Julius Caesar

Exotericae exercitationes – Kommentar zu Cardano, De subtilitate

Exotericarum exercitationum liber XV., De subtilitate, ad Hieronymum Cardanum, Paris: Michael Vascosanus 1557.

Seneca d. J.

De beneficiis – Über die Wohltaten

Naturales quaestiones – Naturwissenschaftliche Untersuchungen

Simplikios

Commentarium in decem categorias – Kommentar zu den zehn Kategorien (des Aristoteles)

Kalbfleisch, Karl (Hg.): Simplicii in Aristotelis Categorias commentarium (CAG VIII), Berlin 1907.

Solinus

Collectanea rerum memorabilium – Gesammelte Denkwürdigkeiten

Brodersen, Kai (Hg.): Gaius Iulius Solinus, Wunder der Welt. Lateinisch und deutsch. Eingeleitet, übersetzt und kommentiert von K. B., Darmstadt 2014.

Stella, Erasmus

De gemmis – Über die Edelsteine

De gemmis libellus unicus, Strassburg: Heinrich Sybold 1530 [Erstedition, Interpraetamenti gemmarum libellus unicus, Nürnberg 1517].

Stephanos von Byzanz

Ethnica – Ethnika

Billerbeck, Margarethe (Hg.): Stephani Byzantinii Ethnica, 5 Bde., Berlin 2006–2017.

Stobaios

Anthologium – Anthologie

Joannis Stobaei sententiae ex thesauris Graecorum delectae: quarum authores circiter ducentos & quinquaginta citat, & in sermones sive locos communes digestae, nunc primum a Conrado Gesnero doctore medico, Tigurino, in latinum sermonem traductae, sicut latina graecis e regione respondeant, Zürich: Christoph Froschauer 1559 [Erstedition, Zürich 1543].

Wachsmuth, Kurt (Hg.): Ioannis Stobaei anthologii libri duo priores, qui inscribi solent eclogae physicae et ethicae, 2 Bde., Berlin 1884 [ND Berlin 1958].

Hense, Otto (Hg.): Ioannis Stobaei anthologii libri duo posteriores, 3 Bde., Berlin 1894–1912 [ND Berlin 1958].

Strabon

Geographica – Geographika

Radt, Stephan (Hg.): Strabons Geographika. Mit Übersetzung und Kommentar, 10 Bde., Göttingen 2003–2011.

Suidas (vgl. Einleitung zum Personenregister)

Suidae lexicon – Lexikon des Suidas, heute: die Suda

Adler, Ada (Hg.): Suidae lexicon, 5 Bde., Leipzig 1928–1938 [ND Leipzig 1994–2001].

Sylvaticus, Matthaeus

Liber pandectarum medicinae – Arzneibuch

Liber Pandectarum Medicinae: Omnia Medicine Simplicia Continens, Bologna: Johannes Wurster 1474.

Sylvius, Jacobus

De medicamentorum simplicium delectu – Über die Wahl der einfachen Heilmittel

De medicamentorum simplicium delectu, praeparationibus, mistionis modo, Libri III, Paris: Jacobus Gasellus 1542.

Theophrast

De lapidibus – Über die Steine

Eichholz, D. E. (Hg.): Theophrastus, De lapidibus. Ed. with Introduction, Translation and Commentary, Oxford 1965.

Amigues, Suzanne (Hg.): Théophraste, Les pierres. Texte établi et traduit, Paris 2018.

Historia plantarum – Geschichte der Pflanzen

Amigues, Suzanne (Hg.): Théophraste, Recherches sur les plantes, Tomes I–V. Texte établi et traduit, Paris 1988–2006.

Varro

De re rustica – Über die Landwirtschaft

Vergil

Georgica – Vom Landbau

Vitruv

De architectura – Über die Architektur

Weyer, Johann

De praestigiis daemonum – Über die Blendwerke der Dämonen

De praestigiis Daemonum, et incantationibus ac veneficiis, libri V, Basel: Johannes Oporin 1564 [Erstedition, Basel 1563].

5. Stellenverzeichnis

In der linken Spalte zu einem Eintrag werden jeweils die Stellen in den Werken verschiedener Autoren genannt, auf die Gessner verweist. Bei Autoren des 15. und 16. Jahrhunderts sowie bei einigen Autoren des Mittelalters, z. B. Abynzoar, werden – oft mit einem Kurztitel – die Druckausgaben genannt, auf die sich die Angabe bezieht (vgl. Einleitung 5). Die rechte Spalte enthält die Angabe der entsprechenden Blätter (fol.) in Gessners «Fossilienbuch».

Das Signet des Schwabe Verlags
ist die Druckermarke der 1488 in
Basel gegründeten Offizin Petri,
des Ursprungs des heutigen Verlags-
hauses. Das Signet verweist auf
die Anfänge des Buchdrucks und
stammt aus dem Umkreis von
Hans Holbein. Es illustriert die
Bibelstelle Jeremia 23,29:
«Ist mein Wort nicht wie Feuer,
spricht der Herr, und wie ein
Hammer, der Felsen zerschmeisst?»